全国高等教育自学考试指定教材

U0248850

# 无机化学

## （含：无机化学自学考试大纲）

（2024 年版）

全国高等教育自学考试指导委员会　组编

主编　周向葛

北京大学出版社
PEKING UNIVERSITY PRESS

**图书在版编目(CIP)数据**

无机化学.2024年版/周向葛主编. –– 北京：北京大学出版社，2024.6. –– （全国高等教育自学考试指定教材）. –– ISBN 978 – 7 – 301 – 35155 – 0

Ⅰ.O61

中国国家版本馆 CIP 数据核字第 20241F2N78 号

| | |
|---|---|
| 书　　　　名 | 无机化学 (2024 年版) |
| | WUJI HUAXUE　（2024 NIAN BAN） |
| 著作责任者 | 周向葛　主编 |
| 策 划 编 辑 | 吴　迪　赵思儒 |
| 责 任 编 辑 | 林秀丽 |
| 数 字 编 辑 | 金常伟 |
| 标 准 书 号 | ISBN 978 – 7 – 301 – 35155 – 0 |
| 出 版 发 行 | 北京大学出版社 |
| 地　　　　址 | 北京市海淀区成府路 205 号　100871 |
| 网　　　　址 | http://www.pup.cn　新浪微博：@北京大学出版社 |
| 电 子 邮 箱 | 编辑部 pup6@pup.cn　总编室 zpup@pup.cn |
| 电　　　　话 | 邮购部 010 – 62752015　发行部 010 – 62750672　编辑部 010 – 62750667 |
| 印 刷 者 | 北京鑫海金澳胶印有限公司 |
| 经 销 者 | 新华书店 |
| | 787 毫米 × 1092 毫米　16 开本　18.25 印张　438 千字 |
| | 2024 年 6 月第 1 版　2024 年 6 月第 1 次印刷 |
| 定　　　　价 | 56.00 元 |

# 组 编 前 言

21 世纪是一个变幻莫测的世纪，是一个催人奋进的时代。科学技术飞速发展，知识更替日新月异。希望、困惑、机遇、挑战，随时随地都有可能出现在每一个社会成员的生活之中。抓住机遇，寻求发展，迎接挑战，适应变化的制胜法宝就是学习——依靠自己学习、终身学习。

作为我国高等教育组成部分的自学考试，其职责就是在高等教育这个水平上倡导自学、鼓励自学、帮助自学、推动自学，为每一个自学者铺就成才之路。组织编写供读者学习的教材就是履行这个职责的重要环节。毫无疑问，这种教材应当适合自学，应当有利于学习者掌握和了解新知识、新信息，有利于学习者增强创新意识，培养实践能力，形成自学能力，也有利于学习者学以致用，解决实际工作中所遇到的问题。具有如此特点的书，我们虽然沿用了"教材"这个概念，但它与那种仅供教师讲、学生听，教师不讲、学生不懂，以"教"为中心的教科书相比，已经在内容安排、编写体例、行文风格等方面都大不相同了。希望读者对此有所了解，以便从一开始就树立起依靠自己学习的坚定信念，不断探索适合自己的学习方法，充分利用自己已有的知识基础和实际工作经验，最大限度地发挥自己的潜能，达到学习的目标。

欢迎读者提出意见和建议。

祝每一位读者自学成功。

全国高等教育自学考试指导委员会
2023 年 1 月

# 目　　录

## 无机化学自学考试大纲

## 无机化学

全国高等教育自学考试

# 无机化学
# 自学考试大纲

全国高等教育自学考试指导委员会　制定

# 大 纲 前 言

为了适应社会主义现代化建设事业的需要,鼓励自学成才,我国在 20 世纪 80 年代初建立了高等教育自学考试制度。高等教育自学考试是个人自学、社会助学和国家考试相结合的一种高等教育形式。应考者通过规定的专业课程考试并经思想品德鉴定达到毕业要求的,可获得毕业证书;国家承认学历并按照规定享有与普通高等学校毕业生同等的有关待遇。经过 40 多年的发展,高等教育自学考试为国家培养造就了大批专门人才。

课程自学考试大纲是规范自学者学习范围,要求和考试标准的文件。它是按照专业考试计划的要求,具体指导个人自学、社会助学、国家考试及编写教材的依据。

为更新教育观念,深化教学内容方式、考试制度、质量评价制度改革,更好地提高自学考试人才培养的质量,全国考委各专业委员会按照专业考试计划的要求,组织编写了课程自学考试大纲。

新编写的大纲,在层次上,本科参照一般普通高校本科水平,专科参照一般普通高校专科或高职院校的水平;在内容上,及时反映学科的发展变化以及自然科学和社会科学近年来研究的成果,以更好地指导应考者学习使用。

全国高等教育自学考试指导委员会
2023 年 12 月

# Ⅰ 课程性质与课程目标

## 一、课程性质和特点

无机化学是高等教育自学考试冶金工程（专升本）、药学（专科）、中药学（专科）等专业开设的一门基础课，是学习本专业有关理论知识的入门课程之一。

本课程的任务是通过自学和辅导，使考生熟悉和掌握有关无机化学基础理论和基本知识，使考生对无机化学有一个较系统的认识，对重要元素单质和化合物的性质、变化规律有所了解，并初步具备应用相关理论和知识去分析和解决本课程范畴内实际问题的能力，为后续课程的学习打下基础。

## 二、课程目标

本课程的目标是使学生通过学习，熟悉无机化学中的原子和分子结构理论、化学热力学、化学动力学、化学平衡以及氧化还原和配合物等重要理论，并能运用上述理论去认识和分析常见元素单质和化合物的主要性质，初步了解无机化学反应的一般规律。

## 三、与相关课程的联系与区别

本课程是冶金工程（专升本）、药学（专科）、中药学（专科）等专业入门的基础课之一，所涉及的基础理论和元素知识与后续其他化学课程及专业课程均有密切的内在联系，是学习其他课程的基础。

## 四、课程的重点和难点

本课程的重点和难点如下。

1. 理想气体状态方程、气体分压定律，溶液的依数性及其应用。

2. 化学热力学状态函数概念、重要定律和化学反应自发性的判据，化学平衡及影响因素，反应进行的程度及有关计算。

3. 反应速率及影响速率因素。

4. 电离平衡和沉淀溶解平衡的理论及计算。

5. 原子和分子结构理论，并用于说明元素及化合物的性质和变化规律。

6. 氧化还原反应特点及应用，电极电势和电动势，元素电势图及其应用。

7. 无机配体所形成的配合物的价键理论，配离子稳定性及有关计算。

8. 常见重要非金属和金属元素及化合物的结构、性质、有关反应和变化规律。

# Ⅱ　考核目标

本大纲在考核目标中，按照"识记""领会""简单应用"和"综合应用"四个层次规定其达到的能力层次要求。四个能力层次是递进的关系，各能力层次的含义如下。

"识记"：能知道有关名词、概念和知识的含义，并能正确的认识和表述。

"领会"：在识记的基础上，能全面把握基本概念、基本原理和基本性质，能把握有关概念、原理、性质和反应的区别与联系。

"应用"：在领会的基础上，能运用基本概念、基本原理、基本方法分析和解决有关的理论问题和实际问题。一般分为"简单应用"和"综合应用"。其中，"简单应用"指在领会的基础上能用学过的一两个知识点分析和解决简单的问题；"综合应用"指在简单应用的基础上能用学过的多个知识点综合分析和解决比较复杂的问题，是更高层次的要求。

# Ⅲ　课程内容与考核要求

## 第1章　气体和溶液

### 一、学习目的与要求

通过本章学习，掌握理想气体状态方程和气体分压/分体积定律及其应用；了解常用的溶液浓度表示方法及换算；掌握难挥发非电解质稀溶液的依数性及其应用。

### 二、课程内容

1.1　气体
1.2　溶液

### 三、考核知识点与考核要求

1.1　气体
识记：气体分压定律和分体积定律。
简单应用：理想气体的状态方程。
1.2　溶液
识记：质量分数、摩尔分数；难挥发非电解质稀溶液沸点升高和凝固点降低。
领会：拉乌尔定律；难挥发非电解质稀溶液蒸气压下降、渗透压。
简单应用：物质的量浓度、质量摩尔浓度之间的换算。

### 四、本章重点与难点

本章重点：理想气体状态方程；气体分压/分体积定律及其应用；难挥发非电解质稀溶液依数性及有关计算公式使用条件。

本章难点：理想气体状态方程和气体分压/分体积的应用；难挥发非电解质稀溶液依数性的计算。

## 第2章　化学反应热和化学平衡

### 一、学习目的与要求

了解热力学常用术语及内能、焓、熵和吉布斯自由能等状态函数的概念；掌握热力学第一定律和盖斯定律及有关运算；能利用吉布斯自由能变化判定化学反应的进行方向以及程度；了解化学平衡的特点及平衡常数的物理意义，掌握有关化学平衡各类运算；把握浓度、压力和温度对化学平衡移动的影响。

## 二、课程内容

2.1 热力学第一定律

2.2 热化学反应方程式和标准摩尔反应焓

2.3 热力学第二定律

2.4 吉布斯自由能与化学反应的方向

2.5 化学反应的平衡态

## 三、考核知识点与考核要求

2.1 热力学第一定律

识记：了解系统、环境、状态函数的定义和特征（状态函数的判断，区分广度性质和强度性质，状态函数变化与途径的关系）、等温、等压、等容过程的特征；热和功的定义、符号。

领会：等压过程体积功的计算，热力学能、焓的定义，等容热效应、等压热效应的计算。

2.2 热化学反应方程式和标准摩尔反应焓

领会：标准态的定义；标准摩尔反应焓的定义和单位；标准摩尔生成焓和标准摩尔燃烧焓的定义。

简单应用：通过盖斯定律、标准摩尔生成焓和标准摩尔燃烧焓计算反应的标准摩尔反应焓。

2.3 热力学第二定律

识记：热力学第二定律的表述；熵函数的基本定义和熵增加原理。

领会：自发过程的基本特征。

综合应用：标准摩尔熵变的计算。

2.4 吉布斯自由能与化学反应的方向

识记：吉布斯自由能的基本定义。

领会：吉布斯自由能判断反应的进行方向（区别标准态和非标准态下的差异）。

综合应用：通过吉布斯方程式、标准摩尔生成吉布斯自由能计算 $\Delta_r G_m^{\ominus}$。

2.5 化学反应的平衡态

识记：平衡常数的定义和反应商、平衡常数的表达式；比较反应商和平衡常数判断反应的方向；实验平衡常数的定义。

领会：浓度和压力对平衡的影响；实验平衡常数的定义；浓度、温度、压力对化学平衡的影响。

综合应用：吉布斯自由能和平衡常数的关系，标准平衡常数与方程式计量系数的关系。

## 四、本章重点与难点

本章重点：状态函数热（$Q$）和功（$W$）的概念和特征；等压过程体积功的计算；热力学能和焓的定义；简单过程热力学能改变（$\Delta U$）和焓变（$\Delta H$）的计算；热化学方程式的书写及标准态的定义；标准摩尔焓变（$\Delta_r H_m^{\ominus}$）的定义和计算；自发过程的特征；摩尔熵（$S_m^{\ominus}$）的定义和标准摩尔熵变（$\Delta_r S_m^{\ominus}$）的计算；热力学第三定律的表述；吉布斯自由

能的定义；化学反应吉布斯自由能改变（$\Delta_r G_m^\ominus$）的计算和用于判断反应的自发方向；反应商（$Q$）和标准平衡常数（$K^\ominus$）的定义和关系；实验平衡常数的物理意义；温度对化学平衡的影响；勒沙特列原理。

本章难点：根据盖斯定律计算反应的标准摩尔反应焓（$\Delta_r H_m^\ominus$）；标准摩尔生成焓（$\Delta_f H_m^\ominus$）的定义并用其计算反应的 $\Delta_r H_m^\ominus$；标准摩尔燃烧焓（$\Delta_c H_m^\ominus$）的定义并用其计算反应的 $\Delta_r H_m^\ominus$；标准摩尔熵和混乱度的关系；定性判断不同状态下熵值的大小；标准摩尔熵变（$\Delta_r S_m^\ominus$）的计算；反应吉布斯自由能改变（$\Delta_r G_m^\ominus$）的计算；反应转化温度的估算；利用多重平衡规则计算目标反应的平衡常数；浓度和压力变化时，通过比较反应商和标准平衡常数判断平衡移动方向；温度改变时，通过计算平衡常数的变化来判断平衡移动方向。

# 第3章　化学反应速率

## 一、学习目的与要求

了解什么是化学反应速率及影响速率的因素，掌握简单级数反应的动力学特征。

## 二、课程内容

3.1　化学反应速率和速率方程
3.2　一级反应的动力学特征
3.3　温度对反应速率的影响
3.4　催化剂对反应速率的影响

## 三、考核知识点与考核要求

3.1　化学反应速率和速率方程
识记：平均速率、瞬时速率的概念；发生有效碰撞的条件；过渡态对活化能的解释；速率方程；反应级数的基本概念。
领会：速率常数基本特征、单位及其与反应级数的关系；过渡态的基本概念；简单碰撞理论的基本概念。
3.2　一级反应的动力学特征
领会：半衰期的概念；一级反应速率常数。
综合应用：一级反应的相关计算。
3.3　温度对反应速率的影响
识记：范特霍夫经验规则。
综合应用：阿累尼乌斯方程和相关计算。
3.4　催化剂对反应速率的影响
识记：催化剂的概念和催化原理。

## 四、本章重点与难点

本章重点：瞬时速率和平均速率的定义；有效碰撞的两个条件；碰撞理论对于活化能

的解释；过渡态的特征；过渡态理论对于活化能的解释；正、逆反应过程活化能与反应热的关系；速率方程；反应级数；一级反应动力学特征；基元反应；质量作用定律；阿累尼乌斯公式及其应用。

本章难点：根据速率方程，计算速率常数和反应级数；一级反应浓度变化和半衰期的相关计算；根据阿累尼乌斯公式计算反应的活化能或给定活化能，计算温度对化学反应速率常数的影响；质量作用定律和基元反应的关系。

# 第4章　酸碱和沉淀溶解平衡

## 一、学习目的与要求

在对酸碱质子理论、水的电离及溶液酸碱性有所认识的基础上，把握一元弱酸（碱）的电离和有关运算；溶液 pH 的求算；了解多元弱酸电离的概念；了解活度的概念；领会同离子效应和盐效应对弱电解质电离平衡的影响；掌握缓冲溶液的缓冲原理及 pH 的计算；了解难溶电解质溶液溶解度和溶度积之间关系；掌握沉淀生成和溶解的条件及有关运算；了解同离子效应和盐效应对难溶物溶解度的影响；掌握沉淀转化和分步沉淀。

## 二、课程内容

4.1　溶液酸碱理论
4.2　水的电离平衡和溶液的 pH 的计算
4.3　酸碱缓冲溶液
4.4　溶度积和溶解度

## 三、考核知识点与考核要求

4.1　溶液酸碱理论
识记：酸、碱和两性物质的判断；强电解质和弱电解质的区别；离子氛和活度的概念。
领会：电离度的概念。
4.2　水的电离平衡和溶液的 pH 的计算
识记：共轭酸碱的概念、共轭酸碱对的识别；同离子效应和盐效应。
领会：水的电离平衡和离子积常数；一元弱酸弱碱的电离以及标准电离平衡常数的表达式；共轭酸碱电离平衡常数的关系。
综合应用：一元弱酸弱碱溶液 pH 的计算和近似条件；多元弱酸/弱碱的电离平衡和 pH 近似计算。
4.3　酸碱缓冲溶液
领会：缓冲溶液的定义，缓冲溶液的作用原理和缓冲溶液的组成，缓冲溶液的 pH 范围。
简单应用：缓冲溶液 pH 的计算。
4.4　溶度积和溶解度
识记：溶度积常数；同离子效应和盐效应。

领会：溶度积原理；通过溶度积规则判断沉淀的生成或溶解。

综合应用：溶度积与溶解度的关系；分步沉淀基本原理和计算；沉淀转化的判断和计算。

### 四、本章重点与难点

本章重点：酸碱质子理论和共轭酸碱对；水的离子积常数和溶液的 pH；一元弱酸/弱碱的电离平衡及 pH 计算；多元弱酸/弱碱的电离平衡；缓冲溶液的性质、组成和 pH 的计算；溶度积常数和溶度积规则及相关计算；同离子效应和盐效应。

本章难点：共轭酸碱对的判断和识别；共轭酸碱对中酸电离平衡常数和碱电离平衡常数的关系；一元弱酸/弱碱溶液，多元弱酸/弱碱溶液 pH 的计算及运用；缓冲溶液 pH 的计算；基于缓冲范围选择合适的缓冲对；根据溶度积规则判断沉淀产生的条件；溶度积和溶解度的关系及换算；分步沉淀和沉淀转换的计算；同离子效应和盐效应在酸碱平衡和沉淀溶解平衡中的相同点和不同点。

# 第 5 章　氧化还原反应

### 一、学习目的与要求

在了解氧化还原反应和氧化数概念的基础上，应用离子－电子法配平氧化还原反应方程；掌握原电池和电极电势概念；标准电极电势的测定方法；应用标准电极电势表判定氧化剂、还原剂的相对强弱及氧化还原反应进行的方向；掌握氧化还原反应平衡常数的运算方法及能斯特方程的应用；了解影响电极电势因素；元素电势图及其应用。

### 二、课程内容

5.1　氧化还原反应和原电池

5.2　电极电势

5.3　电极电势的应用

5.4　元素电势图

### 三、考核知识点与考核要求

5.1　氧化还原反应和原电池

识记：氧化数；氧化还原半反应；氧化还原电对；原电池的概念组成。

领会：离子-电子法配平氧化还原方程；电极和电池符号的书写。

5.2　电极电势

识记：电极电势的产生；标准氢电极、电极符号和电极电势；电极电势的测定。

领会：标准电极电势的定义；电池电动势/电极电势和化学反应吉布斯自由能的关系。

综合应用：能斯特方程式和相关计算。

5.3　电极电势的应用

识记：判断氧化剂、还原剂氧化还原能力的相对强弱；判断氧化还原反应进行的方向。

领会：判断氧化还原反应进行的程度。

5.4 元素电势图

识记：元素电势图的识读；利用元素电势图判断歧化反应。

领会：从已知电对的电极电势求未知电对的电极电势。

### 四、本章重点与难点

本章重点：氧化数的概念；氧化还原反应方程式的配平方法；电池符号的书写；标准氢电极；标准电极电势；电极电势、电池电动势和热力学常数的关系；能斯特方程和应用；元素电势图的简单应用。

本章难点：将氧化还原反应布置成电池；电池符号的书写；根据标准电极电势判断氧化性和还原性的强弱；根据标准电极电势计算标准电池电动势、电池反应的 $\Delta_r G_m^{\ominus}$ 和 $K^{\ominus}$；根据能斯特方程计算浓度对于电极电势或电池电动势的影响；根据元素电势图判断某物质是否发生歧化反应。

# 第6章 原子结构和元素周期性

## 一、学习目的与要求

了解原子核外电子运动特殊性及量子力学对电子运动状态的描述方法；把握原子核外电子排布规律及常见元素原子的核外电子排布；熟悉原子结构与元素周期表的关系；熟悉元素周期表的结构及表内元素性质变化的规律。

## 二、课程内容

6.1 原子结构和电子

6.2 原子核外电子运动状态和电子排布

6.3 元素周期表和元素周期性

## 三、考核知识点与考核要求

6.1 原子结构和电子

识记：氢原子光谱；玻尔原子模型。

领会：测不准关系、微观粒子的波粒二象性。

6.2 原子核外电子运动状态和电子排布

识记：波函数和原子轨道。

领会：原子核外电子排布式、能量最低原理、泡利不相容原理、洪特规则。

简单应用：四个量子数的物理意义、取值及相互关系。

6.3 元素周期表和元素周期性

识记：周期表的结构及元素的分区。

领会：原子电子层结构与周期以及族的关系。

简单应用：根据原子结构，解释原子半径、电离能、电子亲和能和电负性变化。

## 四、本章重点与难点

本章重点：微观粒子运动特别性（微观粒子物理量的量子化、微观粒子的波粒二象性）；四个量子数的概念；核外电子排布与元素周期律的关系；描述电子运动状态四个量子数；多电子原子的能级和原子的核外电子排布；原子电子层结构与周期以及族的关系。

本章难点：原子核外电子排布；元素性质的周期性变化。

# 第7章 化学键和分子间作用力

## 一、学习目的与要求

了解离子键和离子晶体的基本特点；把握价键理论的要点和共价键的实质与特点；应用杂化轨道和价层电子对互斥理论判定某些多原子分子的空间构型；了解分子间作用力和氢键及其对无机物性质的影响；了解离子极化对化合物键型和性质的影响。

## 二、课程内容

7.1 化学键及其类型
7.2 共价键
7.3 分子间作用力
7.4 离子的极化作用

## 三、考核知识点与考核要求

7.1 化学键及其类型
识记：离子键和金属键的概念和特点。
领会：离子晶体和金属晶体的特点。
7.2 共价键
识记：价键理论的基本要点；共价键的特征；共价键的类型。
领会：分子轨道理论。
简单应用：杂化轨道理论、价层电子对互斥理论的基本要点、判断共价分子结构的一般规律。
7.3 分子间作用力
识记：范德华力的组成和特点。
领会：氢键的类型；氢键对化合物性质的影响。
7.4 离子的极化作用
识记：离子的极化、变形性、影响因素，离子极化的相互作用，极化对键型、晶型和物质性质的影响。

## 四、本章重点与难点

本章重点：价键理论、杂化轨道理论、价层电子对互斥理论与分子构型的关系；分子轨道理论的应用；分子间作用力的分类；氢键的形成、极化作用和变形性对化合物性质的影响。

本章难点：利用共价键理论判断杂化轨道类型；离子的极化和变形性大小对物质性质的影响。

# 第8章　配位化合物

## 一、学习目的与要求

了解配合物的基本概念；掌握配合物价键理论的要点，并能推断常见配离子的几何构型；了解配离子在溶液中的稳定性并利用 $K_稳$ 和 $K_{不稳}$ 进行有关运算；了解配位平衡与其他平衡的关系。

## 二、课程内容

8.1　配位化合物的基本概念
8.2　配位化合物的价键理论
8.3　配位化合物的稳定性及配位平衡
8.4　配位化合物的应用

## 三、考核知识点与考核要求

8.1　配位化合物的基本概念
识记：配位化合物的定义；内界和外界；中心体与配体；配位数；简单配合物与螯合物。
简单应用：配合物的命名。
8.2　配位化合物的价键理论
识记：外轨和内轨型配合物的定义和判断。
领会：配合物中心体杂化类型和配位空间构型；磁矩的计算。
8.3　配位化合物的稳定性及配位平衡
领会：稳定常数的概念。
综合应用：配位平衡的影响因素。
8.4　配合物的应用
识记：配合物的应用。

## 四、本章重点与难点

本章重点：配合物的基本概念；配合物的组成和命名；配位键的本质；配合物价键理论（中心体轨道杂化类型、内轨和外轨型配合物）；磁性测量和配合物结构的关系。
本章难点：配合物命名中内界和外界；配合物命名规则；配合物价键理论中 $sp^3$，$dsp^2$，$sp^3d^2$，$d^2sp^3$ 杂化轨道的形成；空间结构和电子排布；配位平衡的影响因素。

# 第9章　s区和p区元素

## 一、学习目的与要求

熟悉碱金属和碱土金属的物理和化学性质；了解硼及铝重要化合物的性质；了解碳酸

盐的性质、$SiO_2$ 结构和性质，以及铅的氧化物性质；熟悉氮、磷单质，氨和铵盐的结构和性质，氮的含氧酸及其盐、磷酸盐、砷的氧化物的重要性质；熟悉 $O_2$ 和 $H_2O_2$ 的结构和性质，硫的重要含氧酸及其盐的性质；熟悉卤素单质、氢化物、含氧酸及其盐的结构和性质；了解氢和稀有气体的基本性质。

## 二、课程内容

9.1 碱金属和碱土金属

9.2 硼族元素

9.3 碳族元素

9.4 氮族元素

9.5 氧族元素

9.6 卤素

9.7 氢和稀有气体

## 三、考核知识点与考核要求

9.1 碱金属和碱土金属

识记：单质的物理性质、制备、用途；$M^+$ 和 $M^{2+}$ 离子的特征。

领会：碱金属和碱土金属的通性；单质的化学性质；氧化物及氢氧化物。

简单应用：锂和镁的相似性。

9.2 硼族元素

识记：硼的卤化物；铝的卤化物。

领会：硼族元素的通性；硼的氢化物；金属铝。

简单应用：硼的含氧化合物；铝的含氧化合物。

9.3 碳族元素

识记：碳的同素异形体；碳的氧化物；碳酸及碳酸盐；锗、锡、铅单质。

领会：碳族元素的通性；单质硅、二氧化硅、硅酸、硅酸盐。

简单应用：铅的氧化物。

9.4 氮族元素

识记：单质氮；磷的成键特征。

领会：氮族元素的通性；氮的成键特征；氨及氨盐；单质磷、磷化氢、磷的含氧化合物；砷及其化合物

简单应用：氮的含氧化合物

9.5 氧族元素

识记：氧单质、过氧化氢、硫化氢。

领会：氧族元素的通性；硫的成键特征；硫的氧化物。

简单应用：硫的含氧酸。

9.6 卤素

识记：卤素单质的物理性质；卤化氢和氢卤酸的物理性质。

领会：卤素的通性；卤化氢和氢卤酸的化学性质；卤素的含氧酸及其盐。

简单应用：卤素单质的化学性质；卤化氢酸强弱的规律。

9.7　氢和稀有气体

识记：氢气性质；稀有气体的用途。

领会：氢原子成键特征；氢气制备；稀有气体的性质。

### 四、本章重点与难点

根据各族元素的电子结构理解成键特征，进一步理解单质及化合物的化学性质，并掌握性质变化规律。

本章重点：碱金属和碱土金属单质的性质及变化规律；对角线规则；硼的氢化物结构及性质，铝和氢氧化铝的两性；氮和磷单质的结构和性质，活泼性差异的原因；$O_2$ 的结构、活泼性与顺磁性；卤素单质的氧化性和卤阴离子的还原性。

本章难点：硅及氧化物与碱的反应；氨的结构和性质，铵盐的热稳定性；$H_2O_2$ 的结构和性质，$SO_2$ 和亚硫酸盐的还原性及硫酸的性质，硫代硫酸及其盐的性质；氯的含氧酸及其盐的酸性、稳定性、氧化性变化规律。

# 第 10 章　d 区和 ds 区元素

### 一、学习目的与要求

了解 d 区和 ds 区元素的通性；了解钛及其化合物的性质；掌握铬（Ⅲ）和铬（Ⅵ）化合物的性质及相互转化；了解钒及其化合物的性质；掌握锰（Ⅱ）、锰（Ⅳ）、锰（Ⅵ）和锰（Ⅶ）化合物的性质及相互转化；掌握铁（Ⅱ）和铁（Ⅲ）化合物的性质及相互转化，了解钴和镍化合物的性质；掌握铜、银、锌、汞等重要化合物的性质；熟悉上述各项性质的有关反应式。

### 二、课程内容

10.1　钛副族元素

10.2　钒副族元素

10.3　铬副族元素

10.4　锰副族元素

10.5　铁系元素

10.6　铜副族元素

10.7　锌副族元素

### 三、考核知识点与考核要求

10.1　钛副族元素

识记：钛的制备；钛酸；三氯化钛。

领会：钛副族元素的通性；钛单质的性质，四氯化钛。

简单应用：二氧化钛。

10.2　钒副族元素

识记：钒的制备。

领会：钒副族元素的通性；钒单质的性质；五氧化二钒；钒酸盐；钒的卤化物。

简单应用：各种价态钒离子。

10.3 铬副族元素

识记：铬的制备。

领会：铬副族元素的通性；三价铬化合物；六价铬过氧化物；铬单质的性质。

简单应用：六价铬化合物。

10.4 锰副族元素

识记：锰的制备。

领会：锰副族元素的通性；二价、四价、六价锰化合物。

简单应用：七价锰化合物

10.5 铁系元素

识记：铁系元素的制备。

领会：铁系元素的通性；铁系单质的性质；六价铁化合物；二价钴和镍化合物；三价钴和镍化合物。

简单应用：二价铁化合物；三价铁化合物。

10.6 铜副族元素

识记：铜副族元素单质的性质。

领会：铜副族元素的通性；铜的一价化合物；金的三价化合物。

简单应用：铜的二价化合物、银的一价化合物。

10.7 锌副族元素

领会：锌副族元素的通性；汞的一价、二价化合物；锌副族元素单质的性质。

简单应用：锌的二价化合物。

## 四、本章重点与难点

根据各族元素的电子结构理解成键特征，进一步理解单质及化合物的化学性质，并掌握性质变化规律。

本章重点：钛（Ⅲ）和钛（Ⅳ）化合物的化学性质及相互转化；钒的主要化合态；铬（Ⅵ）化合物的存在形式及氧化性，铬（Ⅲ）和铬（Ⅵ）化合物的相互转化。锰的常见稳定氧化态，各氧化态锰化合物相对的稳定性及相互转化。铁（Ⅱ）盐的还原性及其在碱性介质中的不稳定性；铁（Ⅲ）盐的强水解性及氧化性；铁（Ⅱ）和铁（Ⅲ）氢氧化物的性质、稳定配离子和二者的鉴别反应式。三价钴和镍氢氧化物的强氧化性。铜和银的常见氧化态，铜（Ⅰ）在溶液中的歧化反应；$Cu(OH)_2$ 的两性；银（Ⅰ）的重要化合物（$AgNO_3$ 和 AgX）。

本章难点：二氧化钛和四氯化钛的化学性质；钒在不同 pH 中的存在形式，不同价态钒离子的颜色；Cr（Ⅲ）氢氧化物的两性及 Cr（Ⅲ）盐的还原性。Mn（Ⅱ）与 Mn（Ⅳ）、Mn（Ⅱ）与 Mn（Ⅶ）的相互转化。钴和镍氢氧化物稳定性。$Zn(OH)_2$ 的两性，$ZnCl_2$ 的水解。$Hg_2Cl_2$ 和 $HgCl_2$ 的性质及 Hg（Ⅰ）和 Hg（Ⅱ）的鉴别。

# Ⅳ 关于大纲的说明与考核实施要求

## 一、自学考试大纲的目的和作用

课程自学考试大纲是根据冶金工程（专升本）、药学（专科）、中药学（专科）等专业自学考试计划的要求，结合自学考试的特点而确定的。其目的是对个人自学、社会助学和课程考试命题进行指导和规定。

课程自学考试大纲明确了课程学习的内容以及深广度，规定了课程自学考试的范围和标准。因此，它是编写自学考试教材和辅导书的依据，是社会助学组织进行自学辅导的依据，是自学者学习教材、掌握课程内容知识范围和程度的依据，也是进行自学考试命题的依据。

## 二、课程自学考试大纲与教材的关系

课程自学考试大纲是进行学习和考核的依据，教材是学习掌握课程知识的基本内容与范围，教材的内容是大纲所规定的课程知识和内容的扩展与发挥。课程内容在教材中可以体现一定的深度或难度，但在大纲中对考核的要求一定要适当。

大纲与教材所体现的课程内容应基本一致；大纲里面的课程内容和考核知识点，教材里一般也要有。反过来教材里有的内容，大纲里就不一定体现。如果教材是推荐选用的，其中有的内容与大纲要求不一致的地方，应以大纲规定为准。

## 三、关于自学教材

《无机化学（2024年版）》，全国高等教育自学考试指导委员会组编，周向葛主编，北京大学出版社出版。

## 四、关于自学要求和自学方法的指导

本大纲的课程基本要求是依据专业考试计划和专业培养目标而确定的。课程基本要求还明确了课程的基本内容，以及对基本内容掌握的程度。基本要求中的知识点构成了课程内容的主体部分。因此，课程基本内容掌握程度、课程考核知识点是高等教育自学考试考核的主要内容。

为有效地指导个人自学和社会助学，本大纲已指明了课程的重点和难点，在章节的基本要求中一般也指明了章节内容的重点和难点。

本课程共 4 学分。

根据学习对象成人在职业余自学的情况，教师可结合自己或他人的教学经验和体会，并结合本专业的要求、本课程的特点，可具体适当提出几点具有规律性或代表性的学习方法，以便更好地指导考生如何进行自学。

1. 自学时，应根据大纲中各章考核的知识点及知识点的能力层次要求和考核目标去阅读教材，以便心中有数。

2. 自学时对每个知识点均要仔细阅读，对基本概念要深刻领会，对基本理论要彻底弄清，对重要性质和反应要坚固把握。

3. 自学过程中应做好阅读笔记，按考核要求把教材中的基本概念、原理、重要性质和反应等加以整理，以加深对问题的认识、领会和记忆，提高自学成效。

4. 各章后的习题是领会所学知识，培养分析和解决问题能力及提高运算能力的重要环节。应当在阅读教材的基础上完成作业，切勿照书抄写，认真做好习题对参加考试是极为有益的。

## 五、对考核内容的说明

本课程要求考生学习和掌握的知识点内容都作为考核的内容。课程中各章的内容均由若干知识点组成，在自学考试中成为考核知识点。因此，课程自学考试大纲中所规定的考试内容是以分解为考核知识点的方式给出的。由于各知识点在课程中的地位、作用以及知识自身的特点不同，自学考试将对各知识点分别按四个层次确定其考核要求。

## 六、关于考试方式和试卷结构的说明

1. 本课程的考试方式为闭卷笔试，满分100分，60分及格。考试时间为150分钟。考生可携带钢笔、签字笔、铅笔、三角板、橡皮、无记忆存储及通信功能的计算器参加考试。

2. 本课程在试卷中对不同能力层次要求的分数比例大致为：识记占20%，领会占30%，简单应用占30%，综合应用占20%。

3. 要合理安排试题的难易程度，试题的难度可分为：易、较易、较难和难四个等级。必须注意试题的难易程度与能力层次有一定的联系，但二者不是等同的概念。在各个能力层次中对于不同的考生都存在着不同的难度。在大纲中要特别强调这个问题，应告诫考生切勿混淆。

4. 课程考试命题的主要题型一般有单项选择题、简答题、推断题、计算题等。

在命题工作中必须按照本课程大纲中所规定的题型命制，考试试卷使用的题型可以略少，但不能超出本课程的题型规定。

# 附录　题型举例

**一、单项选择题**

下列情况中的真实气体的性质与理想气体相近的是（　　）。

A. 低温高压　　　　B. 低温低压　　　　C. 高温低压　　　　D. 高温高压

**二、简答题**

盛 $Ba(OH)_2$ 溶液的瓶子在空气中放置一段时间后，内壁会蒙上一层白色薄膜，这是什么物质？欲除去这层薄膜，可取下列何种物质洗涤并说明理由。

（1）盐酸；（2）水；（3）硫酸。

**三、推断题**

有白色的钠盐晶体 A。A 的水溶液是中性，A 溶液与 $FeCl_3$ 溶液作用，溶液变棕色浑浊。A 溶液与 $AgNO_3$ 溶液作用，有黄色沉淀析出。向 A 溶液中滴加 $NaClO$ 溶液时，溶液变成棕红色。若继续加过量 $NaClO$ 溶液，溶液又变成无色。请问 A 为何物？写出有关反应式。

**四、计算题**

已知 $Ksp^{\ominus}CaF_2 = 2.7 \times 10^{-11}$，计算在 0.25L 浓度为 $0.10\,mol \cdot L^{-1}$ $Ca(NO_3)_2$ 溶液中能溶解 $CaF_2$ 多少克？（$M_{CaF_2} = 78\,g \cdot mol^{-1}$）

# 参考答案

**一、单项选择题**

C

**二、简答题**

答：白色薄膜是 $Ba(OH)_2$ 溶液吸收空气中的 $CO_2$ 生成的难溶性 $BaCO_3$。欲除去这层薄膜应使用盐酸溶液洗涤，这是因为生成可溶于水的 $BaCl_2$。

$$BaCO_3 + 2HCl = BaCl_2 + CO_2 \uparrow + H_2O$$

由于 $BaCO_3$ 不溶于水，而它与硫酸溶液作用会转化为更难溶的 $BaSO_4$，所以不能用水和硫酸溶液来洗涤。

**三、推断题**

解：可判断 A 是 $NaI$。

$$2NaI + 2FeCl_3 = I_2 + 2FeCl_2 + 2NaCl$$
$$NaI + AgNO_3 = AgI \downarrow + NaNO_3$$
$$NaClO + 2NaI + H_2O = I_2 + NaCl + 2NaOH$$
$$3NaClO + NaI = NaIO_3 + 3NaCl$$

**四、计算题**

解：$\because [Ca^{2+}][F^-]^2 = 2.7\times10^{-11}$

$\qquad [Ca^{2+}] = 0.10 mol\cdot L^{-1}$

$\therefore [F^-] = \sqrt{\dfrac{2.7\times10^{-11}}{0.10}} = 1.6\times10^{-5}(mol\cdot L^{-1})$

则 1L 中可溶解 $CaF_2$：$0.5\times1.6\times10^{-5} = 8.0\times10^{-6}(mol\cdot L^{-1})$

0.25L 可溶解 $CaF_2$ 克数为

$$8.0\times10^{-6}\times0.25\times78 = 1.6\times10^{-4}(g)$$

# 大 纲 后 记

    《无机化学自学考试大纲》是根据《高等教育自学考试专业基本规范（2021 年）》的要求，由全国高等教育自学考试指导委员会组织制定的。

    全国高等教育自学考试指导委员会土木水利矿业环境类专业委员会对本大纲组织审稿，根据审稿会意见由编者做了修改，最后由土木水利矿业环境类专业委员会定稿。

    本大纲由四川大学周向葛教授、秦松副教授、于珊珊副教授、蔡中正副教授编写；参加审稿并提出修改意见的有南京大学李承辉教授、四川师范大学赵燕教授、成都理工大学马晓艳副教授。

    对参与本大纲编写和审稿的各位专家表示感谢。

全国高等教育自学考试指导委员会

土木水利矿业环境类专业委员会

2023 年 12 月

# 无机化学

全国高等教育自学考试指导委员会　组编

# 编 者 的 话

本教材是根据全国高等教育自学考试指导委员会最新制定的《无机化学自学考试大纲》编写的自学考试指定教材。

本教材适应新时代需求，通过信息技术助力自学应考者的自学和辅学，力求把知识的传授与能力的培养结合起来。按照自学考试培养应用型、职业型人才为主的精神，在符合本门学科的基本要求的同时，本教材的内容强调基础性、注重实用性、易于实践性，同时兼顾社会需要的目标要求。为了培养自学应考者系统地掌握与冶金、土木工程和药学有关的无机化学的基本知识、基本理论和技术方法，达到普通高等教育一般本科院校的水平。针对课程的特点，本教材在覆盖无机化学基本知识点的同时，还突出基本原理和基本方法的运用。

本教材系统介绍了无机化学的基本概念、理论和计算方法。共分 10 章，内容包括：第 1 章气体和溶液，第 2 章化学反应热和化学平衡，第 3 章化学反应速率，第 4 章酸碱和沉淀溶解平衡，第 5 章氧化还原反应，第 6 章原子结构和元素周期性，第 7 章化学键和分子间作用力，第 8 章配位化合物，第 9 章 s 区和 p 区元素，第 10 章 d 区和 ds 区元素。章前有以思维导图形式呈现的知识结构图，章后的习题参照考试题型进行设置。另外，本书还配有各章知识点串讲和拓展习题的讲解视频及在线答题（附参考答案）等数字资源（读者可参照本书封底的数字资源使用说明）。

本教材由四川大学周向葛教授担任主编，四川大学秦松副教授、于珊珊副教授、蔡中正副教授参加编写。具体编写工作：内容简介、第 10 章（周向葛）；第 1 章、第 6 章、第 7 章（蔡中正）；第 2 章、第 3 章、第 4 章、第 5 章、第 8 章（秦松）；第 9 章（于珊珊）。每章均制作了配套的数字资源。

本教材由南京大学李承辉教授担任主审，四川师范大学赵燕教授和成都理工大学马晓艳副教授参审，在此表示衷心感谢。

由于编者的水平有限，书中难免有不妥之处，恳请广大读者批评指正。

编　者
2023 年 12 月

资源索引

# 第1章
# 气体和溶液

## 知识结构图

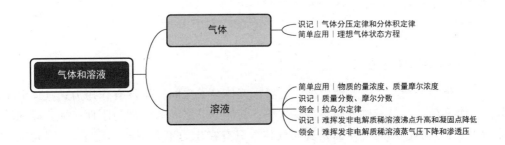

气体和溶液
- 气体
  - 识记 | 气体分压定律和分体积定律
  - 简单应用 | 理想气体状态方程
- 溶液
  - 简单应用 | 物质的量浓度、质量摩尔浓度
  - 识记 | 质量分数、摩尔分数
  - 领会 | 拉乌尔定律
  - 识记 | 难挥发非电解质稀溶液沸点升高和凝固点降低
  - 领会 | 难挥发非电解质稀溶液蒸气压下降和渗透压

第1章
知识点串讲

物质总是以一定的聚集状态存在于自然界。常温、常压下，物质通常有气态、液态和固态三种存在状态。在一定条件下，物质的这三种状态可以相互转变。在特殊条件下，物质的存在状态还有等离子体状态和超临界状态。

# 1.1　气　体

## 1.1.1　气体的基本特性

气体的基本特性是具有扩散性和可压缩性。物质在气体状态时，分子间彼此相距甚远，分子间的引力非常小，各个分子都在无规则地快速运动。通常物质为气体时，它们的许多物理性质和其化学组成无关，致使气体具有众多的共同性质。气体的存在状态主要取决于四个因素，即压力、体积、温度和物质的量，反映这四个因素之间关系的方程式为气体状态方程。

气体扩散的快慢取决于分子热运动的速率大小。实验证明，在其他条件不变的情况下，温度越高，分子运动的速率越快，扩散进行得越迅速。1831年，英国物理学家格拉罕姆通过研究总结出气体扩散定律，即同温同压下各种不同气体扩散速率与气体密度的平方根成反比。

## 1.1.2　理想气体状态方程

### 1. 理想气体状态方程式

理想气体是一种假设的气体模型，它要求气体分子之间完全没有作用力；气体分子本身只是一个几何点，只有位置而不占有体积；气体分子之间的碰撞为刚性碰撞，碰撞不引起能量损失。实际使用的气体都是真实气体，只有在压力不太高和温度不太低的情况下，分子间的距离甚大，气体所占有的体积远远超过气体分子本身的体积，导致气体分子间的作用力和气体分子本身的体积均可忽略不计时，实际气体才接近于理想气体，用理想气体的状态方程计算实际气体，才不会引起显著的误差。

理想气体状态方程式的表达为

$$pV = nRT \tag{1-1}$$

式中：$p$——气体压强，单位为 Pa（帕斯卡）；

　　　$V$——气体体积，单位为 $m^3$（立方米）；

　　　$n$——气体物质的量，单位为 mol（摩尔）；

　　　$T$——气体的热力学温度，单位为 K（开尔文）；

　　　$R$——摩尔气体常数，又称气体常数，实验证明其值与气体种类无关（摩尔气体常数可由实验测定，如测得 1.000mol 气体在 273.15K、101.325kPa 的条件下所占的体积为 $22.414 \times 10^{-3} m^3$）。

$$R = pV/nT = (101.325 \times 10^3 Pa \times 22.414 \times 10^{-3} m^3)/(1.000mol \times 273.15K)$$

$$\approx 8.314 N \cdot m \cdot mol^{-1} \cdot K^{-1} = 8.314 J \cdot mol^{-1} \cdot K^{-1}$$

2. 气体分压定律和分体积定律

原子学说的创始人道尔顿还是一名气象科学的爱好者。他研究大气的成分和性质时，发现在盛有干燥空气的容器内加入少量水蒸气，混合气体的总压强会随水蒸气含量的增加而增大，容器内压强的最终增量正好和水的饱和蒸气压相等。这就是说，其他气体的存在对水的饱和蒸气压没有影响，它们的作用就犹如真空。1801 年，道尔顿就根据上面的观察事实，提出了道尔顿分压定律。该定律的内容可以表述为在任何容器的气体混合物中，如果各组分之间不发生化学反应，则每一种气体都均匀地分布在整个容器内，它所产生的压强和它单独占有整个容器时所产生的压强相同。当两种或两种以上的气体混合时，相互间不发生化学反应，分子本身的体积和它们相互间的作用力都可以忽略不计，这就是理想气体混合物；而将组成混合气体的每种气体都称为该混合气体的组分气体。此时的分压是指混合气体中的某种组分气体单独占有混合气体的体积时所呈现的压强。

若混合气体和各组分气体都服从理想气体状态方程，只要把一定温度下各组分气体单独占有总体积时的压强定义为各组分气体的分压，便可以由理想气体状态方程导出道尔顿分压定律。推导过程如下：

对于混合气体，$p_{总}V_{总}=n_{总}RT$

若混合气体由 $i$ 个组分气体组成，且 $n_{总}=n_1+n_2+\cdots+n_i$，可得

$$p_{总}=\frac{n_1}{V_{总}}RT+\frac{n_2}{V_{总}}RT+\cdots+\frac{n_i}{V_{总}}RT$$

$$\text{设 } p_1=\frac{n_1}{V_{总}}RT, \quad p_2=\frac{n_2}{V_{总}}RT, \quad \cdots, \quad p_i=\frac{n_i}{V_{总}}RT \qquad (1-2)$$

$p_i$ 就是分压，则

$$p_{总} = p_1 + p_2 + \cdots + p_i = \sum p_i$$

可得

$$\frac{p_i}{p_{总}}=\frac{n_i}{n_{总}}=x_i$$

$x_i$ 为 $i$ 组分气体的物质的量分数，称为摩尔分数，可得道尔顿分压定律的另一种形式。

$$p_i=x_i p_{总} \qquad (1-3)$$

式 (1-3) 是道尔顿分压定律的一个重要结论，由此式可知，各组分气体的分压等于混合气体的总压与该组分气体的摩尔分数之积。

运用类似的方法，我们可以得到

$$V_{总} = V_1+V_2+\cdots+V_i = \sum V_i \qquad (1-4)$$

即当混合气体的总压和各组分气体的分压相同时，混合气体的总体积为各组分气体的分体积之和。这一规律称为理想气体的分体积定律。

分体积为

$$V_1=\frac{n_1}{p_{总}}RT, \quad V_2=\frac{n_2}{p_{总}}RT, \quad \cdots, \quad V_i=\frac{n_i}{p_{总}}RT \qquad (1-5)$$

$V_i$ 为混合气体中任一组分气体在相同温度下单独具有混合气体总压时所占有的体积，

则可得

$$V_i = x_i V_总 \qquad (1-6)$$

比较式（1-3）和式（1-6）可得，混合气体中任一组分气体的压力分数和体积分数均等于其物质的摩尔分数，即

$$\frac{V_i}{V_总} = \frac{p_i}{p_总} = \frac{n_i}{n_总} = x_i \qquad (1-7)$$

[例 1-1] 在 40℃时，三氯甲烷的饱和蒸气压为 49.32kPa，在此温度和 98.64kPa 压力下，有 4.00L 干燥空气缓慢通过三氯甲烷，让每个气流都被三氯甲烷蒸气所饱和，空气和三氯甲烷混合气体的体积是多少？

**解：**第一种方法

4.00L 干燥空气缓慢通过三氯甲烷后的压力为 $p_{空气}$，由道尔顿分压定律可知

$$p_{空气} + p_{CHCl_3} = 98.64kPa$$

$$\because p_{CHCl_3} = 49.32kPa$$

$$\therefore p_{空气} = 98.64 - 49.32 = 49.32(kPa)$$

这时空气占的体积为

$$\because T、n \ 恒定，p_{空气}V_{空气} = 98.64 \times 4$$

$$\therefore V_总 = \frac{98.64 \times 4}{49.32} = 8(L)$$

第二种方法

假设 4.00L 干燥空气缓慢通过三氯甲烷时，体积仍为 4.00L，且压强仍为大气压 98.64kPa，则 4.00L 是空气-三氯甲烷混合气体中空气的分体积。设当混合气体的压强为 98.64kPa 时，三氯甲烷的体积为 $V_i$

$$p_总 \cdot V_i = p_{CHCl_3} \cdot V_总$$

$$\therefore V_总 = \frac{98.64}{49.32} \times 4 = 8(L)$$

# 1.2 溶 液

一种或几种物质分散在另一种物质中形成的体系称为分散体系，如：实验室中使用的各种溶液，生活中喝的牛奶和各种饮料，呼吸的空气以及血管中流淌的血液，等等。若分散体系均匀、无界面，称为均相分散体系，否则为多相分散体系。均相分散体系即我们常说的溶液，至少包含两种物质，习惯上将含量较多的组分称为溶剂，其余组分为溶质。对于溶液，通常将在常温下以液态形式存在的组分称为溶剂，溶解分散在其中的固态、液态或气态组分称为溶质。溶液与化合物不同，在溶液中，溶质与溶剂的相对含量可在一定范围内变化，但溶质与溶剂形成溶液的过程表现出某些化学反应的特征，如体积变化、能量变化等。

## 1.2.1 溶液的浓度表示

溶液的组成可用不同的物理量表示，经常使用的有以下几种，在表达中用 A 代表溶

剂，B 代表溶质。

**1. 物质的量浓度 $c_B$**

物质的量浓度（简称浓度）$c_B$，指单位体积溶液中所含溶质 B 的物质的量，其关系式为

$$c_B = \frac{n_B}{V} \tag{1-8}$$

SI 制中 $c_B$ 的单位为 $mol \cdot m^{-3}$，习惯用 $mol \cdot L^{-1}$。

**2. 质量摩尔浓度 $b_B$**

溶质的质量摩尔浓度 $b_B$ 定义为单位质量溶剂中溶质 B 的物质的量，其关系式为

$$b_B = \frac{n_B}{m_A} \tag{1-9}$$

SI 制中 $b_B$ 的单位为 $mol \cdot kg^{-1}$，即 1kg 溶剂中所含溶质 B 的物质的量，$b_B$ 与温度无关。

**3. 质量分数 $w_B$**

质量分数定义为 B 的质量与混合物的质量之比。

$$w_B = \frac{m_B}{m} \tag{1-10}$$

对溶液而言，$m_B$ 代表溶质 B 的质量，$m$ 代表溶液的质量。$w_B$ 为一无单位量，与温度无关。

**4. 摩尔分数 $x_质$**

摩尔分数定义为溶液中溶质的物质的量 $n_质$ 与溶液的总物质的量 $n_液$ 之比。

$$x_质 = \frac{n_质}{n_液} \ \text{或} \ x_质 = \frac{n_质}{n_质 + n_剂} \tag{1-11}$$

同样，可以定义溶剂的摩尔分数：

$$x_剂 = \frac{n_剂}{n_液} \ \text{或} \ x_剂 = \frac{n_剂}{n_质 + n_剂} \tag{1-12}$$

溶液中溶质和溶剂的摩尔分数之和等于 1，即

$$x_质 + x_剂 = 1 \tag{1-13}$$

在已知溶液密度的基础上，我们能够完成其物质的量浓度与质量分数之间的换算以及物质的量浓度与质量摩尔浓度之间的换算。我们还要进一步掌握质量摩尔浓度与摩尔分数之间的关系。

对于稀溶液，其质量摩尔浓度与摩尔分数之间的关系有近似的关系式，下面来推导这一关系式。

对于稀溶液，有 $x_剂 \gg x_质$，所以近似有 $x_质 + x_剂 = x_剂$。

$$x_质 \approx \frac{n_质}{n_剂} \tag{1-14}$$

对于水溶液，当 $n_剂 = \dfrac{1000g}{18g \cdot mol^{-1}}$ 时，$n_质$ 与 $b$ 在数值上相等，就是说其所对应的 $n_质$

正是 1000g 溶剂中所含的溶质的物质的量，于是式（1-14）可以写成：

$$x_质 = \frac{n_质}{n_剂} = \frac{b}{\frac{1000}{18}} \approx \frac{b}{55.56} \qquad (1-15)$$

令 $k' = \frac{1}{55.56}$，则

$$x_质 = k'b \qquad (1-16)$$

稀溶液中，溶质的摩尔分数与其质量摩尔浓度成正比。对于其他非水溶剂，式（1-15）中不出现水的摩尔质量 $18g \cdot mol^{-1}$，取而代之以非水溶剂的摩尔质量。式（1-16）的正比例关系仍成立，仅 $k'$ 值因溶剂不同而不同。

### 1.2.2　稀溶液的依数性

稀溶液的某些性质，取决于所含溶质的数目而与溶质的性质无关，稀溶液的这些性质称为依数性。稀溶液的依数性包括溶液的蒸气压降低、沸点升高、凝固点降低和渗透压。依数性与日常生活中的许多现象有关：盐水因凝固点比水低，可作为制冷体系中的冷冻剂；海鱼不能生活在河水中，而河鱼也不能生活在海水中；临床输液用的葡萄糖溶液和生理盐水的浓度不能随意改变；等。本节我们将讨论非电解质稀溶液的依数性。

1. 蒸气压下降——拉乌尔定律

（1）纯溶剂的饱和蒸气压

将纯溶剂置于密闭容器中，其中能量较高的分子挣脱其他分子的吸引成为气态分子进入上方空间，该过程称蒸发。随着液体的蒸发，液面上方的空间被溶剂分子占据，随着上方空间里溶剂分子个数的增加，蒸气密度增加。当进入上层空间的蒸气分子与液面撞击时，则被捕获而进入液体中，这个过程称凝聚。当凝聚速度和蒸发速度相等时，上方空间的蒸气密度不再改变，体系达到了一种动态平衡。此时蒸气压不再改变，这时的蒸气称为饱和蒸气，饱和蒸气所产生的压强称作该温度下的饱和蒸气压，用 $p^*$ 表示。

饱和蒸气压属于液体的性质，它和温度有关。对同一液体来说，若温度高，饱和蒸气压大；温度低，则饱和蒸气压也低。

（2）稀溶液的蒸气压下降

当把不挥发的非电解质溶入溶剂形成稀溶液后，则有部分稀溶液表面被溶质分子所占据。因此，稀溶液表面在单位时间内蒸发的溶剂分子数目就会小于纯溶剂蒸发的分子数目。当单位时间内凝聚的分子数目与蒸发的分子数目相等时，即实现动态平衡，稀溶液的蒸气的密度及压强要小于纯溶剂的蒸气的密度及压强。也就是说稀溶液的蒸气压 $p$ 小于纯溶剂的饱和蒸气压 $p^*$，这种现象称为稀溶液的蒸气压下降。蒸气压下降可用拉乌尔定律来表示。

在一定温度下，稀溶液的蒸气压等于纯溶剂的饱和蒸气压 $p^*$ 与溶剂的摩尔分数 $x_剂$ 的乘积，其数学表达式为

$$p = p^* x_剂 \qquad (1-17)$$

式中：$x_剂$——溶剂的摩尔分数。

代入 $x_{剂}=1-x_{质}$，式（1-17）可改写为

$$\Delta p=p^{*}-p=p^{*}x_{质} \qquad (1-18)$$

$\Delta p$ 表示稀溶液蒸气压的下降值，即纯溶剂的饱和蒸气压 $p^{*}$ 与稀溶液的蒸气压 $p$ 之差。所以拉乌尔定律也可这样描述，难挥发非电解质稀溶液的蒸气压下降值 $\Delta p$ 和溶质的摩尔分数 $x_{质}$ 成正比。

将式（1-16）$x_{质}=k'b$，代入式（1-18）得

$$\Delta p=p^{*}k'b$$

$p^{*}k'$ 仍为常数，令其为 $k$，则有

$$\Delta p=kb \qquad (1-19)$$

稀溶液的蒸气压下降值与稀溶液的质量摩尔浓度成正比，这是拉乌尔定律的又一种表述形式。

[**例1-2**] 293K 时水的饱和蒸气压为 2.338kPa，在 100g 水中溶解 18g 葡萄糖（$C_6H_{12}O_6$，$M=180g\cdot mol^{-1}$），求此溶液的蒸气压。

**解**：葡萄糖溶液中水的摩尔分数为

$$x(H_2O)=\frac{100/18}{(18/180)+(100/18)}\approx0.982$$

葡萄糖溶液的蒸气压为

$$p=p^{*}x(H_2O)=2.338\times0.982\approx2.30(kPa)$$

2. 沸点升高和凝固点降低

液体汽化的方式有两种：蒸发和沸腾。当液体的饱和蒸气压和外界大气压相等时，液体的汽化将在其表面和内部同时发生，称为液体的沸腾，这时的温度称为该液体的沸点。而在低于此温度下的汽化，则仅限于在液体表面上进行，称为液体的蒸发。

液体凝固成固体（严格说是晶体）达到固液平衡，液体和固体的饱和蒸气压相等，此时的温度称为该液体的凝固点。

图1.1 所示是纯水、冰和溶液的饱和蒸气压随温度变化的曲线。

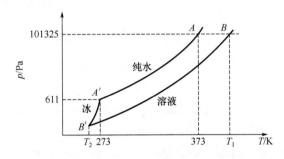

**图 1.1　纯水、冰、溶液的饱和蒸气压随温度变化的曲线**

从图1.1中可以看出，随着温度的升高，纯水、冰和溶液的蒸气压都升高；在同一温度下，溶液的饱和蒸气压低于纯水的饱和蒸气压；而当温度改变时，冰的饱和蒸气压变化显著，其曲线的斜率明显大于纯水和溶液的曲线的斜率。

在 373K 时，纯水的饱和蒸气压等于外界大气压强 $1.01325\times10^{5}Pa$，故 373K 是纯水

的沸点，见图 1.1 中 $A$ 点。在该温度下，溶液的饱和蒸气压小于外界大气压，故溶液未达到沸点。只有继续升温到 $T_1$ 时，溶液的饱和蒸气压等于外界大气压（图 1.1 中 $B$ 点），溶液才会沸腾。可见，由于溶液的饱和蒸气压降低，导致其沸点升高。

在冰线和纯水线的交点 $A'$ 点处，冰和纯水的饱和蒸气压相等，约为 611Pa，此时的温度 273K，即为纯水的凝固点或冰点。该温度下，溶液的饱和蒸气压低于冰的饱和蒸气压，只有降温到 $T_2$ 时，冰线和溶液线相交于 $B'$ 点，此时冰的饱和蒸气压和溶液的饱和蒸气压才相等，溶液开始结冰，达到凝固点。溶液的凝固点低于纯水，仍是由于溶液的蒸气压降低导致其冰点降低。

溶液沸点的升高、凝固点的降低，均与溶液的蒸气压降低有直接的关系。实验结果表明，难挥发性非电解质稀溶液沸点升高的数值、冰点降低的数值，均与其蒸气压降低的数值成正比，即

$$\Delta T = k' \Delta p \qquad (1-20)$$

式中：$\Delta p$——稀溶液的饱和蒸气压降低值；

$k'$——比例系数。

对于稀溶液的沸点升高这一性质，式（1-20）中的 $\Delta T$ 是指溶液的沸点 $T_b$ 减去纯溶剂的沸点 $T_b^0$ 所得的差，用 $\Delta T_b$ 表示这个差值，即有 $\Delta T_b = T_b - T_b^0$。

将式中 $\Delta p = kb$ 代入式（1-20）中，得

$$\Delta T = k'kb \qquad (1-21)$$

上式中 $k'$ 与 $k$ 之积仍为一常数，令其为 $k_b$，即沸点升高常数；且以沸点升高值 $\Delta T_b$ 代替式中 $\Delta T$，于是式（1-21）变为

$$\Delta T_b = k_b b \qquad (1-22)$$

这是一个重要的公式，称为稀溶液的沸点升高公式。它告诉我们，难挥发性非电解质稀溶液沸点升高的数值，与其质量摩尔浓度成正比。沸点升高常数 $k_b$，因溶剂的不同而不同，最常用的 $H_2O$ 的 $k_b = 0.512 K \cdot kg \cdot mol^{-1}$。

由于难挥发性非电解质稀溶凝固点降低的数值，亦与其蒸气压降低的数值成正比，故可以推导出稀溶液凝固点降低公式。

$$\Delta T_f = k_f b \qquad (1-23)$$

式中：$\Delta T_f$——凝固点降低的数值，它等于纯溶剂的凝固点 $T_f^0$ 减去溶液的凝固点 $T_f$ 所得的差；

$k_f$——冰点降低常数，它的数值因溶剂不同而不同，$H_2O$ 的 $k_f = 1.86 K \cdot kg \cdot mol^{-1}$。

注意：根据定义，上述两公式中的 $\Delta T_b$ 和 $\Delta T_f$ 均为正值。

［例 1-3］在 298g 水中溶解 25.0g 某一溶质，这个溶液在 270.15K 结冰，求该溶质的分子量。

**解：** 根据题意有

$$(273.15 - 270.15)K = 1.86 K \cdot kg \cdot mol^{-1} \times \frac{25.0 \times 10^{-3} kg / M}{298 \times 10^{-3} kg}$$

$$M = \frac{1.86 K \cdot kg \cdot mol^{-1} \times 25.0 \times 10^{-3} kg}{(273.15 - 270.15)K \times 298 \times 10^{-3} kg} \approx 5.2 \times 10^{-2} kg \cdot mol^{-1}$$

3. 渗透压

如果给缺水的植物浇上水，不久植物的茎叶就会挺立。这是由于水渗入植物细胞内的结果。

许多天然或人造的薄膜对于物质的透过有选择性，它们只允许某种或某些物质透过，而不允许另外一些物质透过，这类薄膜称为半透膜。水分子通过半透膜从纯水进入溶液或从稀溶液进入较浓溶液的现象称为渗透。如图 1.2（a）所示，在稀溶液和纯溶剂间放一半透膜，一段时间后，可以观察到稀溶液一侧液面上升，而纯溶剂一侧液面下降，这是因纯溶剂一侧溶剂的浓度较大，故单位时间内由纯溶剂一侧向稀溶液一侧扩散的溶剂分子数高于由稀溶液一侧向纯溶剂一侧扩散的溶剂分子数，当稀溶液一侧因稀释及静水压升高，使膜两侧溶剂分子扩散的速率相等，达到渗透平衡，液面不再变化，但此时稀溶液的浓度已不同于起始时的浓度。若在稀溶液一侧加压，可保持两侧液体液面相等，宏观上渗透作用似乎停止，实际上是在加压下，两侧的溶剂分子达到渗透的动态平衡，产生如图 1.2（b）的现象。渗透平衡时所施加的压力，称为稀溶液的渗透压（$\Pi$）。

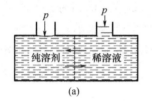 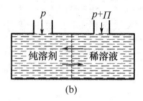

图 1.2　渗透现象和渗透压

1886 年，荷兰理论化学家范托夫提出了渗透压 $\Pi$ 与稀溶液浓度和温度间的关系式：

$$\Pi = c_B R T \tag{1-24}$$

式中：$\Pi$——渗透压，单位为 Pa；

$R$——气体常数，8.314 J·K$^{-1}$·mol$^{-1}$；

$c_B$——溶质的物质的量浓度，单位为 mol·m$^{-3}$；

$T$——温度，单位为 K。

式（1-24）形式与理想气体状态方程有相似之处，渗透压 $\Pi$ 与气体压力 $p$ 有相同的单位，但它们产生的原因完全不同：气体的压力来源于气体分子对器壁的碰撞；渗透压的产生必须有半透膜，且膜两侧液体的浓度不同，是由溶剂的分子扩散引起的。

从式（1-24）可以看出，在一定条件下，难挥发性非电解质稀溶液的渗透压与溶质的浓度成正比，而与溶质的本性无关。

**一、单项选择题**

1. 现有一瓶硫酸溶液，其质量分数为 98%，则其物质的量分数应为（　　）。

A. 0.5　　　　　　B. 0.98　　　　　　C. 0.90　　　　　　D. 0.80

2. 能使红细胞发生萎缩现象的溶液是（　　）。

A.$1g\cdot L^{-1}NaCl$（58.5）　　　　　B.$12.52g\cdot L^{-1}NaHCO_3$（84）

C. 生理盐水和等体积的水混合　　　　D.$112g\cdot L^{-1}C_3H_5O_3Na$（112）

3. 质量摩尔浓度是指在（　　　）。

A.1kg 溶液中含有溶质的物质的量　　　B.1kg 溶剂中含有溶质的物质的量

C.0.1kg 溶剂中含有溶质的物质的量　　D.1L 溶液中含有溶质的物质的量

4. 与纯液体的饱和蒸气压有关的是（　　　）。

A. 容器大小　　　　　　　　　　　　B. 温度高低

C. 液体多少　　　　　　　　　　　　D. 不确定

5. 在 25℃ 时，总压为 10atm 时，下面几种气体的混合气体中分压最大的是（　　　）。

A.$0.1gH_2$　　　　　　　　　　　　B.$1.0gHe$

C.$1.0gN_2$　　　　　　　　　　　　D.$1.0gCO_2$

**二、填空题**

1. 有某化合物的苯溶液，溶质和溶剂的质量比例为 15：100。在 293K、101.325kPa 下，将 4.0L 空气缓慢通过此化合物的苯溶液，测得损失 1.185g 苯（假设失去苯后，溶液浓度不变），若该条件下苯的蒸气压为 10.0kPa。该溶质的相对分子质量是_____。

2. 用来描述气体状态的四个物理量分别是（用符号表示）_____。

3. $0.2mol\cdot L^{-1}$ 的 $CaCl_2$ 溶液中，$Ca^{2+}$ 的浓度是_____，$Cl^-$ 的浓度是_____。

4. 将红细胞放入低渗溶液中，红细胞_____；将红细胞放入高渗溶液中，红细胞_____。

5. 难挥发非电解质稀溶液在不断沸腾时，它的沸点_____；而在冷却时，它的凝固点_____。

**三、判断题**

1. 溶液的密度属于依数性。　　　　　　　　　　　　　　　　　（　　）

2. 把相同质量的葡萄糖和甘油分别溶于 100g 水中，所得溶液的沸点相同。（　　）

3. 一定量气体的体积与温度成正比。　　　　　　　　　　　　　（　　）

4. 1mol 任何气体的体积都是 22.4L。　　　　　　　　　　　　（　　）

5. 对于一定量混合气体，当体积变化时，各组分气体的物质的量亦发生变化。（　　）

**四、简答题**

1. 理想气体状态方程的应用条件是什么？

2. 为什么饱和蒸气压与温度有关而与液体上方空间的大小无关？

3. 解释下列现象：

(1) 为什么浮在海面上的冰山中含盐量很小？

(2) 为什么海水中的鱼在淡水中不能生存？

(3) 在一密闭的玻璃罩钟内有浓度不同的两个半杯糖水，经过长时间的放置后，将发生什么变化？为什么？

4. 在气体的研究中发现，气体总是从高压处向低压处扩散。但在渗透装置中，溶剂分子总是从溶液浓度低的一侧向溶液浓度较高的一侧渗透。这两者是否矛盾？为什么？

5. 盐碱地的农作物长势不良，甚至枯萎，施了太浓的肥料，作物也会被"烧死"，试作出解释。

**五、计算题**

1. 一定体积的氢和氖混合气体，在 27℃时压力为 202kPa，加热使该气体的体积膨胀至原体积的 4 倍时，压力变为 101kPa。问：

（1）膨胀后混合气体的最终温度是多少？

（2）若混合气体中 $H_2$ 的质量分数是 25.0%，原始混合气体中 $H_2$ 的分压是多少？（氖的原子量为 20.2）

2. 某氨水的质量分数为 30%，密度为 0.890g·$cm^{-3}$，试计算：

（1）氨水中 $NH_3$ 和 $H_2O$ 的摩尔分数。

（2）溶液的质量摩尔浓度。（$NH_3$ 的分子量为 17）

第1章
拓展习题讲解

第1章
在线答题

# 第2章
## 化学反应热和化学平衡

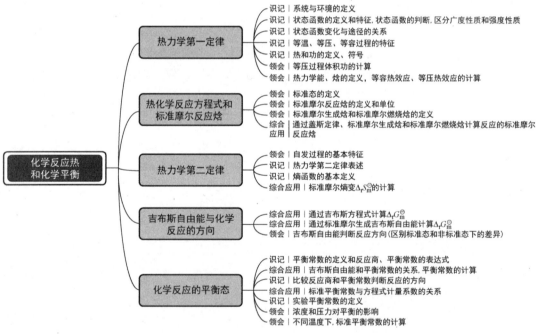

**知识结构图**

- **化学反应热和化学平衡**
  - **热力学第一定律**
    - 识记｜系统与环境的定义
    - 识记｜状态函数的定义和特征,状态函数的判断,区分广度性质和强度性质
    - 识记｜状态函数变化与途径的关系
    - 识记｜等温、等压、等容过程的特征
    - 识记｜热和功的定义、符号
    - 领会｜等压过程体积功的计算
    - 领会｜热力学能、焓的定义,等容热效应、等压热效应的计算
  - **热化学反应方程式和标准摩尔反应焓**
    - 领会｜标准态的定义
    - 领会｜标准摩尔反应焓的定义和单位
    - 领会｜标准摩尔生成焓和标准摩尔燃烧焓的定义
    - 综合应用｜通过盖斯定律、标准摩尔生成焓和标准摩尔燃烧焓计算反应的标准摩尔反应焓
  - **热力学第二定律**
    - 领会｜自发过程的基本特征
    - 识记｜热力学第二定律表述
    - 识记｜熵函数的基本定义
    - 综合应用｜标准摩尔熵变$\Delta_r S_m^{\ominus}$的计算
  - **吉布斯自由能与化学反应的方向**
    - 综合应用｜通过吉布斯方程计算$\Delta_f G_m^{\ominus}$
    - 综合应用｜通过标准摩尔生成吉布斯自由能计算$\Delta_f G_m^{\ominus}$
    - 领会｜吉布斯自由能判断反应方向(区别标准态和非标准态下的差异)
  - **化学反应的平衡态**
    - 识记｜平衡常数的定义和反应商、平衡常数的表达式
    - 综合应用｜吉布斯自由能和平衡常数的关系,平衡常数的计算
    - 识记｜比较反应商和平衡常数判断反应的方向
    - 综合应用｜标准平衡常数与方程式计量系数的关系
    - 识记｜实验平衡常数的定义
    - 领会｜浓度和压力对平衡的影响
    - 领会｜不同温度下,标准平衡常数的计算

第2章
知识点串讲

热力学最初是随着蒸汽机的发明和使用而被提出的，是研究热和机械功之间的相互转换的关系，即是在如何提高热机效率的实践中发展起来的。随着电能、化学能、辐射能及其他形式能的发展和研究，热力学成为研究宏观系统的热与其他形式能相互转换所遵循规律的一门科学。应用热力学原理研究化学反应及相关物理现象的学科分支为化学热力学，它的研究成果对于新材料的合成、新产品开发、新的工艺路线设计等，有重要的指导作用。

本章我们将介绍化学热力学中的一些基本概念，以及热力学定律在化学反应中的重要应用。

# 2.1  热力学第一定律

## 2.1.1  基本概念及术语

### 1. 系统与环境

热力学根据研究的需要和方便，把一部分物体（物质或空间）从其他部分中划分出来，作为研究的对象，这些研究的对象称为系统。系统以外，与系统密切相关的周围部分称为环境。

根据系统与环境间相互作用情况不同，可将系统分为以下三类。

① 孤立系统：系统与环境间既无物质交换，也无能量交换。

② 封闭系统：系统与环境间无物质交换，但有能量交换。

③ 开放系统：系统与环境间既有物质交换，也有能量交换。

例如，在一敞口杯中盛满热水，以热水为系统则是一开放系统。降温过程中系统向环境放出热量，又不断有水分子变为水蒸气逸出。若在杯子上加一个不让水蒸气逸出的盖子，则避免了其与环境的物质交换，于是得到一个封闭系统。若将杯子换成一个理想的保温瓶，杜绝了能量交换，则得到一个孤立系统。

究竟选择哪一部分物体作为系统，并没有一定的规则，而是根据客观情况的需要，以处理问题的方便为准则。事实上，绝对的孤立系统是不存在的，而开放系统处理起来又比较复杂。因此，实际研究中，我们通常把系统作为封闭系统处理。

### 2. 状态和状态函数

由一系列表征系统性质的宏观物理量所确定下来的系统的存在形式称为系统的状态，这些宏观性质包括物理性质和化学性质，如温度、压力、体积、密度以及本章将要介绍的内能、焓、熵、吉布斯函数等，热力学中把这些性质统称为热力学性质。当系统的状态一定时，这些宏观性质有确定值；反过来，这些性质一定时，系统的状态也是确定的。因这些性质是系统状态的单值函数，故也称为状态函数。

按状态函数的值与系统内所含物质数量的关系不同，系统性质可分为两类。

广度性质：其值与系统内所含物质的量成正比，如体积、质量、物质的量和热容等。广度性质具有部分加和性，即系统的某广度性质是各个部分该性质的和，如系统的体积为各个部分体积之和。

强度性质：其值与系统内所含物质的量无关，均匀系统只有确定值，如温度、压力、摩尔热容等。强度性质不具有加和性，如压力为 $p$、温度为 $T$ 的两部分气体用隔板隔开，取掉隔板后气体混合，混合气体的温度仍为 $T$，压力仍为 $p$，而不是 $2T$ 和 $2p$。

状态函数的一个重要特征是当系统的状态发生变化时，状态函数也发生相应变化，其改变值只与状态变化的始态和终态有关，而与变化的过程或方式无关。当状态复原时，状态函数的改变值为零，即状态函数也复原。如加热一杯水，温度从 298 K 升到 313 K，状态函数温度的改变值 $\Delta T$ 为 15 K；若温度从 313 K 冷却到 298 K，$\Delta T$ 仍为 15 K，并且与用电热丝加热还是用酒精灯加热无关。

3. 过程与途径

当系统的状态发生了任意的变化，我们就说系统经历了一个过程。例如，液体的蒸发、固体的溶解、化学反应、气体的膨胀或压缩等，系统的状态发生了变化。

① 系统状态的变化是在等温条件下进行的，则称此变化是等温过程。

② 系统状态的变化是在压强一定的条件下进行的，则称此变化是等压过程。

③ 系统状态的变化是在体积一定条件下进行的，则称此变化是等容过程。

④ 系统由某一状态出发，经过一系列的变化，又回到原来的状态，则这种变化称为循环过程。

应该注意的是状态函数的变化值仅决定于系统的始、终状态，而与变化所经历的不同途径无关。这是由状态函数的单值性所决定，这也是状态函数的重要性质。

## 2.1.2　系统的能量

1. 热和功

当系统的状态发生变化，系统与环境间通常会发生能量传递，能量传递有两种形式，即热和功。

热是系统与环境间因存在温差而传递的能量形式，热力学中热用 $Q$ 表示，并规定系统吸热 $Q>0$，系统放热 $Q<0$，SI 制中热量的单位为 kJ 或 J。

除热以外，其他各种能量形式在热力学中均称为功，功用符号 $W$ 表示，系统对环境做功 $W<0$，环境对系统做功 $W>0$，单位为 kJ 或 J。功的种类很多，系统由于体积的变化而产生的功称为体积功，有时也称为膨胀功，并用符号 $W_e$ 表示。

如图 2.1 所示，用一无质量、无摩擦的理想活塞将一定量的气体密封在截面积为 $A$ 的圆柱形筒中。设外界的压强为 $p_{外}$，筒内气体将活塞往外推动 $\Delta l$ 的距离。由于是筒内气体反抗做功，所以系统的体积功为

$$W_e = -F\Delta l = -p_{外}A\Delta l = -p_{外}\Delta V \qquad (2-1)$$

除了体积功外，还有电功、表面功等。例如，在干电池或蓄电池中，通过化学反应可以产生电功；当使液体的表面积增大时，必须克服液体的表面张力而对它做表面功；等等。这些都属于非体积功，用符号 $W_f$ 表示。

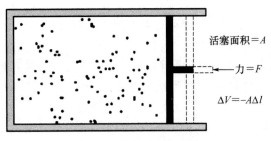

活塞面积$=A$

力$=F$

$\Delta V=-A\Delta l$

图 2.1　体积功的示意图

2. 热力学能和热力学第一定律

（1）热力学能

热力学能又称内能，用 $U$ 表示，是系统内各种形式能量的总和，如系统中分子的动能、分子内电子运动的能量、原子核内的能量、分子间作用能等，能量单位为 kJ 或 J。在封闭系统内，系统从状态 1（反应物）变化到状态 2（产物），在此过程中，系统热力学能 $U_1$ 和 $U_2$ 间的关系为

$$\Delta U=U_2-U_1=Q+W \tag{2-2}$$

该式也称作热力学第一定律的数学表达式。即封闭系统内热力学能的变化，等于系统从环境吸收热所获得的能量，加上环境对系统所做的功。$W$ 可以是体积功，也可以是电功、表面功等非体积功。在下面的讨论中，如不特别指明，$W$ 将只表示体积功。热力学第一定律是人类经验定律的总结，为大量的实验所证实。

（2）焓

封闭系统没有非体积功存在时，如果发生的是等容过程，$\Delta V=0$，根据热力学第一定律得：

$$\Delta U=Q_v+W \tag{2-3}$$

上式中，下标"v"表示等容过程，$Q_v$ 表示等容热效应。由于系统 $\Delta V=0$，所以 $W=0$。

$$Q_v=\Delta U \tag{2-4}$$

此结果表明，等容且系统不做非体积功过程的热效应 $Q_v$ 等于系统热力学能的变化。这个过程中，系统所吸收的热量全部用来增加系统的内能，由于 $\Delta U$ 与过程无关，所以该过程的热效应 $Q_v$ 只取决于系统的始态与终态。

封闭系统没有非体积功存在时，如果发生的是等压过程，即 $p_1=p_2=p_外$，此处用 $p$ 代替 $p_外$，根据热力学第一定律得：

$$\Delta U=Q_p+W \tag{2-5}$$

上式中，下标"p"表示等压过程，$Q_p$ 表示等压热效应。

由于等压过程 $W=-p\Delta V$，所以有

$$Q_p=\Delta U+p\Delta V=U_2-U_1+p_2V_2-p_1V_1$$
$$=(U_2+p_2V_2)-(U_1+p_1V_1)$$

$U+pV$ 为单位相同的状态函数的组合，仍为一状态函数，热力学中将它定义为焓 $H$，即

$$H = U + pV \tag{2-6}$$
$$\text{和} \quad Q_p = H_2 - H_1 = \Delta H \tag{2-7}$$

即等压热效应等于系统的焓变。

焓是系统的状态函数，由其定义可以得出，焓具有广度性质，单位为 kJ 或 J，焓本身没有明确的物理意义，不能把它误解为系统中所含的热量，因热力学能的绝对值无法确定，故焓的绝对值也无法确定，但其改变 $\Delta H$ 可以求出。

[例 2-1] 373.15 K、100 kPa 下，1 mol $H_2O$ (l) 气化为水蒸气吸热 40.70 kJ，求此过程系统内能的改变 $\Delta U$ 和焓的改变 $\Delta H$。

**解：** 在 375.15 K，100 kPa 下：

$$H_2O(l) = H_2O(g)$$
$$Q = 40.70 \text{kJ}$$
$$W = -p_{外} \Delta V = -p_{外} \left[ V_{(g)} - V_{(l)} \right]$$

忽略液体体积且水蒸气压力与外压相等。

$$W \approx -p_{外} V_{(g)} = -nRT = -1\text{mol} \times 8.314 \text{J} \cdot \text{K}^{-1} \cdot \text{mol}^{-1} \times 373.15 \text{K} = -3.10 (\text{kJ})$$
$$\Delta U = Q + W = 40.70 - 3.10 = 37.60 (\text{kJ})$$

因为压力不变，所以

$$\Delta H = Q_p = Q = 40.70 (\text{kJ})$$

利用热力学第一定律，可由过程热效应和功的计算求系统内能的改变。

# 2.2 热化学反应方程式和标准摩尔反应焓

## 2.2.1 标准摩尔反应焓

化学反应在等温等压下进行，由式（2-7），反应的热效应 $Q_p$ 为反应的焓变 $\Delta_r H$，下标 r 代表反应（reaction），若在等压下按反应计量完全反应，即完成 1 mol 反应，反应的热效应为摩尔反应焓 $\Delta_r H_m$，下标 m 代表摩尔反应，$\Delta_r H_m$ 单位为 kJ $\cdot$ mol$^{-1}$ 或 kJ $\cdot$ mol$^{-1}$。$\Delta_r H_m$ 与反应计量写法有关。

为了便于比较和收集不同反应的热效应数据，热力学中还规定了物质的标准态。

气体：指定温度和标准大气压 $p^{\ominus}$ 下的纯理想气体，或混合气体中，分压为 $p^{\ominus}$ 的理想气体组分的状态。

液体或固体：指定温度和标准大气压 $p^{\ominus}$ 下，纯液体和纯固体的状态。

溶液：溶质的标准态是指定温度和标准大气压 $p^{\ominus}$ 下，浓度为 $c^{\ominus} = 1\text{mol} \cdot \text{L}^{-1}$，或 $b^{\ominus} = 1\text{mol} \cdot \text{kg}^{-1}$ 且符合理想稀溶液定律的溶质状态。溶剂的标准态是指标准压力下的纯溶剂。对于生物系统标准态的规定为温度 37℃，氢离子的浓度为 $1 \times 10^{-7}\text{mol} \cdot \text{L}^{-1}$。

标准态明确指定了标准大气压 $p^{\ominus}$ 为 100 kPa，但未指定温度，或者说标准态规定中不包含温度。IUPAC 推荐 298.15 K 为参考温度，手册和教科书中收录的温度也大多是 298.15 K。

当化学反应的各组分均处于指定温度和标准态下，摩尔反应的热效应为标准摩尔反应焓，用 $\Delta_r H_m^{\ominus}$（TK）表示，右上标"$\ominus$"代表"标准态"，温度通常为 298.15K。

从对标准态的定义我们可以看出，标准态下的反应是理想状态下的反应，而实际反应不可避免会出现反应物间、反应物和产物间以及产物间的混合，各组分也不一定是理想的，因此，实际反应不同于标准态下的反应，标准摩尔反应焓与摩尔反应焓也不相同。但实际工作中，若气相压力不是太高或溶液浓度较稀，各组分混合过程的焓变与反应的焓变相比较，可以忽略。这样，常压下实际反应的摩尔反应焓 $\Delta_r H_m$ 就可以近似用标准摩尔反应焓 $\Delta_r H_m^{\ominus}$ 代替。

标准摩尔反应焓为我们提供了在相同基准下，不同反应热效应大小比较的可能性。

### 2.2.2　热化学方程式

表示化学反应与反应热效应关系的反应式为热化学方程式，因化学反应的热效应总与状态函数的改变 $\Delta H$ 联系在一起，因此书写热化学方程式时应注意，必须给出反应的始态和终态，即应注明反应的温度、压力，参与反应的物质种类、物态〔如固态（s），液态（l）或气态（g）〕，晶型或溶液的浓度，以及反应参与物间转化的计量关系，摩尔反应焓 $\Delta_r H_m$。

在 298.15K、标准态下：$H_2(g) + \dfrac{1}{2}O_2(g) = H_2O(l)$，$\Delta_r H_m^{\ominus} = -285.85kJ \cdot mol^{-1}$

$$C(s) + O_2(g) = CO_2(g)，\Delta_r H_m^{\ominus} = -393.51kJ \cdot mol^{-1}$$

还应注意，热化学方程式中的 $\Delta_r H_m$ 或 $\Delta_r H_m^{\ominus}$ 是在指定条件下按反应计量式完全反应，反应放出或吸收的热量，并不是把反应物放在一起就可以放出或吸收这些热量。

### 2.2.3　标准摩尔反应焓的求算

摩尔反应焓可以通过量热实验直接测定，但化学反应数量庞大、条件各异，对所有化学反应的摩尔反应焓都由实验测定是不现实的，也无此必要。热力学中利用状态函数的特征，可由少数已知反应的实验数据，从理论上解决众多反应的摩尔反应焓的计算。

**1. 盖斯定律**

1840 年，瑞士籍俄国化学家盖斯分析大量反应热效应的数据后提出了盖斯定律：任一化学反应，不论是一步完成还是分几步完成，其热效应的总值是相同的。盖斯定律是热力学第一定律的必然结果。因在等温、等压、系统不做非体积功的条件下，化学反应的热效应 $Q_p$ 总是与状态函数的改变 $\Delta_r H_m$ 联系，而 $\Delta_r H_m$ 只与反应的始态、终态有关，而与反应是一步完成还是几步完成无关。盖斯定律是热化学计算的基础，它使热化学方程式可以像代数方程式那样进行运算。

利用盖斯定律，可由已知反应的热效应，计算难以或不能由实验测定的那些反应的热效应。如在 298.15K、$p^{\ominus}$ 下，C 和 CO(g) 可完全燃烧生成 $CO_2(g)$，其热效应易于由实验测定，但碳不完全氧化只生成 CO(g) 的反应难以控制，其热效应不易确定，利用盖斯定律可解决这一问题。这几个反应的摩尔反应焓间关系可以由下面的热力学过程得出。

在 298.15K、$p^{\ominus}$ 下，C 和 $CO_2$ 的热力学过程如图 2.2 所示。

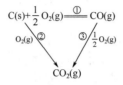

**图 2.2  C 和 $CO_2$ 的热力学过程**

反应①＝②－③，由盖斯定律可得 $\Delta_r H_m^{\ominus}(1)=\Delta_r H_m^{\ominus}(2)-\Delta_r H_m^{\ominus}(3)$，代入实验数据得

$$\Delta_r H_m^{\ominus}(1)=[(-393.51)-(-282.98)]kJ \cdot mol^{-1}=-110.53kJ \cdot mol^{-1}$$

在此过程中，利用状态函数的特征，我们可以把热化学方程式当作代数方程式，进行相加、相减运算，使摩尔反应焓的计算简便直观。

2. **标准摩尔生成焓**

从根本上讲，如果知道了反应物和产物的状态函数焓 $H$ 的值，反应的 $\Delta_r H$ 即可以由产物的焓减去反应物的焓而得到。实际上，焓值不能实际求得。人们采取了一种相对的方法去定义物质的焓值，我们称这些相对焓值为物质的生成焓，利用这些值可以求出各种反应的 $\Delta_r H$。

在指定温度、标准态下，由指定单质生成 1mol 物质 B 的标准摩尔反应焓称为物质 B 的标准摩尔生成焓，用 $\Delta_f H_m^{\ominus}$（B）表示，下标 f 代表生成（formation），温度通常为 298.15K，单位为 $kJ \cdot mol^{-1}$。

如在 298.15K、$p^{\ominus}$ 下：$H_2(g)+\dfrac{1}{2}O_2(g)=H_2O(l)$

$$\Delta_r H_m^{\ominus}=\Delta_f H_m^{\ominus}(H_2O,l)=-285.84kJ \cdot mol^{-1}$$

因焓的绝对值无法确定，热力学中规定：标准态下各元素的指定单质的 $\Delta_f H^{\ominus}$ 为零。

如在 298.15K、$p^{\ominus}$ 下，碳元素的最稳定单质是石墨。

$$\Delta_f H_m^{\ominus}（石墨）=0.00kJ \cdot mol^{-1}$$

$$\Delta_f H_m^{\ominus}（金刚石）=1.89kJ \cdot mol^{-1}$$

在 298.15K、$p^{\ominus}$ 下，若干物质的 $\Delta_f H_m^{\ominus}$ 已由实验或由热力学方法求出，列于热力学数据手册中，可直接查用。

如何由标准摩尔生成焓 $\Delta_f H_m^{\ominus}$(B) 求算 298.15K 的标准摩尔反应焓 $\Delta_r H_m^{\ominus}$ 呢？下由一个实例得出普遍适用的关系式。

[**例 2-2**] 由 $\Delta_f H_m^{\ominus}$（B）的数据计算 298.15K、$p^{\ominus}$ 下 $Fe_2O_3$ 被 CO（g）还原反应的 $\Delta_r H_m^{\ominus}$。

**解**：为利用 $\Delta_f H_m^{\ominus}$(B) 数据，设计 $Fe_2O_3$ 被 CO(g)还原反应的热力学过程如图 2.3 所示。

由图 2.3 可以得出：反应①、②、③、④ 的 $\Delta_r H_m^{\ominus}$ 分别为 $3Fe_2O_3$（s）、CO（g）、$2Fe_3O_4$(s)、$CO_2$(g)的标准摩尔生成焓乘以各自的系数，它们与 $\Delta_r H_m^{\ominus}$ 的关系为

$$\Delta_r H_m^{\ominus}=[\Delta_r H_m^{\ominus}(3)+\Delta_r H_m^{\ominus}(4)]-[\Delta_r H_m^{\ominus}(1)+\Delta_r H_m^{\ominus}(2)]$$

$$=[2\Delta_f H_m^{\ominus}(Fe_3O_4,s)+\Delta_f H_m^{\ominus}(CO_2,g)]-[3\Delta_f H_m^{\ominus}(Fe_2O_3,s)+\Delta_f H_m^{\ominus}(CO,g)]$$

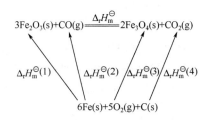

**图 2.3 Fe₂O₃ 被 CO(g)还原反应的热力学过程**

查相关数据代入得

$$\Delta_r H_m^{\ominus}(298.15K) = [2 \times (-1120.9) + (-393.51)] - [3 \times (-824.2) + (-110.5)]$$
$$= -52.21 kJ \cdot mol^{-1}$$

由例 2-2 我们可以得出在 298.15K，$p^{\ominus}$ 下任一化学反应的标准摩尔反应焓与标准摩尔生成焓的关系式。

$$\Delta_r H_m^{\ominus}(298.15K) = \sum_B v_B \Delta_f H_m^{\ominus}(B) \tag{2-8}$$

即反应的标准摩尔反应焓为产物的标准摩尔生成焓总和，减去反应物的标准摩尔生成焓总和。注意，计算时，需要代入方程式中各个物质对应的计量系数。

如对任一反应：

$$aA + bB = dD + eE$$

$$\Delta_r H_m^{\ominus}(298.15K) = [d \times \Delta_f H_m^{\ominus}(D) + e \times \Delta_f H_m^{\ominus}(E)] - [a \times \Delta_f H_m^{\ominus}(A) + b \times \Delta_f H_m^{\ominus}(B)]$$

**[例 2-3]** 葡萄糖氧化能供给生命能量，其反应如下。

$$C_6H_{12}O_6(s) + 6O_2(g) = 6CO_2(g) + 6H_2O(l)$$

已知 $\Delta_f H_m^{\ominus}(C_6H_{12}O_6, s, 298.15K) = -1255.8 kJ.mol^{-1}$，试计算该反应的 $\Delta_r H_m^{\ominus}$。

**解：** 查表得：$\Delta_f H_m^{\ominus}(CO_2, g, 298.15K) = -393.51 kJ \cdot mol^{-1}$

$$\Delta_f H_m^{\ominus}(H_2O, l, 298.15K) = -285.83 kJ \cdot mol^{-1}$$

298.15K 时反应的标准焓变为

$$\Delta_r H_m^{\ominus} = 6\Delta_f H_m^{\ominus}(CO_2, g) + 6\Delta_f H_m^{\ominus}(H_2O, l) - \Delta_f H_m^{\ominus}(C_6H_{12}O_6, s) - 6\Delta_f H_m^{\ominus}(O_2, g)$$
$$= 6 \times (-393.51) + 6 \times (-285.83) - (-1255.8 + 6 \times 0)$$
$$= -2820.2 kJ \cdot mol^{-1}$$

**3. 标准摩尔燃烧焓**

1mol 标准态的物质 B 完全燃烧生成标准态产物的反应热效应称为该物质 B 的标准摩尔燃烧焓（有时也简称为燃烧热），并用符号 $\Delta_c H_m^{\ominus}(B)$ 表示 [下标 c 表示燃烧（combustion）]，其单位是 kJ·mol⁻¹。所谓完全燃烧是指反应物中的 C 变为 $CO_2(g)$，H 变为 $H_2O(l)$，S 变为 $SO_2(g)$，N 变为 $N_2(g)$，$Cl_2$ 变为 HCl(aq)。由于反应物已完全燃烧（或完全氧化），所以反应后的产物必不能再燃烧了。因此上述定义中实际上也暗含着在各燃烧反应中所有产物的燃烧热都是 0。

例如，298.15K 时 $CH_4$ 的燃烧反应为

$$CH_4(g) + 2O_2(g) = CO_2(g) + 2H_2O(l)$$

$$\Delta_c H_m^{\ominus}(CH_4, 298.15K) = -890.31 kJ \cdot mol^{-1}$$

从燃烧热可以计算反应焓。例如求下述反应①在 298.15K 和标准压力 $p^\ominus$ 下的标准摩尔反应焓。

① $(COOH)_2(s)+2CH_3OH(l)=\!=\!=(COOCH_3)_2(l)+2H_2O(l)$。

由表查得参加反应物质 $(COOH)_2(s)$、$CH_3OH(l)$ 和 $(COOCH_3)_2(l)$ 的标准摩尔燃烧焓分别为 $-251.5kJ\cdot mol^{-1}$，$-726.6kJ\cdot mol^{-1}$ 和 $-1677.8kJ\cdot mol^{-1}$。

② $(COOH)_2(s)+\dfrac{1}{2}O_2(g)=\!=\!=2CO_2(g)+H_2O(l)$，$\Delta_c H_m^\ominus=-251.5kJ\cdot mol^{-1}$。

③ $CH_3OH(l)+\dfrac{3}{2}O_2(g)=\!=\!=CO_2(g)+2H_2O(l)$，$\Delta_c H_m^\ominus=-726.6kJ\cdot mol^{-1}$。

④ $(COOCH_3)_2(l)+\dfrac{7}{2}O_2(g)=\!=\!=4CO_2(g)+3H_2O(l)$，$\Delta_c H_m^\ominus=-1677.8kJ\cdot mol^{-1}$。

根据盖斯定律，反应①＝②+2×③－④，故

$$\Delta_r H_m^\ominus=\Delta_c H_m^\ominus\{(COOH)_2(s)\}+2\Delta_c H_m^\ominus\{CH_3OH(l)\}-\Delta_c H_m^\ominus\{(COOCH_3)_2(l)\}$$
$$=\{-251.5-2\times726.6-(-1677.8)\}kJ\cdot mol^{-1}=-26.9kJ\cdot mol^{-1}$$

由上例可以得到一个规则，得出在 298.15K、$p^\ominus$ 下任一化学反应的标准摩尔反应焓与标准摩尔燃烧焓的关系式。

$$\Delta_r H_m^\ominus(298.15K)=-\sum_B v_B\Delta_c H_m^\ominus(B)\tag{2-9}$$

即任一反应的 $\Delta_r H_m^\ominus$ 等于反应物燃烧焓之和减去产物燃烧焓之和。

注意对比式（2-8）和式（2-9），反应物和生成物的相减顺序是相反的。

[例 2-4] 葡萄糖转化为麦芽糖的反应为 $2C_6H_{12}O_6(s)=\!=\!=C_{12}H_{22}O_{11}(s)+H_2O(l)$。试利用标准摩尔燃烧焓计算上述反应在 298.15K 时的标准摩尔反应焓。

**解**：查表得：$\Delta_c H_m^\ominus(C_6H_{12}O_6, s, 298.15K)=-2820.9kJ\cdot mol^{-1}$；

$\Delta_c H_m^\ominus(C_{12}H_{22}O_{11}, s, 298.15K)=-5645.5kJ\cdot mol^{-1}$。

298.15K 时反应的标准摩尔反应焓为

$$\Delta_r H_m^\ominus=2\Delta_c H_m^\ominus(C_6H_{12}O_6, s)-\Delta_c H_m^\ominus(C_{12}H_{22}O_{11}, s)-\Delta_c H_m^\ominus(H_2O, l, 298.15K)$$
$$=2\times(-2820.9kJ\cdot mol^{-1})-(-5645.5kJ\cdot mol^{-1})$$
$$=3.7kJ\cdot mol^{-1}$$

# 2.3 热力学第二定律

热力学第一定律的本质是能量守恒及转换定律，这是人类经验的总结，自然界中无数事实证明了凡是违背热力学第一定律的过程都是不可能发生的。但是在一定条件下，化学变化或物理变化能不能自动发生？能够进行到什么程度？这是化学工作者十分关心的问题之一。显然，热力学第一定律不能回答这一问题。这类问题属于过程的方向和限度问题，是热力学第二定律的主要任务。

## 2.3.1 自发过程的基本特征

一定条件下，无须外力作用就可以自动发生的过程为自发过程，自发过程形式各样，

但它们具有共同的基本特征。

① 自发过程有确定的方向和限度

凭常识我们都知道：温度不同的物体接触，热量可以自动从高温物体传向低温物体，直到达到热平衡，两物体的温度相等；隔板隔开压力不同的气体，抽掉隔板，高压部分气体将自动向低压部分扩散，最终达到均匀混合，两部分气体的压力相等；$H_2(g)$ 和 $O_2(g)$ 的混合气，一经点燃，将自发反应生成 $H_2O(l)$；等等。可见，这些无须外力作用就可自动发生的过程有确定的方向和限度。

② 同样条件下自发过程的逆过程不能进行

凭常识我们也知道：已达热平衡的系统，热不能自动地从一部分传向另一部分，重新产生温差；压力均匀的气体系统，气体不会自动分离，重新产生压差；$H_2O(l)$ 不会自动分解为 $H_2(g)$ 和 $O_2(g)$。即在同样无须外力作用的条件下，自发过程的逆过程不会发生。

③ 自发过程具有做功的能力

所有的自发过程都具有做功的能力。在以上几个实例中，自发过程都可以做功。如由高温热源向低温热源自发传递的热量可使热机运转做功。水由高处流向低处可以推动发动机做电功或推动水轮机做机械功。过程的自发性愈大，做功的能力也愈大。做功能力实际上是过程自发性大小的一种量度。

通过上面的讨论，我们发现，所有的自发过程逆向进行后，系统恢复到原来的状态的同时在环境中一定引起了其他变化，即环境不能复原。与可逆过程的特征相比，我们可以得出，自发过程是不可逆过程。

对于一些简单的自发过程，我们可以凭经验判定这些过程进行的方向和限度，但对于众多复杂的化学反应，我们又如何才能判定其自发进行的方向和限度呢？

大量的实践经验表明，各种自发过程的不可逆性是相关的。因借助外力作用，在自发过程的逆过程进行使系统复原的同时，环境总留下了功转变为热的后果，环境能否同时复原，就在于这些热能否自发转化为功并不再产生新的后果，即对自发过程不可逆性的论证，最终可归结为热功转化的不可逆性论证。这样，就有可能在各种热力学过程之间，建立一个统一的、普遍适用的判据，去判定各种复杂的实际过程自发进行的方向和限度。

## 2.3.2 热力学第二定律表述

19 世纪，为提高热机的效率，科学家进行了大量的科学实验，最后得出，热机的效率总小于 1。为了证明热机效率的极限取值，克劳修斯和开尔文在总结实践经验的基础上，建立了热力学第二定律，其经典表述分别如下。

克劳修斯的说法：热量不可能自动地从低温热源传递到高温热源，而不引起其他任何变化——热传递是不可逆的。

开尔文的说法：不能从单一热源取出热量使之全部转变为功，而不产生其他任何变化——摩擦生热是不可逆的。

两种说法是一致的，可以从一种说法导出另一种说法。否定一种说法，另一种说法也不成立（证明从略）。因自发过程的后果能否消除，最终都归结为热功转化的不可逆性证明，而热力学第二定律可给出明确的答案。因此，原则上可以从热力学第二定律来判定自发过程的方向和限度。但在实际工作中，使用以上经典表述作为判据十分不便，人们希望能像热力学第一定律由状态函数的改变 $\Delta U$ 或 $\Delta H$ 解决过程能量变化的计算一样，寻找到一个新的状态函数，也能将其改变值作为过程自发进行的方向和限度的判据，克劳修斯从热功转化的规律入手，通过杰出的工作，在热力学第二定律的基础上建立了这一状态函数——熵函数，继而又建立了吉布斯函数，成功解决了热力学判据的问题。

### 2.3.3　标准摩尔熵变 $\Delta_r S_m^{\ominus}$

克劳修斯定义一个状态函数为熵函数，用符号 $S$ 表示。熵是系统的状态函数，因热效应与系统内所含物质的量成正比，故熵为广度性质，单位为 $J \cdot K^{-1}$。熵是系统混乱度的量度。混乱度是指组成系统的微观粒子无规或无序程度。无序度越高，系统的混乱度也越高。

同热力学能、焓一样，物质熵的绝对值无法求得，但若规定一个相对基准，其相对值可以确定，热力学第三定律给出了这一基准。热力学第三定律总结了低温实验的结果指出：在 0K、标准态下，任何纯物质的完美晶体熵值为零，即 $S_m^{\ominus}(B, 0K)=0$。在此基准上，其他温度 $TK$ 下物质 B 的标准摩尔熵 $S_m^{\ominus}(B, TK)$，称为第三定律熵或规定熵。若干物质 298.15K 的标准摩尔熵 $S_m^{\ominus}(B, 298.15K)$ 已求出并列于热力学数据表中，可直接查用。

不同物质的 $S_m^{\ominus}(B)$ 不同：摩尔质量越大、包含原子种类越多、分子构型越复杂，标准摩尔熵越大。

对于同一物质的 $S_m^{\ominus}(B)$，一般存在如下规律。

(1) $S_m^{\ominus}(气态) > S_m^{\ominus}(液态) > S_m^{\ominus}(固态)$，如 $S_m^{\ominus}(H_2O, g) > S_m^{\ominus}(H_2O, l) > S_m^{\ominus}(H_2O, s)$。

(2) $S_m^{\ominus}(高温) > S_m^{\ominus}(低温)$。

(3) 对于气体物质，有 $S_m(低压) > S_m(高压)$。

(4) 压力对固态物质和液态物质的熵影响不大，不同物质的混合过程总有 $\Delta S_{mix} > 0$。

我们可以计算在 $TK$、标准态下化学反应的标准摩尔熵变。

如在 298.15K、标准态下，任一化学反应的标准摩尔熵变：

$$\Delta_r S_m^{\ominus}(298.15K) = \sum_B v_B S_m^{\ominus}(B, 298.15K) \tag{2-10}$$

即化学反应的标准摩尔熵变，为产物的标准摩尔熵总和减去反应物的标准摩尔熵总和。对大量化学反应 $\Delta_r S_m^{\ominus}(298.15K)$ 计算的结果表明，若化学反应的计量系数增加，较大摩尔质量的物质转化为较小摩尔质量的物质，以固态反应物开始，生成液态产物或气态产物，反应系统的熵总是增加的（熵增加原理）。

[例 2-5] 计算在 298.15K、$p^{\ominus}$ 下，以下反应的 $\Delta_r S_m^{\ominus}$。

(1) $CH_4(g) + 2O_2(g) = CO_2(g) + 2H_2O(l)$。

(2) $CaO(s) + SO_3(g) = CaSO_4(s)$。

解：

$$\Delta_r S_m^{\ominus}(1) = 2 \times S_m^{\ominus}(H_2O, l) + S_m^{\ominus}(CO_2, g) - S_m^{\ominus}(CH_4, g) - 2 \times S_m^{\ominus}(O_2, g)$$
$$= (2 \times 69.91 + 213.6 - 186.2 - 2 \times 205.02) J \cdot K^{-1} \cdot mol^{-1}$$
$$= -242.82 J \cdot K^{-1} \cdot mol^{-1}$$

$$\Delta_r S_m^{\ominus}(2) = S_m^{\ominus}(CaSO_4,s) - S_m^{\ominus}(CaO,s) - S_m^{\ominus}(SO_3,g)$$
$$= (106.5 - 38.1 - 256.6)J \cdot K^{-1} \cdot mol^{-1}$$
$$= -188.2J \cdot K^{-1} \cdot mol^{-1}$$

以上两反应中，气体组分的物质的量减少，因反应系统混乱度降低，故 $\Delta_r S_m^{\ominus}$ 为负。但同样因反应过程系统与环境间有能量交换，不能由 $\Delta_r S_m^{\ominus}$ 判定反应是否自发进行。

# 2.4 吉布斯自由能与化学反应的方向

为了得出便于实际使用的等温等压下化学反应自发进行方向和限度的判据，在热力学第一、第二定律的基础上，将导出新的状态函数——吉布斯自由能，又叫作吉布斯函数。

## 2.4.1 吉布斯自由能

吉布斯自由能（$G$）定义为

$$G = H - TS \qquad (2-11)$$

在等温等压下，系统不做非体积功时，吉布斯自由能改变值：

$$\Delta G = \Delta H - T\Delta S \qquad (2-12)$$

吉布斯自由能是系统的状态函数，是广度性质，单位为 kJ 或 J。我们虽然是由等温等压、系统不做非体积功的过程引出这一状态函数的，但作为状态函数，当系统的状态发生变化，吉布斯自由能就可能发生变化，且其改变值只与始态、终态有关，与变化途径无关。

$\Delta G < 0$，代表过程自发进行。

$\Delta G = 0$，代表系统已达平衡。

$\Delta G > 0$，代表过程不自发。

如上表明，等温等压、系统不做非体积功的封闭系统内，自发过程总是沿吉布斯自由能减小的方向进行，直到吉布斯自由能达一极小值，不再变化，系统达到平衡。在此条件下，不可能自动发生吉布斯自由能增加的过程，因为这是违反热力学第二定律的，这又称为吉布斯自由能减少原理。

应特别注意，在等温等压、系统不做非体积功的条件下，吉布斯自由能可作为过程自发进行的方向和限度的判据。因大多数化学反应和相变化是等温等压、系统不做非体积功的条件下进行的，因此，吉布斯自由能作为判据更为实用和重要。在使用吉布斯自由能作判据时，只考虑系统吉布斯自由能改变而不必考虑环境，因此比熵判据更方便。

## 2.4.2 化学反应摩尔吉布斯自由能改变的计算

大多数化学反应是在等温等压、系统不做非体积功的条件下进行的。为了判定在此条件下的反应能否自发进行，首先必须计算化学反应的吉布斯自由能改变并以此作判据。

1. 在 $TK$、标准态下化学反应 $\Delta_r G_m^{\ominus}$ 的计算

（1）由 $\Delta_r H_m^{\ominus}$ 和 $\Delta_r S_m^{\ominus}$ 计算

对于 $TK$、标准态下的化学反应，由式（2-12）可得吉布斯方程式。

$$\Delta_r G_m^\ominus = \Delta_r H_m^\ominus - T\Delta_r S_m^\ominus \qquad (2-13)$$

若已知 $\Delta_r H_m^\ominus(298.15\text{K})$ 和 $\Delta_r S_m^\ominus(298.15\text{K})$，代入式（2-13）计算出 $\Delta_r G_m^\ominus(298.15\text{K})$。

利用式（2-13），不仅可由 $\Delta_r H_m^\ominus$ 和 $\Delta_r S_m^\ominus$ 计算 $\Delta_r G_m^\ominus$，还由 $\Delta_r G_m^\ominus$ 的符号判定标准态下反应能否自发进行，若设 $\Delta_r H_m^\ominus$ 和 $\Delta_r S_m^\ominus$ 与 $T$ 无关，还可近似讨论温度变化对标准态下反应自发进行方向的影响，几种情况归纳如下。

① $\Delta H < 0$，$\Delta S > 0$，即放热、熵增加的反应，按式（2-12），在任何温度下具有 $\Delta G < 0$，即任何温度下反应都可能自发进行。

② $\Delta H > 0$，$\Delta S < 0$，即吸热、熵减小的反应，由于两个因素都对反应自发进行不利，按式（2-12），在任何温度下都有 $\Delta G > 0$，此类反应不可能自发进行。

③ $\Delta H < 0$，$\Delta S < 0$，即放热、熵减小的过程，按式（2-12），低温有利于反应自发进行。为了使 $\Delta G < 0$，$T$ 必须符合关系式：$T < \dfrac{\Delta H}{\Delta S}$。

④ $\Delta H > 0$，$\Delta S > 0$，即吸热、熵增加的反应，按式（2-12），高温有利于反应自发进行。要使 $\Delta G < 0$，$T$ 必须符合关系式：$T > \dfrac{\Delta H}{\Delta S}$。

可以看出，对情况①和②，是不可能通过调节温度来改变反应自发性的方向。对③或者④的情况，$\Delta H$ 和 $\Delta S$ 这两个因素对自发性的影响相反，一个有利，另一个不利时，才可能通过改变温度，来改变反应自发进行的方向，而 $\Delta G = 0$ 时的温度，即为化学反应已到达平衡时的温度，称为转换温度 $T_{转换}$。$T_{转换}$ 可由式 $\Delta_r G_m^\ominus = \Delta_r H_m^\ominus - T_{转换}\Delta_r S_m^\ominus = 0$ 求出，设 $\Delta_r H_m^\ominus$ 和 $\Delta_r S_m^\ominus$ 与温度无关，得

$$T_{转换} \approx \frac{\Delta_r H_m^\ominus(298.15\text{K})}{\Delta_r S_m^\ominus(298.15\text{K})} \qquad (2-14)$$

（2）由标准摩尔生成吉布斯自由能求算

与标准摩尔生成焓的定义类似，物质 B 的标准摩尔生成吉布斯自由能定义为 $T\text{K}$、标准态下，由指定单质生成 $T\text{K}$、标准态下的 1mol 物质 B，摩尔反应的吉布斯自由能变，为物质 B 的标准摩尔生成吉布斯自由能，用符号 $\Delta_f G_m^\ominus(\text{B})$ 表示。如

在 298.15K，标准态下：

$$H_2(g) + \frac{1}{2}O_2(g) =\!=\!=\!= H_2O(l)$$

$$\Delta_r G_m^\ominus =\!=\!=\!= \Delta_f G_m^\ominus(H_2O, l)$$

若知道了在 298.15K 下以上反应的 $\Delta_r H_m^\ominus$ 即 $\Delta_f H_m^\ominus(H_2O, l)$，由各个组分在 298.15K 的标准摩尔熵即 $S_m^\ominus(H_2O, l)$，$S_m^\ominus(O_2, g)$ 和 $S_m^\ominus(H_2, g)$，就可以计算出反应的 $\Delta_r S_m^\ominus$，由式（2-13）就可以求出 298.15K 下 $H_2O(l)$ 的标准摩尔生成吉布斯自由能改变 $\Delta_f G_m^\ominus(H_2O, l)$。若干物质 298.15K 下的 $\Delta_f G_m^\ominus$ 已经算出，可直接查用。需要指出的是，$\Delta_f G_m^\ominus$ 是一个相对值，指定单质的 $\Delta_f G_m^\ominus = 0$。

类似于式（2-8）由 $\Delta_f H_m^\ominus(\text{B})$ 求反应的 $\Delta_r H_m^\ominus$，也可以由 $\Delta_f G_m^\ominus(\text{B})$ 求反应的 $\Delta_r G_m^\ominus$。

在 298.15K、标准态下任一化学反应的标准摩尔吉布斯自由能改变：

$$\Delta_r G_m^\ominus(298.15\text{K}) = \sum_B v_B \Delta_f G_m^\ominus(\text{B}, 298.15\text{K}) \qquad (2-15)$$

即反应的标准摩尔吉布斯自由能改变，为产物的标准摩尔生成吉布斯自由能总和，减去反应物的标准摩尔生成吉布斯自由能总和。

[例 2-6] 用两种方法计算在 298.15K 下以下反应的 $\Delta_r G_m^{\ominus}$，相关参数见表 2-1。讨论反应在此条件下的自发性。

$$H_2O_2(l) \xrightarrow{\text{过氧化酶}} H_2O(l) + \frac{1}{2}O_2(g)$$

**解：**

表 2-1  298.15K 下，$H_2O_2(l)$、$H_2O(l)$、$O_2(g)$ 的 $\Delta_f H_m^{\ominus}$、$S_m^{\ominus}$ 和 $\Delta_f G_m^{\ominus}$

| 物质 | $H_2O_2(l)$ | $H_2O(l)$ | $O_2(g)$ |
|---|---|---|---|
| $\Delta_f H_m^{\ominus}/kJ \cdot mol^{-1}$ | −187.6 | −285.84 | 0 |
| $S_m^{\ominus}/J \cdot K^{-1} \cdot mol^{-1}$ | 92.0 | 69.91 | 205.02 |
| $\Delta_f G_m^{\ominus}/kJ \cdot mol^{-1}$ | −113.97 | −237.2 | 0 |

方法一：由式（2-8）求：

$$\Delta_r H_m^{\ominus} = \Delta_f H_m^{\ominus}(H_2O,l) - \Delta_f H_m^{\ominus}(H_2O_2,l)$$
$$= [(-285.84)-(-187.6)]kJ \cdot mol^{-1} = -98.24kJ \cdot mol^{-1}$$

$$\Delta_r S_m^{\ominus} = S_m^{\ominus}(H_2O,l) + \frac{1}{2}S_m^{\ominus}(O_2,g) - S_m^{\ominus}(H_2O_2,l)$$
$$= \left(69.91 + \frac{1}{2}\times205.02 - 92.0\right)J \cdot K^{-1} \cdot mol^{-1} = 80.42J \cdot K^{-1} \cdot mol^{-1}$$

$$\Delta_r G_m^{\ominus} = \Delta_r H_m^{\ominus} - T\Delta_r S_m^{\ominus}$$
$$= [(-98.24)-298.15\times80.42\times10^{-3}]kJ \cdot mol^{-1}$$
$$\approx -122.2kJ \cdot mol^{-1}$$

方法二：由式（2-15）求：

$$\Delta_r G_m^{\ominus} = \Delta_f G_m^{\ominus}(H_2O,l) - \Delta_f G_m^{\ominus}(H_2O_2,l)$$
$$= (-237.2)-(-113.97) \approx -123.2kJ \cdot mol^{-1}$$

两种方法计算的结果基本相同。因 $\Delta_r G_m^{\ominus}<0$，表明反应在 298.15K、标准态下可自发进行，且因 $\Delta_r H_m^{\ominus}<0$，$\Delta_r S_m^{\ominus}>0$，该反应在任何温度、标准态下均可自发进行。

**2. 非标准态下吉布斯自由能改变的计算**

若反应不是在标准态下进行，如气体的压力不是 $p^{\ominus}$、溶液中溶质的浓度不是 $c^{\ominus}=1mol \cdot L^{-1}$ 或 $b^{\ominus}=1mol \cdot kg^{-1}$ 时，这时不能使用 $\Delta_r G_m^{\ominus}$ 作为反应自发进行方向和限度的判据，而应使用实际反应条件下的 $\Delta_r G_m$ 作为判据。

在 298.15K 下，任一化学反应方程如下。

$$aA + bB \Longrightarrow dD + eE$$

由热力学可以导出反应的 $\Delta_r G_m$ 与 $\Delta_r G_m^{\ominus}$ 关系为

$$\Delta_r G_m = \Delta_r G_m^{\ominus} + RT\ln Q \tag{2-16}$$

式中：$Q$——反应商；

$R$——摩尔气体常数，$8.314J \cdot K^{-1} \cdot mol^{-1}$；

$T$——温度，单位为 K。

式（2-16）称为化学反应等温式。

对于溶液反应：

$$aA(aq)+bB(aq) \Longrightarrow dD(aq)+eE(aq)$$

$Q$ 的表达式为

$$Q=\frac{[c(D)/c^{\ominus}]^d[c(E)/c^{\ominus}]^e}{[c(A)/c^{\ominus}]^a[c(B)/c^{\ominus}]^b} \qquad (2-17)$$

式中：$c(A)$、$c(B)$、$c(D)$ 和 $c(E)$ ——反应物和生成物在某一时刻的浓度，单位为 $mol \cdot L^{-1}$。

对于气体反应：

$$aA(g)+bB(g) \Longrightarrow dD(g)+eE(g)$$

$Q$ 的表达式为

$$Q=\frac{[p(D)/p^{\ominus}]^d[p(E)/p^{\ominus}]^e}{[p(A)/p^{\ominus}]^a[p(B)/p^{\ominus}]^b} \qquad (2-18)$$

式中：$p(A)$、$p(B)$、$p(D)$、$p(E)$ ——反应物和产物在某一时刻的浓度分压，单位为 kPa。

因此反应商 $Q$ 无单位，计算时注意纯液体和纯固体不要写进 $Q$ 的表达式中。

由式（2-16），对于任一化学反应，决定反应自发进行方向的判据是 $\Delta_r G_m$，$\Delta_r G_m$ 不仅与 $\Delta_r G_m^{\ominus}$ 有关，还与 $RT \ln Q$ 项有关。因此，标准态下不能自发进行的反应，可以通过人为调节 $Q$ 值，使 $\Delta_r G_m < 0$，反应即可自发进行。

[例2-7] 在 298.15K 下，气相反应：

$$CO_2(g)+H_2(g) \Longrightarrow CO(g)+H_2O(g)$$

若反应系统总压为 $1.0p^{\ominus}$，气体混合物组成 $(x_B)$ 为 $CO_2 55\%$，$H_2 44.8\%$，$CO 0.10\%$，$H_2O 0.10\%$。判定在此条件下反应能否自发进行？

解：查热力学数据，先计算 298.15K 下反应的 $\Delta_r G_m^{\ominus}$。

$$\Delta_r G_m^{\ominus} = \Delta_f G_m^{\ominus}(CO,g)+\Delta_f G_m^{\ominus}(H_2O,g)-\Delta_f G_m^{\ominus}(CO_2,g)$$
$$= (-137.27)+(-228.59)-(-394.38)=28.52(kJ \cdot mol^{-1})$$

$$\Delta_r G_m = \Delta_r G_m^{\ominus}+RT \ln Q$$
$$= \left(28.52+8.314 \times 298.15 \times 10^{-3} \times \ln \frac{0.10 \times 0.10}{55 \times 44.8}\right)$$
$$= -2.25(kJ \cdot mol^{-1})$$

计算表明，反应在 298.15K、标准态下不能自发进行，但在给定反应系统组成的条件下，反应可自发进行。若反应的 $\Delta_r G_m^{\ominus}$ 为一很大的正（或负）值，实际工作中很难通过调整 $Q$ 项，使 $\Delta_r G_m$ 的符号改变，这时才可由 $\Delta_r G_m^{\ominus}$ 近似判定实际反应自发进行的方向，这种情况下 $\Delta_r G_m^{\ominus}$ 的值通常在大于 $40kJ \cdot mol^{-1}$（或小于 $-40kJ \cdot mol^{-1}$）范围内。

# 2.5  化学反应的平衡态

实际工作中，利用化学反应获得预期产物，要考虑在指定条件下反应能否按预期的方向进行，即反应自发进行的方向问题。若反应能自发进行，它有无利用价值，还应考虑在此条件下有多少反应物可以转化为产物，即反应能达到怎样的限度，若改变反应条件，反应的限度又会如何变化？这就是化学反应的平衡问题。这一节中我们将介绍化学平衡的概念；已达平衡的系统，各组分浓度间所满足的关系式——平衡常数的表达；平衡常数的计算以及影响平衡的因素等。

## 2.5.1 化学反应的标准平衡常数

### 1. 标准平衡常数

在一定条件下，化学反应达平衡态，系统的组成不随时间变化，平衡系统各组分的浓度满足一定关系，这种关系可用平衡常数表示。根据平衡常数的定义，可以分为标准平衡常数和实验平衡常数两类，两类平衡常数间可以进行相互换算。

对等温等压、系统不做非体积功的化学反应，达到平衡时，根据热力学第二定律原理，反应的摩尔吉布斯自由能改变：

$$\Delta_r G_m = \Delta_r G_m^\ominus + RT\ln Q = 0$$

代入吉布斯等温方程式，此时的反应商 $Q = K^\ominus$ 得

$$\Delta_r G_m^\ominus = -RT\ln K^\ominus \tag{2-19}$$

式中：$K^\ominus$——标准平衡常数。

对于溶液反应：

$$a A(aq) + b B(aq) \Longrightarrow d D(aq) + e E(aq)$$

$K^\ominus$ 的表达式为

$$K^\ominus = \frac{[c(D)/c^\ominus]^d [c(E)/c^\ominus]^e}{[c(A)/c^\ominus]^a [c(B)/c^\ominus]^b} \tag{2-20}$$

式中：$c(A)$、$c(B)$ 和 $c(D)$、$c(E)$ ——反应物和生成物的平衡浓度。

对于气体反应：

$$a A(g) + b B(g) \Longrightarrow d D(g) + e E(g)$$

$K^\ominus$ 的表达式为

$$K^\ominus = \frac{[p(D)/p^\ominus]^d [p(E)/p^\ominus]^e}{[p(A)/p^\ominus]^a [p(B)/p^\ominus]^b} \tag{2-21}$$

式中：$p(A)$、$p(B)$ 和 $p(D)$、$p(E)$ ——反应物和产物的平衡分压。

关于标准平衡常数 $K^\ominus$，由式（2-20）和式（2-21）可以得出：$K^\ominus$ 是一个无单位量；因 $K^\ominus$ 与化学反应计量式中计量系数有关，故对指定反应 $K^\ominus$ 与反应计量式写法有关，在给出 $K^\ominus$ 的同时，还应给出反应计量式；$K^\ominus$ 只是温度的函数，因此，在给出 $K^\ominus$ 的同时，还应给出温度，指出各个组分的标准态。

在书写标准平衡常数表达式的时候，纯固相、液相和水溶液中存在的水可以在标准平衡常数 $K^\ominus$ 的表达式中不出现。如对于反应 $CaCO_3(s) \Longrightarrow CaO(s) + CO_2(g)$，其标准平衡常数可以表示为

$$K^\ominus = \left[\frac{p(CO_2)}{p^\ominus}\right]$$

对于既有溶质又有气体的化学平衡，$K^\ominus$ 表达式中，溶质用浓度代入，气体用分压代

入。例如：

$$2H^+(aq)+FeS(s) \Longleftrightarrow Fe^{2+}(aq)+H_2S(g)$$

$$K^\ominus=\frac{[p(H_2S)/p^\ominus][c(Fe^{2+})/c^\ominus]}{[c(H^+)/c^\ominus]^2}$$

**2. 标准平衡常数和反应方程式的关系**

标准平衡常数和反应方程式的计量系数有关。

如在 298.15K 下，$SO_2(g)$ 氧化为 $SO_3(g)$ 的反应计量式或有两种写法。

反应①：$SO_2(g)+\dfrac{1}{2}O_2(g) \Longleftrightarrow SO_3(g)$

反应②：$2SO_2(g)+O_2(g) \Longleftrightarrow 2SO_3(g)$

由式（2-21），得出两个反应的 $K^\ominus$ 分别为

$$K_1^\ominus=\frac{[p(SO_3)/p^\ominus]}{[p(SO_2)/p^\ominus] \cdot [p(O_2)/p^\ominus]^{\frac{1}{2}}}$$

$$K_2^\ominus=\frac{[p(SO_3)/p^\ominus]^2}{[p(SO_2)/p^\ominus]^2 \cdot [p(O_2)/p^\ominus]}$$

可得：

$$K_2^\ominus=(K_1^\ominus)^2$$

可见，反应②＝2×反应①。

另外，如果对于如下反应：

反应 1：$SO_2(g)+\dfrac{1}{2}O_2(g) \Longleftrightarrow SO_3(g)$

反应 2：$CO(g)+\dfrac{1}{2}O_2(g) \Longleftrightarrow CO_2(g)$

反应 3：$SO_3(g)+CO(g) \Longleftrightarrow SO_2(g)+CO_2(g)$

由式（2-21），得出三个反应的 $K^\ominus$ 分别为

$$K_1^\ominus=\frac{[p(SO_3)/p^\ominus]}{[p(SO_2)/p^\ominus] \cdot [p(O_2)/p^\ominus]^{\frac{1}{2}}}$$

$$K_2^\ominus=\frac{[p(CO_2)/p^\ominus]}{[p(CO)/p^\ominus] \cdot [p(O_2)/p^\ominus]^{\frac{1}{2}}}$$

$$K_3^\ominus=\frac{[p(SO_2)/p^\ominus] \cdot [p(CO_2)/p^\ominus]}{[p(SO_3)/p^\ominus] \cdot [p(CO)/p^\ominus]}$$

可见，反应③＝－①＋②。

$$(K_1^\ominus)^{-1} \cdot K_2^\ominus=\left\{\frac{[p(SO_3)/p^\ominus]}{[p(SO_2)/p^\ominus] \cdot [p(O_2)/p^\ominus]^{\frac{1}{2}}}\right\}^{-1} \times \frac{[p(CO_2)/p^\ominus]}{[p(CO)/p^\ominus] \cdot [p(O_2)/p^\ominus]^{\frac{1}{2}}}$$

$$=\frac{[p(SO_2)/p^\ominus] \cdot [p(CO_2)/p^\ominus]}{[p(SO_3)/p^\ominus] \cdot [p(CO)/p^\ominus]}=K_3^\ominus$$

总结上面内容，可以得到如下规律。

$$c×反应③=a×反应①+b×反应②$$

则

$$(K_3^\ominus)^c=(K_1^\ominus)^a(K_2^\ominus)^b$$

3. 标准平衡常数的意义

一般来说，标准平衡常数表明化学反应的可逆程度。对同类反应而言，$K^{\ominus}$ 越大，反应进行得越彻底。

此外，标准平衡常数可以判断反应是否处于平衡态以及反应处于非平衡状态时进行的方向。

对于任一状态下的某一溶液反应：

$$a\mathrm{A(aq)} + b\mathrm{B(aq)} \rightleftharpoons d\mathrm{D(aq)} + e\mathrm{E(aq)}$$

$$\Delta_r G_m = \Delta_r G_m^{\ominus} + RT\ln Q$$

代入式（2-19），得

$$\Delta_r G_m = -RT\ln K^{\ominus} + RT\ln Q = RT\ln \frac{Q}{K^{\ominus}} \qquad (2-22)$$

注意：$Q$ 和 $K^{\ominus}$ 的形式似乎一样，但是意义不一样。对于 $K^{\ominus}$，代入的浓度必须是平衡时的物质浓度或分压；而对于 $Q$，代入的浓度可以是任意时刻的浓度。

由 $K^{\ominus}$ 与 $Q$ 大小的比较，也可判定指定条件下反应自发进行的方向和限度。

$K^{\ominus} > Q$，$\Delta_r G_m < 0$，则反应可自发进行。

$K^{\ominus} = Q$，$\Delta_r G_m = 0$，反应达到平衡。

$K^{\ominus} < Q$，$\Delta_r G_m > 0$，反应不能自发进行，实际发生逆反应过程。

因此，标准平衡常数 $K^{\ominus}$ 也是化学反应自发进行方向的判据。如反应商 $Q$ 不等于 $K^{\ominus}$，表明反应系统处于非平衡态，化学反应就有自发从正向或逆向进行反应的趋势。$Q$ 值与 $K^{\ominus}$ 相差越大，从正向或逆向自发进行反应的趋势就越大。

## 2.5.2　实验平衡常数

由实验测定平衡系统的组成计算的平衡常数为实验平衡常数，因组成可用不同的浓度单位表示，因此，会有不同的实验平衡常数。对于任意溶液反应：

$$a\mathrm{A(aq)} + b\mathrm{B(aq)} = d\mathrm{D(aq)} + e\mathrm{E(aq)}$$

反应达平衡时，有

$$K_c = \frac{[\mathrm{D}]^d [\mathrm{E}]^e}{[\mathrm{A}]^a [\mathrm{B}]^b} \qquad (2-23)$$

式中：$[\mathrm{A}]$、$[\mathrm{B}]$ 和 $[\mathrm{D}]$、$[\mathrm{E}]$——反应物和生成物的平衡浓度，单位为 $\mathrm{mol \cdot L^{-1}}$。

对于气体反应：

$$a\mathrm{A(g)} + b\mathrm{B(g)} \rightleftharpoons d\mathrm{D(g)} + e\mathrm{E(g)}$$

$$K_p = \frac{p_{\mathrm{D}}^d p_{\mathrm{E}}^e}{p_{\mathrm{A}}^a p_{\mathrm{B}}^b} \qquad (2-24)$$

式中：$p_{\mathrm{A}}$、$p_{\mathrm{B}}$ 和 $p_{\mathrm{D}}$、$p_{\mathrm{E}}$——反应物和产物的平衡分压，单位为 $\mathrm{kPa}$ 或 $\mathrm{Pa}$。

$K_c$ 和 $K_p$ 均称为实验平衡常数。

实验平衡常数仍在广泛使用，当 $a+b=d+e$ 时，$K^{\ominus}=K_c$ 或 $K^{\ominus}=K_p$，且无单位；若 $a+b \neq d+e$，$K_c$ 或 $K_p$ 就有单位。书写实验平衡常数的规则与标准平衡常数大体相同。

如在 298.15K 下的反应：

$$CuSO_4 \cdot 5H_2O(s) \Longrightarrow CuSO_4 \cdot 3H_2O(s) + 2H_2O(g)$$

$$K^\ominus = (p_{H_2O}/p^\ominus)^2$$

$$K_p = (p_{H_2O})^2$$

$$Ag_2O(s) = 2Ag(s) + \frac{1}{2}O_2(g)$$

$$K^\ominus = (p_{O_2}/p^\ominus)^{\frac{1}{2}}$$

$$K_p = (p_{O_2})^{\frac{1}{2}}$$

对于复相反应，某一温度下反应达到平衡，系统的总压为离解压或分解压，而当离解压为 $p^\ominus$ 时的平衡温度为分解温度。

[例 2-8] 在 929K 下，$FeSO_4(s)$ 的分解反应为

$$2FeSO_4(s) \Longrightarrow Fe_2O_3(s) + SO_2(g) + SO_3(g)$$

实验测定反应达平衡时系统的离解压为 91.19kPa。

(1) 求在 929K 下，该分解反应的 $K_p$ 和 $K^\ominus$。

(2) 若开始时系统内除 $FeSO_4(s)$ 外，还充有压力为 60.795kPa 的 $SO_2$，求 $FeSO_4(s)$ 分解达平衡时系统的总压。

**解：** (1) 平衡时 $p_离 = p_{SO_2} + p_{SO_3}$ 且两气相组分的分压相等。

$$K_p = p_{SO_2} \cdot p_{SO_3} = \left(\frac{p_离}{2}\right)^2 = \left(\frac{91.19}{2}\right)^2 kPa^2 \approx 2.079 \times 10^3 kPa^2$$

$$K^\ominus = K_p \cdot p^{\ominus-2} = 2.079 \times 10^3 kPa^2 \times (100)^{-2}kPa^{-2} = 0.2079$$

(2) $2FeSO_4(s) = Fe_2O_3(s) + SO_2(g) + SO_3(g)$

平衡时 $p_B/kPa$:　　　　　　$60.795+x$　　　$x$

温度不变，$K_p$ 和 $K^\ominus$ 均不变　$K_p = x(x+60.795)kPa^2 = 2.079 \times 10^3 kPa^2$

解出 $x \approx 24.40kPa$，$p_离 = 24.40 + (24.40 + 60.795) \approx 109.6(kPa)$

## 2.5.3　平衡的移动

某种作用（温度、压力或浓度的变化等）施加于已达平衡的系统，平衡将发生变化，向着减小这种作用的方向移动，这就是勒夏特列原理。由勒夏特列原理可以判定平衡移动的方向。由平衡常数的热力学关系式，可对这些作用的影响进行定量的讨论和计算。

1. 浓度的影响

某反应达到达平衡状态时，如果增加反应物的浓度（分压）或减少产物的浓度（分压），将使 $Q < K^\ominus$，平衡向正反应方向移动；反之，如果减少反应物的浓度（分压）或增加产物的浓度（分压），将使 $Q > K^\ominus$，平衡向逆反应方向移动。

[例 2-9] 已知某反应 $CO_2(g) + H_2(g) \Longrightarrow CO(g) + H_2O(g)$，在 600℃ 时，$K^\ominus = 0.10$。当 $CO_2$ 和 $H_2$ 起始分压为 $1.0p^\ominus$ 和 $0.1p^\ominus$ 时，达到平衡时 $CO_2$ 的转化率是多少？当 $CO_2$ 和 $H_2$ 起始分压为均为 $1.0p^\ominus$ 时，达到平衡时 $CO_2$ 的转化率又是多少？

**解：** 设反应达到平衡时 $p(CO) = p(H_2O) = p$

$$CO_2(g) + H_2(g) \Longrightarrow CO(g) + H_2O(g)$$

起始时$/p^{\ominus}$：　　　　1.0　　　0.1　　　0　　　0
平衡时$/p^{\ominus}$：　　　1.0$-x$　　0.1$-x$　　$x$　　$x$

$$K^{\ominus}=\frac{[p(CO)/p^{\ominus}][p(H_2O)/p^{\ominus}]}{[p(CO_2)/p^{\ominus}][p(H_2)/p^{\ominus}]}=\frac{x^2}{(1.0p^{\ominus}-x)(0.1p^{\ominus}-x)}=0.10$$

解得　　　　　　　　　　$x=0.062p^{\ominus}$

$CO_2$的转化率为

$$\frac{0.062p^{\ominus}}{1.0p^{\ominus}}\times100\%=6.2\%$$

同理，$CO_2$和$H_2$起始分压为均为$1.0p^{\ominus}$时，解得$x=0.25p^{\ominus}$

$CO_2$的转化率为

$$\frac{0.25p^{\ominus}}{1p^{\ominus}}\times100\%=25\%$$

可见当$CO_2$起始分压不变，增加$H_2$的起始分压，平衡向正反应方向移动，达到平衡时$CO_2$的转换率得到提高。

2. 压力的影响

（1）等温下改变系统体积

对于有气体参加且反应前后气体的物质的量有变化的反应，改变反应系统的体积可能会改变$Q$，从而使化学平衡移动。

对于一个化学反应：

$$aA(g)+bB(g)\Longleftrightarrow dD(g)+eE(g)$$

当反应达到平衡时

$$K^{\ominus}=\frac{\left(\frac{p_E}{p^{\ominus}}\right)^e\left(\frac{p_D}{p^{\ominus}}\right)^d}{\left(\frac{p_A}{p^{\ominus}}\right)^a\left(\frac{p_B}{p^{\ominus}}\right)^b}$$

在定温条件下改变反应系统的体积，例如将系统压缩$x$倍，那么此时各个组分的压力变成原来的$x$倍，则

$$Q=\frac{\left(\frac{xp_E}{p^{\ominus}}\right)^e\left(\frac{xp_D}{p^{\ominus}}\right)^d}{\left(\frac{xp_A}{p^{\ominus}}\right)^a\left(\frac{xp_B}{p^{\ominus}}\right)^b}=x^{(e+d-a-b)}K^{\ominus}$$

对于气体分子数增大的反应，即$e+d-a-b>0$，此时$Q>K^{\ominus}$，平衡向逆反应方向移动，即增加压力，平衡向气体分子数减少的方向移动。

对于气体分子数减小的反应，即$e+d-a-b<0$，此时$Q<K^{\ominus}$，平衡向正反应方向移动，即增加压力，平衡向气体分子数减少的方向移动。

对于气体分子数不变的反应，即$e+d-a-b=0$，此时$Q=K^{\ominus}$，平衡不移动。

（2）等温等容下改变压力

等温等容条件下改变系统中某一种物质的分压：当增加反应物分压或减小产物分压，$Q<K^{\ominus}$，平衡向正反应方向移动；相反，减小反应物分压或增加产物分压时$Q>K^{\ominus}$，平衡向逆反应方向移动。

（3）加入不参与化学反应的气态物质

① 等温等容下加入不参与化学反应的气态物质，虽然会使系统的总压增大，但并不改变各物质的分压，因此 $Q=K^\ominus$，平衡不移动。

② 等温等容下加入不参与化学反应的气态物质，系统的体积会增大，各物质的分压会相应降低，平衡向气体分子数增加的方向移动。

上面的讨论，说明了压强变化只是对那些反应前后气体分子数目有变化的反应的化学平衡有影响：在等温下，增大压强，平衡向气体分子数目减少的方向移动；减小压强，平衡向气体分子数目增加的方向移动。

[例 2-10] 已知合成氨的反应 $N_2(g)+3H_2(g)\rightleftharpoons 2NH_3(g)$，达到平衡后，做出如下变化，判断平衡如何移动。

（1）在等温下，体积压缩一倍。

（2）在等温等容下，加入惰性气体。

（3）在等温等压下，加入惰性气体，体积增加到原来的两倍。

**解：** 平衡时：

$$K^\ominus = \frac{\left[\dfrac{p(NH_3)}{p^\ominus}\right]^2}{\left[\dfrac{p(N_2)}{p^\ominus}\right]\left[\dfrac{p(H_2)}{p^\ominus}\right]^3}$$

（1）在等温下，体积压缩一倍，各物种分压增加一倍。

$$Q = \frac{\left[\dfrac{2p(NH_3)}{p^\ominus}\right]^2}{\left[\dfrac{2p(N_2)}{p^\ominus}\right]\left[\dfrac{2p(H_2)}{p^\ominus}\right]^3} = \frac{1}{4}\frac{\left[\dfrac{p(NH_3)}{p^\ominus}\right]^2}{\left[\dfrac{p(N_2)}{p^\ominus}\right]\left[\dfrac{p(H_2)}{p^\ominus}\right]^3} = \frac{1}{4}K^\ominus$$

$Q<K^\ominus$，平衡向正反应方向移动。

也可以直接通过 $1+3-2>0$，判断出该反应气体分子数减小，即增加压力，平衡向气体分子数减少的方向移动，从而判断平衡向正反应方向移动。

（2）在等温等容下加入惰性气体，各物质的分压不变。

$$Q = \frac{\left[\dfrac{p(NH_3)}{p^\ominus}\right]^2}{\left[\dfrac{p(N_2)}{p^\ominus}\right]\left[\dfrac{p(H_2)}{p^\ominus}\right]^3} = K^\ominus$$

$Q=K^\ominus$，平衡不发生移动。

（3）在等温等压下，加入惰性气体，各物种均被稀释，各物质的分压为其原分压的一半。

$$Q = \frac{\left[\dfrac{0.5\times p(NH_3)}{p^\ominus}\right]^2}{\left[\dfrac{0.5\times p(N_2)}{p^\ominus}\right]\left[\dfrac{0.5\times p(H_2)}{p^\ominus}\right]^3} = 4\frac{\left[\dfrac{p(NH_3)}{p^\ominus}\right]^2}{\left[\dfrac{p(N_2)}{p^\ominus}\right]\left[\dfrac{p(H_2)}{p^\ominus}\right]^3} = 4K^\ominus$$

$Q>K^\ominus$，平衡向逆反应方向移动。

**3. 温度的影响**

温度的变化将直接改变反应的平衡常数 $K^\ominus$，使平衡发生显著的变化。设 $K_1^\ominus$、$K_2^\ominus$ 分

别为温度 $T_1$ 和 $T_2$ 时的平衡常数，存在如下关系：

$$\ln \frac{K_2^{\ominus}}{K_1^{\ominus}} = \frac{\Delta_r H_m^{\ominus}}{R}\left(\frac{1}{T_1} - \frac{1}{T_2}\right) \tag{2-25}$$

式中：$\Delta_r H_m^{\ominus}$——标准摩尔反应焓；

$\qquad R$——摩尔气体常数，$8.314 \text{J} \cdot \text{K}^{-1} \cdot \text{mol}^{-1}$；

$\qquad T$——温度，K。

由式（2-25）可以看出，若 $\Delta_r H_m^{\ominus} > 0$，即反应吸热，保持压力一定，升高温度，$K^{\ominus}$ 增大，即平衡向正反应方向移动，有利于产物生成；若 $\Delta_r H_m^{\ominus} < 0$，即反应放热，$K^{\ominus}$ 随温度升高而减小，平衡将向逆反应方向移动，不利于产物生成。利用上式，还可由不同温度下的平衡常数计算 $\Delta_r H_m^{\ominus}$，若已知 $\Delta_r H_m^{\ominus}$，则可由 $T_1$、$K_1^{\ominus}$ 求出 $T_2$ 温度下的 $K_2^{\ominus}$。

[例 2-11] 已知合成氨的反应 $N_2(g) + 3H_2(g) \Longrightarrow 2NH_3(g)$。

（1）通过查表求算在 298.15K 下该反应的 $\Delta_r H_m^{\ominus}$。

（2）已知该反应在 298.15K 下的 $K_1^{\ominus} = 5.6 \times 10^5$，估算在 500℃下此反应的 $K_2^{\ominus}$。

解：（1）查表得 $\Delta_f H_m^{\ominus}(NH_3, g) = -45.9 \text{kJ} \cdot \text{mol}^{-1}$，则 298.15K 时：

$$\Delta_r H_m^{\ominus} = 2 \times \Delta_f H_m^{\ominus}(NH_3, g) - \Delta_f H_m^{\ominus}(N_2, g) - 3 \times \Delta_f H_m^{\ominus}(H_2, g)$$
$$= 2 \times (-45.9) - 0 - 3 \times 0 = -91.8 (\text{kJ} \cdot \text{mol}^{-1})$$

（2）设在 773.15K（500℃）下反应的标准平衡常数为 $K_2^{\ominus}$。

$$\ln \frac{K_2^{\ominus}}{K_1^{\ominus}} = \frac{\Delta_r H_m^{\ominus}}{R}\left(\frac{1}{T_1} - \frac{1}{T_2}\right)$$

$$\ln \frac{K_2^{\ominus}}{5.6 \times 10^5} = \frac{-91.8 \times 1000 \text{J} \cdot \text{mol}^{-1}}{8.314 \text{J} \cdot \text{K}^{-1} \cdot \text{mol}^{-1}}\left(\frac{1}{298.15\text{K}} - \frac{1}{773.15\text{K}}\right)$$

$$K_2^{\ominus} \approx 7.5 \times 10^{-5}$$

在 500℃下该反应的 $K_2^{\ominus}$ 为 $7.5 \times 10^{-5}$。

## 习　题

一、单项选择选题

1. 下列物理量，不属于状态函数的是（　　）。

A. $U$　　　　　　　　B. $H$　　　　　　　　C. $S$　　　　　　　　D. $Q$

2. 冰箱内有一杯水，通电后冰箱内部的温度下降，如果水为系统，其余为环境，那么（　　）。

A. $Q < 0$，$W < 0$，$\Delta U > 0$　　　　　　　　B. $Q > 0$，$W = 0$，$\Delta U < 0$

C. $Q < 0$，$W = 0$，$\Delta U < 0$　　　　　　　　D. $Q = 0$，$W = 0$，$\Delta U = 0$

3. 反应 $Na_2O(s) + I_2(g) \Longrightarrow 2NaI(s) + \frac{1}{2}O_2(g)$ 的 $\Delta_r H_m^{\ominus}$ 为（　　）。

A. $2\Delta_f H_m^{\ominus}(NaI, s) - \Delta_f H_m^{\ominus}(Na_2O, s)$

B. $\Delta_f H_m^{\ominus}(NaI, s) - \Delta_f H_m^{\ominus}(Na_2O, s) - \Delta_f H_m^{\ominus}(I_2, g)$

C. $2\Delta_f H_m^{\ominus}(NaI, s) - \Delta_f H_m^{\ominus}(Na_2O, s) - \Delta_f H_m^{\ominus}(I_2, g)$

D. $\Delta_f H_m^{\ominus}(\mathrm{NaI,s}) - \Delta_f H_m^{\ominus}(\mathrm{Na_2O,s})$

4. 在 298.15K 下，下列单质的 $\Delta_f H_m^{\ominus}$ 不等于零的是（　　）。

A. $\mathrm{Fe(s)}$　　　　　　　　　　　　　B. $\mathrm{C}$（石墨）

C. $\mathrm{Ne(g)}$　　　　　　　　　　　　　D. $\mathrm{Cl_2(g)}$

5. $\mathrm{CO(g)}$ 的 $\Delta_f H_m^{\ominus}$ 等于（　　）。

A. $\mathrm{CO(g)}$ 的摩尔燃烧热

B. $\mathrm{CO(g)}$ 的摩尔燃烧热的负值

C. $\mathrm{C}$（石墨）$+\dfrac{1}{2}\mathrm{O_2(g)}\Longrightarrow\mathrm{CO(g)}$ 的 $\Delta_r H_m^{\ominus}$

D. $2\mathrm{C}$（石墨）$+\mathrm{O_2(g)}\Longrightarrow 2\mathrm{CO(g)}$ 的 $\Delta_r H_m^{\ominus}$

6. 对于反应 $\mathrm{CH_4(g)}+2\mathrm{O_2(g)}\Longrightarrow\mathrm{CO_2(g)}+2\mathrm{H_2O(l)}$ 的 $\Delta_r H_m^{\ominus}$，下列说法中正确的是（　　）。

A. $\Delta_r H_m^{\ominus}$ 是 $\mathrm{CO_2(g)}$ 的生成　　　B. $\Delta_r H_m^{\ominus}$ 是 $\mathrm{CH_4(g)}$ 的燃烧焓

C. $\Delta_r H_m^{\ominus}$ 是正值　　　　　　　　　　D. $\Delta_r H_m^{\ominus}-\Delta_r U_m^{\ominus}$ 是正值

7. 下述叙述中正确的是（　　）。

A. 在等压下，凡是自发的过程一定是放热的

B. 因为焓是状态函数，而等压反应的焓变等于等压反应热，所以热也是状态函数

C. 单质的 $\Delta_r H_m^{\ominus}$ 和 $\Delta_r G_m^{\ominus}$ 都为零

D. 在等温等压条件下，系统吉布斯自由能减少的过程都是自发进行的

8. $\mathrm{N_2(g)}+3\mathrm{H_2(g)}\Longrightarrow 2\mathrm{NH_3(g)}$，反应达到平衡后，把 $p(\mathrm{NH_3})$、$p(\mathrm{H_2})$ 各提高到原来的 2 倍，$p(\mathrm{N_2})$ 不变，则平衡将会（　　）。

A. 向正反应方向移动　　　　　　　　B. 向逆反应方向移动

C. 状态不变　　　　　　　　　　　　D. 无法确知

**二、填空题**

1. 某反应的 $\Delta_r H_m^{\ominus}=-100\mathrm{kJ\cdot mol^{-1}}$，$\Delta_r S_m^{\ominus}=-200\mathrm{J\cdot K^{-1}\cdot mol^{-1}}$ 在温度 ＿＿＿＿＿ 时可能自发进行。

2. 反应 $\mathrm{C(g)}+\mathrm{O_2(g)}=\mathrm{CO_2(g)}$ 的 $\Delta_r H_m^{\ominus}<0$，在一恒容绝热容器中 C 与 $\mathrm{O_2}$ 发生反应，则该系统的 $\Delta T$ ＿＿＿＿＿ 于零，$\Delta G$ ＿＿＿＿＿ 于零，$\Delta H$ ＿＿＿＿＿ 于零。

3. $\mathrm{A(g)}+\mathrm{B(g)}\Longrightarrow\mathrm{C(g)}$ 为放热反应，达平衡后：

(1) 能使 A 的转化率增大，B 的转化率减小的措施是 ＿＿＿＿＿＿＿＿＿＿＿＿。

(2) 能使 A 的转化率减小，B 的转化率增大的措施是 ＿＿＿＿＿＿＿＿＿＿＿＿。

(3) 能使 A 和 B 的转化率均增大的措施是 ＿＿＿＿＿＿＿＿＿＿＿＿。

(4) 从逆反应角度看，C 转化率增大，而 A 和 B 浓度降低的措施是 ＿＿＿＿＿＿＿＿＿。

4. $\mathrm{PCl_5(g)}$ 分解反应，在 473K 下达平衡时有 $48.5\%$ 分解，在 573K 下达平衡时有 $97\%$ 分解，此反应的 $\Delta_r H_m^{\ominus}$ ＿＿＿＿＿ 0。（填＞、＜或＝）

5. 可逆反应 $2\mathrm{A(g)}+\mathrm{B(g)}\Longrightarrow 2\mathrm{C(g)}$，$\Delta_r H_m^{\ominus}<0$，反应达到平衡时，容器体积不变，增加 B 的分压，则 C 的分压 ＿＿＿＿＿，A 的分压 ＿＿＿＿＿；减小容器的体积，B 的分压 ＿＿＿＿＿，$K_p$ ＿＿＿＿＿；升高温度，则 $K_p$ ＿＿＿＿＿。

### 三、简答题

1. 正确理解下面的热力学概念，并举例加以说明。

系统，环境，敞开系统，封闭系统，隔离系统；状态，状态函数，广度性质，强度性质；过程，途径，等温过程，等压过程，等容过程。

2. 在热力学上，热和功的正与负是怎样规定的？定义化学反应的热效应时，为什么要限制生成物与反应物的温度相同？关系式 $\Delta U = Q_V$，$\Delta H = Q_P$ 成立的条件分别是什么？什么样的化学反应 $Q_P = Q_V$？什么样的化学反应 $Q_P > Q_V$？

3. 热力学上是怎样定义物质的标准态的？物质的标准摩尔生成焓、标准摩尔生成吉布斯自由能、标准摩尔熵是怎样定义的？其单位分别是什么？

4. 在25℃下反应：

$$2H_2(g) + O_2(g) \rightleftharpoons 2H_2O(l)，\Delta_r H_m^{\ominus}(1)$$

$$C(s) + \frac{1}{2}O_2(g) \rightleftharpoons CO(g)，\Delta_r H_m^{\ominus}(2)$$

$$CO(g) + \frac{1}{2}O_2(g) \rightleftharpoons CO_2(g)，\Delta_r H_m^{\ominus}(3)$$

$\Delta_r H_m^{\ominus}(1)$、$\Delta_r H_m^{\ominus}(2)$ 和 $\Delta_r H_m^{\ominus}(3)$ 是否分别为 $H_2O(l)$、$CO(g)$ 和 $CO_2(g)$ 的标准摩尔生成焓 $\Delta_f H_m^{\ominus}$？为什么？$\Delta_r H_m^{\ominus}(1)$、$\Delta_r H_m^{\ominus}(2)$ 和 $\Delta_r H_m^{\ominus}(3)$ 是否分别为 $H_2(g)$、$C(s)$ 和 $CO(g)$ 的标准摩尔燃烧焓 $\Delta_c H_m^{\ominus}$？为什么？

5. 25℃反应 $C(s) + H_2O(g) \rightleftharpoons CO(g) + H_2(g)$ 的 $\Delta_r H_m^{\ominus} = 131.31 kJ \cdot mol^{-1}$，改变以下反应条件，平衡将如何变化？

(1) 增加碳的量。

(2) 提高 $H_2O(g)$ 分压。

(3) 提高系统总压。

(4) 恒 $T$ 恒 $p$ 下加入 $N_2$。

(5) 提高反应温度。

6. 写出下列反应的标准平衡常数的表达式。

(1) $CH_4(g) + H_2O(g) \rightleftharpoons CO(g) + 3H_2(g)$

(2) $C(s) + H_2O(g) \rightleftharpoons CO(g) + H_2(g)$

(3) $2MnO_4^-(aq) + 5H_2O_2(aq) + 6H^+(aq) \rightleftharpoons 2Mn^{2+}(aq) + 5O_2(g) + 8H_2O(l)$

(4) $VO_4^{3-}(aq) + H_2O(l) \rightleftharpoons [VO_3(OH)]^{2-}(aq) + OH^-(aq)$

7. 在 25℃、$p^{\ominus}$ 下，$H_2O(l) \longrightarrow H_2(g) + \frac{1}{2}O_2(g)$，$\Delta_r G_m^{\ominus} = 236.2 kJ \cdot mol^{-1} > 0$，反应不能自发进行。但在 25℃、$p^{\ominus}$ 下可由电解水得到 $H_2$ 和 $O_2$，这是否矛盾？

8. 什么是化学反应的实验平衡常数、标准平衡常数？两者有何不同？

9. 反应物浓度和外界压强如何影响化学平衡？请举例说明。

### 四、计算题

1. 373K 时 $1mol H_2O(l)$ 在 101.3kPa 下变成水蒸气，若 $1g H_2O$ 水气化要吸热 2.255kJ，试计算上述过程的 $\Delta H$ 和 $\Delta U$。

2. 在带有活塞的气缸中充有空气和汽油蒸气的混合物，气缸最初体积为 40.0L。如果该混合物燃烧放出 950.0J 的热，在 100.0kPa 的等压下气体膨胀，假定燃烧所放出的热全部转化为推动活塞做功。计算膨胀后气体的体积。

3. 已知 $D(g)+E(s)\!=\!=\!=\!G(g)+H(s)$，在298K、$p^{\ominus}$ 下反应，系统放热1.25kJ。求该反应的 $Q$、$W$、$\Delta U$。

4. 已知：$C_3H_8(g)+5O_2(g)\!=\!=\!=\!3CO_2(g)+4H_2O(l)$，$\Delta_rH_m^{\ominus}(1)=-2220kJ\cdot mol^{-1}$

$\qquad$ $3C(石墨)+4H_2(g)\!=\!=\!=\!C_3H_8(g)$，$\Delta_rH_m^{\ominus}(2)=-104.5kJ\cdot mol^{-1}$

$\qquad$ $2H_2O(l)\!=\!=\!=\!2H_2(g)+O_2(g)$，$\Delta_rH_m^{\ominus}(3)=572.0kJ\cdot mol^{-1}$

求 $CO_2(g)$ 的 $\Delta_fH_m^{\ominus}$。

5. 利用附表2中的 $\Delta_fH_m^{\ominus}$ 数据计算下列反应的 $\Delta_rH_m^{\ominus}$。

（1）$4Na(s)+O_2(g)\!=\!=\!=\!2Na_2O(s)$

（2）$2Na(s)+2H_2O(l)\!=\!=\!=\!2NaOH(l)+H_2(g)$

（3）$2Na(s)+CO_2(g)\!=\!=\!=\!Na_2O(s)+CO(g)$

6. 在298K下，下列热化学方程式：

（1）$C(s)+O_2(g)\!=\!=\!=\!CO_2(g)$，$\Delta_rH_m^{\ominus}(1)=-393.51kJ\cdot mol^{-1}$

（2）$2H_2(g)+O_2(g)\!=\!=\!=\!2H_2O(l)$，$\Delta_rH_m^{\ominus}(2)=-569.68kJ\cdot mol^{-1}$

（3）$CH_3CH_2CH_3(g)+5O_2(g)\!=\!=\!=\!3CO_2(g)+4H_2O(l)$，$\Delta_rH_m^{\ominus}(3)=-2217.1kJ\cdot mol^{-1}$

计算在298K下 $\Delta_cH_m^{\ominus}(CH_3CH_2CH_3,g)$ 和 $\Delta_fH_m^{\ominus}(CH_3CH_2CH_3,g)$。

7. 已知在298.15K下环丙烷（g）、石墨和氢气的标准摩尔燃烧焓 $\Delta_cH_m^{\ominus}$ 分别为 $-2092kJ\cdot mol^{-1}$，$-393.51kJ\cdot mol^{-1}$ 和 $-285.84kJ\cdot mol^{-1}$，丙烯（g）的标准摩尔生成焓为 $\Delta_fH_m^{\ominus}=20.5kJ\cdot mol^{-1}$，求：

（1）在298.15K，环丙烷（g）的 $\Delta_fH_m^{\ominus}$。

（2）在298.15K下反应：环丙烷(g)＝丙烯(g)的 $\Delta_rH_m^{\ominus}$。

8. 用两种方法（由 $\Delta_rH_m^{\ominus}$ 和 $\Delta_rS_m^{\ominus}$ 或由 $\Delta_fG_m^{\ominus}$）计算以下反应在25℃下的 $\Delta_rG_m^{\ominus}$、$K^{\ominus}$，判定反应在25℃和标准态下自发进行的方向，所需数据可查附录或其他热力学数据手册。

（1）$N_2(g)+O_2(g)\!=\!=\!=\!2NO(g)$

（2）$H_2(g)+\dfrac{1}{2}O_2(g)\!=\!=\!=\!H_2O(g)$

（3）$CO(g)+NO(g)\!=\!=\!=\!CO_2(g)+\dfrac{1}{2}N_2(g)$

9. 用CaO(s)吸取高炉尾气中的 $SO_3$ 气体，其反应方程式为 $CaO(s)+SO_3(g)\!=\!=\!=\!CaSO_4(s)$，根据下列数据讨论在373K时该反应能否自发进行。给出该反应用于防治 $SO_3$ 污染环境的合适温度。

$\qquad\qquad\qquad\qquad\quad$ $CaSO_4(s)$ $\quad$ $CaO(s)$ $\quad$ $SO_3(g)$

$\Delta_fH_m^{\ominus}/(kJ\cdot mol^{-1})$：$\qquad-1434.7\quad-635.5\quad-395.18$

$S_m^{\ominus}/(J\cdot mol^{-1}\cdot K^{-1})$：$\qquad106.5\qquad38.1\qquad256.6$

10. 反应 $PCl_5(g)\!=\!=\!=\!PCl_3(g)+Cl_2(g)$ 在760K时的标准平衡常数为33.3。若将100.0g的 $PCl_5$ 注入容积为6.00L的密闭容器中，求760K下反应达到平衡时 $PCl_5$ 的离解率和容器中的压强？

11. 已知在298.15K下，反应①：$Na_2SO_4(s)+10H_2O(l)\!=\!=\!=\!Na_2SO_4\cdot10H_2O(s)$ 的

$\Delta_r G_m^\ominus(1) = -4.56 kJ \cdot mol^{-1}$。反应②：$H_2O(l) \Longrightarrow H_2O(g)$ 的 $\Delta_r G_m^\ominus(2) = 8.61 kJ \cdot mol^{-1}$。

(1) 求反应③$Na_2SO_4(s) + 10H_2O(g) \Longrightarrow Na_2SO_4 \cdot 10H_2O(s)$ 的 $K^\ominus$ 及水蒸气的平衡分压。

(2) 通过计算说明，将 $Na_2SO_4(s)$ 放在相对湿度为 $50\%$ 的空气中，能否稳定存在？

12. 反应：$2NaHCO_3(s) \Longrightarrow Na_2CO_3(s) + CO_2(g) + H_2O(g)$ 的标准摩尔反应焓为 $1.29 \times 10^2 kJ \cdot mol^{-1}$。若 303K 时 $K_1^\ominus = 1.66 \times 10^{-5}$，试计算 393K 反应的 $K_2^\ominus$。

13. 反应 $\frac{1}{2}Cl_2(g) + \frac{1}{2}F_2(g) \Longrightarrow ClF(g)$，在 298K 和 398K 下，测得其标准平衡常数分别为 $9.3 \times 10^9$ 和 $3.3 \times 10^7$。

(1) 计算 $\Delta_r G_m^\ominus$ （398K）。

(2) 假定 298～398K 范围内 $\Delta_r H_m^\ominus$ 和 $\Delta_r S_m^\ominus$ 基本不变，计算反应的 $\Delta_r H_m^\ominus$ 和 $\Delta_r S_m^\ominus$。

第2章
拓展习题讲解

第2章
在线答题

# 第3章

## 化学反应速率

**知识结构图**

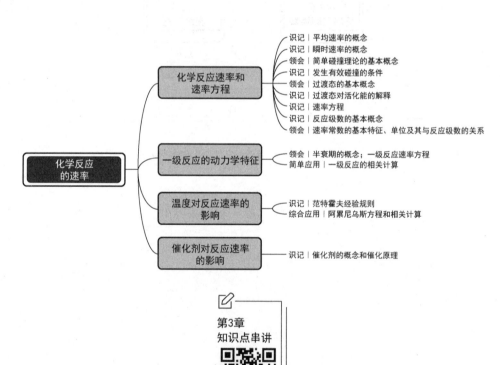

化学反应速率和速率方程
- 识记｜平均速率的概念
- 识记｜瞬时速率的概念
- 领会｜简单碰撞理论的基本概念
- 识记｜发生有效碰撞的条件
- 领会｜过渡态的基本概念
- 识记｜过渡态对活化能的解释
- 识记｜速率方程
- 识记｜反应级数的基本概念
- 领会｜速率常数的基本特征、单位及其与反应级数的关系

化学反应的速率

一级反应的动力学特征
- 领会｜半衰期的概念；一级反应速率方程
- 简单应用｜一级反应的相关计算

温度对反应速率的影响
- 识记｜范特霍夫经验规则
- 综合应用｜阿累尼乌斯方程和相关计算

催化剂对反应速率的影响
- 识记｜催化剂的概念和催化原理

第3章
知识点串讲

对于化学反应，人们常常关心两个基本的问题：一是反应进行的方向、限度及外界条件对平衡的影响；二是反应的速率及所经历的具体的中间过程。前者属于化学热力学研究范畴，后者属于化学动力学研究范畴。在采用化学热力学方法判断一个自发过程的方向和限度时，只需要研究体系的始态和终态，不涉及反应的具体过程，也就是说它只需研究在指定的始态、终态之间进行的无限缓慢的可逆过程，而不需考虑实际过程进行的快慢程度。正因为如此，化学热力学只能预言在指定条件下反应发生的可能性，却不能预知反应的现实性。对于一个真正意义上能发生的化学反应而言，除了要具备热力学上的自发可能性外，还要具备一定的反应速率，否则就没有实际意义。化学反应进行的快慢主要取决于反应物的化学性质，但也受浓度、温度、压力及催化剂等因素的影响。作为物理化学学科的重要分支，化学动力学研究热力学上可能发生的化学反应速率及各种因素对其的影响以及反应的具体过程（即反应机理）。

# 3.1 化学反应速率和速率方程

## 3.1.1 化学反应速率

化学反应速率是指在一定条件下由反应物转变成生成物的快慢程度。对于等温等容的化学反应：

$$a\mathrm{A}+b\mathrm{B}=d\mathrm{D}+e\mathrm{E}$$

平均速率（$\bar{r}$）可表示为

$$\bar{r}=-\frac{1}{a}\frac{\Delta c(\mathrm{A})}{\Delta t}=-\frac{1}{b}\frac{\Delta c(\mathrm{B})}{\Delta t}=\frac{1}{d}\frac{\Delta c(\mathrm{D})}{\Delta t}=\frac{1}{e}\frac{\Delta c(\mathrm{E})}{\Delta t} \tag{3-1}$$

式中：　　　　　　A、B、D、E——各反应物的化学式；

　　　　　　　　$a$、$b$、$d$、$e$——反应式中的计量系数；

　　　　　　　　　　$\Delta t$——反应时间间隔；

$\Delta c(\mathrm{A})$、$\Delta c(\mathrm{B})$、$\Delta c(\mathrm{D})$、$\Delta c(\mathrm{E})$——物质在 $\Delta t$ 间的浓度变化。

$\bar{r}$ 的单位为浓度·时间$^{-1}$。根据反应的快慢，时间单位可取秒（s）、分钟（min）、小时（h）、天（d）、年（y）等。

下面以如下的溶液反应举例。

$$\mathrm{Br_2+HCOOH}=\!\!=\!\!=2\mathrm{Br^-}+2\mathrm{H^+}+\mathrm{CO_2}$$

实验测得反应中的数据见表 3-1。

表 3-1　Br₂ 与 HCOOH 反应中物质浓度随反应时间的变化

| $t/\mathrm{s}$ | $c(\mathrm{Br_2})/\mathrm{mol \cdot L^{-1}}$ | $c(\mathrm{HCOOH})/\mathrm{mol \cdot L^{-1}}$ | $c(\mathrm{Br^-})/\mathrm{mol \cdot L^{-1}}$ |
|---|---|---|---|
| 0 | 0.0120 | 0.0500 | 0.0 |
| 50 | 0.0101 | 0.0481 | 0.0038 |
| 100 | 0.0085 | 0.0465 | 0.0071 |
| 150 | 0.0071 | 0.0451 | 0.0098 |

续表

| $t/s$ | $c(Br_2)/mol \cdot L^{-1}$ | $c(HCOOH)/mol \cdot L^{-1}$ | $c(Br^-)/mol \cdot L^{-1}$ |
|:---:|:---:|:---:|:---:|
| 200 | 0.0060 | 0.0440 | 0.0121 |
| 250 | 0.0042 | 0.0422 | 0.0156 |
| 300 | 0.0035 | 0.0415 | 0.0169 |
| 400 | 0.0030 | 0.0410 | 0.0181 |

计算 50～150s 的反应平均速率。

选取 $Br_2$ 计算：

$$\bar{r} = -\frac{1}{1} \times \frac{\Delta c(Br_2)}{\Delta t} = -\frac{(0.0071-0.0101)}{150-50} = 3.0 \times 10^{-5} \, mol \cdot L^{-1} \cdot s^{-1}$$

如果选取 HCOOH 计算：

$$\bar{r} = -\frac{1}{1} \times \frac{\Delta c(HCOOH)}{\Delta t} = -\frac{(0.0451-0.0481)}{150-100} = 3.0 \times 10^{-5} \, mol \cdot L^{-1} \cdot s^{-1}$$

如果选取 $Br^-$ 计算：

$$\bar{r} = \frac{1}{2} \times \frac{\Delta c(Br^-)}{\Delta t} = \frac{1}{2} \times \frac{(0.0098-0.0038)}{150-50} = 3.0 \times 10^{-5} \, mol \cdot L^{-1} \cdot s^{-1}$$

可见，反应速率与选择的物质无关，当反应物或产物的浓度都严格按照各自计量系数成比例地改变，无论用哪一个反应组分浓度变化来求算反应速率都应该是等效的。通常情况下我们会选择比较容易测定浓度的物质来计算反应速率。

如果 $\Delta t$ 取无限小，此时的速率即为瞬间速率（$r$），表示为

$$r = -\frac{1}{a}\frac{dc(A)}{dt} = -\frac{1}{b}\frac{dc(B)}{dt} = \frac{1}{d}\frac{dc(D)}{dt} = \frac{1}{e}\frac{dc(E)}{dt} \qquad (3-2)$$

式中，$\dfrac{dc}{dt}$—$t$ 时刻时，物质浓度对时间的一阶导数。

若要求出 100s、200s 和 300s 时的瞬时速率，采用 $c(Br_2)$ 随反应时间作图，得到如图 3.1 所示的变化曲线。

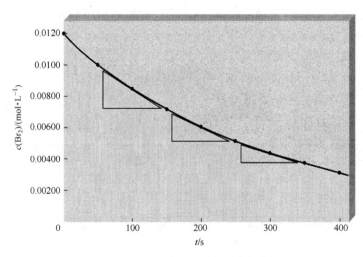

图 3.1  $c(Br_2)$ 随反应时间的变化曲线

在 100s、200s 和 300s 处做切线，该点切线斜率即为一阶导数 $\dfrac{\mathrm{d}c(\mathrm{Br_2})}{\mathrm{d}t}$。代入式（3-1）即可求出瞬时速率。

$$r(100\mathrm{s}) = -\frac{1}{1} \times \frac{\mathrm{d}c(\mathrm{Br_2})}{\mathrm{d}t} = -\frac{\mathrm{d}c(\mathrm{Br_2})}{\mathrm{d}t} = -\frac{0.0025}{80} \approx 3.12 \times 10^{-5}(\mathrm{mol \cdot L^{-1} \cdot s^{-1}})$$

其他时间点的瞬时速率可以以此类推。

## 3.1.2  化学反应速率理论基础

### 1. 简单碰撞理论

简单碰撞理论是一种最早的反应速率理论，它把反应物分子当作没有内部结构的刚性硬球，认为反应物分子必须相互碰撞才有可能发生反应，反应的快慢与单位时间内碰撞次数成正比。当增加反应物浓度或升高反应温度时，碰撞次数越多，反应也会加快。但并非分子之间每次碰撞都能生成产物，只有当它们具有足够的动能且在空间上具有合适的方位，在碰撞时反应物分子内的化学键才能发生重组，由反应物生成产物。这种能够发生化学反应的碰撞称为有效碰撞。发生有效碰撞必须具备两个条件。

① 反应物分子要有足够的动能，这样它们才能克服分子之间的排斥力而相互充分靠近。

② 碰撞时要有恰当的方向。如若分子碰撞时方位不恰当，即使分子具有的能量再高，反应也不会发生。

图 3.2 所示为 NO 与 $N_2O$ 的碰撞示意图，只有图 3.2（a）所示的碰撞才是有效碰撞。

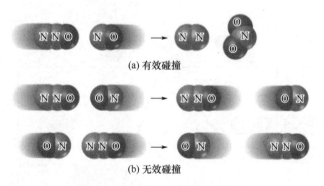

(a) 有效碰撞

(b) 无效碰撞

**图 3.2  NO 与 $N_2O$ 碰撞示意图**

反应中具有较大动能并能发生有效碰撞的分子称为活化分子，活化分子具有的最低能量与反应物分子的平均能量之差称为化学反应的活化能。在一定的温度下，反应速率主要受活化能的影响，活化能越小，则活化分子数越多，反应就越快。化学反应的活化能多与化学键的断裂能量相近，为 $40 \sim 400\mathrm{kJ \cdot mol^{-1}}$。当活化能小于 $40\mathrm{kJ \cdot mol^{-1}}$ 时，反应速率通常较快，当活化能高于 $400\mathrm{kJ \cdot mol^{-1}}$，反应速率较慢。对于一般的化学反应，当增加反应物浓度时，反应速率会加快，其实质是增加了反应物分子中活化分子的数目。

## 2. 过渡态理论

随着对原子、分子内部结构的认识不断深入，20 世纪 30 年代人们提出了反应速率的过渡态理论。该理论认为反应物分子的形状和内部结构的变化不是仅仅在碰撞的一瞬间才发生，而是在彼此相互靠近时就开始变化。当反应物分子相互靠近时，原有的化学键逐渐被削弱，直至断裂；产物中新的化学键逐渐形成，直至稳定。在这个过程中，形成了一个不稳定的中间过渡状态，产生了一个活化络合物，由其进一步转化成产物。如图 3.3 所示，当 $OH^-$ 与 $CH_3Br$ 相互靠近时，需形成一个中间物 $[HO\cdots CH_3\cdots Br]$，然后才能生成产物，该中间物即为反应的活化络合物，也称为过渡态。

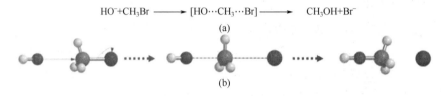

$$HO^-+CH_3Br \longrightarrow [HO\cdots CH_3\cdots Br] \longrightarrow CH_3OH+Br^-$$
(a)
(b)

**图 3.3　$OH^-$ 与 $CH_3Br$ 的反应示意图**

由于过渡态的能量高于始态也高于终态，由此形成一个能垒。$CO+NO_2$ 反应中体系能量随反应进程变化如图 3.4 所示。图中活化络合物的能量与反应物能量之差即为正反应的活化能 $E_a$（正），活化络合物的能量与产物能量之差即为逆反应的活化能 $E_a$（逆）。正、逆反应活化能之差 $[E_a（正）-E_a（逆）]$ 为摩尔反应中产物分子与反应物分子平均能量之差，近似地认为其等于 $\Delta_rH_m$。若产物分子的平均能量比反应物分子的平均能量低，多余的能量将在反应过程中以热的形式放出，这样的反应为放热反应；反之，则为吸热反应。

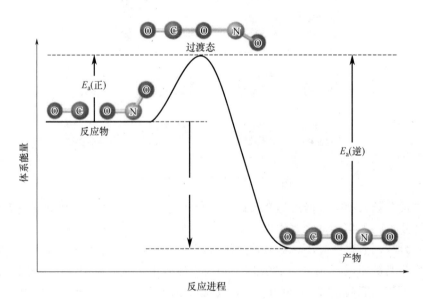

**图 3.4　$CO+NO_2$ 反应中体系能量随反应进程的变化**

为使反应进行，反应物分子应首先获得能量达到较高的活化态，处于活化态的分子

（活化分子）克服分子间排斥力发生碰撞，使得旧的化学键削弱，形成产物分子的新的化学键。而活化能即是活化分子平均能量与普通分子平均能量之差。对于指定反应，随着温度升高，分子平均能量升高，活化分子数目增加，分子间有效碰撞次数增加，因而反应速率加快。

过渡态理论相对于碰撞理论更加精确，而且可以通过量子化学等手段预测反应的活化能，因此其应用范围更加广泛。

## 3.1.3 化学反应的速率方程

表示反应速率与反应物浓度之间定量关系的数学式称为化学反应的速率方程。速率方程具体的表达式随不同反应而异，需由实验来确定。

对于任意一化学反应：

$$a\mathrm{A}+b\mathrm{B}\Longrightarrow d\mathrm{D}+e\mathrm{E}$$

其速率方程为

$$r=kc(\mathrm{A})^m c(\mathrm{B})^n \qquad (3-3)$$

式中：$k$——速率常数，它与反应物浓度无关，只与反应的本性及反应温度有关，其值可通过实验测定（$k$ 在数值上相当于参加反应的物质都处于单位浓度时的反应速率，又被称为反应的比速率，其数值直接表示反应速率的快慢）；

$m$ 和 $n$——反应物 A 和 B 的反应级数。

总的反应级数为各反应物的级数之和（$m+n$），该反应也称作（$m+n$）级反应。一些反应的速率方程及其级数见表 3-2 所示。

表 3-2 一些反应的速率方程及其级数

| 反应 | 速率方程 | 反应级数 |
|---|---|---|
| $2\mathrm{NH_3}\Longrightarrow \mathrm{N_2}+3\mathrm{H_2}$ | $r=kc(\mathrm{NH_3})^0$ | 零级反应 |
| $2\mathrm{N_2O_5}\Longrightarrow 4\mathrm{NO_2}+\mathrm{O_2}$ | $r=kc(\mathrm{N_2O_5})^1$ | 一级反应 |
| $2\mathrm{NO_2}\Longrightarrow 2\mathrm{NO}+\mathrm{O_2}$ | $r=kc(\mathrm{NO_2})^2$ | 二级反应 |
| $\mathrm{CO}+\mathrm{Cl_2}\Longrightarrow \mathrm{COCl_2}$ | $r=kc(\mathrm{CO})^1 c(\mathrm{Cl_2})^{0.5}$ | 1.5 级反应 |

反应级数的数值大小反映了各反应物浓度对反应速率的影响程度，它们由实验测得。过二硫酸铵[$(\mathrm{NH_4})_2\mathrm{S_2O_8}$]和碘化钾（KI）在水溶液中发生氧化还原反应，其反应速率见表 3-3。

表 3-3 $\mathrm{S_2O_8^{2-}}+3\mathrm{I^-}\Longrightarrow 2\mathrm{SO_4^{2-}}+\mathrm{I_3^-}$ 的反应速率（室温）

| $c(\mathrm{S_2O_8^{2-}})/(\mathrm{mol \cdot L^{-1}})$ | $c(\mathrm{I^-})/(\mathrm{mol \cdot L^{-1}})$ | $r=-\dfrac{dc(\mathrm{S_2O_8^{2-}})}{dt}/(\mathrm{mol \cdot L^{-1} \cdot s^{-1}})$ |
|---|---|---|
| 0.038 | 0.060 | $1.4\times10^{-5}$ |
| 0.076 | 0.060 | $2.8\times10^{-5}$ |
| 0.076 | 0.030 | $1.4\times10^{-5}$ |

由表 3－3 中数据可知，反应速率与 $S_2O_8^{2-}$ 和 $I^-$ 的浓度均成正比关系，因而其速率方程为

$$r = -\frac{dc(S_2O_8^{2-})}{dt} = kc(S_2O_8^{2-})c(I^-) \tag{3-4}$$

这个反应对于 $S_2O_8^{2-}$ 来说是一级的，对于 $I^-$ 来说也是一级的，反应总级数等于 2。

## 3.1.4 基元反应和质量作用定律

### 1. 基元反应和复杂反应

基元反应只是反应分子直接一步碰撞就形成产物的反应，由一个基元反应组成的总反应称为简单反应。由两个或两个以上的基元反应组成且经过若干个基元反应才能完成的反应称为复杂反应，它是多个基元反应的总和。复杂反应中表示反应物和产物之间化学计量关系的方程式称为总反应方程式。

反应：

$$NO_2(g) + CO(g) \longrightarrow NO(g) + CO_2(g)$$

研究发现该反应经历如图 3.5 所示的反应过程。

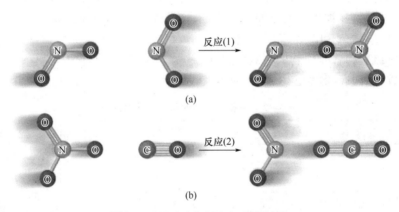

图 3.5　$NO_2(g) + CO(g)$ 反应过程

图 3.5 中的反应（1）和反应（2）为基元反应，总反应为复杂反应。

### 2. 质量作用定律

实验研究表明：在一定的温度下，基元反应的速率与反应物浓度（或分压）以反应式中各反应物质的化学计量系数为指数的幂的连乘积成正比，这个规律称为质量作用定律。

对于如下的基元反应：

$$NO_3(g) + CO(g) =\!=\!= NO_2(g) + CO_2(g)$$

其速率方程为

$$r = kc(NO_3)c(CO) \tag{3-5}$$

同样，根据质量作用定律，复杂反应 $H_2(g) + I_2(g) = 2HI(g)$ 中的①～③基元反应速率方程如下。

① $r \propto c(I_2)c(M)$ 或 $r = k_1 c(I_2)c(M)$，M 为杂质微粒。

② $r \propto c(I \cdot)^2$ 或 $r = k_2 c(I \cdot)^2$。

③ $r \propto c(H_2)c(I \cdot)^2$ 或 $r = k_3 c(H_2)c(I \cdot)^2$。

值得注意的是质量作用定律仅适用于基元反应。我们通常所写的化学方程式绝大多数并不代表反应真正的历程，而仅代表反应的总结果。也就是说对于复杂反应不能直接由其计量式得到速率方程，而需要通过实验、设计反应历程来建立相关关系式。

例如，对于 $Cl_2$、$Br_2$ 与 $H_2$ 之间的反应，虽然它们的反应计量式与 $I_2$ 相同，但是由于所经历的反应历程不同，其相应的速率方程也大相径庭。

$$H_2 + Cl_2 \longrightarrow 2HCl \qquad r = kc(H_2)c(Cl_2)^{1/2} \qquad (3-6)$$

$$H_2 + Br_2 \longrightarrow 2HBr \qquad r = \frac{kc(H_2)c(Br_2)^{1/2}}{1 + kc(HBr)c(Br_2)} \qquad (3-7)$$

# 3.2　一级反应的动力学特征

反应级数为一的反应称为一级反应。一级反应中，反应速率与反应物浓度的一次方成正比。常见的一级反应有放射性元素的衰变、分子内部的重排、高分子物质的裂解反应等。对于任意一级反应：

$$A \longrightarrow 产物$$

其速率方程可写为

$$r = -\frac{dc(A)}{dt} = kc(A) \qquad (3-8)$$

设起始态 $t=0$ 时的 A 物质的浓度为 $c(A)_0$，$t$ 时刻 A 物质的浓度为 $c(A)$，对式（3-8）求定积分

$$\int_{c(A)_0}^{c(A)} \frac{dc(A)}{c(A)} = -k \int_0^t dt$$

得

$$\ln c(A)_0 - \ln c(A) = kt \qquad (3-9)$$

或

$$\lg c(A)_0 - \lg c(A) = \frac{k}{2.303}t \qquad (3-10)$$

可见，$\ln c(A)$ 对 $t$ 作图将得到一条直线。

偶氮甲烷的分解反应 $CH_3N_2CH_3 \longrightarrow CH_3CH_3 + N_2$ 为一级反应，在 600K 时测得 $CH_3N_2CH_3$ 浓度随时间变化的数据列于表 3-4。

表 3-4　$CH_3N_2CH_3$ 浓度随时间变化的数据（600K）

| $t/s$ | 0 | 1000 | 2000 | 3000 | 4000 |
|---|---|---|---|---|---|
| $c/(10^{-2} mol \cdot L^{-1})$ | 8.20 | 5.72 | 3.99 | 2.78 | 1.94 |
| $\ln(c/c_0)$ | 0 | -0.360 | -0.720 | -1.082 | -1.441 |

一级反应的半衰期为

$$t_{1/2}=\frac{\ln2}{k} \tag{3-11}$$

可见，$t_{1/2}$ 由反应速率常数决定，而与反应物的浓度无关。

同样，由一级反应 $\ln c(A)$ 与 $t$ 之间的线性关系式可得到转化率 $\alpha$ 与浓度之间的关系为

$$\ln\frac{1}{1-\alpha}=kt \tag{3-12}$$

# 3.3 温度对反应速率的影响

温度对反应速率的影响非常显著，对于大多数反应来说，温度越高反应进行得越快，反之，温度越低反应进行得越慢。

范特霍夫根据实验事实总结出一条经验规则：对于大多数反应，温度每升高 10K，反应速率增大 2~4 倍。当温度变化不大，且不需要准确数据时，可用此规则粗略估算温度对反应速率的影响，如温度对 $H_2O_2$ 分解反应的反应速率的影响（表 3-5）。

表 3-5　温度对 $H_2O_2$ 分解反应的反应速率的影响

| T/K | 0 | 10 | 20 | 30 | 40 | 50 |
|---|---|---|---|---|---|---|
| 相对 0K 时的反应速率之比 | 1.00 | 2.08 | 4.32 | 8.38 | 16.19 | 39.95 |

瑞典科学家阿累尼乌斯根据化学平衡常数与温度的关系，并结合大量实验数据，提出了反应速率与温度之间的经验关系式，即阿累尼乌斯方程。

$$k=Ae^{-E_a/RT} \tag{3-13}$$

或

$$\ln k=-\frac{E_a}{R}\times\frac{1}{T}+\ln A \tag{3-14}$$

式中：$A$——指前因子，具有与 $k$ 相同的单位，其与反应物分子间发生碰撞的频率有关，也称为频率因子（不同的反应，$A$ 有不同的数值）；

$R$——摩尔气体常数，$8.314J\cdot K^{-1}\cdot mol^{-1}$；

$E_a$——实验活化能。

当温度变化范围不大时，$E_a$ 和 $A$ 可当作常数处理。

由阿累尼乌斯方程，还可得出如下推论。

① 对于任意反应 $e^{-E_a/RT}$ 随温度升高而增大，表明温度升高，速率常数增大，反应速率加快。

② 对于相同温度下的不同化学反应来说，$E_a$ 越大，则 $e^{-E_a/RT}$ 越小，其 $k$ 也越小。即活化能越大的反应，其反应速率越慢。

③ 温度的改变对不同反应的速率影响不同。当温度变化相同时，对 $E_a$ 较大的反应，$k$ 的变化也较大。即改变相同的温度，对具有较大活化能反应的速率影响较大。

当温度变化范围不大时，视 $E_a$ 为常数，若反应在温度为 $T_1$ 时的速率常数为 $k_1$，反应在温度为 $T_2$ 时的速率常数为 $k_2$，可得

$$\ln\frac{k_2}{k_1}=\frac{E_a}{R}\left(\frac{1}{T_1}-\frac{1}{T_2}\right) \qquad (3-15)$$

或

$$\lg\frac{k_2}{k_1}=\frac{E_a}{2.303R}\left(\frac{1}{T_1}-\frac{1}{T_2}\right) \qquad (3-16)$$

[例 3-1] 环氧乙烷 $(CH_2)_2O$ 是一种重要的石化产品,其热分解反应为一级反应,该反应的活化能为 $217.57kJ \cdot mol^{-1}$。652K 时测得其半衰期为 363min,根据上述数据估算在 723K 时欲使 75% 的 $(CH_2)_2O$ 分解,需要多长时间?

**解:** 对于一级反应

$$k=\frac{\ln2}{t_{1/2}}$$

可得

$$k_{652}=\frac{\ln2}{t_{1/2}}=\frac{0.693}{363}\approx1.9\times10^{-3}(min^{-1})$$

由

$$\ln\frac{k_2}{k_1}=\frac{E_a}{R}\left(\frac{1}{T_1}-\frac{1}{T_2}\right)$$

代入数据得

$$\ln\frac{k_{723}}{1.9\times10^{-3}}=\frac{217.57\times10^3}{8.314}\left(\frac{1}{652}-\frac{1}{723}\right)$$

解得

$$k_{723}\approx0.098(min^{-1})$$

由公式

$$\ln\frac{1}{1-\alpha}=kt$$

代入数据得

$$\ln\frac{1}{1-75\%}=0.098\times t$$

解得

$$t\approx14.1(min)$$

# 3.4 催化剂对反应速率的影响

催化剂是影响化学反应速率的另一重要因素,只要其少量存在就能显著改变反应速率,在现代化学研究和化工生产中被广泛使用。催化剂只改变化学反应速率,不改变化学反应的平衡位置,而且在反应结束时,其自身的质量、组成和化学性质基本不变。例如:合成氨工业使用的 Fe 催化剂,氢气和氧气的反应可以设计成 Pd 催化的燃料电池的方式来完,以及促进生物体化学反应的各种酶。根据催化剂和反应物分子发生反应时的状态的差异,可把催化剂分为均相催化剂和多相催化剂两大类。

均相催化剂是在反应时,催化剂和反应物同处于均匀的一相中,如 $I^-$ 催化 $H_2O_2$ 水解,反应过程中催化剂和反应物生成一种不稳定的中间体,然后中间体分解为产物,催化剂得以再生,又参与下一次反应。多相催化剂是指反应时,催化剂和反应物处于不同的相中,如最常见的催化剂为固相,反应物为气相或液相,合成氨反应中的铁就是这类催化剂。这类反应的一般过程是催化剂首先吸附反应物分子在固体催化剂的表面，吸附在催化剂表面的反应物分子被活化，发生反应转化为产物，然后从催化剂表面脱附，催化剂又重新吸附新的反应物分子再发生反应，反应产物再脱附，这样循环下去。由于多相催化剂和反应物以及产物容易分离，因此在工业应用中，多相催化剂最为常见。

在催化反应中要特别注意的是，如果反应物或反应物中的杂质和催化剂作用太强，反应完成后不能再从催化剂上脱附下来，导致催化剂的活性位被永久占据，将引起催化剂活性下降甚至完全失活，这就是人们常说的催化剂中毒。对待这一问题，如果是反应物引起的，说明所选用的催化剂不适合该反应；如果是反应物中的杂质引起的，说明反应物没有净化好。

对催化剂加速反应的进行，过渡态理论认为，催化剂改变了反应的途径，降低了反应的活化能，如图3.6所示。

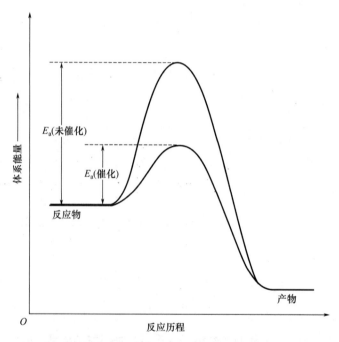

**图 3.6　催化剂对反应活化能的影响**

从图3.6中看出，使用催化剂后，反应的活化能$E_a$明显比没使用催化剂时降低了，即发生反应时需要翻越的能垒降低了，使在相同温度条件下，能够越过能垒的活化分子组在参与反应的总分子中所占比例大幅增加，使得反应更容易进行。

催化剂使正、逆反应的活化能减小相同的量，它在加快正反应速率的同时也加快逆反应速率，但它不能改变反应的热效应以及标准平衡常数。所以，催化剂只能缩短反应达到平衡的时间，不能改变平衡组成，也不能使化学平衡发生移动。

综上所述，催化剂有如下特点。

（1）催化剂与反应物生成活化络合物中间体，它改变了反应的途径，降低了活化能，加快了反应速率。

（2）催化剂加快正反应的速率的同时也加快了逆反应的速率，它只缩短反应达到平衡的时间，但不改变化学平衡位置。

（3）催化剂有选择性，当一个反应可能有几个平行反应时，可以使用高选择性的催化剂促使反应朝生产实际所需要的那个反应的方向发生。

（4）催化剂在反应前后其化学性质不变，且只有在特定的条件下催化剂才能表现出活性，否则将失去活性或发生催化剂中毒。

温度对反应速率的影响非常显著，对于大多数反应来说，温度越高反应进行得越快，反之，温度越低反应进行得越慢。

## 一、单项选择选题

1. 反应 A＋2B══2C 的速率方程式为（　　）。

A. $r=kc(A)c(B)^2$　　　　　　　　B. $r=kc(A)c(B)$

C. $r=kc(C)^2/c(A)c(B)^2$　　　　　D. 不可能根据此方程式写出

2. 化学反应 $CO(g)+Cl_2(g)══COCl_2(g)$，实验测得速率方程为 $r=kc(Cl_2)^nc(CO)$，当维持温度和 CO 的浓度不变时，$Cl_2$ 浓度增大到 3 倍，反应速率是原来的 5.2 倍，则反应对 $Cl_2$ 的级数是（　　）。

A. 1 级　　　　　　　　　　　　　B. 2 级

C. 3 级　　　　　　　　　　　　　D. 1.5 级

3. 一级反应 A→B 的半衰期（$t_{1/2}$）在 300K 时是 $1.00×10^{-4}$s，在 400K 时是 $1.00×10^{-5}$s，该反应的活化能（$J·mol^{-1}$）是（　　）。

A. $2.29×10^4$　　　　　　　　　　B. $5.29×10^4$

C. $9.97×10^3$　　　　　　　　　　D. 19.1

4. 设有两个化学反应 A 和 B，其反应的活化能分别为 $E_A$ 和 $E_B$，$E_A>E_B$，若反应温度变化情况相同（由 $T_1>T_2$），则反应的速率常数 $k_A$ 和 $k_B$ 的变化情况为（　　）。

A. $k_A$ 改变的倍数大　　　　　　　B. $k_B$ 改变的倍数大

C. $k_A$ 和 $k_B$ 改变的倍数相同　　　D. $k_A$ 和 $k_B$ 均不改变

5. 某化学反应进行 1h，反应完成 50％；进行 2h，反应完成 100％，则此反应是（　　）。

A. 零级反应　　　　　　　　　　　B. 一级反应

C. 二级反应　　　　　　　　　　　D. 三级反应

## 二、填空题

1. 反应 A══P 的反应速率为 $1.0mol·L^{-1}·s^{-1}$。如将该反应写作 2A══2P，其反应速率为＿＿＿＿＿＿＿＿。

2. 反应的级数为 1，其速率常数单位为＿＿＿＿＿＿＿＿；反应的级数为 1.5，其速率常数单位为＿＿＿＿＿＿＿＿。

3. 根据范特霍夫经验规则，温度每增加 10K，反应速率增加＿＿＿＿＿＿＿倍。在 298～308K 的温度区间，服从此规则的化学反应的活化能 $E_a$ 的范围为＿＿＿＿＿＿＿。

4. 已知如下动力学数据（表 3-6）：

表 3 - 6　动力学数据

| 实验编号 | $c(A)/(mol \cdot L^{-1})$ | $c(B)/(mol \cdot L^{-1})$ | $r/(mol \cdot L^{-1} \cdot s^{-1})$ |
|:---:|:---:|:---:|:---:|
| ① | 0.20 | 0.30 | $4.0 \times 10^{-4}$ |
| ② | 0.20 | 0.60 | $7.9 \times 10^{-4}$ |
| ③ | 0.40 | 0.60 | $1.1 \times 10^{-3}$ |

则反应对于 A 和 B 的反应级数为 _____ 和 _____ ，速率方程为 _____ ，速率常数为 _____ 。

5. 根据碰撞理论，反应要发生需满足的条件为 _____ 和 _____ 。

### 三、简答题

1. 简述基元反应和复杂反应的关系。

2. 为什么一级反应的半衰期和反应物初始浓度无关？

3. 反应速率常数的意义是什么？哪一些因素会影响反应的速率？

4. 根据过渡态理论，解释何为活化能。

5. 一个反应在相同起始浓度，不同反应温度时：（1）反应速率是否相同？（2）反应速率常数是否相同？（3）反应级数是否相同？（4）反应活化能是否相同？

### 四、计算题

1. 实验测得 $N_2O_5$ 在 $CCl_4$ 催化下的分解数据见表 3 - 7。

表 3 - 7　$N_2O_5$ 在 $CCl_4$ 催化下的分解数据

| $t/s$ | $c(N_2O_5)/(mol \cdot L^{-1})$ | $t/s$ | $c(N_2O_5)/(mol \cdot L^{-1})$ |
|:---:|:---:|:---:|:---:|
| 0 | 2.10 | 1000 | 1.08 |
| 100 | 1.95 | 1700 | 0.76 |
| 200 | 1.70 | 2100 | 0.56 |
| 300 | 1.31 | 2800 | 0.37 |
| 700 | 1.08 | | |

（1）计算反应在 100～300s 和 1000～2100s 的平均速率。

（2）绘图求解反应在 200s 和 1000s 瞬时速率。

2. 某酶催化反应的活化能是 $60kJ \cdot mol^{-1}$，正常人的体温是 37℃，若病人发烧至 39.5℃，酶催化反应的反应速率增加了多少？

第3章
拓展习题讲解

第3章
在线答题

# 第4章
# 酸碱和沉淀溶解平衡

## 知识结构图

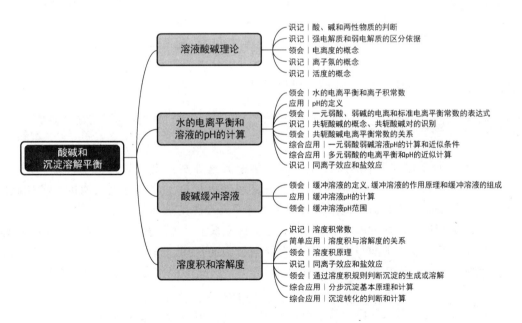

酸碱和沉淀溶解平衡

**溶液酸碱理论**
- 识记 | 酸、碱和两性物质的判断
- 识记 | 强电解质和弱电解质的区分依据
- 领会 | 电离度的概念
- 识记 | 离子氛的概念
- 识记 | 活度的概念

**水的电离平衡和溶液的pH的计算**
- 领会 | 水的电离平衡和离子积常数
- 应用 | pH的定义
- 领会 | 一元弱酸、弱碱的电离和标准电离平衡常数的表达式
- 识记 | 共轭酸碱的概念、共轭酸碱对的识别
- 领会 | 共轭酸碱电离平衡常数的关系
- 综合应用 | 一元弱酸弱碱溶液pH的计算和近似条件
- 综合应用 | 多元酸的电离平衡和pH的近似计算
- 识记 | 同离子效应和盐效应

**酸碱缓冲溶液**
- 领会 | 缓冲溶液的定义，缓冲溶液的作用原理和缓冲溶液的组成
- 应用 | 缓冲溶液pH的计算
- 领会 | 缓冲溶液pH范围

**溶度积和溶解度**
- 识记 | 溶度积常数
- 简单应用 | 溶度积与溶解度的关系
- 领会 | 溶度积原理
- 识记 | 同离子效应和盐效应
- 领会 | 通过溶度积规则判断沉淀的生成或溶解
- 综合应用 | 分步沉淀基本原理和计算
- 综合应用 | 沉淀转化的判断和计算

第4章
知识点串讲

# 4.1 溶液酸碱理论

## 4.1.1 酸碱理论的演变

人类对酸碱的认识经历了一个从现象（如物质的气味、颜色变化等）到本质（如物质的组成、化学结合力等）的漫长过程，先后发展形成了多个酸碱理论。人们最早从实际观察开始，17 世纪中叶，英国化学家波义耳从感性认识出发，把有酸味且能使蓝色石蕊变红的物质称为酸；把有涩味且能使红色石蕊变蓝的物质称为碱。随着研究的进展，人们开始从物质本身的内在组成来认识酸碱，如法国化学家拉瓦锡提出，氧是所有酸中普遍存在的且必不可少的元素；英国化学家戴维提出，判断一种物质是不是酸，要看它是否含有氢；德国化学家李比希提出，所有的酸都是氢的化合物，且其中的氢必须是很容易被金属置换的，碱则是能够中和酸并产生盐的物质。现在看来这些观点都存在不足之处，都没能给出一个完善的理论。

1887 年，瑞典物理化学家阿累尼乌斯提出的酸碱电离理论认为：凡在水溶液中电离出的阳离子全部是 $H^+$ 的化合物是酸；电离出的阴离子全是 $OH^-$ 的化合物是碱。酸碱反应的实质就是 $H^+$ 与 $OH^-$ 作用生成 $H_2O$。酸碱电离理论对化学学科的发展起到了很大的推动作用，而且沿用至今。但实际上并不是只有含 $OH^-$ 的物质才具有碱性，如 $Na_2CO_3$、$Na_3PO_4$ 等盐类的水溶液也显碱性，但它们的化学式中并不含有 $OH^-$。此外，酸碱电离理论也不能解释某些化合物在非水溶液中的酸碱性。

## 4.1.2 酸碱质子理论

1923 年，丹麦化学家布朗斯特和英国化学家劳里分别提出了酸碱质子理论（Proton Theory of Acid and Base），也称为布朗斯特-劳里酸碱理论。该理论大大地扩大了酸碱的物质范围，使酸碱理论的适用范围扩展到非水体系乃至无溶剂体系。

酸碱质子理论中，酸和碱是统一在对质子的关系上，如对任一质子酸（HA）来说，当它给出质子后，剩下的酸根（$A^-$）因为静电引力的作用，自然就对质子具有某种亲和力，它就有要重新得到质子变为酸（HA）的趋势，因此酸根（$A^-$）就是一种碱。

$$HA(aq) \Longrightarrow H^+(aq) + A^-(aq)$$

上述反应称为酸碱半反应，从中可以看出，在酸碱质子理论中，酸给出质子，剩余部分就是碱，碱得到质子也就成为酸，这一对酸碱组成上只相差一个质子，它们彼此依存，相互转化，这种关系称为共轭关系。我们把这种组成上相差一个质子的一对酸碱叫作共轭酸碱对。HA 和 $A^-$ 就是一对共轭酸碱对，其中 HA 称为共轭酸，$A^-$ 称为共轭碱。如

$$HCl(aq) \Longrightarrow H^+(aq) + Cl^-(aq)$$
$$HAc(aq) \Longrightarrow H^+(aq) + Ac^-(aq)$$
$$H_2O(l) \Longrightarrow H^+(aq) + OH^-(aq)$$
$$H_2CO_3(aq) \Longrightarrow H^+(aq) + HCO_3^-(aq)$$

$$HCO_3^-(aq) \Longrightarrow H^+(aq) + CO_3^{2-}(aq)$$
$$NH_4^+(aq) \Longrightarrow H^+(aq) + NH_3(aq)$$
$$[Fe(H_2O)_6]^{3+}(aq) \Longrightarrow H^+(aq) + [Fe(H_2O)_5OH]^{2+}(aq)$$

由上述酸碱半反应可以看出：酸越强，其共轭碱的碱性就越弱；反之，碱越强，其共轭酸的酸性就越弱。酸碱质子理论中的酸碱具有相对性，它们可以是中性分子，也可以是正离子或负离子。共轭酸碱对中，酸比碱只能多一个质子，如 $HCO_3^-$，它既是 $H_2CO_3$ 的共轭碱，又是 $CO_3^{2-}$ 的共轭酸，这种既能给出质子又能接受质子的物质叫作两性物质。

相对于酸碱电离理论来说，酸碱质子理论扩大了酸和碱的范围，不论是否在水溶液中，还是离子或是电中性分子，只看它是给出质子还是接受质子，所以在酸碱质子理论中没有盐的概念；同时酸碱质子理论还扩大了酸碱反应的范围，在酸碱电离理论中，酸与碱反应的产物必然是"盐"和水，然而在酸碱质子理论中则没有此要求。另外，酸碱电离理论中的中和、强酸置换弱酸、酸碱的电离、盐类的水解、氨气与氯化氢气体的反应等，在酸碱质子理论中，都是酸碱反应。

酸碱理论各有其优缺点，在处理酸碱问题时，要充分了解各酸碱理论及其应用范围，合理选择酸碱理论，才能得出正确结论，并达到优化处理过程，节约时间。

## 4.1.3 强电解质和弱电解质

在熔融状态或溶解于水形成溶液时能够导电，还能被电流所分解的物质称为电解质。电解质溶液在水分子的作用下能够电离出带电荷的离子，电离出的离子浓度越大，溶液的导电能力也就越强。根据阿累尼乌斯酸碱电离学说，通常认为强酸（如 HCl、$H_2SO_4$ 等）、强碱（NaOH、KOH 等）以及大部分盐类 [如 NaCl、$Na_2SO_4$、$Cu(NO_3)_2$ 等]，在水溶液中完全电离，即这些物质溶解后完全以水合离子形式存在，而无溶质分子，我们把这类物质称为强电解质。

$$HCl(aq) \longrightarrow H^+(aq) + Cl^-(aq)$$
$$NaOH(aq) \longrightarrow Na^+(aq) + OH^-(aq)$$
$$NaCl(aq) \longrightarrow Na^+(aq) + Cl^-(aq)$$

而像弱酸（如 HAc、HCN、$H_2S$ 等）、弱碱（如 $NH_3 \cdot H_2O$ 等），在水溶液中只有小部分物质发生电离，大部分物质还是以分子形式存在，这类物质称为弱电解质。对弱电解质来说，在水溶液中，未电离的分子与离子之间建立平衡。

$$HAc(aq) \Longrightarrow H^+(aq) + Ac^-(aq)$$
$$NH_3 \cdot H_2O(aq) \Longrightarrow NH_4^+(aq) + OH^-(aq)$$

弱电解质的电离程度可用电离度来表示。电离度指弱电解质在溶液中达到电离平衡时，已电离的弱电解质的物质的量浓度与电离前的弱电解质的物质的量浓度的百分比，电离度通常用符号 $\alpha$ 表示，即

$$\alpha = \frac{已电离的弱电解质的物质的量浓度}{电离前的弱电解质的物质的量浓度} \times 100\% \qquad (4-1)$$

强电解质在溶液中 100% 电离，因此强电解质溶液中就不存在分子与离子间的电离平衡。按照强电解质全部电离的观点，强电解质的电离度应该是 100%。但实验证明，强电

解质在溶液中的电离度都是小于100%的（表4-1）。

表4-1　几种强电解质的表观电离度（25℃，0.1mol·$L^{-1}$）

| 电解质 | HCl | $HNO_3$ | $H_2SO_4$ | NaOH | $Ba(OH)_2$ | KCl |
|---|---|---|---|---|---|---|
| 表观电离度/% | 92 | 92 | 61 | 91 | 81 | 86 |

## 4.1.4　离子氛模型

1923年，德拜和休克尔提出了强电解质的离子互相作用理论。德拜和休克尔认为，强电解质稀溶液中，电解质分子完全电离为离子。溶液中阴离子、阳离子的浓度较大，离子之间的静电作用比较强。在任何一个阳离子附近，出现阴离子的机会总比出现阳离子的机会多；在任何一个阴离子周围，出现阳离子的机会都比出现阴离子的机会多。这样，溶液中某一阳离子（称为中心离子）的周围，总是有较多的阴离子，而且越靠近中心离子，负电荷的密度就越大；越远离中心离子，负电荷的密度就越小。可以认为在阳离子周围存在一球形对称且带负电荷的离子云，这就是离子氛（ion atmosphere）；同样，在阴离子的周围也有带正电荷的球形离子氛存在。离子氛是一种动态结构，随时形成又随时拆开，每个离子既可能作为中心离子，也可能是离子氛中的一员。因离子氛所带的电荷数值上等于中心离子的电荷，但符号相反，故整个体系仍然是电中性的。图4.1所示为离子氛的示意图。电解质溶液中，正、负离子间的相互作用可用中心离子与离子氛间的相互作用描述。

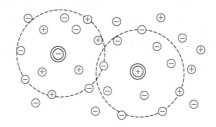

图4.1　离子氛的示意图

由于离子氛的存在，强电解质溶液中离子的行为不同于自由离子，其热运动受到限制。在测量电解质溶液的依数性时，离子之间上述的相互作用使得离子不能发挥一个独立微粒的作用。而当电解质溶液通电时，由于离子之间的相互作用，使得离子不能百分之百地发挥输送电荷的作用。其结果导致实验测得的离子数目少于电解质全部解离时应有的离子数目。

## 4.1.5　活度和活度系数

在电解质溶液中，由于离子之间相互作用的存在，使得离子不能完全发挥出其作用。我们把离子实际发挥作用的浓度称为有效浓度，或称为活度，显然活度的数值通常比其对应的浓度数值要小些。活度和活度系数通常用如下公式表示。

$$a_B = \gamma_B \frac{c_B}{c^\ominus} \tag{4-2}$$

式中：$a_B$——溶质 B 的活度，无单位；

$\gamma_B$——溶质 B 的活度系数，无单位；

$c_B$——溶质 B 的物质的量浓度，单位为 $mol \cdot L^{-1}$；

$c^\ominus$——溶质 B 的标准摩尔浓度，即 $1mol \cdot L^{-1}$。

一般来说，由于 $a_B < c_B$，故 $\gamma_B < 1$。溶液的离子强度一定时，离子的电荷数越高，则其活度系数 $\gamma_B$ 的数值越小；离子的电荷数一定时，溶液的离子强度越大，活度系数 $\gamma_B$ 的数值越小，即浓度与活度之间的偏差越大。

当溶液的浓度较大、离子强度较大时，浓度与活度之间的偏差较大。这时若用浓度进行计算，所得结果将偏离实际情况较多，故此时有必要用活度计算和讨论问题。

但是在我们经常接触的计算中，溶液的浓度一般很低，离子强度也较小，近似认为活度系数 $\gamma_B \approx 1$，即利用浓度代替活度进行计算是合理的。

# 4.2 水的电离平衡和溶液的 pH 的计算

## 4.2.1 水的离子积常数

根据酸碱质子理论，我们把发生在溶剂分子之间的质子传递反应称为该溶剂的自耦电离平衡（也称质子自递平衡），是化学平衡的一种。我们常以水作为溶剂，水的电导实验证明纯水是一种很弱的电解质，它既可以给出质子，也可以接受质子。也就是说，作为溶剂的水，其分子与分子之间存在质子的传递。

$$H_2O(l) + H_2O(l) \Longrightarrow H_3O^+(aq) + OH^-(aq)$$

其中一个水分子给出质子作为质子酸，另一个水分子接受质子作为质子碱。在一定温度下，当溶剂水的质子自递反应达平衡时，根据化学平衡原理，$H_3O^+$ 与 $OH^-$ 浓度的乘积应该是一个常数，我们称之为水的自耦电离平衡常数，也称之为水的离子积常数，用符号 $K_w^\ominus$ 表示。

$$K_w^\ominus = \frac{c(H_3O^+)}{c^\ominus} \times \frac{c(OH^-)}{c^\ominus} （习惯上也将 H_3O^+ 写成 H^+） \tag{4-3}$$

因为离子积常数表达式中各物质的平衡浓度为相对于标准状态的浓度，$c^\ominus = 1mol \cdot L^{-1}$，所以 $K_w^\ominus$ 无单位，又因为 $c/c^\ominus$ 在数值上等于 $[c]$，为简便起见，在不考虑 $K_w^\ominus$ 的单位时，本书在书写平衡常数表达式采用如 $[H_3O^+]$、$[OH^-]$ 等表示，但是请一定注意区别。所以式（4-3）可简写为

$$K_w^\ominus = [H_3O^+] \times [OH^-] \tag{4-4}$$

在 298.15K 时，实验精确测得，在纯水中 $[H_3O^+] = [OH^-] = 1.0 \times 10^{-7} mol \cdot L^{-1}$，所以 $K_w^\ominus = 1.0 \times 10^{-7} \times 1.0 \times 10^{-7} = 1.0 \times 10^{-14}$。

$K_w^\ominus$ 的大小与离子浓度无关，但随温度而变，水的电离是吸热反应，温度越高，$K_w^\ominus$ 数值就越大（表 4-2）。

表 4 - 2　不同温度下水的离子积常数

| 温度 $t/℃$ | $K_w^\ominus$ | 温度 $t/℃$ | $K_w^\ominus$ |
|---|---|---|---|
| 0 | $1.139 \times 10^{-15}$ | 40 | $2.917 \times 10^{-14}$ |
| 10 | $2.920 \times 10^{-15}$ | 50 | $5.474 \times 10^{-14}$ |
| 20 | $6.809 \times 10^{-15}$ | 90 | $3.802 \times 10^{-13}$ |
| 25 | $1.008 \times 10^{-14}$ | 100 | $5.495 \times 10^{-13}$ |

因为一般化学反应都在常温下进行，所以如果没有特殊指明时，$K_w^\ominus$ 数值均取 $1.0 \times 10^{-14}$ 来进行相关计算。

### 4.2.2　溶液的 pH

因为 $K_w^\ominus$ 数值不随浓度改变，也就是说无论在酸性、中性或碱性水溶液中，$H_3O^+$ 与 $OH^-$ 都是同时存在的，改变其中任何一个离子浓度，另一个的浓度相应发生改变，浓度可以很小，但不会为零。我们常用水溶液中 $H_3O^+$ 或 $OH^-$ 的平衡浓度来表示溶液的酸度或碱度，许多化学反应和几乎所有的生物生理现象都是在较小浓度（如 $[H_3O^+] = 10^{-8} \sim 10^{-2} \, mol \cdot L^{-1}$）的溶液中进行的，在实际工作中为应用方便，通常用 $H_3O^+$ 或 $OH^-$ 的负对数值（以 pH 或 pOH）来表示溶液的酸碱性，其定义为

$$pH = -lg[H_3O^+], \quad pOH = -lg[OH^-] \tag{4-5}$$

式（4-5）中，p 表示"负常用对数"。可以看出，pH 改变 1 个单位，相当于 $[H_3O^+]$ 改变了 10 倍。在 298.15K 时，任何物质的水溶液中都存在 $K_w^\ominus = [H_3O^+] \times [OH^-] = 1.0 \times 10^{-14}$。

对等式两边同时取负对数，得

$$-lgK_w^\ominus = (-lg[H_3O^+]) + (-lg[OH^-]) = 14.00$$

即

$$pH + pOH = pK_w^\ominus = 14.00 \tag{4-6}$$

由式（4-6）可以看出，溶液中 $[H_3O^+]$ 越大（或 $[OH^-]$ 越小），pH 就越小（或 pOH 越大），溶液的酸性就越强，碱性就越弱，反之亦然。

一般我们把 pH=7 的溶液定义为中性溶液，pH<7 的溶液定义为酸性溶液，pH>7 的溶液定义为碱性溶液，实际上是不恰当的。因为只有在 298.15K 时，纯水的 $K_w^\ominus = 1.0 \times 10^{-14}$，此时 $[H_3O^+] = [OH^-] = 1.0 \times 10^{-7} \, mol \cdot L^{-1}$，也就是说上述说法只有在 298.15K 时才成立。所以溶液酸碱性的严格定义应该是：若溶液中 $[H_3O^+] < [OH^-]$ 时，则该溶液是碱性溶液；若溶液中 $[H_3O^+] = [OH^-]$ 时，则该溶液是中性溶液；若溶液中 $[H_3O^+] > [OH^-]$ 时，则该溶液是酸性溶液。

需要说明的是，pH 和 pOH 的使用范围一般在 0～14。当 $[H_3O^+] > 1 \, mol \cdot L^{-1}$ 时，pH<0；当 $[OH^-] > 1 \, mol \cdot L^{-1}$ 时，pOH>14，在这个范围以外，一般直接用 $H^+$ 或 $OH^-$ 的物质的量浓度（$mol \cdot L^{-1}$）来表示这类溶液的酸碱性更为方便。

### 4.2.3　弱酸、弱碱的电离平衡

弱电解质在水溶液中只有部分发生电离成为离子状态，绝大部分仍然以分子状态存

在。弱酸、弱碱与溶剂水分子之间产生的质子传递反应，统称为弱酸、弱碱的电离平衡。在水溶液中能电离出一个 $H_3O^+$ 或 $OH^-$ 的弱酸、弱碱称为一元弱酸、一元弱碱。能电离出多个 $H_3O^+$ 或 $OH^-$ 的弱酸、弱碱称为多元弱酸、多元弱碱。下面分别讨论它们在水溶液中的电离平衡。

### 1. 一元弱酸、一元弱碱的电离平衡

下面以一元弱酸 HAc 为例，来讨论一元弱酸、一元弱碱的电离平衡。

HAc 在水溶液中的电离可表示为

$$HAc(aq) + H_2O(l) \underset{\text{分子化}}{\overset{\text{离子化}}{\rightleftharpoons}} H_3O^+(aq) + Ac^-(aq)$$

在水分子的作用下，HAc 电离产生 $H_3O^+$ 离子和 $Ac^-$ 离子，这称为电离或离子化过程，而溶液中电离出来的 $H_3O^+$ 离子和 $Ac^-$ 离子，因为静电作用和其本身的热运动又重新结合成为 HAc 分子，这一过程称为分子化过程。当这两个过程反应速率相等时，溶液中各个组分达到动态平衡，即弱电解质的电离平衡。在一定温度的 HAc 水溶液中，根据化学平衡定律，其标准电离平衡常数表达式为

$$K_a^\ominus = \frac{[H_3O^+] \cdot [Ac^-]}{[HAc]} \tag{4-7}$$

式中：$K_a^\ominus$——一元弱酸的标准电离平衡常数。

同理，对于一元弱碱溶液，如氨水，其在水溶液中的电离可表示为

$$NH_3(aq) + H_2O(l) \underset{\text{分子化}}{\overset{\text{离子化}}{\rightleftharpoons}} NH_4^+(aq) + OH^-(aq)$$

在一定温度下，反应达到平衡时，其标准电离平衡常数表达式为

$$K_b^\ominus = \frac{[NH_4^+] \cdot [OH^-]}{[NH_3]} \tag{4-8}$$

式中：$K_b^\ominus$——一元弱碱的标准电离平衡常数。

$K_a^\ominus$、$K_b^\ominus$ 本质上仍然是平衡常数，它们只是温度的函数，其大小与浓度无关，仅取决于弱电解质的本性和体系温度，但由于弱电解质的电离热效应较小，因此在常温时，$K^\ominus$ 值受温度影响不大，通常不考虑温度对它的影响。常见的弱酸、弱碱的标准电离平衡常数见附表 4。

显然，$K_a^\ominus$、$K_b^\ominus$ 越大，即弱酸、弱碱的电离程度也就越大，那么弱酸的酸性，弱碱的碱性也就越强。因此，我们可用 $K_a^\ominus$、$K_b^\ominus$ 大小来判断弱酸、弱碱的酸碱性的相对强弱。那么，对于共轭酸碱对，其 $K_a^\ominus$、$K_b^\ominus$ 之间的关系又是怎样的呢？

以 HAc 水溶液为例，弱酸 HAc 的标准电离平衡常数为 $K_a^\ominus$，其共轭碱 $Ac^-$ 的标准电离平衡常数为 $K_b^\ominus$，HAc 和 $Ac^-$ 在水溶液中的电离平衡如下。

① $HAc(aq) + H_2O(l) \rightleftharpoons H_3O^+(aq) + Ac^-(aq)$，$K_a^\ominus = \dfrac{[H_3O^+] \cdot [Ac^-]}{[HAc]}$

② $Ac^-(aq) + H_2O(l) \rightleftharpoons HAc(aq) + OH^-(aq)$，$K_b^\ominus = \dfrac{[HAc] \cdot [OH^-]}{[Ac^-]}$

根据多重平衡规则，方程式①和②相加，等于标准电离平衡常数相乘，所以得到

$$K_a^\ominus \cdot K_b^\ominus = [H_3O^+] \times [OH^-] = K_w^\ominus = 1.0 \times 10^{-14} \tag{4-9}$$

也可表示为

$$pK_a^{\ominus} + pK_b^{\ominus} = pK_w^{\ominus} = 14.00 \qquad (4-10)$$

从式（4-9）和式（4-10）可以看出，共轭酸的酸性越强，其共轭碱的碱性就越弱，反之就越强。例如 HCl 的酸性比 HAc 强，那么其共轭碱 Cl⁻ 的碱性就比 Ac⁻ 弱。

根据一元弱酸、一元弱碱的标准电离平衡常数以及它们的起始浓度，还可以计算溶液中 $[H_3O^+]$ 或 $[OH^-]$。按照酸碱质子理论，酸碱反应的实质是质子的转移，酸碱反应达到平衡时，酸失去质子的量等于碱得到质子的量。

以浓度为 $c$ 的某一元弱酸 HA 为例，在水溶液中存在以下的电离平衡。

$$HA(aq) + H_2O(l) \Longrightarrow H_3O^+(aq) + A^-(aq)$$

$$H_2O(l) + H_2O(l) \Longrightarrow H_3O^+(aq) + OH^-(aq)$$

根据质子得失，可写出一元弱酸 HA 的质子平衡方程式为

$$[H_3O^+] = [A^-] + [OH^-]$$

根据弱酸的标准电离平衡常数：

$$K_a^{\ominus} = \frac{[H_3O^+] \cdot [A^-]}{[HA]}$$

可得

$$[A^-] = \frac{K_a^{\ominus} \cdot [HA]}{[H_3O^+]}$$

根据水的离子积常数：

$$K_w^{\ominus} = [H_3O^+] \times [OH^-]$$

可得

$$[OH^-] = \frac{K_w^{\ominus}}{[H_3O^+]}$$

将 $[A^-]$ 和 $[OH^-]$ 代入质子平衡方程式，得

$$[H_3O^+] = \frac{K_a^{\ominus} \cdot [HA]}{[H_3O^+]} + \frac{K_w^{\ominus}}{[H_3O^+]}$$

$$[H_3O^+]^2 = K_a^{\ominus} \cdot [HA] + K_w^{\ominus}$$

由于一元弱酸溶液 $[H_3O^+]$ 精确求解过程十分麻烦，因此在实际工作中常根据需要做近似处理。若允许计算结果的相对误差≤5%，则可得如下结论。

（1）当 $c \cdot K_a^{\ominus} \geqslant 20K_w^{\ominus}$，此且 $\frac{c}{K_a^{\ominus}} \leqslant 500$ 时，可忽略掉 $K_w^{\ominus}$，即酸不是很弱时，可将水电离产生的 $H_3O^+$ 忽略，而该一元弱酸 HA 的平衡浓度 $[HA] \approx c - [H_3O^+]$，可得

$$[H_3O^+]^2 = K_a^{\ominus} \cdot (c - [H^+])$$

解此一元二次方程可得

$$[H_3O^+] = \frac{-K_a^{\ominus} + \sqrt{(K_a^{\ominus})^2 + 4K_a^{\ominus} \cdot c}}{2} \qquad (4-11)$$

式（4-11）是计算一元弱酸溶液 $[H_3O^+]$ 的近似式。

（2）当 $c \cdot K_a^{\ominus} \geqslant 20K_w^{\ominus}$，且 $\frac{c}{K_a^{\ominus}} \geqslant 500$ 时，不仅可以忽略掉水的电离产生的 $H^+$，而且由于 HA 的电离也很小，此时 $[HA] \approx c$，则式（4-11）可简化为

$$[H_3O^+] = \sqrt{c \cdot K_a^{\ominus}} \qquad (4-12)$$

式（4-12）是计算一元弱酸溶液 $[H_3O^+]$ 的最简式。

同理，与处理一元弱酸的方法类似，只需将上述计算一元弱酸溶液 $H^+$ 浓度有关公式

中 $[H^+]$ 换成 $[OH^-]$，$K_a^\ominus$ 换成 $K_b^\ominus$ 即可得到一元弱碱溶液 $[OH^-]$ 的计算式。

① 当 $c \cdot K_b^\ominus \geqslant 20K_w^\ominus$，且 $\dfrac{c}{K_b^\ominus} \leqslant 500$ 时：

$$[OH^-] = \frac{-K_b^\ominus + \sqrt{(K_b^\ominus)^2 + 4K_b^\ominus \cdot c}}{2} \qquad (4-13)$$

式（4-13）是计算一元弱碱溶液 $[OH^-]$ 的近似式。

② 当 $c \cdot K_b^\ominus \geqslant 20K_w^\ominus$，且 $\dfrac{c}{K_b^\ominus} \geqslant 500$ 时：

$$[OH^-] = \sqrt{c \cdot K_b^\ominus} \qquad (4-14)$$

式（4-14）是计算一元弱碱溶液 $[OH^-]$ 的最简式。

**[例 4-1]**　计算 $0.1\text{mol} \cdot \text{L}^{-1}$ HAc 水溶液的 pH，已知 HAc 水溶液的 $K_a^\ominus = 1.75 \times 10^{-5}$。

**解：** $\because c \cdot K_a^\ominus \geqslant 20K_w^\ominus$，且 $\dfrac{c}{K_a^\ominus} \geqslant 500$。

$\therefore [H_3O^+] = \sqrt{c \cdot K_a^\ominus} = \sqrt{0.1 \times 1.75 \times 10^{-5}} \approx 1.32 \times 10^{-3}(\text{mol} \cdot \text{L}^{-1})$

$\text{pH} = -\lg[H_3O^+] = -\lg(1.32 \times 10^{-3}) \approx 2.88$

**[例 4-2]**　计算 $0.1\text{mol} \cdot \text{L}^{-1}$ NaAc 水溶液的 pH，已知 HAc 水溶液的 $K_a^\ominus = 1.75 \times 10^{-5}$。

**解：**

$$K_b^\ominus(\text{Ac}^-) = \frac{K_w^\ominus}{K_a^\ominus(\text{HAc})} = \frac{1.0 \times 10^{-14}}{1.75 \times 10^{-5}} \approx 5.71 \times 10^{-10}$$

$\because \qquad c \cdot K_b^\ominus \geqslant 20K_w^\ominus，且 \dfrac{c}{K_b^\ominus} \geqslant 500$

$\therefore \quad [OH^-] = \sqrt{c \cdot K_b^\ominus} = \sqrt{0.1 \times 5.71 \times 10^{-10}} \approx 7.56 \times 10^{-6}\text{mol} \cdot \text{L}^{-1}$

$\text{pOH} = -\lg[OH^-] = -\lg(7.56 \times 10^{-6}) \approx 5.12$

$\text{pH} = 14 - 5.12 = 8.88$

**2. 酸碱平衡的移动**

与其他化学平衡一样，酸碱的电离平衡是相对的、暂时的动态平衡，它的存在是有条件的。一旦外界条件发生改变，如有关离子的浓度发生变化，原有的平衡就被破坏，平衡将发生移动，在新的条件下重新建立平衡。

（1）浓度对酸碱平衡的影响

以某一元弱酸 HA 为例，在水溶液中存在以下有关的电离平衡。

$$\text{HA(aq)} + H_2O(\text{l}) \Longleftrightarrow H_3O^+(\text{aq}) + A^-(\text{aq})$$

若增大溶液中 HA 的浓度，平衡向电离的方向移动，新的平衡建立后，$H_3O^+$ 和 $A^-$ 的浓度就会增加。反之，若减小溶液中 HA 的浓度，平衡向形成 HA 的方向移动。

**[例 4-3]** 计算 $0.10\text{mol} \cdot \text{L}^{-1}$ HAc 水溶液的电离度 $\alpha$。已知 HAc 水溶液的 $K_a^\ominus = 1.75 \times 10^{-5}$。

**解：** 设平衡时 $[H_3O^+] = x\text{mol} \cdot \text{L}^{-1}$。

$$\text{HAc(aq)} + H_2O(\text{l}) \Longleftrightarrow H_3O^+(\text{aq}) + \text{Ac}^-(\text{aq})$$

起始浓度/mol·$L^{-1}$　　　0.10　　　　　　0　　　　　　　0

平衡浓度/mol·$L^{-1}$　　0.10$-x$　　　　　$x$　　　　　　$x$

$$K_a^{\ominus}=\frac{[H_3O^+]\cdot[Ac^-]}{[HAc]}=\frac{x^2}{0.10-x}=1.75\times10^{-5}$$

解得

$$x=[H_3O^+]\approx1.32\times10^{-3}\,mol\cdot L^{-1}$$

$$\alpha=\frac{x}{c}\times100\%=\frac{1.32\times10^{-3}\,mol\cdot L^{-1}}{0.10\,mol\cdot L^{-1}}\times100\%=1.32\%$$

可以看出，通过平衡和 $K_a^{\ominus}$ 的定义，可以较为容易地计算出不同浓度下 HAc 的电离度。表 4-3 就是依据例题方法求解的不同浓度 HAc 的电离度和 $[H_3O^+]$。

**表 4-3　不同浓度 HAc 的电离度和 $[H_3O^+]$**

| $c(HAc)/(mol\cdot L^{-1})$ | $\alpha/(\%)$ | $[H_3O^+]/(mol\cdot L^{-1})$ |
| --- | --- | --- |
| 0.02 | 2.95 | $5.92\times10^{-4}$ |
| 0.05 | 2.01 | $1.01\times10^{-3}$ |
| 0.10 | 1.32 | $1.32\times10^{-3}$ |
| 0.20 | 0.935 | $1.87\times10^{-3}$ |

从表 4-3 可知，酸浓度越高，弱酸的电离度越小；酸浓度越低，弱酸的电离度反而越大。

（2）同离子效应

离子浓度对弱酸、弱碱电离程度的影响尤为显著。例如，向 HAc 溶液中加入强酸或 NaAc，因为强电解质完全电离，相当于溶液中 $H^+$ 或 $Ac^-$ 离子浓度大大增加，就使 HAc 的电离平衡向形成 HAc 的方向移动，从而导致 HAc 溶液的电离度下降。同样，如果往氨水溶液中加入强碱或 $NH_4Cl$，也有类似情况发生。我们把这种向弱电解质溶液中加入与弱电解质含有相同离子的强电解质，从而使弱电解质电离度降低的现象，称为同离子效应（common ion effect）。

[例 4-4] 向 0.10mol·$L^{-1}$ HAc 水溶液中加入固体 NaAc，使其浓度为 0.10mol·$L^{-1}$（体积变化忽略不计），求此时混合溶液的 pH 和电离度 $\alpha$，已知 HAc 水溶液的 $K_a^{\ominus}=1.75\times10^{-5}$。

**解**：设平衡时 $[H_3O^+]=x\,mol\cdot L^{-1}$，根据物料平衡，平衡时 $[HAc]=(0.10-x)\,mol\cdot L^{-1}$，$[Ac^-]=(0.10+x)\,mol\cdot L^{-1}$

$$HAc(aq)+H_2O(l)\Longleftrightarrow H_3O^+(aq)+Ac^-(aq)$$

起始浓度/mol·$L^{-1}$　　　0.10　　　　　　0　　　　　0.10

平衡浓度/mol·$L^{-1}$　0.10$-x\approx$0.10　　　　$x$　　0.10$+x\approx$0.10

$$K_a^{\ominus}=\frac{[H_3O^+]\cdot[Ac^-]}{[HAc]}=\frac{0.10x}{0.10}=1.75\times10^{-5}$$

$$x=1.75\times10^{-5}\,mol\cdot L^{-1}$$

$$pH\approx4.76$$

$$\alpha=\frac{x}{c}\times100\%=\frac{1.75\times10^{-5}\,mol\cdot L^{-1}}{0.10\,mol\cdot L^{-1}}\times100\%=0.0175\%$$

从例 4 - 4 的结果可以看出，当 HAc 水溶液中加入固体 NaAc 后，由于同离子效应，HAc 水溶液的电离度明显下降。

（3）盐效应

如果向 HAc 水溶液中加入的是 NaCl，因为 $Na^+$ 和 $Cl^-$ 都不直接参与 HAc 的电离平衡，而溶液中存在大量的 $Na^+$ 和 $Cl^-$，由于离子强度升高，离子间相互牵制作用的增强，就会形成"离子氛"，从而降低了 $H_3O^+$ 与 $Ac^-$ 的分子化速率，导致 HAc 水溶液的电离度略有升高。这种向弱电解质溶液中加入与弱电解质不含有相同离子的强电解质，从而使弱电解质电离度略有升高的现象，称为盐效应，也称异离子效应（diverse ion effect）。

当然，在发生同离子效应的同时，必然伴随盐效应的发生，但由于同离子效应的影响比盐效应要大得多，所以当有同离子效应发生时可以不用考虑盐效应。

3. 多元弱酸、多元弱碱的电离平衡

无机酸，如 $H_2CO_3$、$H_2S$、$H_3PO_4$ 等，具有两个或两个以上可置换的 $H_3O^+$，这种酸称为多元弱酸。多元弱酸在水溶液中的电离是分步进行的，酸中有几个氢原子就分几步（或几级）电离，而且每步电离都对应相应的电离平衡常数，一般用 $K_{a1}^{\ominus}$、$K_{a2}^{\ominus}$……表示，虽然电离平衡常数的数值不同，但有一个规律，就是它们都是逐步减小的。下面以氢硫酸为例，来讨论多元弱酸的电离平衡。

$H_2S$ 是一个二元弱酸，它在水溶液中的电离平衡可分两步进行。

$$H_2S(aq) + H_2O(l) \Longrightarrow H_3O^+(aq) + HS^-(aq)$$

$$K_{a1}^{\ominus} = \frac{[H_3O^+] \cdot [HS^-]}{[H_2S]}$$

$$HS^-(aq) + H_2O(l) \Longrightarrow H_3O^+(aq) + S^{2-}(aq)$$

$$K_{a2}^{\ominus} = \frac{[H_3O^+] \cdot [S^{2-}]}{[HS^-]}$$

这两步电离平衡同时存在于溶液中，$K_{a1}^{\ominus}$、$K_{a2}^{\ominus}$ 分别为 $H_2S$ 的第一步、第二步电离平衡常数。由于带两个负电荷的 $S^{2-}$ 比带一个负电荷的 $HS^-$ 对 $H^+$ 的吸引要强得多，而且第一步离解产生的 $H_3O^+$ 对第二步电离会产生同离子效应，从而使第二步电离更加困难，导致 $K_{a1}^{\ominus} \gg K_{a2}^{\ominus}$。当 $K_{a1}^{\ominus}/K_{a2}^{\ominus} \geqslant 10^4$ 时，在计算 $H^+$ 浓度时，可以只考虑第一步电离产生的 $H^+$，也就是可将多元弱酸当作一元弱酸处理，只需将一元弱酸计算公式中的 $K_a^{\ominus}$ 换成 $K_{a1}^{\ominus}$ 即可。

一般情况下，常见的多元弱酸往往满足：$cK_{a1}^{\ominus} \geqslant 20K_w^{\ominus}$，$K_{a1}^{\ominus}/K_{a2}^{\ominus} \geqslant 100$，$\frac{c}{K_{a1}^{\ominus}} \geqslant 500$ 这三个条件，所以可采用多元弱酸溶液 $[H_3O^+]$ 的最简式

$$[H_3O^+] = \sqrt{c \cdot K_{a1}^{\ominus}} \tag{4-15}$$

同理，多元弱碱电离计算的处理类似。$CO_3^{2-}$ 是一个二元弱酸根，它在水溶液中的电离平衡可分两步进行。

$$CO_3^{2-}(aq) + H_2O(l) \Longrightarrow HCO_3^-(aq) + OH^-(aq)$$

$$K_{b1}^{\ominus} = \frac{[HCO_3^-] \cdot [OH^-]}{[CO_3^{2-}]}$$

$$HCO_3^-(aq) + H_2O(l) \Longrightarrow H_2CO_3(aq) + OH^-(aq)$$

$$K_{b2}^{\ominus}=\frac{[H_2CO_3]\cdot[OH^-]}{[HCO_3^-]}$$

同样道理，只要满足 $cK_{b1}^{\ominus}\geqslant20K_w^{\ominus}$，$K_{b1}^{\ominus}/K_{b2}^{\ominus}\geqslant100$，$\frac{c}{K_{b1}^{\ominus}}\geqslant500$ 这三个条件，就可以采用多元弱碱溶液 $[OH^-]$ 的最简计算式。

$$[OH^-]=\sqrt{c\cdot K_{b1}^{\ominus}} \tag{4-16}$$

[例4-5] 室温下，计算饱和 $H_2S$（$0.1\,mol\cdot L^{-1}$）水溶液中 $[H_3O^+]$、$[HS^-]$ 和 $[S^{2-}]$，已知 $K_{a1}^{\ominus}=1.3\times10^{-7}$，$K_{a2}^{\ominus}=7.1\times10^{-15}$。

解：∵ $cK_{a1}^{\ominus}\geqslant20K_w^{\ominus}$，$K_{a1}^{\ominus}/K_{a2}^{\ominus}\geqslant100$ 且 $\frac{c}{K_{a1}^{\ominus}}\geqslant500$

∴ $[H_3O^+]=\sqrt{c\cdot K_{a1}^{\ominus}}=\sqrt{0.1\times1.3\times10^{-7}}\approx1.14\times10^{-4}(mol\cdot L^{-1})$

$[HS^-]\approx[H_3O^+]=1.14\times10^{-4}\,mol\cdot L^{-1}$

$S^{2-}$ 来源于第二步电离，用第二步电离平衡计算。

$$K_{a2}^{\ominus}=\frac{[H_3O^+]\cdot[S^{2-}]}{[HS^-]}=7.1\times10^{-15}$$

∵溶液中 $[H_3O^+]\approx[HS^-]$

∴ $[S^{2-}]\approx K_{a2}^{\ominus}=7.1\times10^{-15}\,mol\cdot L^{-1}$

由例4-5可知，对于二元弱酸体系，二级酸根的浓度在数值上近似等于 $K_{a2}^{\ominus}$。

[例4-6] 计算室温下 $0.1\,mol\cdot L^{-1}\,Na_2CO_3$ 水溶液的 pH 以及 $H_2CO_3$、$HCO_3^-$ 浓度。已知 $K_{b1}^{\ominus}=1.79\times10^{-4}$，$K_{b2}^{\ominus}=2.38\times10^{-8}$。

解：∵ $cK_{b1}^{\ominus}\geqslant20K_w^{\ominus}$，$K_{b1}^{\ominus}/K_{b2}^{\ominus}\geqslant100$ 且 $\frac{c}{K_{b1}^{\ominus}}\geqslant500$

∴ $[OH^-]=\sqrt{c\cdot K_{b1}^{\ominus}}=\sqrt{0.1\times1.79\times10^{-4}}\approx4.23\times10^{-3}(mol\cdot L^{-1})$

$pOH=-\lg[OH^-]=-\lg(4.23\times10^{-3})\approx2.37$，$pH=14-pOH=11.63$。

$$[HCO_3^-]\approx[OH^-]=4.23\times10^{-3}\,mol\cdot L^{-1}$$

$H_2CO_3$ 来源于第二步电离，用第二步电离平衡计算。

$$K_{b2}^{\ominus}=\frac{[H_2CO_3]\cdot[OH^-]}{[HCO_3^-]}=2.38\times10^{-8}$$

∵溶液中 $[HCO_3^-]\approx[OH^-]$

∴ $[H_2CO_3]\approx K_{b2}^{\ominus}=2.38\times10^{-8}\,mol\cdot L^{-1}$

由例4-6可知，对于二元弱碱体系，二级共轭酸浓度在数值上近似等于 $K_{b2}^{\ominus}$。

# 4.3 酸碱缓冲溶液

在实际工作以及许多天然体系中，常需要环境保持在一定的 pH 条件下，否则，许多反应或生命活动都不能正常进行。人们研究出一种可以控制溶液 pH 的体系，即所谓缓冲溶液。这种能抵抗少量强酸、强碱或水的稀释而保持体系 pH 基本不变的溶液，称为缓冲溶液。

缓冲溶液的作用原理与前面讲过的同离子效应有密切的关系。缓冲溶液一般由弱酸及其盐，或者弱碱及其盐组成。例如：$HAc+NaAc$、$NH_3 \cdot H_2O+NH_4Cl$、$NaH_2PO_4+Na_2HPO_4$ 等配制成不同 pH 的缓冲溶液。

下面以 $HAc+NaAc$ 为例进行详细说明。

设 HAc 的初始浓度为 $c(酸)$，NaAc 的起始浓度为 $c(碱)$。

$$HAc(aq)+H_2O(l)\Longrightarrow H_3O^+(aq)+Ac^-(aq)$$

起始浓度$/mol \cdot L^{-1}$ $\qquad$ $c(酸)$ $\qquad\qquad$ $0$ $\qquad\qquad$ $c(碱)$

平衡浓度$/mol \cdot L^{-1}$ $\qquad$ $c(酸)-x$ $\qquad\quad$ $x$ $\qquad\qquad$ $c(碱)+x$

由于同离子效应，近似有 $c(酸)-x\approx c(酸)$，$c(碱)+x\approx c(碱)$。

$$K_a^\ominus=\frac{[H_3O^+][Ac^-]}{[HAc]}\approx\frac{x \cdot c(碱)}{c(酸)}$$

$$[H_3O^+]=x=\frac{c(碱)}{c(酸)} \cdot K_a^\ominus$$

$$pH=-lg[H_3O^+]=-lgK_a^\ominus-\frac{c(酸)}{c(碱)}$$

$$pH=pK_a^\ominus-lg\frac{c(酸)}{c(碱)} \qquad\qquad (4-17)$$

式（4-17）说明，上述混合溶液的 pH 首先取决于弱酸的 $K_a^\ominus$ 值，其次取决于弱酸和弱酸盐的浓度之比。下面通过实例来说明缓冲溶液是怎样抵御外来少量酸碱及水的稀释而保持 pH 基本不变的。

[例 4-7] 缓冲溶液中有 $1.00mol \cdot L^{-1}$ 的 HCN 和 $1.00mol \cdot L^{-1}$ 的 NaCN，试计算：

① 缓冲溶液的 pH；

② 将 10.0mL $1.00mol \cdot L^{-1}$ HCl 溶液加入到 1.0L 该缓冲溶液中引起的 pH 变化；

③ 将 10.0mL $1.00mol \cdot L^{-1}$ NaOH 溶液加入到 1.0L 该缓冲溶液中引起的 pH 变化；

④ 将 1.0L 该缓冲溶液加水稀释至 10L，引起的 pH 变化。

**解：**

① 根据式（4-17）得：

$$pH=pK_a^\ominus-lg\frac{c(酸)}{c(碱)}$$

$$pH=-lg6.2\times10^{-10}-lg\frac{1.00}{1.00}\approx9.21$$

② 1.0L 缓冲溶液中含 HCN 和 NaCN，各是 1.00mol，加入 10.0mL $1.00mol \cdot L^{-1}$ HCl，相当于加入 0.01mol $H_3O^+$，它将消耗 0.01mol 的 NaCN 并生成 0.01mol HCN，故有

$$HCN(aq)+H_2O(l)\Longrightarrow H_3O^+(aq)+CN^-(aq)$$

平衡浓度$/mol \cdot L^{-1}$ $\quad \dfrac{1.00+0.01}{1.00+0.01}$ $\qquad\qquad\qquad \dfrac{1.00-0.01}{1.00+0.01}$

根据式（4-17）得：

$$pH=-lg6.2\times10^{-10}-lg\frac{\dfrac{1.00+0.01}{1.01}}{\dfrac{1.00-0.01}{1.01}}=-lg6.2\times10^{-10}-lg\frac{1.01}{0.98}\approx9.20$$

加入这些 HCl 溶液后，缓冲溶液的 pH 几乎没有变化。

③ 1.0L 缓冲溶液中含 HCN 和 NaCN，各是 1.00mol，加入 10mL 1.00mol·L$^{-1}$ NaOH，相当于加入 0.01mol OH$^{-}$，它将消耗 0.01mol 的 HCN 并生成 0.01mol CN$^{-}$ 离子，故有

$$HCN(aq) + H_2O(l) \rightleftharpoons H_3O^+(aq) + CN^-(aq)$$

平衡浓度/mol·L$^{-1}$     $\dfrac{1.00-0.01}{1.00+0.01}$                 $\dfrac{1.00+0.01}{1.00+0.01}$

根据式（4-17）得：

$$pH = -\lg 6.2 \times 10^{-10} - \lg \frac{\frac{1.00-0.01}{1.01}}{\frac{1.00+0.01}{1.01}} = -\lg 6.2 \times 10^{-10} - \lg \frac{0.98}{1.01} \approx 9.22$$

加入这些 NaOH 溶液后，缓冲溶液的 pH 几乎没有变化。

④ 将 1.0L 该缓冲溶液加水稀释至 10.0L 时，$c$（酸）和 $c$（碱）的数值均变为原来的 1/10，但两者的比值不变。

根据式（4-17）得：

$$pH = pK_a^\ominus - \lg \frac{c(酸)}{c(碱)}$$

故该缓冲溶液的 pH 不变。

通过上述计算结果可以看出，加入 HCl、NaOH、纯水，缓冲溶液的 pH 几乎不变，表明缓冲溶液对外来少量强酸和强碱有抵抗作用。

必须指出的是：虽然以 HCN 和 NaCN 为例，说明缓冲溶液是怎样抵抗外来少量酸碱及水的稀释作用，但由于 HCN 有剧毒，实际工作中是不用其配制缓冲溶液的。

缓冲溶液中发挥作用的弱酸和弱酸盐或弱碱和弱碱盐称为缓冲对。当加入少量强酸或强碱时，缓冲对的浓度越大，其浓度及浓度比值改变越小，即抵抗酸碱影响的作用越强。也就是说缓冲对的浓度越大，缓冲溶液的缓冲容量越大。反之，缓冲对的浓度越小，缓冲溶液的缓冲容量越小。

从式（4-17）可以看出，当 $c$（酸）$=c$（碱）时，$pH=pK_a^\ominus$。因此配制缓冲溶液时，要先找出与所配缓冲溶液的 pH 相当的 $pK_a^\ominus$ 值的弱酸，再与该弱酸的强碱盐按一定的比例配成浓度合适的溶液。当 $\dfrac{c(酸)}{c(碱)}$ 从 0.1 变化到 10 时，则缓冲溶液的 pH 在（$pK_a^\ominus \pm 1$）之间变化。例如，HAc 的 $pK_a^\ominus = 4.76$，故可用 HAc 和 NaAc 组成的缓冲溶液得到 3.76 到 5.76 之间的 pH。

若用弱碱和弱碱盐配成缓冲溶液，其 pOH 计算式则可写成

$$pOH = pK_b^\ominus - \lg \frac{c(碱)}{c(酸)} \tag{4-18}$$

[例 4-8] 用 NH$_3$·H$_2$O 和 NH$_4$Cl 配制 pH=10 的缓冲溶液，求 $c$（碱）和 $c$（酸）的比值。

解：弱碱 NH$_3$·H$_2$O 的 $K_b^\ominus = 1.8 \times 10^{-5}$，pH=10 的缓冲溶液，其 pOH=4。

根据式（4-18）得：

$$4 = -\lg(1.8 \times 10^{-5}) - \lg \frac{c(\text{碱})}{c(\text{酸})}$$

$$\lg \frac{c(\text{碱})}{c(\text{酸})} = -\lg(1.8 \times 10^{-5}) - 4 \approx 0.745$$

$$\frac{c(\text{碱})}{c(\text{酸})} \approx 5.56$$

# 4.4　溶度积和溶解度

## 4.4.1　溶度积常数

在一定温度下，将难溶电解质固体 AgCl 放入水中，在水分子的作用下，AgCl 表面上的 $Ag^+$ 和 $Cl^-$ 形成的水合离子离开固体表面进入溶液，这一过程称为溶解（dissolution）；同时，随着溶液中 $Ag^+$ 及 $Cl^-$ 的离子浓度逐渐增加，$Ag^+$ 离子与 $Cl^-$ 离子重新结合成 AgCl，或者它们将受 AgCl 表面正、负离子的吸引，重新回到 AgCl 表面，这一过程称为沉淀（precipitation）。溶解和沉淀这两个过程各自不断地进行，当溶解速率和沉淀速率相等形成饱和溶液时，就实现了沉淀溶解平衡。

$$AgCl(s) \Longrightarrow Ag^+(aq) + Cl^-(aq)$$

该平衡的标准平衡常数为

$$K_{sp}^{\ominus} = \left[\frac{c(Ag^+)}{c^{\ominus}}\right]\left[\frac{c(Cl^{\ominus})}{c^{\ominus}}\right] = [Ag^+][Cl^-] \qquad (4-19)$$

式中：$K_{sp}^{\ominus}$——溶度积常数，以下简称溶度积。

将式（4-19）推广到任一难溶电解质 $A_mB_n$，其在水中的沉淀溶解平衡的表达式为

$$A_mB_n(s) \Longrightarrow mA^{n+}(aq) + nB^{m-}(aq)$$

$$K_{sp}^{\ominus} = [A^{n+}]^m[B^{m-}]^n \qquad (4-20)$$

式中：$m$、$n$——沉淀溶解平衡中 A、B 的化学计量系数。

$$Mg(OH)_2(s) \Longrightarrow Mg^{2+}(aq) + 2OH^-(aq)$$

$m=1$，$n=2$。

$$K_{sp}^{\ominus}[Mg(OH)_2] = [Mg^{2+}][OH^-]^2$$

$$Ca_3(PO_4)_2(s) \Longrightarrow 3Ca^{2+}(aq) + 2PO_4^{3-}(aq)$$

$m=2$，$n=3$。

$$K_{sp}^{\ominus}[Ca_3(PO_4)_2] = [Ca^{2+}]^3[PO_4^{3-}]^2$$

溶度积 $K_{sp}^{\ominus}$ 与物质本性和温度有关，反映了物质的溶解能力。它表示一定温度下，难溶电解质达到溶解平衡时，其饱和溶液中各离子活度幂的乘积是一个常数（沉淀溶解平衡的标准平衡常数）。但是对于具有一定溶解度的电解质，$K_{sp}^{\ominus}$ 就不再适用。

## 4.4.2　溶度积与溶解度的关系

溶度积 $K_{sp}^{\ominus}$ 从平衡常数角度表示难溶电解质溶解的趋势，溶解度——难溶电解质饱和

溶液的浓度可以表示难溶电解质溶解的程度，两者之间有着必然的联系。在这里我们经常用难溶电解质饱和溶液的物质的量浓度 $S$ 来表示其溶解度。$S$ 与 $K_{sp}^{\ominus}$ 之间的换算，关键在于找出难溶电解质溶解得到的离子浓度与溶解度 $S$ 之间的关系。

[例 4-9] 已知室温时，AgBr 的溶度积为 $5.35 \times 10^{-13}$，求其在纯水中的溶解度 $S$。

**解**：沉淀溶解平衡：

$$AgBr(s) \Longrightarrow Ag^+(aq) + Br^-(aq)$$

平衡时/mol·L$^{-1}$ 　　　　　　　　　　$S$　　　　$S$

$$K_{sp}^{\ominus}(AgBr) = [Ag^+][Br^-]$$
$$= S^2 = 5.35 \times 10^{-13}$$
$$S = \sqrt{5.35 \times 10^{-13}} \approx 7.31 \times 10^{-7} (mol \cdot L^{-1})$$

[例 4-10] 在 25℃时，$Ag_2CrO_4$ 的溶解度为 $7.9 \times 10^{-5}$ mol·L$^{-1}$，求其溶度积。

**解**：沉淀溶解平衡：

$$Ag_2CrO_4(s) \Longrightarrow 2Ag^+(aq) + CrO_4^{2-}(aq)$$

平衡时/mol·L$^{-1}$ 　　　　　　　　$2S$　　　　$S$

$$[Ag^+] = 2S = 2 \times 7.9 \times 10^{-5} = 1.58 \times 10^{-4} (mol \cdot L^{-1})$$
$$[CrO_4^{2-}] = S = 7.9 \times 10^{-5} (mol \cdot L^{-1})$$
$$K_{sp}^{\ominus}(Ag_2CrO_4) = [Ag^+]^2[CrO_4^{2-}]$$
$$= (2S)^2 \times S = 4S^3 = 4 \times (7.9 \times 10^{-5})^3 \approx 2.0 \times 10^{-12}$$

从例 4-9 和例 4-10 可以看出：$S$ 与 $K_{sp}^{\ominus}$ 之间具有明确的换算关系；尽管两者均表示难溶电解质的溶解性质，但 $K_{sp}^{\ominus}$ 大的难溶电解质，其 $S$ 不一定大。

### 4.4.3　溶度积原理

有了 $K_{sp}^{\ominus}$，我们就可以利用比较反应商 $Q$ 和 $K_{sp}^{\ominus}$ 的大小的方法来判断难溶电解质溶液中反应进行的方向了。某溶液中有如下反应：

$$A_mB_n(s) \Longrightarrow mA^{n+}(aq) + nB^{m-}(aq)$$

$A_mB_n$ 为难溶电解质，某时刻其反应商 $Q$ 可以表示为

$$Q = (A^{n+})^m \cdot (B^{m-})^n$$

式中：$(A^{n+})$ 和 $(B^{m-})$ ——该时刻 A 离子和 B 离子的非平衡浓度。

由于反应式的左边为固体物质，所以这里的反应商实际上是与平衡常数相似的形式。

$Q$ 与溶度积 $K_{sp}^{\ominus}$ 之间有如下的关系。

①$Q < K_{sp}^{\ominus}$，体系处于非平衡状态，溶液为不饱和溶液，无沉淀生成。若已有沉淀存在，则沉淀将溶解，直至达到新的平衡为止。

②$Q = K_{sp}^{\ominus}$，溶液恰好饱和，无沉淀生成，沉淀与溶解处于平衡状态。

③$Q > K_{sp}^{\ominus}$，体系处于非平衡状态，溶液为过饱和溶液。溶液中将有沉淀生成，直至达到新的平衡为止。

以上三条关系称为溶度积原理，经常用它来判断沉淀的生成和溶解。本书将一些难溶电解质的 $K_{sp}^{\ominus}$ 值列于附表 5。

## 4.4.4 同离子效应和盐效应

### 1. 同离子效应

当沉淀反应达到平衡后，如果向溶液中加入含有某一构成固体的离子的试剂或溶液，则平衡向生成沉淀的方向移动，使沉淀的溶解度减小，这种现象称为沉淀溶解平衡中的同离子效应。

[例 4-11] 计算 25℃时，$PbI_2$ 在 $0.010 mol \cdot L^{-1}$ KI 溶液中的溶解度（已知 $PbI_2$ 在纯水中的溶解度为 $1.9 \times 10^{-3} mol \cdot L^{-1}$）。

**解**：纯水中：

$$PbI_2(s) \Longrightarrow Pb^{2+}(aq) + 2I^-(aq)$$

平衡时/$mol \cdot L^{-1}$                  $1.9 \times 10^{-3}$   $2 \times 1.9 \times 10^{-3}$

$$K_{sp}^{\ominus}(PbI_2) = [Pb^{2+}][I^-]^2$$
$$= 1.9 \times 10^{-3} \times (2 \times 1.9 \times 10^{-3})^2 \approx 2.74 \times 10^{-8}$$

由于存在同离子 $I^-$，根据溶解平衡：

$$PbI_2(s) \Longrightarrow Pb^{2+}(aq) + 2I^-(aq)$$

平衡时/$mol \cdot L^{-1}$                  $S$        $2S + 0.010$

$$K_{sp}^{\ominus}(PbI_2) = [Pb^{2+}][I^-]^2$$
$$= S \times (2S + 0.010)^2 \approx S \times (0.010)^2 = 2.74 \times 10^{-8}$$

$$S = \frac{2.74 \times 10^{-8}}{(0.010)^2} = 2.74 \times 10^{-4} (mol \cdot L^{-1})$$

很明显，$PbI_2$ 在 $0.010 mol \cdot L^{-1}$ 的 KI 溶液中的溶解度小于其在纯水中的溶解度，这就是同离子效应。

### 2. 盐效应

在难溶强电解质的饱和溶液中，加入与难溶强电解质不含有相同离子的易溶强电解质，难溶强电解质的溶解度略有增大的现象称为盐效应。如 $PbSO_4$ 在 $KNO_3$ 溶液中的溶解度比它在纯水中的溶解度大。这是因为加入不含相同离子的易溶强电解质，$PbSO_4$ 沉淀表面碰撞的次数减小，使沉淀过程速度变慢，平衡向沉淀溶解的方向移动，故难溶强电解质的溶解度增加。

利用同离子效应降低难溶强电解质溶解度时，应考虑到盐效应的影响。即沉淀剂不能过量太多，否则增大溶液中电解质总浓度，由于盐效应使难溶强电解质的溶解度反而增大。特别当难溶强电解质本身溶解度较大时，更应考虑盐效应的影响。

## 4.4.5 沉淀溶解平衡的移动

### 1. 沉淀的生成

根据溶度积原理，当溶液中 $Q > K_{sp}^{\ominus}$ 时，将有沉淀生成。

[例 4 - 12] 将 $0.020mol \cdot L^{-1}$ $CaCl_2$ 溶液 $10mL$ 与等体积同浓度的 $Na_2C_2O_4$ 溶液混合，是否有沉淀生成？

**解：** 两种溶液同体积混合后，体积大一倍，浓度各自减小至原浓度的一半。

$$(Ca^{2+}) = \frac{0.020}{2} = 0.010(mol \cdot L^{-1})$$

$$(C_2O_4^{2-}) = \frac{0.020}{2} = 0.010(mol \cdot L^{-1})$$

沉淀溶解平衡：

$$CaC_2O_4(s) \Longrightarrow Ca^{2+}(aq) + C_2O_4^{2-}(aq)$$

$$Q = (Ca^{2+})(C_2O_4^{2-}) = 0.010 \times 0.010 = 1 \times 10^{-4} > K_{sp}^{\ominus}(CaC_2O_4)$$

所以有沉淀生成。

[例 4 - 13] 向 $1.0 \times 10^{-3}$ $mol \cdot L^{-1}$ $K_2CrO_4$ 溶液中滴加 $AgNO_3$ 溶液，求开始有 $Ag_2CrO_4$ 沉淀生成时的 $[Ag^+]$。$CrO_4^{2-}$ 沉淀完全时，$[Ag^+]$ 是多大？

**解：** 沉淀溶解平衡：

$$Ag_2CrO_4(s) \Longrightarrow 2Ag^+(aq) + CrO_4^{2-}(aq)$$

$$K_{sp}^{\ominus}(Ag_2CrO_4) = [Ag^+]^2[CrO_4^{2-}]$$

$$[Ag^+] = \sqrt{\frac{K_{sp}^{\ominus}(Ag_2CrO_4)}{[CrO_4^{2-}]}} = \sqrt{\frac{2.0 \times 10^{-12}}{1.0 \times 10^{-3}}} \approx 4.5 \times 10^{-5}(mol \cdot L^{-1})$$

当 $[Ag^+] = 4.5 \times 10^{-5} mol \cdot L^{-1}$ 时，开始有 $Ag_2CrO_4$ 沉淀生成。

一般来说，一种离子与沉淀剂生成沉淀物后在溶液中的残留量不超过 $1.0 \times 10^{-5} mol \cdot L^{-1}$ 时，则认为已沉淀完全。于是当 $[CrO_4^{2-}] = 1.0 \times 10^{-5} mol \cdot L^{-1}$ 时的 $[Ag^+]$ 即为所求 $[Ag^+]$。

$$[Ag^+] = \sqrt{\frac{K_{sp}^{\ominus}(Ag_2CrO_4)}{[CrO_4^{2-}]}} = \sqrt{\frac{2.0 \times 10^{-12}}{1.0 \times 10^{-5}}} \approx 4.5 \times 10^{-4}(mol \cdot L^{-1})$$

[例 4 - 14] 向 $0.10mol \cdot L^{-1}$ $ZnCl_2$ 溶液中通 $H_2S$ 气体至饱和（$0.10mol \cdot L^{-1}$）时，溶液中刚好有 $ZnS$ 沉淀生成，求此时溶液的 $[H_3O^+]$。

**分析：** 此题涉及沉淀溶解平衡和弱酸的电离平衡。溶液中的 $[H_3O^+]$ 将影响 $H_2S$ 电离出的 $[S^{2-}]$，而 $S^{2-}$ 又要与 $Zn^{2+}$ 共处于沉淀溶解平衡之中。于是可先求出与 $0.10mol \cdot L^{-1}$ $Zn^{2+}$ 共存的 $[S^{2-}]$，再求出与饱和 $H_2S$ 及 $S^{2-}$ 平衡的 $[H_3O^+]$。

**解：** 沉淀溶解平衡：

$$ZnS(s) \Longrightarrow Zn^{2+}(aq) + S^{2-}(aq)$$

$$K_{sp}^{\ominus}(ZnS) \Longrightarrow [Zn^{2+}][S^{2-}]$$

$$[S^{2-}] = \frac{K_{sp}^{\ominus}(ZnS)}{Zn^{2+}} = \frac{2.0 \times 10^{-22}}{0.10} = 2.0 \times 10^{-21}(mol \cdot L^{-1})$$

电离平衡：

$$H_2S(aq) + 2H_2O(l) \Longrightarrow 2H_3O^+(aq) + S^{2-}(aq)$$

$$K_{a1}^{\ominus}K_{a2}^{\ominus} = \frac{[H_3O^+]^2[S^{2-}]}{[H_2S]}$$

$$[H_3O^+] = \sqrt{\frac{K_{a1}^{\ominus}K_{a2}^{\ominus}[H_2S]}{[S^{2-}]}} = \sqrt{\frac{1.3 \times 10^{-7} \times 7.1 \times 10^{-15} \times 0.10}{2.0 \times 10^{-21}}}$$

$$\approx 0.21(mol \cdot L^{-1})$$

2. 沉淀的溶解

沉淀物与饱和溶液共存，如果能使 $Q < K_{sp}^{\ominus}$，则沉淀物要发生溶解。通过氧化还原的方法和生成配合物的方法可以使有关离子浓度变小，从而达到 $Q < K_{sp}^{\ominus}$ 的目的；也可以采取使有关离子生成弱电解质的方法使 $Q < K_{sp}^{\ominus}$。氧化还原和生成配合物的方法将放在后面的有关章节中讨论，本节着重讨论酸碱电离平衡对沉淀溶解平衡的影响。

FeS 沉淀可以溶于盐酸，$S^{2-}$ 与盐酸中的 $H_3O^+$ 可以生成弱电解质 $H_2S$，于是使沉淀溶解平衡右移，引起 FeS 溶解。这个过程可以表示为

$$FeS(s) \Longrightarrow Fe^{2+}(aq) + S^{2-}(aq)$$
$$+$$
$$HCl(aq) + H_2O(l) = H_3O^+(aq) + Cl^-(aq)$$
$$\Downarrow$$
$$H_2S$$

只要 $[H_3O^+]$ 足够大，总会使 FeS 溶解。

[例 4-15] 使 0.01mol SnS 溶于 1.0L 盐酸中，求所需盐酸的最低浓度。

解：当 0.01mol 的 SnS 全部溶于 1.0L 盐酸中时，$[Sn^{2+}] = 0.01mol \cdot L^{-1}$，与 $Sn^{2+}$ 相平衡的 $[S^{2-}]$ 可由沉淀溶解平衡求出。

沉淀溶解平衡：

$$SnS(s) \Longrightarrow Sn^{2+}(aq) + S^{2-}(aq)$$
$$K_{sp}^{\ominus}(SnS) = [Sn^{2+}][S^{2-}]$$
$$[S^{2-}] = \frac{K_{sp}^{\ominus}(SnS)}{[Sn^{2+}]} = \frac{1.0 \times 10^{-25}}{0.01} = 1.0 \times 10^{-23}(mol \cdot L^{-1})$$

当 0.01mol SnS 全部溶解时，放出的 $S^{2-}$ 将与盐酸中的 $H_3O^+$ 结合成 $H_2S$，且 $[H_2S] = 0.01mol \cdot L^{-1}$。根据 $H_2S$ 的电离平衡，由 $[S^{2-}]$ 和 $[H_2S]$ 可以求出与之平衡的 $[H_3O^+]$。

$$H_2S(aq) + 2H_2O(l) \Longrightarrow 2H_3O^+(aq) + S^{2-}(aq)$$
$$K_{a1}^{\ominus} K_{a2}^{\ominus} = \frac{[H_3O^+]^2[S^{2-}]}{[H_2S]}$$
$$[H_3O^+] = \sqrt{\frac{K_{a1}^{\ominus} K_{a2}^{\ominus}[H_2S]}{[S^{2-}]}} = \sqrt{\frac{1.3 \times 10^{-7} \times 7.1 \times 10^{-15} \times 0.01}{1.0 \times 10^{-23}}}$$
$$\approx 0.96(mol \cdot L^{-1})$$

$0.96mol \cdot L^{-1}$ 是溶液中平衡时的 $[H_3O^+]$，原来的盐酸中的 $H^+$ 与 0.01mol 的 $S^{2-}$ 结合时消耗掉 0.02mol。故所需的盐酸的起始浓度为 $0.96 + 0.02 = 0.98(mol \cdot L^{-1})$。

上述过程可以通过总的反应方程式进行计算，设盐酸起始浓度为 $c_0$。

$$SnS(s) + 2H_3O^+(aq) \Longrightarrow H_2S(aq) + Sn^{2+}(aq) + 2H_2O(l)$$

初始时/mol $\cdot$ L$^{-1}$    $c_0$          0       0

平衡时/mol $\cdot$ L$^{-1}$    $c_0 - 0.02$      0.01    0.01

$$K^{\ominus} = \frac{[H_2S][Sn^{2+}]}{[H_3O^+]^2} = \frac{[H_2S][Sn^{2+}][S^{2-}]}{[H_3O^+]^2[S^{2-}]} = \frac{K_{sp}^{\ominus}(ZnS)}{K_{a1}^{\ominus} K_{a2}^{\ominus}}$$
$$= \frac{1.0 \times 10^{-25}}{1.3 \times 10^{-7} \times 7.1 \times 10^{-15}} \approx 1.08 \times 10^{-4}$$

$$[H_3O^+] = c_0 - 0.02 = \sqrt{\frac{[H_2S][Sn^{2+}]}{K^\ominus}} = \sqrt{\frac{0.01 \times 0.01}{1.08 \times 10^{-4}}} \approx 0.96$$

故有 $c_0 = 0.98 \text{mol} \cdot \text{L}^{-1}$。

在解题过程中，我们认为 SnS 溶解产生的 $S^{2-}$ 全部转变成 $H_2S$，这种做法是否合适？以 $HS^-$ 和 $S^{2-}$ 状态存在的部分占多大比例？应该有一个认识：体系中 $[H_3O^+]$ 为 $0.98 \text{mol} \cdot \text{L}^{-1}$，可以计算出在这样的酸度下，$HS^-$ 和 $S^{2-}$ 存在量分别是 $H_2S$ 的 $1/10^7$ 和 $1/10^{23}$，所以这种解法是完全合理的。

用相似的方法讨论多大浓度的盐酸才能溶解 CuS 时，结果是盐酸的浓度约为 $10^5 \text{mol} \cdot \text{L}^{-1}$，这个结果只能说明盐酸不能溶解 CuS。我们知道 CuS 可以溶于 $HNO_3$ 中，这是因为 $HNO_3$ 可以将 $S^{2-}$ 氧化成单质 S，从而使平衡向溶解的方向移动。这些问题在本节不再深入探讨。

3. 分步沉淀

在化工生产和化学实验中经常碰到一类问题：溶液中常有多种离子，如何控制条件，使一种离子先沉淀而与其他几种离子分离。在一定条件下，使一种离子先沉淀，而其他离子在另一条件下沉淀的现象称为分步沉淀或选择性沉淀。

上面讨论的沉淀的生成和溶解都是只有一种离子的情况，在实际工作中，溶液中往往同时存在多种离子，当加入一种沉淀剂时，可能几种离子都会生成沉淀。这时，如何通过控制条件，使其中某种离子发生沉淀或溶解，与其他离子分离，是我们在生产或实验中经常会碰到的问题。在一定条件下，利用各种难溶电解质溶度积的不同，当缓慢滴加沉淀剂时，沉淀会按照一定的先后顺序依次出现。

例如，向浓度均为 $0.01 \text{mol} \cdot \text{L}^{-1}$ 的 $Cl^-$ 和 $I^-$ 混合溶液中，逐滴加入 $AgNO_3$ 溶液，实验可以观察到，首先析出的是黄色 AgI 沉淀，继续滴加 $AgNO_3$ 溶液才会出现白色 AgCl 沉淀。这是因为，溶液中开始生成 AgI 沉淀和 AgCl 沉淀所需的 $Ag^+$ 浓度不同所导致的。

开始生成 AgI 沉淀所需的 $Ag^+$ 浓度：

$$c(Ag^+) = \frac{K_{sp}^\ominus(AgI)}{c(I^-)} = \frac{8.5 \times 10^{-17}}{0.01} = 8.5 \times 10^{-15} (\text{mol} \cdot \text{L}^{-1})$$

开始生成 AgCl 沉淀所需的 $Ag^+$ 浓度：

$$c(Ag^+) = \frac{K_{sp}^\ominus(AgCl)}{c(Cl^-)} = \frac{1.8 \times 10^{-10}}{0.01} = 1.8 \times 10^{-8} (\text{mol} \cdot \text{L}^{-1})$$

从计算结果可以看出，要沉淀出 $I^-$ 所需要的 $Ag^+$ 浓度比沉淀出 $Cl^-$ 所需要的 $Ag^+$ 浓度小得多，所以 $I^-$ 先沉淀出来。

根据溶度积原理，当溶液中同时存在多种离子时，溶液中离子积先达到溶度积的难溶电解质首先析出沉淀，离子积后达到溶度积的就后析出沉淀。显然对于同类型沉淀来说，$K_{sp}^\ominus$ 小的先沉淀，并且沉淀剂的溶度积相差越大，几种离子分离的效果就越好。

[例 4-16] 向 $c(Cl^-)$ 和 $c(CrO_4^{2-})$ 均为 $0.01 \text{mol} \cdot \text{L}^{-1}$ 的混合溶液中，缓慢滴加 $AgNO_3$ 溶液，AgCl 和 $Ag_2CrO_4$ 沉淀，哪个先析出来？当第二种离子开始析出沉淀时，第一种离子是否沉淀完全？[已知 $K_{sp}^\ominus(AgCl) = 1.8 \times 10^{-10}$，$K_{sp}^\ominus(Ag_2CrO_4) = 2.0 \times 10^{-12}$]

解：开始析出 AgCl 沉淀时，溶液中 $Ag^+$ 浓度为

$$c(Ag^+)_1 = \frac{K_{sp}^{\ominus}(AgCl)}{c(Cl^-)} = \frac{1.8 \times 10^{-10}}{0.01} = 1.8 \times 10^{-8}(mol \cdot L^{-1})$$

开始析出 $Ag_2CrO_4$ 沉淀时，溶液中 $Ag^+$ 浓度为

$$c(Ag^+)_2 = \sqrt{\frac{K_{sp}^{\ominus}(Ag_2CrO_4)}{c(CrO_4^{2-})}} = \sqrt{\frac{2.0 \times 10^{-12}}{0.01}} \approx 1.41 \times 10^{-5}(mol \cdot L^{-1})$$

因为析出 AgCl 沉淀所需的 $c(Ag^+)_1$ 要小于析出 $Ag_2CrO_4$ 沉淀所需的 $c(Ag^+)_2$，所以先析出的是 AgCl 沉淀。

当 $CrO_4^{2-}$ 开始沉淀时，溶液对 AgCl 来说已达到饱和，这时求的是当 $c(Ag^+)_2 = 1.41 \times 10^{-5} mol \cdot L^{-1}$ 时，体系中剩余的 $c(Cl^-)$。

$$c(Cl^-) = \frac{K_{sp}^{\ominus}(AgCl)}{c(Ag^+)_2} = \frac{1.8 \times 10^{-10}}{1.41 \times 10^{-5}} \approx 1.28 \times 10^{-5}(mol \cdot L^{-1})$$

此时 $c(Cl^-) = 1.28 \times 10^{-5} mol \cdot L^{-1} \approx 1 \times 10^{-5} mol \cdot L^{-1}$，可认为 $Cl^-$ 已基本沉淀完全。

从例 4-16 可以看出，虽然 $K_{sp}^{\ominus}(Ag_2CrO_4) < K_{sp}^{\ominus}(AgCl)$，但因为沉淀 $Cl^-$ 所需的 $c(Ag^+)$ 比沉淀 $CrO_4^{2-}$ 所需的 $c(Ag^+)$ 要小，反而是 $K_{sp}^{\ominus}$ 大的 AgCl 先析出沉淀。因此对于不同类型的难溶电解质来说，因为有不同活度幂次的关系，不能直接用 $K_{sp}^{\ominus}$ 的大小来判断沉淀出现的先后次序，必须通过计算才能加以说明。

分步沉淀常用于离子的分离，如通过控制酸度条件生成氢氧化物沉淀对离子进行分离。

[例 4-17] 在浓度均为 $0.01 mol \cdot L^{-1}$ 的 $Fe^{3+}$ 和 $Mg^{2+}$ 混合溶液中，如何通过控制 pH 使 $Fe^{3+}$ 生成沉淀而 $Mg^{2+}$ 仍留在溶液中，使两种离子分离？

解：查附表 5 得 $K_{sp}^{\ominus}[Fe(OH)_3] = 2.64 \times 10^{-39}$，$K_{sp}^{\ominus}[Mg(OH)_2] = 5.61 \times 10^{-12}$。

先求 $Fe^{3+}$ 沉淀完全时，溶液的 pH。

$$[OH^-] = \sqrt[3]{\frac{K_{sp}^{\ominus}[Fe(OH)_3]}{0.01}}$$

$$pH = 14 - pOH = 14 + lg \sqrt[3]{\frac{2.64 \times 10^{-39}}{0.01}} \approx 1.81$$

再求 $Mg^{2+}$ 开始沉淀时，溶液的 pH。

$$[OH^-] = \sqrt{\frac{K_{sp}^{\ominus}[Mg(OH)_2]}{0.01}}$$

$$pH = 14 - pOH = 14 + lg \sqrt{\frac{5.61 \times 10^{-12}}{0.01}} \approx 9.37$$

由此可见，只要控制溶液 pH 为 1.81～9.37，就可使 $Fe^{3+}$ 沉淀完全，而 $Mg^{2+}$ 不沉淀，从而使两种离子分离。

### 4. 沉淀转化

向盛有白色 $BaCO_3$ 粉末的试管中，加入淡黄色的 $K_2CrO_4$ 溶液，加热搅拌，发生沉降后，观察到溶液的淡黄色褪去而变为无色，沉淀由白色转变为黄色，这表明白色 $BaCO_3$ 沉淀转化为了更难溶的 $BaCrO_4$ 沉淀。这种向一种难溶电解质中加入某种试剂，使原有难溶电解质转化为另一种溶解度更小的难溶电解质的过程，称为沉淀的转化 (inversion of precipitation)。上述过程发生的原因是因为难溶电解质 $BaCO_3$ 粉末在溶液中建立沉淀溶解

平衡，在其饱和溶液中有少量的 $Ba^{2+}$ 和 $CO_3^{2-}$，加入 $K_2CrO_4$ 溶液后，$CrO_4^{2-}$ 有与 $CO_3^{2-}$ 争夺 $Ba^{2+}$ 生成沉淀的趋势，由于 $K_{sp}^{\ominus}(BaCrO_4) = 1.17 \times 10^{-10} < K_{sp}^{\ominus}(BaCO_3) = 2.58 \times 10^{-9}$，此时，溶液中 $Ba^{2+}$ 和 $CrO_4^{2-}$ 的离子积大于其溶度积，故有 $BaCrO_4$ 沉淀生成，而同时降低了体系中 $Ba^{2+}$ 浓度，这样 $BaCO_3$ 沉淀为了维持其沉淀溶解平衡，就只有不断溶解出 $Ba^{2+}$，这就导致 $BaCrO_4$ 沉淀不断生成，$BaCO_3$ 沉淀不断溶解，最终 $BaCO_3$ 沉淀全部转化为 $BaCrO_4$ 沉淀。反应过程如下。

$$BaCO_3(s) + CrO_4^{2-}(aq) \rightleftharpoons BaCrO_4(s) + CO_3^{2-}(aq)$$

$$K^{\ominus} = \frac{c(CO_3^{2-})}{c(CrO_4^{2-})} = \frac{c(CO_3^{2-})}{c(CrO_4^{2-})} \times \frac{c(Ba^{2+})}{c(Ba^{2+})} = \frac{K_{sp}^{\ominus}[BaCO_3]}{K_{sp}^{\ominus}[BaCrO_4]} = \frac{2.58 \times 10^{-9}}{1.17 \times 10^{-10}} \approx 22$$

此时 $K^{\ominus}$ 较大，$BaCO_3$ 沉淀溶解平衡被破坏，建立 $BaCrO_4$ 沉淀溶解平衡，可以看出反应是从 $K_{sp}^{\ominus}$ 较大的沉淀向 $K_{sp}^{\ominus}$ 较小的沉淀方向发生转化。

在实际工作中，要溶解某些较难溶的强酸盐时，可先将其转化为难溶的弱酸盐，然后再用强酸溶解。例如锅炉中板结的锅垢（主要含 $CaSO_4$ 沉淀）不溶于酸，这时可以先用 $Na_2CO_3$ 溶液进行处理，使 $CaSO_4$ 沉淀转化为 $CaCO_3$ 沉淀，这样就可以达到清除锅垢的目的。

[例 4-18] 有 0.20mol 的 $CaSO_4$ 沉淀，每次用 1 升 0.1mol·$L^{-1}$ 的 $Na_2CO_3$ 溶液处理，若要使 $CaSO_4$ 沉淀全部转化，需要处理几次？ [已知 $K_{sp}^{\ominus}(CaSO_4) = 4.93 \times 10^{-5}$，$K_{sp}^{\ominus}(CaCO_3) = 3.36 \times 10^{-9}$]

**解：** 设每次能处理 $CaSO_4$ 沉淀 $x$mol，则平衡时产生 $x$mol·$L^{-1}$ $SO_4^{2-}$。

$$CaSO_4(s) + CO_3^{2-}(aq) \rightleftharpoons CaCO_3(s) + SO_4^{2-}(aq)$$

平衡浓度/mol·$L^{-1}$        $0.1 - x$        $x$

$$K^{\ominus} = \frac{[SO_4^{2-}]}{[CO_3^{2-}]} = \frac{[SO_4^{2-}]}{[CO_3^{2-}]} \times \frac{[Ca^{2+}]}{[Ca^{2+}]} = \frac{K_{sp}^{\ominus}[CaSO_4]}{K_{sp}^{\ominus}[CaCO_3]} = \frac{4.93 \times 10^{-5}}{3.36 \times 10^{-9}} \approx 1.47 \times 10^4$$

$$K^{\ominus} = \frac{[SO_4^{2-}]}{[CO_3^{2-}]} = \frac{x}{0.1 - x} = 1.47 \times 10^4$$

$$x \approx 0.1mol$$

∴ 每次能处理 $CaSO_4$ 沉淀 0.1mol。

∴ 用上述 $Na_2CO_3$ 溶液处理 0.20mol 的 $CaSO_4$ 沉淀，需要处理 2 次。

从计算结果可以看出，因为 $K^{\ominus}$ 很大，所以每次 $CaSO_4$ 沉淀都能全部转化为 $CaCO_3$ 沉淀。

## 习 题

**一、单项选择题**

1. 0.1mol·$L^{-1}$ 的氨水溶液，稀释 2 倍后，其 $H_3O^+$ 浓度和 pH 的变化趋势 （   ）。

A. 增大和减小      B. 减小和增大      C. 均减小          D. 均增大

2. 能使溶液 pH 变小的是 （   ）。

A. 0.1mol·$L^{-1}$ HAc 溶液中加少量 NaAc 晶体

B. 0.1mol·$L^{-1}$ $NH_3$·$H_2O$ 溶液中加入一些 NaCl 晶体

C. 0.1mol·$L^{-1}$NaAc 溶液中加入少量 NaAc 晶体

D. 0.1mol·$L^{-1}$$NH_3$·$H_2O$ 溶液中加入少量 $NH_4Cl$ 晶体

3. 要配备 pH＝5.00 的缓冲溶液，应选择的弱电解质是（　　）。

A. HCOOH　$K_a^\ominus=1.8\times10^{-4}$　　　　　　B. $HNO_2$　$K_a^\ominus=5.1\times10^{-4}$

C. $NH_3$·$H_2O$　$K_b^\ominus=1.8\times10^{-5}$　　　　D. HAc　$K_a^\ominus=1.75\times10^{-5}$

4. 弱电解质的电离度 $\alpha$ 和电离常数 $K$ 与其浓度的关系是（　　）。

A. $K$ 与浓度有关，$\alpha$ 与浓度无关　　　B. $K$ 与浓度无关，$\alpha$ 与浓度有关

C. 二者均与浓度有关　　　　　　　　D. 二者均与浓度无关

5. 按照酸碱质子理论，下列叙述中不正确的是（　　）。

A. 酸中必然含有氢　　　　　　　　B. 化合物中没有盐的概念

C. 碱不可能是中性分子　　　　　　D. 任何碱获得质子后就成了酸

6. 下列溶液中缓冲能力最大的是（　　）。

A. 0.2mol·$L^{-1}$HAc 0.1L

B. 0.2mol·$L^{-1}$NaAc 0.1L

C. A 和 B 等量混合后的溶液

D. 将 A 稀释至 0.2L 并与 B 混合后所得溶液

7. $NH_3$ 的共轭酸是（　　）。

A. $NH_2^-$　　　　　B. $NH_4^+$　　　　　C. $NH_2OH$　　　　　D. $NH_3$·$H_2O$

**二、填空题**

1. 酸碱反应的实质是_____的转移，是_____个_____共同作用的结果。

2. 组成上相差一个质子的每一对酸碱称为_____，其 $K_a^\ominus$ 与 $K_b^\ominus$ 的关系是_____。

3. 缓冲溶液的作用原理是_____。

4. 10mL 0.2mol·$L^{-1}$ HCl 与 10mL 0.5mol·$L^{-1}$ NaAc（$pK_a^\ominus=4.76$）混合后溶液的 pH 为_____。

5. 室温下饱和 $CO_2$ 水溶液（即 0.04mol·$L^{-1}$ 的 $H_2CO_3$ 溶液）中 $c(H_3O^+)=$_____，$c(HCO_3^-)$_____，$c(CO_3^{2-})=$_____。

6. 某弱酸的电解常数是 $1\times10^{-5}$，它与强碱反应的平衡常数是_____。

**三、简答题**

1. 简述酸碱质子理论的基本内容。

2. 根据酸碱质子理论，下列分子或离子，哪些是酸？哪些是碱？哪些是酸碱两性？

$HS^-$，$CO_3^{2-}$，$H_2PO_4^-$，$NH_3$，$H_2S$，$NO_2^-$，HCl，$CH_3COO^-$，$OH^-$，$H_2O$

3. 电离平衡常数和电离度有何区别与联系？

4. 什么是同离子效应？什么是盐效应？缓冲溶液的作用机理与哪种效应有关？

5. 相同浓度的 HCl 和 HAc 溶液的 pH 是否相同？pH 相同的 HCl 溶液和 HAc 溶液其浓度是否相同？若用 NaOH 中和 pH 相同的 HCl 和 HAc 溶液，哪个用量大？原因是什么？

6. 在稀 HAc 溶液中加入少量 HCl，HAc 的电离度有什么变化？在稀 HAc 溶液中加入 NaAc，HAc 的电离度又有什么变化？当加水进一步稀释会有何变化？

7. 若 pH＝5 的 HCl 溶液用水稀释 1000 倍，HCl 浓度为 $1 \times 10^{-8}$ mol·L$^{-1}$，此时水溶液中的 $H_3O^+$ 离子浓度也是 $1 \times 10^{-8}$ mol·L$^{-1}$，且 pH＝8。这种说法是否正确？为什么？

8. 溶度积和溶解度大小均可以说明难溶性强电解质的沉淀溶解能力，两者之间有何区别与联系？

9. 写出下列平衡的 $K_{sp}^{\ominus}$ 表达式。

① $Ag_2SO_4(s) \Longrightarrow 2Ag^+(aq) + SO_4^{2-}(aq)$

② $Hg_2C_2O_4(s) \Longrightarrow Hg_2^{2+}(aq) + C_2O_4^{2-}(aq)$

③ $Ni_3(PO_4)_2(s) \Longrightarrow 3Ni^{2+}(aq) + 2PO_4^{3-}(aq)$

10. 查附表 5，将下列难溶性强电解质按其 $K_{sp}^{\ominus}$ 由大到小排列，再分别求出溶解度并按溶解度由大到小排列。比较两个排列次序的异同，请说明原因。

$AgCl$，$Zn(OH)_2$，$FeS$，$CuS$，$Pb(OH)_2$，$CuI$，$CaCO_3$，$CaF_2$，$PbSO_4$，$Mg(OH)_2$。

### 四、计算题

1. 已知 HAc 的电离平衡常数 $K_a^{\ominus} = 1.75 \times 10^{-5}$，试求 0.010mol·L$^{-1}$ HAc 的 $[H_3O]$、溶液的 pH 和电离度。

2. 若使 0.1L 的 8mol·L$^{-1}$ 氨水中氨的电离度增大 1 倍，需加多少升水？

3. 浓度为 0.20mol·L$^{-1}$ 氨水的 pH 是多少？若向 100mL 浓度为 0.20mol·L$^{-1}$ 的氨水中加入 7.0g 固体 $NH_4Cl$（设体积不变），溶液的 pH 改变为多少？

4. 298K 时，测得 0.10mol·L$^{-1}$ HF 溶液中 $[H_3O^+]$ 为 $7.63 \times 10^{-3}$ mol·L$^{-1}$。试求反应 $HF(aq) + H_2O(l) = H_3O^+(aq) + F^-(aq)$ 的 $\Delta_r G_m^{\ominus}$ 值。

5. 已知 $H_2S$ 的 $K_{a1}^{\ominus} = 1.3 \times 10^{-7}$，$K_{a2}^{\ominus} = 7.1 \times 10^{-15}$，试求 0.10mol·L$^{-1}$ $K_2S$ 溶液中的 $[K^+]$、$[S^{2-}]$、$[HS^-]$、$[OH^-]$、$[H_2S]$ 和 $[H_3O^+]$。

6. 计算下列盐溶液的 pH。

① 0.10mol·L$^{-1}$ NaCN。

② 0.01mol·L$^{-1}$ $NaCO_3$。

③ 0.10mol·L$^{-1}$ $H_3PO_4$。

7. 甲溶液为一元弱酸，其 $[H_3O^+] = a$ mol·L$^{-1}$，乙溶液为该一元弱酸的钠盐溶液，其 $[H^+] = b$ mol·L$^{-1}$，当甲溶液与乙溶液等体积混合后，测得其 $[H_3O^+] = c$ mol·L$^{-1}$，试求该一元弱酸的电离平衡常数 $K_a^{\ominus}$ 值。

8. 根据下列各物质的 $K_{sp}^{\ominus}$ 数据，求溶解度 $S$（$S$ 用 mol·L$^{-1}$ 表示，不考虑阴阳离子的副反应）。

① $BaCO_3$ 的 $K_{sp}^{\ominus} = 2.58 \times 10^{-9}$。

② $PbF_2$ 的 $K_{sp}^{\ominus} = 7.12 \times 10^{-7}$。

③ $Ag_3[Fe(CN)_6]$ 的 $K_{sp}^{\ominus} = 9.8 \times 10^{-26}$ [沉淀物电离生成 $Ag^+$ 和 $[Fe(CN)_6]^{3-}$ 离子]。

9. 将 20mL 0.010mol·L$^{-1}$ $BaCl_2$ 和 20mL 0.020mol·L$^{-1}$ $H_2SO_4$ 在强烈搅拌下与 960mL 水混合，利用计算结果判断是否有 $BaSO_4$ 沉淀生成。已知 $BaSO_4$ 的 $K_{sp}^{\ominus} = 1.07 \times 10^{-10}$。

10. $Ba^{2+}$ 与 $Sr^{2+}$ 的混合溶液中，两者的浓度均为 0.10mol·L$^{-1}$，将极稀的 $Na_2SO_4$ 溶液滴加到混合溶液中。已知 $BaSO_4$ 的 $K_{sp}^{\ominus} = 1.07 \times 10^{-10}$，$SrSO_4$ 的 $K_{sp}^{\ominus} = 3.44 \times 10^{-7}$。试求：

①当 $Ba^{2+}$ 已有 99% 沉淀为 $BaSO_4$ 时的 $[Sr^{2+}]$;

②当 $Ba^{2+}$ 已有 99.99% 沉淀为 $BaSO_4$ 时,已经转化为 $SrSO_4$ 的百分数。

11. 在水中加入一些固体 $Ag_2CrO_4$,然后加入 KI 溶液,有何现象产生?试通过计算来解释。[已知:$K_{sp}^{\ominus}(Ag_2CrO_4)=2.0\times10^{-12}$,$K_{sp}^{\ominus}(AgI)=8.5\times10^{-17}$]

12. 将 50.0mL 含 0.9521g $MgCl_2$ 的溶液与等体积的 1.80mol·$L^{-1}$ 氨水混合,问在所得溶液中应加入多少克固体 $NH_4Cl$ 才可防止 Mg(OH)$_2$ 沉淀生成?已知:$K_b^{\ominus}(NH_3)=1.8\times10^{-5}$,$K_{sp}^{\ominus}[Mg(OH)_2]=5.61\times10^{-12}$,$NH_4Cl$ 分子量为 53.492,$MgCl_2$ 的分子量为 95.21。

第4章
拓展习题讲解

第4章
在线答题

# 第5章
## 氧化还原反应

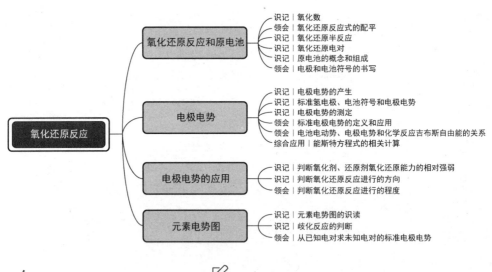

### 知识结构图

**氧化还原反应**

- **氧化还原反应和原电池**
  - 识记｜氧化数
  - 领会｜氧化还原反应式的配平
  - 识记｜氧化还原半反应
  - 识记｜氧化还原电对
  - 识记｜原电池的概念和组成
  - 领会｜电极和电池符号的书写

- **电极电势**
  - 识记｜电极电势的产生
  - 识记｜标准氢电极、电池符号和电极电势
  - 识记｜电极电势的测定
  - 领会｜标准电极电势的定义和应用
  - 领会｜电池电动势、电极电势和化学反应吉布斯自由能的关系
  - 综合应用｜能斯特方程的相关计算

- **电极电势的应用**
  - 识记｜判断氧化剂、还原剂氧化还原能力的相对强弱
  - 识记｜判断氧化还原反应进行的方向
  - 领会｜判断氧化还原反应进行的程度

- **元素电势图**
  - 识记｜元素电势图的识读
  - 识记｜岐化反应的判断
  - 领会｜从已知电对求未知电对的标准电极电势

第5章
知识点串讲

# 5.1 氧化还原反应和原电池

### 1. 氧化数

在化学教学中，"化合价"和"氧化数"的概念一直在混用。虽然化合价的经典概念是对元素基本性质的描述，能反映元素的一个原子跟其他原子化合的能力，在有机化学中具有一定的实用性，但在分析氧化还原反应时并没有氧化数用起来方便，所以实际使用中，常用氧化数来代替化合价。

1970 年，国际纯粹化学与应用化学联合会（IUPAC）为规范氧化数概念并区别于化合价，对氧化数也给予了明确定义。氧化数又叫氧化值，是某元素的 1 个原子形式上的电荷数（又称表观电荷），也是元素氧化态的标志。这种电荷数是假设成键的电子全都归属于电负性更大的原子而求得的。运用氧化数的概念，可以较为方便地描述氧化还原反应。

确定氧化数的一些规则如下。

① 在单质中，元素的氧化数为 0。如白磷（$P_4$）、臭氧（$O_3$）中，元素的氧化数均为 0。

② 在二元离子化合物中，各元素的氧化数和离子的电荷数一致。如 $CaF_2$ 中，Ca 的氧化数为 +2，F 的氧化数为 -1；又如 NaH 中，Na 的氧化数为 +1，H 的氧化数为 -1。

③ 在共价化合物中，将属于两原子的共用电子对指定给电负性大的原子后，在两原子上形成的电荷数就是它们的氧化数。共价化合物中元素的氧化数就是原子在化合态时的一种"形式电荷数"。如 $H_2O$ 中，H 的氧化数为 +1，O 的氧化数为 -2。

对某些结构未知或比较复杂的化合物，确定元素氧化数遵循以下原则。

① 因为氟元素的电负性最大，故在化合物中，F 的氧化数总是 -1，电负性次大的 O 的氧化数一般为 -2，最常见的 H 的氧化数一般为 +1。

② 化合物中各元素氧化数的代数和为零，在遵循这一原则的基础上，元素的氧化数不一定是整数，可以是分数或小数。

③ 当一种化合物中含有某元素的多个原子时，该元素的氧化数可取平均值。

在运用上述规则时，须有一定的灵活性。例如：$KO_2$（超氧化钾），因 K 比 O 的电负性小，故 K 的氧化数为 +1，超氧离子（$O_2^-$）中 O 的氧化数为 $-\frac{1}{2}$；$OF_2$（二氟化氧），因 O 的电负性比 F 小，故 O 的氧化数为 +2，F 的氧化数为 -1；$Na_2S_4O_6$（连四硫酸钠），因 Na 电负性最小，O 电负性最大，故其中各元素的氧化数：Na 为 +1，O 为 -2，S 为 +2.5（实际上，连四硫酸根离子中有 2 个 S 的氧化数为 0，2 个 S 的氧化数为 +5）。

### 2. 氧化还原反应式的配平

氧化还原反应是最重要的化学反应。这一类化学反应中，有某一物质被还原，即有另一物质被氧化。其配平的方法很多，最常用的有氧化值法、离子-电子法等。用氧化值法配平反应式的前提条件是必须了解各元素的氧化数，它的优点是既可配平气相和固相的氧化还原反应，也可配平离子型的氧化还原反应。但是，对于离子间进行的氧化还原反应，用离子-电子法来配平就更能反映出所进行的化学反应的实质。其配平的基本步骤如下。

① 根据实验事实写出相应的化学反应式。

$$KMnO_4 + HCl \Longrightarrow KCl + MnCl_2 + Cl_2 + H_2O$$

② 将上述化学反应式改写为离子反应式。

$$MnO_4^- (aq) + Cl^- (aq) + H^+ (aq) = Mn^{2+} (aq) + Cl_2 (g) + H_2O (l)$$

③ 将上述离子反应式拆分为氧化反应和还原反应。

$$氧化反应：2Cl^- (aq) \longrightarrow Cl_2 (g)$$

$$还原反应：MnO_4^- (aq) + H^+ (aq) \longrightarrow Mn^{2+} (aq) + H_2O (l)$$

④ 先分别配平两个半反应。

$$氧化反应：2Cl^- (aq) \longrightarrow Cl_2 (g) + 2e^-$$

$$还原反应：MnO_4^- (aq) + 8H^+ (aq) + 5e^- \longrightarrow Mn^{2+} (aq) + 4H_2O (l)$$

⑤ 找出最小公倍数，合并成一个完整的离子反应式。

$$2MnO_4^- (aq) + 10Cl^- (aq) + 16H^+ (aq) = 2Mn^{2+} (aq) + 5Cl_2 (g) + 8H_2O (l)$$

**3. 氧化还原电对**

任一完整的氧化还原反应，氧化反应和还原反应必然同时发生。根据电子的得失关系，可以将其拆分成两个氧化还原半反应（redox semi-reactions）。

例如，氧化还原反应：

$$Zn(s) + Cu^{2+} (aq) = Cu(s) + Zn^{2+} (aq)$$

Zn 失去电子生成 $Zn^{2+}$ 的半反应是氧化反应。

$$Zn(s) - 2e^- \longrightarrow Zn^{2+} (aq)$$

$Cu^{2+}$ 得到电子生成 Cu 的半反应是还原反应。

$$Cu^{2+} (aq) + 2e^- \longrightarrow Cu(s)$$

在氧化还原反应中，电子有得必有失，氧化反应和还原反应同时存在，且反应过程中得失电子的数目相等。

氧化还原半反应可用通式表示。

$$a[氧化型] + ne^- \longrightarrow d[还原型] \qquad (5-1)$$

或

$$aOx + ne^- \longrightarrow dRed \qquad (5-2)$$

式中：$n$——半反应中电子转移的数目；

$a$，$d$——氧化型和还原型的计量系数；

Ox——某元素原子的氧化值相对较高的物质，称为氧化型物质（oxidized species）；

Red——该元素原子氧化值相对较低的物质，称为还原型物质（reduced species）。

同一元素原子的氧化型物质及对应的还原型物质称为氧化还原电对。氧化还原电对通常写成氧化型/还原型（Ox/Red），如 $Cu^{2+}/Cu$、$Zn^{2+}/Zn$。每个氧化还原半反应中都含有一个氧化还原电对。

当溶液中的介质或其他物质参与半反应时，尽管它们在反应中未得失电子，但维持了反应中原子的种类和数目不变，故也应写入氧化还原半反应中。

如：

$$MnO_2(s) + 4H^+(aq) + 2e^- \longrightarrow Mn^{2+}(aq) + 2H_2O(l)$$

反应中电子转移数为 2，氧化型包括 $MnO_2$ 和 $H^+$，还原型为 $Mn^{2+}$ 和 $H_2O$。

如：

$$2ClO^-(aq) + 2H_2O(l) + 2e^- \longrightarrow Cl_2(g) + 4OH^-(aq)$$

反应中电子转移数为 2，氧化型包括 $ClO^-$ 和 $H_2O$，还原型为 $Cl_2$ 和 $OH^-$。

## 5.1.2　原电池和电池符号

### 1. 原电池

原电池的发明历史可追溯到 18 世纪末期，当时意大利生物学家伽伐尼正在进行著名的青蛙实验，当用金属手术刀接触蛙腿时，发现蛙腿会抽搐。意大利的自然哲学教授伏打认为这是金属与蛙腿组织液（电解质溶液）之间产生的电流刺激造成的，并据此于 1800 年 3 月 20 日设计出了被称为伏打电堆（电池组）的装置，锌为负极，银为正极，用盐水作电解质溶液。1836 年，英国化学家、物理学家丹尼尔发明了世界上第一个实用电池——原电池（图 5.1）。

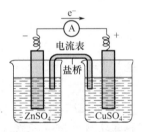

图 5.1　原电池示意图

原电池反应属于自发的氧化还原反应，与一般的氧化还原反应不同的是，电子转移不是通过氧化剂和还原剂之间的有效碰撞完成的，而是还原剂在负极上失电子发生氧化反应，电子通过外电路输送到正极上，氧化剂在正极上得电子发生还原反应，从而完成还原剂和氧化剂之间的电子转移，两极之间溶液中离子的定向移动和外部导线中电子的定向移动构成了闭合回路，使两个电极反应不断进行，发生有序的电子转移过程，产生电流，实现化学能向电能的转化。

由图 5.1 所示的电流计指针偏转方向可知，电子是从锌电极流向铜电极。在原电池中，电子流出的电极（Zn 电极）为负极，负极上发生氧化反应；电子流入的电极（Cu 电极）为正极，正极上发生还原反应。

负极：$Zn(s) \longrightarrow Zn^{2+}(aq) + 2e^-$（氧化反应）

正极：$Cu^{2+}(aq) + 2e^- \longrightarrow Cu(s)$（还原反应）

电池反应：$Zn(s) + Cu^{2+}(aq) \longrightarrow Zn^{2+}(aq) + Cu(s)$

通过盐桥，阴离子（$NO_3^-$）向锌盐溶液移动，阳离子（主要是 $Na^+$）向铜盐溶液移动，从而使溶液维持电中性，原电池产生连续电流，直至锌完全溶解或 $Cu^{2+}$ 完全沉积为止。

2. 电极符号和电池符号

常见电极可以分为四种。

（1）金属-金属离子电极：将金属插入到其金属盐溶液中构成的电极。

如银电极：

$$(Ag^+/Ag)$$

电极反应：

$$Ag^+(aq)+e^- \longrightarrow Ag(s)$$

电极符号：

$$Ag(s)|Ag^+(aq)$$

（2）气体电极：将气体通入其相应离子溶液中，并用惰性导体作导电极板所构成的电极，如氯电极。

电极反应：

$$Cl_2(g)+2e^- \longrightarrow 2Cl^-(aq)$$

电极符号：

$$Pt(s)|Cl_2(g)|Cl^-(aq)$$

（3）金属－难溶盐－阴离子电极：将金属表面涂有其金属难溶盐的固体，浸入与该盐具有相同阴离子的溶液中所构成的电极，如 Ag－AgCl 电极。

电极反应：

$$AgCl(s)+e^- \longrightarrow Ag(s)+Cl^-(aq)$$

电极符号：

$$Ag(s)|AgCl(s)|Cl^-(aq)$$

（4）氧化还原电极：将惰性导体浸入含有同一元素的两种不同氧化数的离子溶液中所构成的电极，如将 Pt 浸入含有 $Fe^{3+}$、$Fe^{2+}$ 溶液，就构成了 $Fe^{3+}/Fe^{2+}$ 电极。

电极反应：

$$Fe^{3+}(aq)+e^- \longrightarrow Fe^{2+}(aq)$$

电极符号：

$$Pt(s)|Fe^{2+}(aq),Fe^{3+}(aq)$$

将两种不同的电极组合起来，即构成原电池，其中每个电极叫半电池。因此原电池可以用电池符号表示出来，如铜锌原电池可表示为

$$(-)Zn(s)|ZnSO_4(aq)\|CuSO_4(aq)|Cu(s)(+)$$

铜电极与标准氢电极组成的原电池可以用符号表示为

$$(-)Pt(s)|H_2(100kPa)|H^+(1.0mol \cdot L^{-1})\|Cu^{2+}(aq)|Cu(s)(+)$$

书写电池符号时，一般遵循如下惯例。

（1）负极写在左边，正极写在右边。

（2）用单垂线"|"表示不同物相的界面。

（3）用双垂线"‖"表示盐桥。

（4）标明物质的状态，气体标明压强，电解质溶液要标明浓度。

[例 5-1] 写出下列反应的电池的符号。

① $2Fe^{3+}(aq)+Sn^{2+}(aq) \Longrightarrow 2Fe^{2+}(aq)+Sn^{4+}(aq)$

② $Cu(s)+FeCl_3(aq) \Longrightarrow CuCl(s)+FeCl_2(aq)$

**解：** 对于电池符号的问题，一般的思路是先将电池反应分解为电极反应，再确定电极类型，书写对应电极符号，最后加上盐桥∥组合出电池符号。

① 电池反应分解为电极反应

正极反应（还原反应）：

$$Fe^{3+}(aq)+e^- \longrightarrow Fe^{2+}(aq)$$

负极反应（氧化反应）：

$$Sn^{2+}(aq) \longrightarrow Sn^{4+}(aq)+2e^-$$

可见，正极为第四类电极。

电极符号：

$$(+)Pt(s) \mid Fe^{2+}(aq), Fe^{3+}(aq)$$

负极也为第四类电极。

电极符号：

$$(-)Pt(s) \mid Sn^{2+}(aq), Sn^{4+}(aq)$$

组合出电池符号：

$$(-)Pt(s) \mid Sn^{2+}(aq), Sn^{4+}(aq) \parallel Fe^{2+}(aq), Fe^{3+}(aq) \mid Pt(s)(+)$$

② 先将电池反应写作离子反应方程式

$$Cu(s)+Fe^{3+}(aq)+Cl^-(aq) \Longrightarrow CuCl(s)+Fe^{2+}(aq)$$

正极反应（还原反应）：

$$Fe^{3+}(aq)+e^- \longrightarrow Fe^{2+}(aq)$$

负极反应（氧化反应）：

$$Cu(s)+Cl^-(aq) \longrightarrow CuCl(s)+e^-$$

可见，正极为第四类电极。

电极符号：

$$(+)Pt(s) \mid Fe^{2+}(aq), Fe^{3+}(aq)$$

负极为第二类电极。

电极符号：　　　　$(-)Cu(s) \mid CuCl(s) \mid Cl^-(aq)$

组合出电池符号：

$$(-)Cu(s) \mid CuCl(s) \mid Cl^-(aq) \parallel Fe^{2+}(aq), Fe^{3+}(aq) \mid Pt(s)(+)$$

# 5.2　电极电势

## 5.2.1　电极电势的产生

在原电池中，电流计发生偏转，这说明两个电极的电势不同。德国化学家能斯特提出了双电层理论（electron double layer theory）解释电极电势产生的原因。当金属放入溶液中时，一方面金属晶体中处于热运动的金属离子在极性水分子的作用下，离开金属表面进入溶液，金属性质愈活泼，这种趋势就愈大；另一方面溶液中的金属离子，由于受到金属表面电子的吸引，在金属表面沉积，溶液中金属离子的浓度愈大，这种趋势就愈大。

在一定浓度的溶液达到平衡后，在金属和溶液两相界面上形成了一个带相反电荷的双电层（electron double layer），双电层的厚度虽然很小（约为 $10^{-8}$ cm 数量级），但却在金属和溶液之间产生了电势差。通常人们就把产生在金属和溶液之间的双电层间的电势差称为金属的电极电势（electrode potential）

$$M(s) \rightleftharpoons M^{n+}(aq) + ne^-$$

对于其他类型的反应，可以表示为如下反应。

$$氧化型 + ne^- \longrightarrow 还原型$$

电极电势以符号 $\varphi$（氧化型/还原型）表示，单位为 V（伏）。

电极电势可以描述金属得失电子能力的相对强弱。金属越活泼，金属溶解的趋势越大，平衡时金属表面的负电荷越多，电极电势就越低；金属越不活泼，金属溶解的趋势越小，平衡时金属表面的负电荷越少，电极电势就越高。

## 5.2.2　电极电势的测定

### 1. 标准氢电极

实验上难以测定或从理论上计算单个电极的电极电势的绝对值，只能测得由两个电极所组成的电池的电动势。实际应用中，将铂电极插入到含 $H^+$ 浓度为 $1mol \cdot L^{-1}$（严格讲是活度 $\alpha = 1$）的溶液中，通入 $H_2$ 并保证其分压为 1 大气压（100kPa），此时该电极即为标准氢电极（standard hydrogen electrode，SHE），如图 5.2 所示。

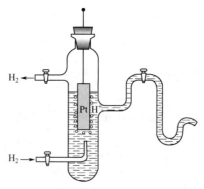

图 5.2　标准氢电极示意图

规定标准氢电极的电极电势 $\varphi_{SHE}$ 在任何温度下均为 0.000V。

### 2. 电极电势的测定

将其他电极电势与此标准氢电极电势进行比较，从而确定出其他电极电势的相对值。IUPAC 规定，以标准氢电极为负极，待测电极为正极组合成可逆电池，其电池符号为

$$(-)Pt(s)\mid H_2(100kPa)\mid H^+(1.0mol \cdot L^{-1})\mid\mid 待测电极(+)$$

此时该电池的电动势 $E$ 即为待测电极的电极电势

$$E=\varphi(+)-\varphi(-)=\varphi(待测)-\varphi_{SHE}=\varphi(待测)$$

铜电极的电极电势测定，如图 5.3 所示。

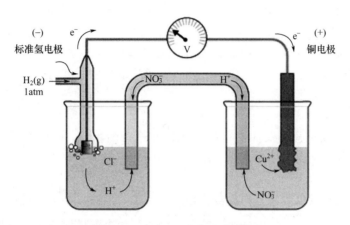

**图 5.3　铜电极的电极电势测定**

电池符号：

$$(-)Pt(s)\mid H_2(100kPa)\mid H^+(1.0mol \cdot L^{-1})\mid\mid Cu^{2+}(c\,mol \cdot L^{-1})\mid Cu(s)(+)$$

$$E=\varphi(Cu^{2+}/Cu)-\varphi_{SHE}=\varphi(Cu^{2+}/Cu)$$

由于标准氢电极使用不便，实际测量时常用电极电势已知的参比电极，如饱和甘汞电极（图 5.4）、氯化银电极等替代。

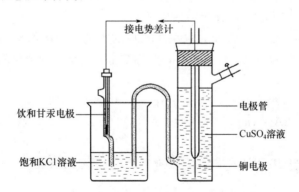

**图 5.4　饱和甘汞电极作为参比电极**

$$E=\varphi(Cu^{2+}/Cu)-\varphi(饱和甘汞)$$

298.15K 时，饱和甘汞电极的电极电势是 0.2801V。

$$E=\varphi(Cu^{2+}/Cu)-0.2801$$

$$\varphi(Cu^{2+}/Cu)=E+0.2801$$

## 5.2.3　标准电极电势

规定待测电极作正极，必然对应还原反应：

$$氧化型 + ne^- \longrightarrow 还原型$$

电极电势表示为 $\varphi$（氧化型/还原型），如锌的电极电势以 $\varphi(Zn^{2+}/Zn)$ 表示，铜的电极电势以 $\varphi(Cu^{2+}/Cu)$ 表示。

电极电势的大小主要取决于电极的本性，并受温度、介质和离子浓度等因素的影响。如果在标准态下对应的电极电势为该氧化还原电对的标准电极电势（standard electrode potential），用 $\varphi^{\ominus}$（氧化型/还原型）表示，如 $\varphi^{\ominus}(Zn^{2+}/Zn)$、$\varphi^{\ominus}(Ag^+/Ag)$。

某些不能直接测定的电极，如 $Na^+/Na$、$F_2/F^-$ 等，可以通过热力学数据用间接法来计算其标准电极电势。附表6列出了一些物质在水溶液中的标准电极电势。

应该注意的问题如下。

（1）$\varphi^{\ominus}$ 与反应速率无关

$\varphi^{\ominus}$ 从热力学的角度衡量反应进行的可能性和进行的程度，是电极处于平衡状态时表现出的特征值，它与平衡到达的快慢、反应速率的大小无关。当用 $\varphi^{\ominus}$ 来解释实验现象时，特别要注意这一点。

例如，从标准电极电势看，钠的活泼性应小于锂，但锂、钠与水反应时，钠与水反应更为剧烈。为什么会出现这样的现象？我们发现实验结果不仅取决于反应的可能性、趋势和程度，还和实现反应的速率快慢有关。而 $\varphi^{\ominus}$ 值的大小只能说明反应的可能性、趋势和程度的高低。由于氧化还原反应的速率常常比中和反应和沉淀反应的速率慢，所以氧化还原反应的反应速率常常是不可忽视的问题。

（2）$\varphi^{\ominus}$ 的应用是有条件的

$\varphi^{\ominus}$ 的数据是在标准状态下水溶液中测出的，对非水溶液、高温、固相反应是不适用的。如欲判断石墨在氧气中的燃烧反应能否进行，$\varphi^{\ominus}$ 则无能为力。

（3）$\varphi^{\ominus}$ 与电极反应中物质的计量系数无关

$\varphi^{\ominus}$ 反映电极的热力学强度性质，取决于物质的本性，而和物质的多少无关。所以电极反应中各物质的系数无论乘以什么系数，其标准电极电势的数值仍然不变。

电极反应：

$$Ag^+(aq) + e^- \longrightarrow Ag(s) \qquad \varphi^{\ominus} = 0.7996V$$
$$2Ag^+(aq) + 2e^- \longrightarrow 2Ag(s) \qquad \varphi^{\ominus} = 0.7996V$$

## 5.2.4 电池电动势和化学反应吉布斯自由能的关系

在定温、定压下，系统的吉布斯自由能变值等于系统所做的最大非体积功。

$$-\Delta G = W_{f,max} \tag{5-3}$$

在原电池中，非体积功只有电功一项，所以化学反应的吉布斯自由能便转变为电能，因此式（5-3）可写成：

$$\Delta_r G_m = -nEF \tag{5-4}$$

式中：$n$——电池的氧化还原反应式中传递的电子数，它实际上是两个半反应中电子的化学计量数 $n_1$ 和 $n_2$ 的最小公倍数；

$F$——法拉第常数（Faraday constant），即 1mol 电子所带的电量（$F = N_A e$），其值为 $96485C \cdot mol^{-1}$（本书常采用近似值 $96500C \cdot mol^{-1}$ 进行计算）；

$E$——电池的电动势，单位为伏特（V）。

当电池中所有物质都处于标准态时，电池的电动势就是标准电动势 $E^{\ominus}$。在这种情况下，式（5-4）可写成：

$$\Delta_r G_m^{\ominus} = -nE^{\ominus}F \qquad (5-5)$$

$$E^{\ominus} = \varphi^{\ominus}(+) - \varphi^{\ominus}(-) \qquad (5-6)$$

如果是电极反应，式（5-5）可写成：

$$\Delta_r G_m = -n\varphi F \qquad (5-7)$$

式（5-7）中的 $\varphi$ 为电极反应的电极电势。如果电极中所有物质都处于标准态时，此时的电极电势就是标准电极电势 $\varphi^{\ominus}$。在这种情况下，式（5-7）可写成：

$$\Delta_r G_m^{\ominus} = -n\varphi^{\ominus}F \qquad (5-8)$$

式（5-8）十分重要，它把热力学和电化学联系起来了。测定出原电池的电动势 $E^{\ominus}$，就可以根据这一关系式计算出电池中进行的氧化还原反应的吉布斯自由能改变 $\Delta_r G_m^{\ominus}$；反之，通过计算某个氧化还原反应的吉布斯自由能改变 $\Delta_r G_m^{\ominus}$，也可求出相应的 $E^{\ominus}$ 或 $\varphi^{\ominus}$。

[例 5-2] 已知 $NO_3^-(aq) + 3H^+(aq) + 2e^- \longrightarrow HNO_2(aq) + H_2O(l)$ 反应的 $\varphi^{\ominus} = 0.94V$，求该电极反应的 $\Delta_r G_m^{\ominus}$。

**解：**

$$
\begin{aligned}
\Delta_r G_m^{\ominus} &= -nF\varphi^{\ominus} \\
&= -2 \times 96500 \times 0.94 \\
&= -181420(J \cdot mol^{-1}) \\
&= -181.4(kJ \cdot mol^{-1})
\end{aligned}
$$

## 5.2.5 浓度对电极电势/电池电动势的影响——能斯特方程式

电极电势的大小除了取决于电对的本性，还与温度和浓度有关。

电极电势与温度和浓度的关系可以能斯特方程来表示，对于如下电极反应：

$$a[氧化型] + ne^- \rightarrow d[还原型]$$

在等温等压下，电对的电极电势：

$$\varphi = \varphi^{\ominus} - \frac{RT}{nF} \ln \frac{\left\{ \dfrac{c([还原型])}{c^{\ominus}} \right\}^d}{\left\{ \dfrac{c([氧化型])}{c^{\ominus}} \right\}^a} \qquad (5-9)$$

式中：

$\varphi$——电对的电极电势；

$\varphi^{\ominus}$——电对的标准电极电势；

$R$——摩尔气体常数，$8.314J \cdot K^{-1} \cdot mol^{-1}$；

$F$——法拉第常数，$96500C \cdot mol^{-1}$；

$T$——热力学温度；

$n$——电极反应中的电子转移个数；

$c([还原型])$、$c([氧化型])$——电极反应中，还原型、氧化型的物质的量浓度。

将该式中的自然对数换成常用对数，并以 $F = 96500C \cdot mol^{-1}$，$R = 8.314J \cdot K^{-1} \cdot mol^{-1}$，

$T = 298.15K$ 带入式（5-9），得

$$\varphi = \varphi^{\ominus} + \frac{0.0591V}{n} \lg \left\{ \frac{\frac{c([\text{氧化型}])}{c^{\ominus}}\}^a}{\frac{c([\text{还原型}])}{c^{\ominus}}\}^d} \right\}$$  (5-10)

式（5-10）称为能斯特方程式，是德国物理化学家能斯特于 1889 年导出的一个关系式，它定量地描述了电极电势与离子浓度的关系。

使用能斯特方程式时，需要注意如下几点。

（1）若组成电极反应的物质为固体、纯液体或溶剂，则它们的浓度不列入能斯特方程式。

（2）当组成电极反应的物质为气体时，用相对压力 $p/p^{\ominus}$ 代入能斯特方程式。

（3）当电极反应中，有溶液中的介质或其他物质，如 $H^+$、$OH^-$ 参与时，虽然它们在反应中未得失电子，但维持了反应中原子的种类和数目不变，故也应写入能斯特方程式中。

**［例 5-3］** 298.15K 时，计算锌在锌离子浓度为 $0.0010mol \cdot L^{-1}$ 的盐溶液中的电极电势。

**解：** $Zn^{2+}(aq) + 2e^- \longrightarrow Zn(s)$，$n = 2$，$c(Zn^{2+}) = 0.0010mol \cdot L^{-1}$，还原型物质 $Zn$ 为固体。

查附表 6，$\varphi^{\ominus}(Zn^{2+}/Zn) = -0.7621V$

$$\varphi(Zn^{2+}/Zn) = \varphi^{\ominus}(Zn^{2+}/Zn) + \frac{0.0591V}{n} \lg \frac{c([\text{氧化型}])/c^{\ominus}}{c([\text{还原型}])/c^{\ominus}}$$

$$= -0.7621V + \frac{0.0591V}{2} \lg \frac{c(Zn^{2+})}{c^{\ominus}}$$

$$= -0.7621V + \frac{0.0591V}{2} \lg(0.0010)$$

$$= -0.851V$$

从例 5-3 可以看出：金属离子浓度减小到原来的 1/1000 时，电极电势改变不超过 0.1V，说明离子浓度对电极电势有影响，但影响不大。

**［例 5-4］** 当 pH=5 时，计算 298.15K 下 $MnO_4^-/Mn^{2+}$ 的电极电势（其他条件同标准态）。

**解：** 电极反应：

$$MnO_4^-(aq) + 8H^+(aq) + 5e^- \longrightarrow Mn^{2+}(aq) + 4H_2O(l)$$

$$n = 5$$

$c(MnO_4^-) = c(Mn^{2+}) = 1.0mol \cdot L^{-1}$，$c(H^+) = 1.0 \times 10^{-5}mol \cdot L^{-1}$。

查附表 6：$\varphi^{\ominus}(MnO_4^-/Mn^{2+}) = +1.512V$

$$\varphi(MnO_4^-/Mn^{2+}) = \varphi^{\ominus}(MnO_4^-/Mn^{2+}) + \frac{0.0591V}{5} \lg \frac{\{c(MnO_4^-)/c^{\ominus}\}\{c(H^+)/c^{\ominus}\}^8}{\{c(Mn^{2+})/c^{\ominus}\}}$$

$$= 1.512 + \frac{0.0591V}{5} \lg \frac{1.0 \times \{1.0 \times 10^{-5}\}^8}{1}$$

$$= 1.04V$$

[例 5－5]计算 298.15K 下,如下电池反应的电池电动势。

$$MnO_2(s)+4H^+(10mol\cdot L^{-1})+2Cl^-(1.0mol\cdot L^{-1})\Longleftrightarrow$$
$$Mn^{2+}(0.1mol\cdot L^{-1})+Cl_2(100kPa)+2H_2O(l)$$

**解:** 查附表6:$\varphi^{\ominus}(MnO_2/Mn^{2+})=+1.229V$,$\varphi^{\ominus}(Cl_2/Cl^-)=+1.36V$。

正极反应:$MnO_2(s)+4H^+(10mol\cdot L^{-1})+2e^-\Longleftrightarrow Mn^{2+}(0.1mol\cdot L^{-1})+2H_2O(l)$

$$\varphi(+)=\varphi^{\ominus}(MnO_2/Mn^{2+})-\frac{0.0591V}{2}\lg\frac{\{c(Mn^{2+})/c^{\ominus}\}}{\{c(H^+)/c^{\ominus}\}^4}$$
$$=1.229-\frac{0.0591V}{2}\lg\frac{(0.1/1.0)}{(10/1.0)^4}=1.376V$$

负极反应:$Cl_2(100kPa)+2e^-\Longleftrightarrow 2Cl^-(1.0mol\cdot L^{-1})$

$$\varphi(-)=\varphi^{\ominus}(Cl_2/Cl^-)-\frac{0.0591V}{2}\lg\frac{\{c(Cl^-)/c^{\ominus}\}}{\{p(Cl_2)/p^{\ominus}\}^4}$$
$$=1.36-\frac{0.0591V}{2}\lg\frac{(1.0/1.0)^2}{(100kPa/100kPa)^4}=1.36V$$

电池电动势
$$E=\varphi(+)-\varphi(-)$$
$$=1.376V-1.36V=0.016V$$

通过例 5－5 可以发现,对于氧化剂为氧化物或含氧酸的氧化还原反应,溶液中 $H^+$ 浓度对于反应自发程度影响较大。

# 5.3 电极电势的应用

电极电势是电化学中重要的概念,可用以解释各种电化学现象。除前述可用以计算原电池的电动势及相应的氧化还原反应的吉布斯自由能改变、系统对环境所做的非体积功外,还可用以比较氧化剂和还原剂氧化还原能力的相对强弱以及判断氧化还原反应进行的方向、程度。

## 5.3.1 判断氧化剂、还原剂氧化还原能力的相对强弱

电极电势的大小反映电对中氧化型物质和还原型物质在水溶液中氧化还原能力的相对强弱。电对的电极电势值越小,则该电对中的还原型物质更易失去电子,是更强的还原剂,其对应的氧化型物质就更难得到电子,是更弱的氧化剂。电极电势值越大,则该电对中的氧化型物质更易得电子,是更强的氧化剂,其对应的还原型物质就更难失电子,是更弱的还原剂。

Li 与 $H_2O$ 作用生成 LiOH,放出氢气,LiOH 具有强碱性。由于锂电极电势小,很容易和非金属如氧、氮、硫等化合,可作为金属的脱氧剂和脱气剂。此外,锂还是热核反应的重要原料,氢化锂是国防工业的储氢材料。碱金属氢化物都是强还原剂。常用的氧化剂 $O_2$,$H_2O_2$,$MnO_4^-$,$Cl_2$,$Cr_2O_7^{2-}$,$\cdots$,其电对 $\varphi^{\ominus}$ 值都较大,而常用的还原剂 K,Na,Mg,Al,Zn,Fe,$I^-$,$\cdots$,其电对的 $\varphi^{\ominus}$ 值都较小。通过 $\varphi^{\ominus}$,可以判断最强的还原剂为金属 Li,最强的氧化剂为单质 $F_2$。

$\varphi^{\ominus}(F_2/F^-)$ 代数值最大,氟是最强的氧化剂。氟的电负性又最大,它能与大多数元素直接化合。氟能氧化除氮、氧以外的非金属元素(包括某些稀有气体),且反应十分剧烈,

常伴随着燃烧和爆炸。大多数金属能在氟中猛烈地燃烧，在常温或适中的温度下可以把氟盛放在由铜、铁、镁、镍等金属制成的容器中，由于生成了一种金属氟化物保护膜，其可以阻止氟与金属进一步反应。

$\varphi^{\ominus}(Li^+/Li)$ 代数值最小，锂具有较强的还原性。

[**例 5-6**] 由下列电对中选择出最强的氧化剂和最强的还原剂。

$MnO_4^-/Mn^{2+}$，$Sn^{4+}/Sn^{2+}$，$Fe^{2+}/Fe$。

**解：** 从附表 6 中查出各电对的标准电极电势分别为

$$\varphi^{\ominus}(MnO_4^-/Mn^{2+})=1.512V$$

$$\varphi^{\ominus}(Sn^{4+}/Sn^{2+})=-0.1539V$$

$$\varphi^{\ominus}(Fe^{2+}/Fe)=-0.4089V$$

其中 $\varphi^{\ominus}(MnO_4^-/Mn^{2+})$ 代数值最大，其电对中氧化型物质 $MnO_4^-$ 是最强的氧化剂，而 $\varphi^{\ominus}(Fe^{2+}/Fe)$ 代数值最小，其还原型物质 Fe 是最强的还原剂。

各氧化型物质氧化能力由大到小的顺序为

$$MnO_4^- > Sn^{4+} > Fe^{2+}$$

而各还原型物质还原能力由大到小的顺序为

$$Fe > Sn^{2+} > Mn^{2+}$$

## 5.3.2　判断氧化还原反应进行的方向

氧化还原反应是争夺电子的反应。反应总是在得电子能力大的氧化剂与失电子能力大的还原剂之间发生。

与一般化学反应能否自发进行判断方法类似，一个氧化还原反应能否自发进行，可用反应的吉布斯自由能改变来判断。若反应的 $\Delta_r G_m < 0$，反应就能自发进行；若反应的 $\Delta_r G_m > 0$，反应就不能自发进行；若反应的 $\Delta_r G_m = 0$，则反应处于平衡状态。

氧化还原反应的吉布斯自由能改变与原电池电动势的关系为 $\Delta_r G_m = -nFE$，其中 $n$ 为正值，$F$ 为常数（也为正值）。因此只有当原电池的电动势 $E > 0$ 时，才有 $\Delta_r G_m < 0$，即 $\varphi(正) > \varphi(负)$，就是说做氧化剂电对的电极电势代数值大于做还原剂电对的电极电势代数值时，就能满足反应自发进行的条件。这样，根据组成氧化还原反应的两电对的电极电势，便可以判断氧化还原反应进行的方向。

[**例 5-7**] 判断氧化还原反应 $2Fe^{3+}(aq)+Cu(s)===2Fe^{2+}(aq)+Cu^{2+}(aq)$ 能否自发进行（标准状态）。

**解：** 查附表 6 可知：

$\varphi^{\ominus}(Fe^{3+}/Fe^{2+})=0.769V$，$\varphi^{\ominus}(Cu^{2+}/Cu)=0.3394V$。

从 $\varphi^{\ominus}$ 值可知：$\varphi^{\ominus}$ 代数值大的电对其氧化型物质 $Fe^{3+}$ 可用作氧化剂，而 $\varphi^{\ominus}$ 代数值小的电对其还原型物质 Cu 可用作还原剂。所以上述反应能自发进行。

例 5-7 说明 $Fe^{3+}$ 溶液能溶解 Cu，这正是电子工业中以 $FeCl_3$ 溶液腐蚀铜板来制造印刷电路板的原理。

一般而言，由于浓度对于电极电势 $\varphi$ 影响较小，所以对于非标准态的电极反应，也可以用标准电极电势来判断反应方向。

## 5.3.3　判断氧化还原反应进行的程度

氧化还原反应进行的程度可以由它的平衡常数 $K^{\ominus}$ 值的大小衡量。在理论上，任何一个氧化还原反应都可以在原电池中发生，对反应：

$$a[氧化型1]+b[还原型2]=d[还原型1]+e[氧化型2]$$

$$E=E^{\ominus}-\frac{0.0591V}{n}\lg\frac{\{c([还原型1])/c^{\ominus}\}^d\{c([氧化型2])/c^{\ominus}\}^e}{\{c([氧化型1])/c^{\ominus}\}^a\{c([还原型2])/c^{\ominus}\}^b} \qquad (5-11)$$

当反应达平衡时：
$$\varphi(+)=\varphi(-)$$
$$E=\varphi(+)-\varphi(-)=0$$

所以

$$\frac{\{c([还原型1])/c^{\ominus}\}^d\{c([氧化型2])/\{c^{\ominus}\}^e}{\{c([氧化型1])/\{c^{\ominus}\}^a\{c([还原型2])/\{c^{\ominus}\}^b}=K^{\ominus}$$

298.15K 时：

$$E^{\ominus}=\frac{0.0591V}{n}\lg K^{\ominus} \qquad (5-12)$$

$$\lg K^{\ominus}=\frac{nE^{\ominus}}{0.0591V} \qquad (5-13)$$

可见，只要知道由氧化还原反应所组成的电池的标准电动势 $E^{\ominus}$，就可算出水溶液中进行的氧化还原反应的 $K^{\ominus}$，从而了解反应进行的程度。

[例 5-8] 已知：$\varphi^{\ominus}(Hg^{2+}/Hg_2^{2+})=0.9083V$，$\varphi^{\ominus}(Hg_2^{2+}/Hg)=0.7973V$。计算反应：$Hg_2^{2+}(aq)\Longleftrightarrow Hg^{2+}(aq)+Hg(l)$ 的平衡常数。

**解**：将电极反应分解为电极反应。

正极反应：$\frac{1}{2}Hg_2^{2+}(aq)+e^-\longrightarrow Hg(l)$

负极反应：$\frac{1}{2}Hg_2^{2+}(aq)-e^-\longrightarrow Hg^{2+}(aq)$

$$E^{\ominus}=\varphi^{\ominus}(Hg_2^{2+}/Hg)-\varphi^{\ominus}(Hg^{2+}/Hg_2^{2+})=0.7973-0.9083=-0.111(V)$$

$$\lg K^{\ominus}=\frac{nE^{\ominus}}{0.0591V}=\frac{1\times(-0.111V)}{0.0591V}\approx-3.75$$

$$K^{\ominus}=1.77\times10^{-4}$$

[例 5-9] 计算反应 $Zn(s)+Cu^{2+}(aq)\Longleftrightarrow Zn^{2+}(aq)+Cu(s)$ 的标准平衡常数 (298.15K)。

**解**：

$$Zn(s)+Cu^{2+}(aq)\Longleftrightarrow Zn^{2+}(aq)+Cu(s)$$

$$E^{\ominus}=\varphi^{\ominus}(+)-\varphi^{\ominus}(-)=\varphi^{\ominus}(Cu^{2+}/Cu)-\varphi^{\ominus}(Zn^{2+}/Zn)$$

$$=0.3394+0.7621=1.102(V)$$

$$\lg K^{\ominus}=\frac{nE^{\ominus}}{0.0591V}=\frac{2\times1.102V}{0.0591V}=37.3$$

$$K^{\ominus}=2.00\times10^{37}$$

这个反应是大家所熟知的 Cu/Zn 原电池的电池反应，从 $K^{\ominus}$ 的数值说明反应进行得很完全。如果平衡时 $c(Zn^{2+})=1.0mol \cdot L^{-1}$，则 $c(Cu^{2+})$ 仅为 $10^{-37}mol \cdot L^{-1}$，说明锌置换铜的反应进行得很彻底。

# 5.4　元素电势图

## 5.4.1　元素的电势图的识读

大多数非金属元素和过渡元素都可以存在几种氧化数，各氧化数之间都有相应的标准电极电势。可将其各种氧化数按从高到低的顺序排列，在两种氧化数之间用直线连接起来并在直线上标明相应电极反应的标准电极电势值，以这样的图形表示某一元素各种氧化数之间电极电势变化的关系图称为元素电势图，因是拉提默首创，故又称为拉提默图。根据 pH 的不同，溶液可以分为两大类：A 表示酸性溶液，pH＝0；B 表示碱性溶液，pH＝14。书写某一元素的电势图时，既可以将全部氧化数列出，也可以根据需要列出其中的一部分。例如氯元素的电势图（图 5.5）：

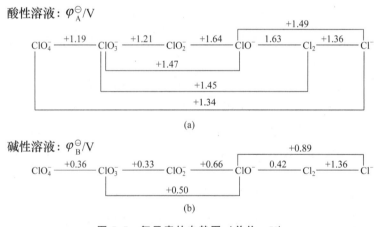

图 5.5　氯元素的电势图（单位：V）

在元素电势图的最右端是还原型物质，如 $Cl^-$；最左端是氧化型物质，如 $ClO_4^-$。中间的物质，相对于右端的物质是氧化型，相对于左端的物质是还原型，如 $Cl_2$ 相对于 $Cl^-$ 是氧化型物质，相对于 $ClO^-$ 是还原型物质。

氧元素在酸性溶液中的电势图（图 5.6）：

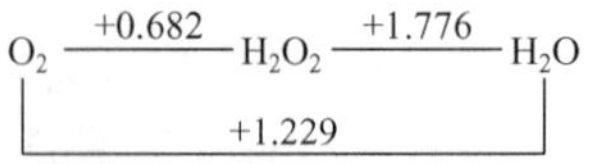

$$O_2 \xrightarrow{+0.682} H_2O_2 \xrightarrow{+1.776} H_2O$$
$$\underset{+1.229}{\underline{\qquad\qquad\qquad}}$$

图 5.6　氧元素在酸性溶液中的电势图（单位：V）

图 5.6 中所对应的各半反应都是在酸性溶液中发生的，分别如下。

$$O_2(g)+2H^+(aq)+2e^- \longrightarrow H_2O_2(aq) \qquad \varphi^\ominus=0.682V$$
$$H_2O_2(aq)+2H^+(aq)+2e^- \longrightarrow 2H_2O(l) \qquad \varphi^\ominus=1.776V$$

$$O_2(g) + 4H^+(aq) + 4e^- \longrightarrow 2H_2O(l) \qquad \varphi^\ominus = 1.229V$$

元素电势图不仅可以全面地看出一种元素各氧化数之间的电极电势高低和相互关系，还可以判断哪些氧化数在酸性或碱性溶液中能稳定存在。

## 5.4.2　元素电势图的应用

1. 判断歧化反应是否能够进行

歧化反应即自身氧化还原反应：它是指在氧化还原反应中，氧化作用和还原作用是发生在同种分子内部同一氧化数的元素上，也就是说该元素的原子（或离子）同时被氧化和还原。

由某元素不同氧化数的三种物质所组成两个电对，按其氧化数高低排列为从左至右氧化数降低。

$$A \xrightarrow{\varphi^\ominus(\text{左})} B \xrightarrow{\varphi^\ominus(\text{右})} C$$

假设 B 能发生歧化反应，那么这两个电对所组成的电池电动势：

$$E^\ominus = \varphi^\ominus(\text{右}) - \varphi^\ominus(\text{左})$$

B 变成 C 是获得电子的过程，应是电池的正极；B 变成 A 是失去电子的过程，应是电池的负极，所以

$$E^\ominus = \varphi^\ominus(\text{右}) - \varphi^\ominus(\text{左}) > 0，即 \varphi^\ominus(\text{右}) > \varphi^\ominus(\text{左})。$$

假设 B 不能发生歧化反应，同理：

$$E^\ominus = \varphi^\ominus(\text{右}) - \varphi^\ominus(\text{左}) < 0，即 \varphi^\ominus(\text{右}) < \varphi^\ominus(\text{左})。$$

如：

$$\varphi_A^\ominus/V : Cu^{2+} \xrightarrow{+0.158} Cu^+ \xrightarrow{+0.552} Cu$$

因为 $\varphi^\ominus(\text{右}) > \varphi^\ominus(\text{左})$，所以在酸性溶液中，$Cu^+$ 不稳定，它将发生下列歧化反应。

$$2Cu^+(aq) \Longrightarrow Cu(s) + Cu^{2+}(aq)$$

又如 $Br_2$ 的元素电势图：

$$\varphi_B^\ominus/V : BrO_3^- \xrightarrow{+0.6126} Br_2 \xrightarrow{+1.087} Br^-$$

$\varphi^\ominus(\text{右}) > \varphi^\ominus(\text{左})$，所以在碱性溶液中 $Br_2$ 会发生下列歧化反应。

$$3Br_2(aq) + 6OH^-(aq) \Longrightarrow 5Br^-(aq) + BrO_3^-(aq) + 3H_2O(l)$$

该歧化反应的电动势 $E^\ominus = \varphi^\ominus(\text{右}) - \varphi^\ominus(\text{左}) = 0.5039V$，说明上述反应能自发地从左向右进行。

由上两例可推得如下一般规律。

在元素电势图 $A \xrightarrow{\varphi^\ominus(\text{左})} B \xrightarrow{\varphi^\ominus(\text{右})} C$ 中，（1）若 $\varphi^\ominus(\text{右}) > \varphi^\ominus(\text{左})$，物质 B 将自发地发生歧化反应，产物为 A 和 C；（2）若 $\varphi^\ominus(\text{右}) < \varphi^\ominus(\text{左})$，当溶液中有 A 和 C 存在时，将自发地发生歧化反应的逆反应，产物为 B。

2. 从已知电对求未知电对的标准电极电势

假设有一元素的电势图：$A \xrightarrow[n_1]{\varphi_1^\ominus} B \xrightarrow[n_2]{\varphi_2^\ominus} C \xrightarrow[n_3]{\varphi_3^\ominus} D$，根据吉布斯自由能改变和电对的标准

电极电势关系：

$$\Delta_r G_m^\ominus(1) = -n_1 F \varphi_1^\ominus$$

$$\Delta_r G_m^\ominus(2) = -n_2 F \varphi_2^\ominus$$

$$\Delta_r G_m^\ominus(3) = -n_3 F \varphi_3^\ominus$$

$n_1$、$n_2$、$n_3$ 分别为相应电对的电子转移数，设 $n_x = n_1 + n_2 + n_3$，则

$$\Delta_r G_m^\ominus(x) = -n_x F \varphi_x^\ominus = -(n_1 + n_2 + n_3) n_x F \varphi_x^\ominus$$

按照盖斯定律，吉布斯自由能改变 $\Delta_r G_m^\ominus$ 是可以加和的，即

$$\Delta_r G_m^\ominus(x) = \Delta_r G_m^\ominus(1) + \Delta_r G_m^\ominus(2) + \Delta_r G_m^\ominus(3)$$

于是整理得：

$$-(n_1 + n_2 + n_3) n_x F \varphi_x^\ominus = -n_1 F \varphi_1^\ominus - n_2 F \varphi_2^\ominus - n_3 F \varphi_3^\ominus$$

$$\varphi_x^\ominus = \frac{n_1 F \varphi_1^\ominus + n_2 F \varphi_2^\ominus + n_3 F \varphi_3^\ominus}{n_1 + n_2 + n_3}$$

若有 $i$ 个相邻电对，则

$$\varphi^\ominus = \frac{n_1 F \varphi_1^\ominus + n_2 F \varphi_2^\ominus + \cdots + n_i F \varphi_i^\ominus}{n_1 + n_2 + \cdots + n_i} \tag{5-14}$$

根据式（5-14），可以在元素电势图上很直观地计算出欲求电对的 $\varphi^\ominus$ 值。

[例 5-10] 已知 298K 时，氯元素在碱性溶液中的电势图，试求出 $\varphi_1^\ominus(ClO_4^-/Cl^-)$，$\varphi_2^\ominus(ClO_3^-/ClO^-)$，$\varphi_3^\ominus(ClO^-/Cl_2)$ 的值。

解：298K 时氯元素在碱性溶液中的电势图（图 5.7）：

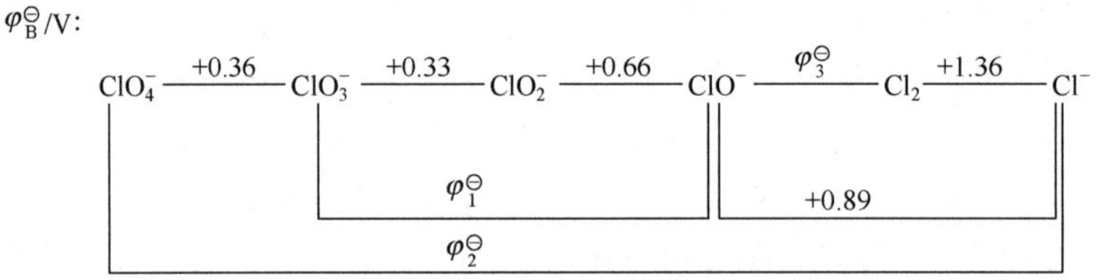

图 5.7  298K 时氯元素在碱性溶液中的电势图

$$\varphi_1^\ominus(ClO_4^-/Cl^-) = \frac{2 \times 0.36 + 2 \times 0.33 + 2 \times 0.66 + 2 \times 0.89}{2+2+2+2} = 0.56(V)$$

$$\varphi_2^\ominus(ClO_3^-/ClO^-) = \frac{2 \times 0.33 + 2 \times 0.66}{2+2} \approx 0.50(V)$$

$$\varphi_3^\ominus(ClO^-/Cl_2) = \frac{2 \times 0.89 - 1 \times 1.36}{1} = 0.42(V)$$

## 习题

### 一、单项选择题

1. 乙酰氯（$CH_3COCl$）中碳的氧化数是（　　）。

A. +4　　　　　B. +2　　　　　C. 0　　　　　D. -4

2. 对于反应 $I_2 + 2ClO_3^- = 2IO_3^- + Cl_2$，下面说法中不正确的是（　　）。

A. 此反应为氧化还原反应

B. $I_2$ 得到电子，$ClO_3^-$ 失去电子

C. $I_2$ 是还原剂，$ClO_3^-$ 是氧化剂

D. 碘的氧化数由 0 增至 +5，氯的氧化数由 +5 降为 0

3. 市面上买到的干电池中有 $MnO_2$，它的主要作用是（    ）。

A. 吸收反应中产生的水分　　　　B. 起导电作用

C. 作为填料　　　　　　　　　　D. 参加正极反应

4. 已知：$Fe^{3+}+e^-\longrightarrow Fe^{2+}$　　$\varphi^{\ominus}=0.77V$

$Cu^{2+}+2e^-\longrightarrow Cu$　　$\varphi^{\ominus}=0.34V$

$Fe^{2+}+2e^-\longrightarrow Fe$　　$\varphi^{\ominus}=-0.44V$

$Al^{3+}+3e^-\longrightarrow Al$　　$\varphi^{\ominus}=-1.66V$

则最强的还原剂是（    ）。

A. $Al^{3+}$　　　　B. $Fe^{2+}$　　　　C. Fe　　　　D. Al

5. 一个自发的电池反应，在一定温度下有一个电动势 $E^{\ominus}$，对此反应可以计算出的热力学函数是（    ）。

A. 只有 $\Delta_rS_m^{\ominus}$　　B. 只有 $\Delta_rH_m^{\ominus}$　　C. 只有 $\Delta_rG_m^{\ominus}$　　D. ABC 均可

6. 对于下面两个反应方程式，说法完全正确的是（    ）。

$2Fe^{3+}+Sn^{2+}\Longleftrightarrow Sn^{4+}+2Fe^{2+}$

$Fe^{3+}+\frac{1}{2}Sn^{2+}\Longleftrightarrow \frac{1}{2}Sn^{4+}+Fe^{2+}$

A. 两式的 $E^{\ominus}$，$\Delta_rG_m^{\ominus}$，$K^{\ominus}$ 都相等

B. 两式的 $E^{\ominus}$，$\Delta_rG_m^{\ominus}$，$K^{\ominus}$ 不等

C. 两式的 $\Delta_rG_m^{\ominus}$ 相等，$E^{\ominus}$，$K^{\ominus}$ 不等

D. 两式的 $E^{\ominus}$ 相等，$\Delta_rG_m^{\ominus}$，$K^{\ominus}$ 不等

7. 已知：$\varphi^{\ominus}(MnO_4^-/Mn^{2+})=1.51V$，$\varphi^{\ominus}(Cl_2/Cl^-)=1.36V$，则反应 $2MnO_4^-+10Cl^-+16H^+=2Mn^{2+}+5Cl_2+8H_2O$ 的 $E^{\ominus}$、$K^{\ominus}$ 分别是（    ）。

A. 0.15V、$5\times10^{12}$　　　　　　B. 0.75V、$2.4\times10^{63}$

C. 0.15V、$2.4\times10^{25}$　　　　　D. 0.75V、$5\times10^{12}$

8. 向原电池 $(-)Zn|Zn^{2+}(1mol\cdot L^{-1})\|Cu^{2+}(1mol\cdot L^{-1})|Cu(+)$ 的正极中通入 $H_2S$ 气体，则电池的电动势将（    ）。

A. 增大　　　　B. 减小　　　　C. 不变　　　　D. 无法判断

9. $M^{3+}\xrightarrow{0.30V}M^{2+}\xrightarrow{0.20V}M$

由上述电势图判断，下述说法正确的是（    ）。

A. M 溶于 $1mol\cdot L^{-1}$ 酸中生成 $M^{2+}$　　B. $M^{3+}$ 是最好的还原剂

C. $M^{2+}$ 不易歧化成 $M^{3+}$ 和 M　　D. $H_2O$ 可以氧化 M

10. 当 pH=10 时，氢电极的电极电势是（    ）。

A. -0.59V　　B. -0.30V　　C. 0.30V　　D. 0.59V

11. 已知，$\varphi^{\ominus}(Sn^{4+}/Sn^{2+})=0.14V$，$\varphi^{\ominus}(Fe^{3+}/Fe^{2+})=0.77V$，则不能共存于同一溶液中的一对离子是（    ）。

A. $Sn^{4+}$，$Fe^{2+}$　　B. $Fe^{3+}$，$Sn^{2+}$　　C. $Fe^{3+}$，$Fe^{2+}$　　D. $Sn^{4+}$，$Sn^{2+}$

12. 有一原电池：$(-)Pt \mid Fe^{3+}(1mol \cdot L^{-1})$，$Fe^{2+}(1mol \cdot L^{-1}) \parallel Ce^{4+}(1mol \cdot L^{-1})$，$Ce^{3+}(1mol \cdot L^{-1}) \mid Pt(+)$，则该电池的电池反应是（　　）。

A. $Ce^{3+} + Fe^{3+} = Ce^{4+} + Fe^{2+}$　　　　B. $Ce^{4+} + Fe^{2+} = Ce^{3+} + Fe^{3+}$

C. $Ce^{3+} + Fe^{2+} = Ce^{4+} + Fe$　　　　D. $Ce^{4+} + Fe^{3+} = Ce^{3+} + Fe^{2+}$

## 二、填空题

1. $Cu \mid CuSO_4(aq)$ 和 $Zn \mid ZnSO_4(aq)$ 用盐桥连接构成原电池，电池的正极是 _____，负极是 _____。在 $CuSO_4$ 溶液中加入过量氨水，溶液颜色变为 _____，这时电动势 _____；在 $ZnSO_4$ 溶液中加入过量氨水，这时电池的电动势 _____。

2. 已知反应：

① $CH_4(g) + 2O_2(g) = CO_2(g) + 2H_2O(l)$

② $2Zn(s) + Ag_2O_2(s) + 2H_2O(l) + 4OH^-(aq) = 2Ag(s) + 2[Zn(OH)_4]^{2-}(aq)$

则反应中电子的转移数分别为（1）_____；（2）_____。

3. $Re_2Cl_9^{2-}$ 中 Re 的氧化数是 _____。$HS_3O_{10}$ 中 S 的氧化数是 _____。

4. 电池反应 $S_2O_3^{2-}(aq) + 2OH^-(aq) + O_2(g) \Longrightarrow 2SO_3^{2-}(aq) + H_2O(l)$ 的 $E = 0.98V$，则

① 正极反应为 _____；

② 负极反应为 _____；

③ 电池符号为 _____。

已知 $\varphi^{\ominus}(O_2/H_2O) = 0.40V$，则 $\varphi^{\ominus}(SO_3^{2-}/S_2O_3^{2-}) = $ _____。

5. 已知电池：$(-)Ag \mid AgBr \mid Br^-(1mol \cdot L^{-1}) \parallel Ag^+(1mol \cdot L^{-1}) \mid Ag(+)$

则①电池正极反应为 _____；②电池负极反应为 _____；③电池反应为 _____。

6. ① $Zn + Cu^{2+}(1mol \cdot L^{-1}) \Longrightarrow Zn^{2+}(1mol \cdot L^{-1}) + Cu$

② $2Zn + 2Cu^{2+}(1mol \cdot L^{-1}) \Longrightarrow 2Zn^{2+}(1mol \cdot L^{-1}) + 2Cu$

则两个反应的下述各项的关系是 $E_1^{\ominus} = $ _____ $E_2^{\ominus}$；$\Delta_r G_{m(1)}^{\ominus} = $ _____ $\Delta_r G_{m(2)}^{\ominus}$。$K_1^{\ominus} = $ _____ $K_2^{\ominus}$。

## 三、简答题

1. 什么是氧化数？它与化合价有何异同点？氧化数的实验依据是什么？

2. 举例说明什么是歧化反应。

3. 指出下列化合物中各元素的氧化数：

$Fe_3O_4$，$PbO_2$，$Na_2O_2$，$Na_2S_2O_3$，$NCl_3$，$NaH$，$KO_2$，$KO_3$，$N_2O_4$。

4. 举例说明常见电极的类型和符号。

5. 写出 5 种由不同类型电极组成的原电池的符号和对应的氧化还原反应方程式。

6. 配平下列离子反应式（酸性介质）。

① $IO_3^- + I^- \longrightarrow I_2$

② $Mn^{2+} + NaBiO_3 \longrightarrow MnO_4^- + Bi^{3+}$

③ $Cr^{3+} + PbO_2 \longrightarrow Cr_2O_7^{2-} + Pb^{2+}$

④ $C_3H_8O + MnO_4^- \longrightarrow C_3H_6O_2 + Mn^{2+}$

⑤ $HClO + P_4 \longrightarrow Cl^- + H_3PO_4$

7. 配平下列离子反应式（碱性介质）。

① $CrO_4^{2-} + HSnO_2^- \longrightarrow CrO_2^- + HSnO_3^-$

② $H_2O_2 + CrO_2^- \longrightarrow CrO_4^{2-}$

③ $I_2 + H_2AsO_3^- \longrightarrow AsO_4^{3-} + I^-$

④ $Si + OH^- \longrightarrow SiO_3^{2-} + H_2$

⑤ $Br_2 + OH^- \longrightarrow BrO_3^- + Br^-$

#### 四、计算题

1. 已知电极电势的绝对值是无法测量的，人们只能通过定义某些参比电极的电极电势来测量被测电极的相对电极电势。假设 $Hg_2Cl_2(s) + 2e^- \longrightarrow 2Hg(l) + 2Cl^-(aq)$，电极反应的标准电极电势为 0，则 $\varphi^\ominus(Cu^{2+}/Cu)$、$\varphi^\ominus(Zn^{2+}/Zn)$ 为多少？

2. 已知盐酸、氢溴酸、氢碘酸都是强酸，通过计算说明在 298K 标准状态下 Ag 能从哪种酸中置换出氢气？$[\varphi^\ominus(Ag^+/Ag) = 0.799V$，$K_{sp}^\ominus(AgCl) = 1.8 \times 10^{-10}$，$K_{sp}^\ominus(AgBr) = 5.0 \times 10^{-13}$，$K_{sp}^\ominus(AgI) = 8.9 \times 10^{-17}]$

3. 某酸性溶液含有 $Cl^-$、$Br^-$、$I^-$ 离子，欲选择一种氧化剂能将其中的 $I^-$ 离子氧化而不氧化 $Cl^-$ 离子和 $Br^-$ 离子。试根据标准电极电势判断应选择 $H_2O_2$、$Cr_2O_7^{2-}$、$Fe^{3+}$ 中的哪一种？

4. 已知 $\varphi^\ominus(Cu^{2+}/Cu) = 0.34V$，$\varphi^\ominus(Cu^{2+}/Cu^+) = 0.16V$，$K_{sp}^\ominus(CuCl) = 1.72 \times 10^{-7}$，通过计算判断反应 $Cu^{2+}(aq) + Cu(s) + 2Cl^-(aq) \Longleftrightarrow 2CuCl(s)$，在 298K 标准状态下能否自发进行，并计算反应的 $K^\ominus$ 和 $\Delta_r G_m^\ominus$。

5. 已知 $MnO_4^-(aq) + 8H^+(aq) + 5e^- \longrightarrow Mn^{2+}(aq) + 2H_2O(l)$　　　　$\varphi^\ominus = 1.51V$

　　　　$MnO_2(s) + 4H^+(aq) + 2e^- \longrightarrow Mn^{2+}(aq) + 2H_2O(l)$　　　　$\varphi^\ominus = 1.23V$

求 pH = 5，其他物质都处在标态时，反应 $MnO_4^-(aq) + 4H^+(aq) + 3e^- \longrightarrow MnO_2(s) + 2H_2O(l)$ 的标准电极电势。

6. 已知：$\varphi^\ominus(Ti^{3+}/Ti^+) = 1.25V$，$\varphi^\ominus(Ti^{3+}/Ti) = 0.72V$。设计下列三个标准电池：

ⓐ $(-)Ti|Ti^+||Ti^{3+}|Ti(+)$

ⓑ $(-)Ti|Ti^+||Ti^{3+}, Ti^+|Pt(+)$

① 写出每一个电池对应的电池反应式；

② 计算每个电池的 $E^\ominus$ 和 $\Delta_r G_m^\ominus$。

7. 根据溴的元素电势图说明，将 $Cl_2$ 通入到 $1mol \cdot L^{-1}$ 的 KBr 溶液中，在标准酸溶液中 $Br^-$ 的氧化产物是什么？在标准碱溶液中 $Br^-$ 的氧化产物是什么？

① $\varphi_A^\ominus/V$：$BrO_4^- \xrightarrow{+1.76} BrO_3^- \xrightarrow{+1.49} HBrO \xrightarrow{+1.59} Br_2 \xrightarrow{+1.087} Br^-$

② $\varphi_B^\ominus/V$：$BrO_4^- \xrightarrow{+0.93} BrO_3^- \xrightarrow{+0.54} BrO^- \xrightarrow{+0.45} Br_2 \xrightarrow{+1.087} Br^-$

第5章
拓展习题讲解

第5章
在线答题

# 第6章
# 原子结构和元素周期性

## 知识结构图

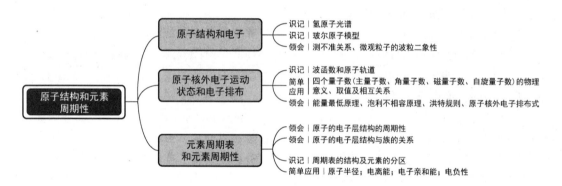

原子结构和元素周期性
- 原子结构和电子
  - 识记｜氢原子光谱
  - 识记｜玻尔原子模型
  - 领会｜测不准关系、微观粒子的波粒二象性
- 原子核外电子运动状态和电子排布
  - 识记｜波函数和原子轨道
  - 简单应用｜四个量子数(主量子数、角量子数、磁量子数、自旋量子数)的物理意义、取值及相互关系
  - 领会｜能量最低原理、泡利不相容原理、洪特规则、原子核外电子排布式
- 元素周期表和元素周期性
  - 领会｜原子的电子层结构的周期性
  - 领会｜原子的电子层结构与族的关系
  - 识记｜周期表的结构及元素的分区
  - 简单应用｜原子半径；电离能；电子亲和能；电负性

第6章
知识点串讲

物质由分子组成,分子由原子组成。原子是化学反应的物质承担者,化学反应的过程就是原子化分与化合的过程。人们通过化学反应来变革物质、合成新物质,为人类创造财富。原子、分子是微观粒子,微观粒子运动遵从的规律与宏观质点运动遵从的规律不同,前者遵从的是量子力学,后者遵从的则是经典物理学。要从本质上掌握原子结构及元素性质的周期性,必须首先认识微观粒子的特征,在此基础上,才能清楚地理解并掌握原子结构,从而真正认识由原子电子结构的周期性决定的元素性质的周期性,掌握元素周期律,也才能够在生产实践和科学研究中正确运用这些理论知识。

# 6.1　原子结构和电子

人类对原子结构的认识在经历过道尔顿原子模型、汤姆逊原子模型和卢瑟福原子模型以后,1913 年,丹麦物理学家玻尔在前人工作的基础上提出了玻尔原子模型,该模型成功地解释了氢原子的线状光谱,但仍无法解释电子的波粒二象性所产生的电子衍射实验结果以及多电子体系的光谱。随着科学技术的发展,用量子力学来描述微观粒子具有量子化特性和波粒二象性得到了满意的结果,从而建立了近代原子结构的量子力学模型理论。这里需要指出的是近代量子力学所描述的原子结构依旧是一种模型,这种模型对物质的性质、化学变化的机理只是提出了一个合理的、令人满意的解释。随着科学技术的深入发展,原子内部的秘密必将被揭开,可以肯定地说这个模型必将被新的模型所替代。

## 6.1.1　氢原子光谱和玻尔原子模型

### 1. 氢原子光谱

原子核外电子的能量具有量子化特性,它的研究首先是从氢原子光谱开始的。1885 年,巴尔末(Balmer)实验发现:在真空管中充入少量氢气,通过高压放电,氢原子可以产生可见光、紫外光和红外光。这些光经过三棱镜分成一系列按波长大小排列的线状光谱(图 6.1)。

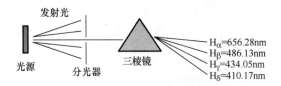

**图 6.1　氢原子可见光光谱图**

这些氢原子在可见区的光谱线符合 Balmer 的经验公式。

$$\bar{v}=\frac{1}{\lambda}=R_H\left(\frac{1}{2^2}-\frac{1}{n^2}\right) \tag{6-1}$$

式中:$\bar{v}$——频率,即波长的倒数;

$n$——大于2的正整数,($n=3,4,5,6$ 则分别对应氢光谱中 $H_\alpha$、$H_\beta$、$H_\gamma$、$H_\delta$);

$R_H$——常数,$1.09677576\times10^7\,m^{-1}$。

最终,氢原子发射出的其他系列的光谱也被发现,在紫外线区域观察到 Lyman 系列光谱以及近红外区域观察到帕申（Paschen）、布来开（Brackett）和蒲芬德（Pfund）系列光谱。所有这些光谱都是在激发氢原子发射时观察到的，因此它们一起构成了氢原子的发射光谱或线光谱。

2. 玻尔原子模型

虽然氢原子光谱的实验揭示了关于原子结构的信息，但氢原子光谱对当时的经典物理学是一个棘手的问题，因为按照经典的电磁学理论，电子最后会坠毁在原子核上且原子光谱应该是连续的。由于原子核外电子不会毁灭，而且原子光谱是不连续的、线状的，因此，用经典的电磁学理论无法解释氢原子光谱的实验事实。1913年，丹麦物理学家玻尔在量子化概念和卢瑟福原子模型的基础上，提出了原子结构的玻尔原子模型，其要点如下。

（1）稳定轨道概念。氢原子中电子是在氢原子核的势能场中运动，其运动轨道不是任意的，电子只能在以原子核为中心的某些能量确定的圆形轨道上运动，这些轨道的能量状态不随时间而改变，称为稳定轨道。电子在稳定轨道上运动时，既不吸收也不释放能量。

（2）轨道能级的概念。不同的稳定轨道的能量是不同的。离原子核越近的轨道，能量越低，电子被原子核束缚得越牢；离原子核越远的轨道，能量越高。轨道的这些不同的能量状态，称为能级。氢原子的轨道能级如图6.2所示。原子在正常或稳定状态时，电子尽可能处于能量最低的状态，即基态（ground state）。当原子获得外界提供的能量时，电子将会跃迁到能量较高的轨道上，这时原子所处的状态是激发态。原子核外电子运动的轨道角动量是量子化的，不是连续变化的。在一定轨道上运动的电子的能量也是量子化的。电子从一个能级跃迁到另一个能级时，要吸收或放出能量，其能量取决于跃迁前后两个轨道的能量差。处于激发态的电子是不稳定的，会跃迁到离原子核较近的轨道上，同时释放出能量。

图 6.2　氢原子轨道能级

玻尔原子模型成功地解释了氢原子和类氢原子（如 $He^+$、$Li^{2+}$、$Be^{3+}$ 等）的光谱现象，但是它不能解释多电子原子的光谱以及后期发现的氢原子光谱的精细结构。玻尔原子模型的上述局限性的根本原因在于虽然对某些物理量（电子运动的轨道角动量和电子能量）引入了"量子化"的概念，但是仍利用在经典电磁学理论基础上建立起来的电子固定轨道模型，该模型不能完全正确反映微观粒子运动的基本规律。

## 6.1.2　波粒二象性和测不准定理

### 1. 波粒二象性

20 世纪初，人们已经发现光具有波动性，又具有粒子性，光的这种性质被称为光的波粒二象性（dual wave-particle nature）。光在空间传播的有关现象：波长、频率、干涉、衍射等，说明光表现出波动性。光与实物接触进行能量交换时所具有的有关现象：质量、速度、能量、动量等，说明光表现出粒子性。那么电子是否也具有波粒二象性呢？

原子中的电子是一种具有确定体积（直径约为 $10^{-15}$ m）和质量（$9.1091 \times 10^{-31}$ kg）的粒子。因此，电子具有粒子性在此无需证明。那么电子是否具有波动性呢？如果电子具有波的衍射现象，就可证明电子具有波动性。1924 年，法国物理学家德布罗意在从事量子理论研究时，受光的波粒二象性的启发，大胆地提出微观粒子（如电子、原子等）也具有波粒二象性，并预言像电子等具有质量 $m$、运动速度 $v$ 的微粒与其相应的波长 $\lambda$ 的关系式为

$$\lambda = \frac{h}{p} = \frac{h}{mv} \tag{6-2}$$

式中：$\lambda$——波长（波动性）；

$p$——电子动量，$p = mv$，$m$ 为电子质量，$v$ 为电子运动速度（粒子性）；

$h$——普朗克常数。

通过普朗克常数 $h$，从而把电子的波动性和粒子性联系起来了，并且定量化了。

1927 年，美国物理学家戴维森和革末进行了电子衍射实验，当高速电子流穿过薄晶体片投射到感光屏幕上时，得到一系列明暗相间的环纹，这些环纹正像单色光通过小孔发生的衍射现象一样。电子衍射实验证明了德布罗意的假设。

### 2. 测不准关系

在经典力学中，人们能准确地同时测定一个宏观物体的位置和动量。如发射炮弹时，已知角度和初始速度，可以计算出炮弹的飞行轨迹，亦即弹道以及落点等。量子力学认为，对于像原子中的电子等微观粒子，由于其质量很小、速度极快、具有波粒二象性，因此不可能同时准确测定电子的动量和空间位置。1927 年，德国物理学家海森堡提出了量子力学中的一个重要关系——测不准关系（uncertainty principle），其数学关系式为

$$\Delta x \cdot \Delta p \approx hv \tag{6-3}$$

式中：$x$——微观粒子在空间某一方向的位置坐标；

$\Delta x$——确定微观粒子位置时的不准确量；

$\Delta p$——确定微观粒子动量的不准确量；

$h$——普朗克常数。

测不准关系式的含义是：如果微观粒子位置的测定准确度越大（$\Delta x$ 越小），则其动量的准确度就越小（$\Delta p$ 越大），反之亦然。位置不准量和动量不准量的乘积约等于普朗克常数。

这就是说，微观粒子不可能同时准确地测定其运动速度和空间位置。实际上测不准关系否定了玻尔原子模型，指出了不同于宏观物体，微观粒子具有波粒二象性，根据量子力

学理论，对微观粒子如电子的运动状态，只能用统计的方法，做出概率性的描述，而不能用经典力学的固定轨道来描述。

# 6.2 原子核外电子运动状态和电子排布

## 6.2.1 波函数

根据微观粒子的波粒二象性以及量子力学的基本原理，电子在原子核外某一空间范围内出现的概率可以用统计的方法加以描述，而电子在某一空间运动状态可用波函数（wave function）来描述。1926 年薛定谔（Schrödinger）根据波粒二象性的概念提出了一个描述微观粒子运动的基本方程——薛定谔波动方程。这个方程是一个二阶偏微分方程，其形式如下。

$$\left(\frac{\partial^2 \psi}{\partial x^2}+\frac{\partial^2 \psi}{\partial y^2}+\frac{\partial^2 \psi}{\partial z^2}\right)+\frac{8\pi^2 m}{h^2}(E-V)\psi=0 \tag{6-4}$$

式中：$\psi$——波函数，是空间坐标 $x$、$y$、$z$ 的函数；

$E$——总能量（势能＋动能）；

$V$——势能；

$m$——电子的质量；

$h$——普朗克常数。

原子中电子的波函数 $\psi$ 既然是描述电子运动状态的数学表达式，而且又是空间坐标的函数，其空间图像可以形象地理解为电子运动的空间范围，即原子轨道。

## 6.2.2 原子轨道和量子数

1. 原子轨道

为了求解薛定谔波动方程，一般需要进行坐标转换，把直角坐标 $(x, y, z)$ 变换成球坐标 $(r, \theta, \varphi)$。在球坐标下，$\psi$ 是 $r$、$\theta$、$\varphi$ 的函数，采用变数分离法可得

$$\psi_{n,l,m}(r,\theta,\varphi)=R_{n,l}(r) \cdot Y_{l,m}(\theta,\varphi) \tag{6-5}$$

但并不是所有的解都是合理的，为了得到原子核外电子运动状态合理的解，$n$、$l$、$m$ 必须取一定的合理值，这样解薛定谔波动方程可以得到一系列的解——波函数 $\psi_{n,l,m}$ $(r, \theta, \varphi)$ 及其每一个波函数所相应的能量 $E_{n,l,m}$。

波函数 $\psi_{n,l,m}$ 是量子力学中描述原子核外电子运动状态的数学表达式，人们把 $\psi_{n,l,m}$ 称为原子轨道（atomic orbital）。所谓近代量子力学原子模型就是建立在此基础上的，但它与宏观物体的运动轨道和玻尔假设的固定轨道的概念是不同的。这里称的原子轨道不是一个具体数值，不是固定的轨道。波函数 $\psi_{n,l,m}$ 的空间图像由角度分布函数决定，因此将波函数 $\psi_{n,l,m}$ 的角度分布部分 $Y_{l,m}$ $(\theta, \varphi)$ 作图，所得的图像称为原子轨道的角度分布图，其中 s、p、d 剖面如图 6.3 所示。

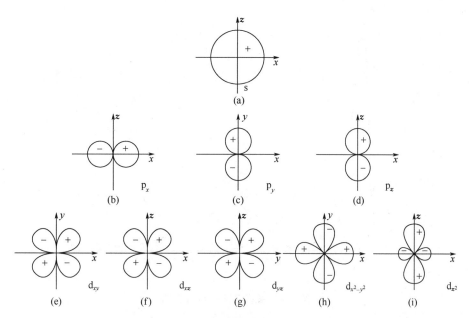

**图 6.3   s，p，d 各种轨道的角度分布剖面图**

如果我们将简化的薛定谔波动方程两边平方，则得到

$$\psi_{n,l,m}^2(r,\theta,\varphi) = R_{n,l}^2(r) \cdot Y_{l,m}^2(\theta,\varphi) \qquad (6-6)$$

式（6-6）中，$\psi_{n,l,m}^2(r,\theta,\varphi)$ 的图像即为原子轨道的电子云图，它由两部分组成：一部分是电子云的径向部分 $R_{n,l}^2(r)$，即概率密度随离原子核半径的变化的图像，它与角度 $(\theta,\varphi)$ 无关；二是电子云的角度部分 $Y_{l,m}^2(\theta,\varphi)$，即概率密度随角度 $(\theta,\varphi)$ 变化的图像，它与主量子数 $n$、离原子核半径 $r$ 无关。电子云角度分布图的画法过程与原子轨道角度分布图一样，只需先将该原子轨道的角向分布 $Y_{l,m}(\theta,\varphi)$ 的计算式两边平方。原子轨道角度分布图与电子云角度分布图是相似的。但区别有两点：①电子云角度分布图比原子轨道角度分布图瘦些，这是 $Y$ 值小于 1 的原因；②原子轨道角度分布图有正、负之分，而电子云的角度分布则均为正。

应注意，把原子轨道角度分布图和电子云角度分布图当作原子轨道和电子云的实际图像是错误的，因为它们只考虑了波函数 $\psi$（原子轨道）和 $\psi^2$（电子云）的角度部分，而没有考虑相应的径向部分，我们已知道，原子轨道和电子云的径向部分分别为 $R_{n,l}(r)$ 和 $R_{n,l}^2(r)$，反映 $R$（概率）和 $R^2$（概率密度）在任意角度（与 $\theta$、$\varphi$ 角度无关）随离原子核距离半径 $r$ 变化的情形。若以 $R(r)$ 对 $r$ 作图，就能得到电子出现的概率随 $r$ 的变化图，我们称之为原子轨道径向分布图。若以 $R^2(r)$ 对 $r$ 作图，就能得到电子云的概率密度随半径 $r$ 的变化图，我们称之为概率密度径向分布图，如图 6.4 所示。

电子云的角度分布图和电子云的概率密度径向分布图，分别从两个不同侧面来反映电子云的状态，$\psi_{n,l,m}^2(r,\theta,\varphi)$ 在空间分布的图像即为电子云的空间形状。它必须由电子云的概率密度径向部分 $R_{n,l}^2(r)$ 和角度部分 $Y_{l,m}^2(\theta,\varphi)$ 两部分结合在一起来描述。以下，我们列出了氢原子的几种常用的电子云的空间形状示意图（图 6.5）。

**2. 量子数**

具有合理取值的 $n$、$l$、$m$ 称为三个量子数，再加上描述电子自旋运动又引入了一个自

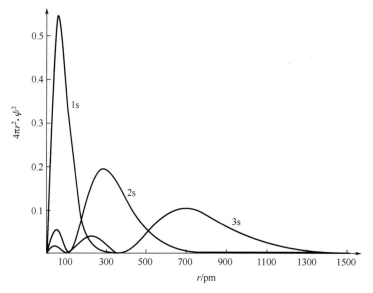

图 6.4　概率密度径向分布图

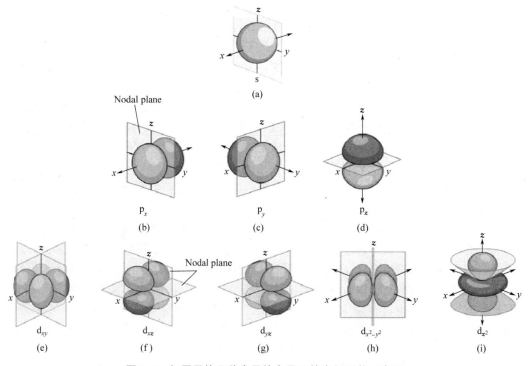

图 6.5　氢原子的几种常用的电子云的空间形状示意图

旋量子数 $m_s$，这四个量子数对描述原子核外电子的能量、原子轨道和电子云的图像及空间伸展方向等具有非常重要的意义。下面我们将分别讨论这四个量子数。

（1）主量子数（$n$）

主量子数（$n$）用来描述原子核外电子出现的概率最大区域离原子核的远近，是决定电子能量高低的主要因素，可为零以外的正整数。$n$ 值越小，该电子层离原子核越近，其能量越低。如 $n=1$，2，3，4，…，其中每一个 $n$ 值代表一个电子层（表 6-1）。

表 6-1 $n$、电子层、电子层离原子核的平均距离

| $n$ 值 | 1 | 2 | 3 | 4 | 5 | 6 | 7 | … |
|---|---|---|---|---|---|---|---|---|
| 电子层 | 一 | 二 | 三 | 四 | 五 | 六 | 七 | … |
| 电子层符号 | K | L | M | N | O | P | Q | … |

离原子核平均距离 近————————→远

（2）角量子数（$l$）

角量子数（$l$）描述原子轨道的形状，是决定多电子原子中电子能量的重要因素。$l$ 的取值受主量子数 $n$ 的限制，可取 0 到 $n-1$ 的正整数，共可取 $n$ 个值，并用相应的轨道符号表示，不同的 $l$ 值电子运动的轨道形状是不同的，见表 6-2。

表 6-2 $l$ 与 $n$ 的取值关系、轨道符号和形状

| $n$ 值 | $l$ 取值 | $l$ 值 | 轨道符号 | 轨道形状 |
|---|---|---|---|---|
| 1 | 0 | 0 | s | 球形对称 |
| 2 | 0，1 | 1 | p | 哑铃形 |
| 3 | 0，1，2 | 2 | d | 花瓣形 |
| 4 | 0，1，2，3 | 3 | f | 花瓣形 |
| ⋮ | ⋮ | 4 | g | 花瓣形 |
| $n$ | 0，1，2，3，…，$(n-1)$ | ⋮ | ⋮ | — |

（3）磁量子数（$m$）

磁量子数（$m$）描述原子轨道在空间伸展的方向。它的取值决定于 $l$ 值，可取 0，$\pm1$，$\pm2$，…，$\pm l$，共 $2l+1$ 个值。对于 $n$ 和 $l$ 相同、$m$ 不同的轨道其能量基本相同，称为等价轨道或简并轨道。如角量子数（$l$）为 1 时，磁量子数（$m$）值只能取 $-1$、0、$+1$ 这三个数值，这三个数值表示 p 亚层上的三个相互垂直的 p 原子轨道。

（4）自旋量子数（$m_s$）

自旋量子数（$m_s$）只有 $+1/2$ 或 $-1/2$ 这两个数值。这表明电子在原子核外运动有自旋相反的两种运动状态，通常用↑和↓表示，即顺时针自旋和逆时针自旋。

综上所述，根据薛定谔波动方程，可知每一个合理的解 $\psi_{n,l,m}$ 代表一个原子轨道，即每一组合理取值的 $n$、$l$、$m$ 确定一个原子轨道。但是每一个原子轨道中的电子必须用四个量子数来描述它的运动状态，四个量子数一经确定，电子的运动状态就确定了。

## 6.2.3 多电子原子的电子排布

### 1. 原子核外电子排布的原则

根据原子光谱实验的结果和对元素周期系的分析、归纳，总结出原子核外电子分布的

基本原理。

（1）泡利（Pauli）不相容原理

在同一个原子中，不可能有四个量子数完全相同的电子存在，每一个轨道内最多只能容纳两个自旋方向相反的电子。

（2）能量最低原理

多电子在原子处在基态时，原子核外电子的分布在不违反泡利原理的前提下，总是尽量先分布在能量较低的轨道，以使原子处于能量最低的状态。

（3）洪特（Hund）规则

原子在同一亚层的等价轨道上分布电子时，将尽可能单独分布在不同的轨道，而且自旋方向相同（或称自旋平行）。这样分布时，原子的能量较低、体系较稳定。此外，量子力学理论还指出，在等价轨道中电子排布全充满、半充满和全空状态时，体系能量最低、体系最稳定，全充满：$p^6$、$d^{10}$、$f^{14}$；半充满：$p^3$、$d^5$、$f^7$；全空：$p^0$、$d^0$、$f^0$。

2. 原子的电子结构

鲍林（Pauling）根据光谱实验的结果，总结出多电子原子中电子填充各原子轨道能级顺序，其近似能级图如图 6.6 所示，该图可以说明以下几个问题。

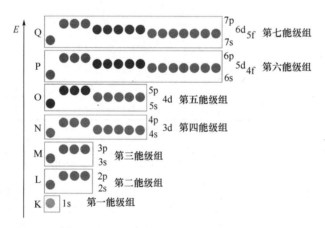

图 6.6　Pauling 的原子轨道近似能级图

（1）将能级相近的原子轨道排在一组，目前分为七个能级组，并按照能量从低到高的顺序从下往上排列。

（2）每个能级组中，每一个小圆圈表示一个原子轨道，将 3 个等价 p 轨道、5 个等价 d 轨道、7 个等价 f 轨道……排成一排，表示在该能级组中它们的能量相等。除第一能级组外，其他能级组中，原子轨道的能级也有差别。

（3）多电子原子中，原子轨道的能级主要由主量子数 $n$ 和角量子数 $l$ 来决定。当角量子数相同、主量子数不同时，主量子数越大，轨道能量越高，如：$E_{1s}<E_{2s}<E_{3s}<E_{4s}$；当主量子数相同、角量子数不同时，角量子数越大，轨道能量越高，如：$E_{4s}<E_{4p}<E_{4d}<E_{4f}$，这种现象叫能级分裂。当主量子数和角量子数都不相同时，要具体问题具体分析。当两原子轨道主量子数相差较小时，主量子数小、角量子数大的轨道能量高于主量子数大、角量子数小的轨道，如：$E_{4s}<E_{3d}$，这种现象称能级交错（energy level overlap）。以

上原子轨道能级高低变化的情况，可用屏蔽效应和钻穿效应来加以解释。屏蔽效应是由于其他电子对某一电子的排斥作用而抵消了一部分核电荷，从而引起有效核电荷的降低，削弱了核电荷对该电子的吸引，这种作用也可称为屏蔽作用。钻穿效应指的是在原子核附近出现的概率较大的电子，可更多地避免其余电子的屏蔽，受到原子核的较强的吸引而更靠近原子核，即为一种进入原子内部空间的作用。钻穿作用与原子轨道的径向分布函数有关。角量子数愈小的轨道，径向分布函数中出现峰的个数愈多，第一个峰钻得愈深，离原子核愈近。与屏蔽效应相反，外层电子有钻穿效应。外层角量子数小的能级上的电子，如 4s 电子能钻到靠近原子核内层空间运动，这样它受到其他电子的屏蔽作用就小，受原子核引力就强，因而电子能量降低，造成 $E_{(4s)} < E_{(3d)}$。钻穿效应可以解释原子轨道的能级交错。

对于多电子原子来说，由于紧靠原子核的电子层一般都布满了电子，所以其原子核外电子的分布主要看最外层电子是怎样分布的。Pauling 近似能级图能反映外电层中原子轨道能级的相对高低，因此也就能反映原子核外电子填入轨道的先后顺序（图 6.7）。

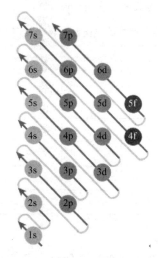

**图 6.7 原子核外电子填入轨道的先后顺序**

按照鲍林原子轨道近似能级图，电子填充各能级轨道的先后顺序为

1s, 2s2p, 3s3p, 4s3d4p, 5s4d5p, 6s4f5d6p, 7s5f6d7p, …

为了避免电子结构过长，可写出前面的通常是稀有气体元素电子结构的原子符号，并用 [ ] 括起来，称为原子实体。如前面 Ar 的原子序数为 18 写成 [Ar]。当按鲍林近似能级图排布完电子后，体系的能量就会发生变化，如 Cr 原子内层 3d 轨道上有电子，就会对外层上的电子有屏蔽效应，使 4s 轨道上的电子能量升高，所以此时 $E^{3d} < E^{4s}$。而电子的失去和得到都是从最外层开始的，所以要对核外电子排布进行调整，进行调整的目的是便于写出离子电子结构。

Cr 原子：电子结构 [Ar]$3d^5 4s^1$。

Cr 离子：电子结构 [Ar]$3d^5 4s^0$。

同理，原子序数为 9 的 F 原子，电子结构为 $1s^2 2s^2 2p^5$，其 $F^-$ 离子的电子结构为 $1s^2 2s^2 2p^6$，只需在外层加一个电子即可。

# 6.3 元素周期表和元素周期性

## 6.3.1 元素在周期表中的位置

为什么会有元素性质周期性的出现呢？人们发现，随着原子序数（核电荷）的增加，不断有新的电子层出现，并且最外层的电子的填充始终是从 $ns^1$ 开始到 $ns^2np^6$ 结束（除第一周期外），即都是从碱金属开始到稀有气体结束，重复出现。由于最外层电子的结构决定了元素的化学性质，因此就出现了元素性质呈现周期性变化的一个又一个周期。同时表明，元素性质呈现周期性的变化规律（周期律）是由于原子的电子层结构呈现周期性所造成的。

结合原子的电子结构和能级组的划分以及元素性质呈现周期性变化的规律，周期数、能级组数和最大电子容量有以下的关系，见表 6-3。

**表 6-3 周期数与能级组数和最大电子容量的关系**

| 能级组 | 1s | 2s2p | 3s3p | 4s3d4p | 5s4d5p | 6s4f5d6p | 7s5f6d7p |
|---|---|---|---|---|---|---|---|
| 能级组数 | 1 | 2 | 3 | 4 | 5 | 6 | 7 |
| 周期数 | 1 | 2 | 3 | 4 | 5 | 6 | 7 |
| 电子层数（最外层主量子数） | 1 | 2 | 3 | 4 | 5 | 6 | 7 |
| 元素数目 | 2 | 8 | 8 | 18 | 18 | 32 | 32 |
| 最大电子容量 | 2 | 8 | 8 | 18 | 18 | 32 | 32 |

周期数＝能级组数＝电子层数。

由能级组和周期数的关系可知，能级组的划分是元素周期表（图 6.8）中各元素能划分周期的本质原因。第七周期为未填满周期。

1. 原子的电子层结构与族的划分

按元素周期表（图 6.8），族的划分是把元素分为 16 个族（8 个主族，8 个副族），排成 18 个纵列。

8 个主族（A 族）：ⅠA-ⅧA 族、ⅧA 族为稀有元素。

8 个副族（B 族）：ⅠB-ⅧB 族、ⅧB 族占了三个纵列。

族数＝价电子层上电子数（参与反应的电子）＝最高氧化数（ⅧB 族只有 Ru 和 Os 元素可达最高氧化数＋8，ⅠB 族有例外）。

要特别注意ⅠB、ⅡB 族与ⅠA、ⅡA 族的主要区别。ⅠB、ⅡB 族次外层 d 轨道上电子是全满的，而ⅠA、ⅡA 族从第四周期开始元素才出现次外层 d 轨道，且还未填充电子。由于同一族的元素因其价电子层构型相似，故它们的化学性质也十分相似。

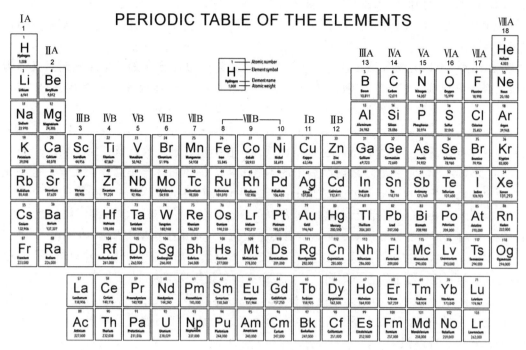

**图6.8　元素周期表**

## 2. 原子的电子层结构与各区元素的划分

根据各元素原子的原子核外电子排布以及价层电子构型的特点，可将周期表中的元素分为五个区，如下图6.9所示。

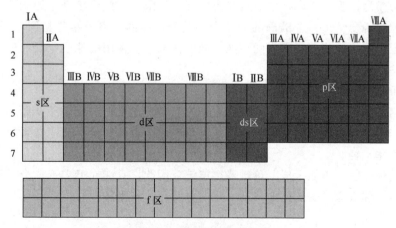

**图6.9　周期表中元素分区**

由于元素的电子层结构呈现周期性，因此与电子层结构有关的元素的某些性质，如原子半径、电离势、电子亲和势、电负性等也显现明显的周期性。

s区元素：s区元素主要包括元素周期表中ⅠA族元素和ⅡA族元素。ⅠA族元素包括氢、锂、钠、钾、铷、铯、钫七种元素，由于钠和钾的氢氧化物是典型的碱，因此除氢外的这六种元素又称碱金属。ⅡA族元素包括铍、镁、钙、锶、钡、镭六种元素，由于钙、锶、钡的氧化物的性质介于碱金属与稀土元素之间，因此又称碱土金属。钫和镭都是放射性元素。在本区元素中同一主族从上到下、同一周期从左至右性质的变化都呈现明显的规律性。

p 区元素：p 区元素包括元素周期表中ⅢA 族元素～ⅧA 族元素。ⅢA 族元素又称为硼族元素，包括硼、铝、镓、铟、铊；ⅣA 族元素又称作碳族元素，包括碳、硅、锗、锡、铅；ⅤA 族元素又称作氮族元素，包括氮、磷、砷、锑、铋；ⅥA 族元素又称为氧族元素，包括氧、硫、硒、碲、钋；ⅦA 族元素又称卤素，包括氟、氯、溴、碘、砹；ⅧA 族元素或 0 族元素，又称为稀有气体或惰性气体，包括氦、氖、氩、氪、氙、氡。

d 区元素：d 区元素是元素周期表中的副族元素，即第ⅢB 至第ⅧB 族元素。这些元素中具有最高能量的电子是填在 d 轨道上的。这些元素有时也被称作过渡金属。

ds 区元素：ds 区元素是指元素周期表中的ⅠB、ⅡB 两族元素，包括铜、银、金、锌、镉、汞 6 种自然形成的金属元素。ds 区的名称是因为它们的电子构型都是 $d^{10}s^1$（ⅠB）或 $d^{10}s^2$（ⅡB）。ds 区是 d 区元素的一部分，ds 区元素都是过渡金属。但由于它们的 d 层是满的，所以体现的性质与其他过渡金属有所不同（比如说最高的氧化数只能达到＋3）。

f 区元素：f 区元素指的是元素周期表中的镧系元素和锕系元素。大多数元素具有最高能量的电子是排布在 f 轨道上的。这一区中同周期的元素之间的性质差别很小，这一点在镧系各元素中表现得很明显。

## 6.3.2　元素性质的周期性变化

**1. 原子半径**

从量子力学理论观点考虑，电子云没有明确的界限，因此严格来讲原子半径有不确定的含义，也就是说要给出一个准确的原子半径是不可能的。原子半径是假设原子为球形，根据实验测定和间接计算方法求得的。在不同的情况下，常用的原子半径有三种，即共价半径、范德华半径和金属半径。

（1）共价半径。

同种元素的两个原子（如 $H_2$，$Cl_2$ 等）以共价单键结合时，它们核间距离的一半称为原子的共价半径。如果给出的是共价双键或共价三键结合的共价半径，必须加以注明。

（2）范德华半径。

对稀有气体，它们不能生成共价键或金属键。因此，只能在低温形成分子晶体中测得相邻原子间两个邻近原子的核间距离的一半，称为范德华半径。

（3）金属半径。

将金属晶体看成由球状的金属原子堆积而成，则在金属晶体中，相邻的两个接触原子，它们的核间距离的一半称该原子的金属半径。

通常情况下，范德华半径都比较大，而金属半径比共价半径大一些。在比较元素的某些性质时，原子半径取值最好用同一套数据。在讨论原子半径在周期系中的变化，我们采用的是共价半径。而稀有气体（ⅧA 族元素）通常为单原子分子，只能用范德华半径。元素周期表列出了周期系中各元素的原子半径。原子半径的大小与原子的核外电子层数和有效核电荷有关，如图 6.10 所示。

```
H
37
Li          Be                                    B       C       N       O       F
134         113                                   83      77      71      72      71
Na          Mg                                    Al      Si      P       S       Cl
154         138                                   126     117     110     104     99
K           Ca          Sc … Zn                   Ga      Ge      As      Se      Br
227         197         161 … 133                 122     123     125     117     114
Rb          Sr          Y … Cd                     In      Sn      Sb      Te      I
248         215         181 … 149                 163     140     141     143     133
Cs          Ba          La … Hg                    Tl      Pb      Bi      Po      At
265         217         188 … 160                 170     175     15      167     —
```

**图 6.10　原子半径/pm**

原子半径在周期系中的变化如下。

短周期：是指周期表中第 1，2，3 周期的元素。在同一短周期中，从左到右，由于增加的电子排布在最外层的 s 轨道或 p 轨道，它们对核电荷的屏蔽效应小，导致原子的有效核电荷逐渐增大，对核外电子的吸引力逐渐增强，故原子半径依次变小。而最后一个稀有气体的原子半径变大，这是由于稀有气体的原子半径采用范德华半径。

长周期：在同一长周期中，从左到右，原子半径的变化总体趋势与短周期相似，也是依次变小的。由于过渡元素的变化所增加的电子填充在次外层的 d 轨道上，它们对核电荷的屏蔽效应较大，原子的有效核电荷增加较少，所以，过渡元素的原子半径依次变小的幅度很缓慢。当电子填充至 $d^{10}$ 全满的稳定状态时，对核外电子的屏蔽效应更加显著，故原子半径有所变大。这种情况也发生在超长周期（第 6、7 周期）的内过渡元素（镧系元素和锕系元素）。

主族元素：同一主族元素，从上至下，电子层逐渐增加所起的作用大于有效核电荷增加的作用，所以原子半径逐渐增大。

副族元素：同一副族元素，从上到下原子半径的变化趋势总体上与主族元素相似。第一过渡系列原子半径较小，第二过渡系列和第三过渡系列原子半径较大。由于在第三过渡系列前有电子填充在 $(n-2)$ f 轨道上的镧系元素，镧系元素引起的镧系收缩导致第三过渡系列的原子半径几乎不增大或增大不很明显，使得上下两元素的原子半径非常接近、性质相似、分离困难。

### 2. 电离能和电子亲和能

#### (1) 电离能 (I)

气态原子要失去电子变为气态阳离子（即电离），必须克服核电荷对电子的引力而消耗能量，这种能量称为电离能 $(I)$，其单位常采用 $kJ \cdot mol^{-1}$。由气态原子在基态时失去一个电子成为气态的正一价离子时所消耗的能量，称为该元素的第一电离能（first ioniza-ton energy），常用符号"$I_1$"表示，单位为 $kJ \cdot mol^{-1}$。若从气态的正一价离子再失去一个电子成为气态的正二价离子时，所消耗的能量就称为第二电离能 $I_2$，依次类推，分别称 $I_3$、$I_4$……通常情况下 $I_1 < I_2 < I_3 < I_4$……一般气态的高于正三价离子就很少存在，电离能的大小可表示原子失去电子的倾向。元素的电离能可以从元素的发射光谱实验测得。通常情况下，常使用的是第一电离能。元素的第一电离能 $I_1$ 的大小与原子的核外电子层数、

原子半径及有效核电荷相关，在周期表中呈现明显的周期性变化（图 6.11）。

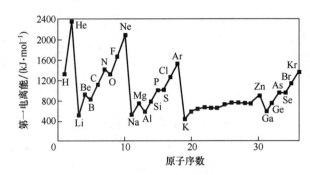

**图 6.11　周期表中元素的第一电离能的周期性变化**

短周期：同一短周期的元素具有相同的核外电子层数，从左到右，有效核电荷逐渐增大，原子半径逐渐减小，则原子核对外层电子的吸引力逐渐增强，所以元素第一电离能 $I_1$ 总的趋势是逐渐增大的，失去电子的趋势逐渐减弱。短周期主族元素中 O 和 S 失去一个 p 电子后，将得到较稳定的 p 轨道的半充满结构，造成反常，所以这两种元素的第一电离能分别小于 N 和 P。

长周期：同一周期，从左到右，第一电离能 $I_1$ 总体趋势也是逐渐增大的，到ⅡB族时增大幅度大，由于失去一个电子以后 s 轨道处于半满状态。进入 p 轨道元素时第一电离能 $I_1$ 又突然减小，而后又增大，这与它们的电子层结构有关。

每一周期末的稀有气体元素的第一电离能都很大，这是由于它们都具有 8 电子稳定电子层结构。

主族元素：同一主族元素从上至下，核外电子层逐渐增多，原子半径变大的趋势大于有效核电荷增大的趋势，故第一电离能 $I_1$ 逐渐减小，元素的金属性依次增强。

副族元素：同一副族元素从上至下，第一电离能的变化幅度较小且不规则，主要是新增加电子填充次外层 $(n-1)$d 轨道，且外层 $n$s 轨道电子数相近，以及镧系收缩所造成的。

（2）电子亲和能（E）

与原子失去电子需消耗一定的能量正好相反，电子亲和能是指原子获得电子所放出的能量。元素的一个气态原子在基态时获得一个电子成为气态的负一价离子所放出的能量，称为该元素的第一电子亲和能（first electron affinity）。依此类推，也可得到第二、第三电子亲和能。第一电子亲和能用符号"$E_1$"表示，单位为 kJ·mol$^{-1}$。

$$Cl(g)+e \longrightarrow Cl^-(g) \qquad E_1 = +348.7 kJ·mol^{-1}$$

大多数元素的第一电子亲和能都是正值（放出能量），也有的元素为负值（吸收能量）。这说明这种元素的原子获得电子成为负离子时能量升高，或者说获得电子比较困难。元素的第一电子亲和能数据目前还不完整，元素周期表列出了一些元素的第一电子亲和能（图 6.12）。

第一电子亲和能的大小也与核外电子层数、原子半径、有效核电荷数有关。元素的第一电子亲和能也可衡量元素的金属性，第一电子亲和能的值越小，说明元素的原子获得电子形成负离子的趋势越小，所以非金属性越弱。

同一周期从左到右，元素的第一电子亲和能 $E_1$ 总体趋势是增大的。由于核外电子层未增加，随着有效核电荷的增加，原子半径变小，失去电子的倾向减弱，而获得电子的倾向增大，故元素的第一电子亲和能增大。但也有反常的现象，这与它们的电子层结构有关。VA族元素由于原子最外层电子组态为半充满稳定状态，因此第一电子亲和能较小；ⅡA族（碱土金属）元素由于原子半径大，且有 $ns^2$ 全充满电子层结构，较难得到电子，因此第一电子亲和能为负值；稀有气体元素由于具有2或8电子稳定电子层结构，因此更难得到电子，第一电子亲和能最小。

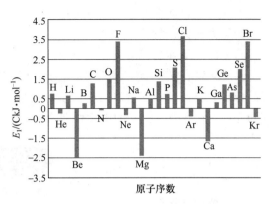

图 6.12 原子序数与第一电子亲和能

同一族元素，从上至下，由于核外电子层的增加趋势大于有效核电荷的增加趋势。故原子半径依次变大。第一电子亲和能总体来说逐渐减小。获得电子的能力依次减弱，非金属性减弱。同一主族元素第一电子亲和能也有反常现象。如第二周期Ⅶ族元素氟要比第三周期同一族氯元素要小。原因是 $r_F < r_{Cl}$，形成 $-1$ 价离子时，原子半径小的原子间排斥力较大。

### 3. 电负性

元素的电离能和电子亲和能可反映某元素的原子失去和获得电子的能力，但并不是完美的，因为许多元素在形成化合物时，并不是简单地失去或获得电子，电子只是在它们的原子之间发生偏移。为了更全面地反映分子中原子对成键电子的吸引能力，人们又提出了元素电负性的概念。所谓元素的电负性是指分子中元素原子吸引电子的能力。指定最活泼的非金属元素氟原子电负性为4.0，以此为标准，再根据热化学的方法可求出其他元素的相对电负性，故元素的电负性没有单位。元素的电负性数值如图6.13所示。

图 6.13 元素的电负性数值

元素的电负性在周期表中呈现出周期性变化。根据元素的电负性大小可衡量元素的金属性和非金属性的强弱。

短周期：同一周期，从左到右，元素的电负性逐渐增大，原子吸引电子的能力趋强，元素的非金属性逐渐增强。在所有元素中氟的电负性最大，是非金属性最强的元素。

长周期：同一周期，从左到右，元素的电负性总体趋势逐渐增大，非金属性趋强。但过渡元素变化趋势不是很有规律，这与电子层结构有关。

主族元素：从上至下，元素的电负性逐渐减小，原子吸引电子的能力趋弱，相反失去电子的能力趋强，故非金属性依次减弱，金属性依次增强。在所有元素中铯的电负性最小，是金属性最强的元素。

副族元素：从上至下，元素的电负性没有明显的变化规律，这还是与过渡元素的电子层结构有关。而且第三过渡元素（第六周期）与同族的第二过渡元素（第五周期）除ⅠB族和ⅡB族元素外，元素的电负性非常接近，这仍然是镧系收缩的影响所致。

## 习 题

**一、单项选择题**

1. 对于原子核外的电子来说，下列各组量子数的组合中错误的是（　　）。

A. $n=3$，$l=2$，$m=0$，$m_s=+1/2$　　B. $n=2$，$l=2$，$m=-1$，$m_s=-1/2$

C. $n=4$，$l=1$，$m=0$，$m_s=-1/2$　　D. $n=3$，$l=1$，$m=-1$，$m_s=+1/2$

2. 无机化学命名委员会（国际组织）在 1989 年作出决定：把周期表原先的主、副族号取消，从左向右按原顺序编为 18 列，如第 IA 族为第 1 列，稀有气体为第 18 列。按这个规定，下列说法正确的是（　　）。

　A. 每一列都有非金属元素

　B. 第 18 列元素的原子最外层均有 8 个电子

　C. 在 18 列元素中，第 3 列所含元素种类最多

　D. 只有第 2 列元素的原子最外层有 2 个电子

3. 下列电子亚层中，可容纳的电子数最多的电子亚层是（　　）。

A. $n=1$，$l=0$　　B. $n=2$，$l=1$

C. $n=3$，$l=2$　　D. $n=4$，$l=3$

4. 在周期表中同一主族从上到下，元素的第一电离能逐渐减小，造成这一变化的主要因素是（　　）。

　A. 有效核电荷数　　B. 电子层结构　　C. 原子半径　　D. 价电子数

5. 下列叙述中正确的是（　　）。

A. $F_2$ 的键能低于 $Cl_2$　　B. F 的电负性低于 Cl

C. $F_2$ 的键长大于 $Cl_2$　　D. F 的第一电离能低于 Cl

**二、填空题**

1. 原子中的杂化轨道有利于形成 σ 键，而不利于形成 π 键。这是由于＿＿＿＿＿。

2. 波函数可以表示为 $\psi(r,\theta,\varphi)=R(r)\cdot Y(\theta,\varphi)$，其中 $R(r)$ 称为＿＿＿＿，$Y(\theta,\varphi)$ 称为＿＿＿＿。

3. 下列离子基态的电子构型分别是：$Ge^{4+}$＿＿＿＿，$S^{2-}$＿＿＿＿，$Ag^+$＿＿＿＿，$Pd^{2+}$＿＿＿＿，$Mn^{3+}$＿＿＿＿。

4. 电子等微观粒子运动具有的特征是＿＿＿＿。

5. 所谓某原子轨道是指＿＿＿＿。

**三、判断题**

1. s 电子绕原子核旋转，其轨道为一圆圈，而 p 电子是走∞字形。　　　　（　　）

2. 主量子数为 1 时，有自旋相反的两条轨道。 （　　）

3. 主量子数为 3 时，有 3s、3p、3d、3f 四条轨道。 （　　）

4. ⅠB 族元素原子的次外层 d 轨道全满，最外层有一个 s 电子。 （　　）

5. 元素的第一电离能 $I_1$ 的大小与原子的核外电子层数、原子半径及有效核电荷相关。

（　　）

**四、简答题**

1. 满足下列条件之一的是哪一族或哪一个元素？

(1) 最外层具有 6 个 p 电子。

(2) 价电子数是 $n=4$、$l=0$ 的轨道上有 2 个电子和 $n=3$、$l=2$ 的轨道上有 5 个电子。

(3) 次外层 d 轨道全满，最外层有一个 s 电子。

(4) 该元素 +3 价离子和氩原子的电子构型相同。

(5) 该元素 +3 价离子的 3d 轨道电子半充满。

2. ⅠA 族元素与ⅠB 族元素原子的最外层都只有一个 s 电子，但前者单质的活泼性明显强于后者，试从它们的原子结构特征加以说明。

3. 周期系中哪一个元素的电负性最大？哪一个元素的电负性最小？周期系从左到右和从上到下元素的电负性变化呈现什么规律？为什么？

4. 有 A、B、C、D 四种元素，其价电子数依次为 1、2、6、7，其电子层数依次减小。已知 D⁻ 的电子层结构与 Ar 原子相同，A 和 B 的次外层均为 8 个电子，C 的次外层有 18 个电子。试推断这四种元素，写出它们的元素符号、元素名称、电子分布式、确定它们在周期表中的位置（周期和族）。

5. 若将以下基态原子的电子排布写成下列形式，各违背了什么原理？并改正之。

A.$_5$B：$1s^2 2s^3$　　　B.$_4$Be：$1s^2 2p^2$　　　C.$_7$N：$1s^2 2s^2 2p_x^2 2p_y^1$

**五、推断题**

第四周期的 A、B、C、D 四种元素，其价电子数依次为 1、2、2、7，其原子序数按 A、B、C、D 顺序依次增大，已知 A 与 B 的次外层电子数为 8，而 C、D 的次外层电子数为 18，试推断：

(1) 哪些是金属元素？

(2) D 与 A 组成的简单离子是什么？

(3) 哪一元素的氢氧化物碱性最强？

(4) B 与 D 原子间能形成何种类型化合物？写出其电子结构式。

第6章
拓展习题讲解

第6章
在线答题

# 第7章
## 化学键和分子间作用力

### 知识结构图

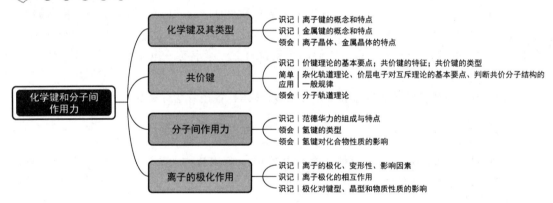

化学键和分子间作用力

- 化学键及其类型
  - 识记｜离子键的概念和特点
  - 识记｜金属键的概念和特点
  - 领会｜离子晶体、金属晶体的特点
- 共价键
  - 识记｜价键理论的基本要点；共价键的特征；共价键的类型
  - 简单应用｜杂化轨道理论、价层电子对互斥理论的基本要点、判断共价分子结构的一般规律
  - 领会｜分子轨道理论
- 分子间作用力
  - 识记｜范德华力的组成与特点
  - 领会｜氢键的类型
  - 领会｜氢键对化合物性质的影响
- 离子的极化作用
  - 识记｜离子的极化、变形性、影响因素
  - 识记｜离子极化的相互作用
  - 识记｜极化对键型、晶型和物质性质的影响

第7章
知识点串讲

# 7.1　化学键及其类型

物质的性质取决于分子的性质，而分子的性质又是由分子的内部结构决定的。因此研究原子是怎样结合成分子的，对于了解物质的性质及其变化规律具有十分重要的意义。

分子结构通常包括下列内容：分子的化学组成；分子的空间构型，即分子中原子的空间排布，键长、键角和几何形状；以及分子中原子间的化学键。化学键可分为离子键、共价键和金属键等基本类型。

此外，在分子之间还普遍存在着一种较弱的相互作用力，从而使分子聚集成液体或固体。这种分子之间较弱的相互作用力称为分子间作用力。除分子间作用力外，在某些含氢化合物的分子间或分子内还可形成氢键。故本章在原子结构理论的基础上，讨论化学键的形成、分子间的作用力，并进一步介绍它们与物质的物理、化学性质的关系。

## 7.1.1　离子键和离子晶体

### 1. 离子键的形成

离子键（ionic bond）是由原子得失电子后，生成的正、负离子之间靠静电引力而形成的化学键。

在离子键的模型中，可以近似地将正、负离子视为球形电荷。这样根据库仑定律，两种带有相反电荷（$q^+$ 和 $q^-$）的离子间的静电引力 $F$ 则与离子电荷的乘积成正比，即

$$F = \frac{q^+ \times q^-}{d^2} \tag{7-1}$$

可见，离子的电荷越大，离子电荷中心间的距离 $d$ 越小，离子间的静电引力越强。在一定条件下，当电负性较小的活泼金属元素的原子与电负性较大的活泼非金属元素的原子相互接近时，活泼金属原子失去最外层电子，形成具有稳定电子层结构的带正电荷的正离子；而活泼非金属原子得到电子，形成具有稳定电子层结构的带负电荷的负离子。正、负离子之间靠静电引力相互吸引，当它们充分接近到一定的距离后，离子的原子核之间及电子之间的排斥作用增大。当正、负离子之间的相互吸引和排斥作用达到平衡时，系统的能量达到最低，正、负离子间形成稳定的离子键。

### 2. 离子键的特点

离子键的特点是没有饱和性和方向性。离子是一个带电球体，它在空间各个方向上的静电作用都是相同的，正、负离子可以在空间任何方向与电荷相反的离子相互吸引，所以离子键是没有方向性的。只要空间允许，一个正离子或负离子可以同时与多个电荷相反的离子相互吸引，并不受离子本身所带电荷的限制，因此离子键也没有饱和性。当然，这并不意味着一个正离子或负离子吸引相反电荷离子的数目可以无限大。虽然，正负电荷间的相互吸引没有饱和性，但是所吸引在其周围的相同电荷的离子之间会产生排斥，最终，吸引和排斥达到平衡，离子晶体以选择使体系能量最低的形式存在。结果，在离子晶体中，每一个正、负离子周围排列的相反电荷离子的数目都是固定的。例如：在 NaCl 晶体中，

每个 $Na^+$ 离子周围有 6 个 $Cl^-$ 离子，每个 $Cl^-$ 离子周围也有 6 个 $Na^+$ 离子[图 7.1(a)]；在 CsCl 晶体中，每个 $Cs^+$ 离子周围有 8 个 $Cl^-$ 离子，每个 $Cl^-$ 离子周围也有 8 个 $Cs^+$ 离子 [图 7.1(b)]。

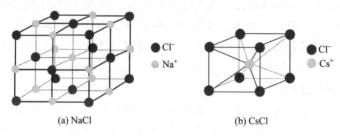

(a) NaCl　　　　　　　　　　(b) CsCl

**图 7.1　NaCl 和 CsCl 的晶体示意图**

### 3. 离子晶体

离子型化合物主要是以晶体状态出现，它们都是由正离子与负离子通过离子键结合而成的晶体，统称为离子晶体。

在离子晶体中，组成晶体的正、负离子在空间呈有规则的排列，而且每隔一定距离便重复出现，有明显的周期性，这种排列情况在结晶学上称为结晶格子，简称为晶格。晶体中最小的重复单位叫晶胞。

在离子晶体中，质点间的作用力是静电引力，即正、负离子是通过离子键结合在一起的，由于正、负离子间的静电引力较强，所以离子晶体一般具有较高的熔点、沸点和硬度。

离子晶体中离子的电荷越高、半径越小，静电引力越强，晶体的熔点也就越高。

离子晶体的硬度较大，但比较脆、延展性较差。这是由于在离子晶体中，正、负离子交替地规则排列，当晶体受到冲击力时，各层离子位置发生错动，静电引力大大减弱而使晶体易破碎。

离子晶体不论是在熔融状态还是在水溶液中都具有优良的导电性，但在固体状态，由于离子被限制在晶格的一定位置上振动，因此几乎不导电。

在离子晶体中，每个离子都被若干个带相反电荷的离子所包围，因此在离子晶体中不存在单个分子，可以认为整个晶体就是一个巨型分子。

## 7.1.2　金属键和金属晶体

非金属元素的原子都有足够多的价电子，彼此互相结合时可以共用电子。例如两个 Cl 原子共用 1 对电子形成 $Cl_2$ 分子；两个 N 原子共用 3 对电子形成 $N_2$ 分子。原子靠分子间作用力在一定温度下凝聚成液体或固体；金刚石晶体中每个碳原子同 4 个相邻原子共用 4 对电子；大多数金属元素的价电子都少于 4 个（多数只有 1 个或 2 个价电子），而在金属晶格中每个原子要被 8 个或 12 个相邻原子所包围。以钠为例，它在晶格中的配位数是 8（体心立方），它只有 1 个价电子，很难想象它怎样同相邻 8 个原子结合起来。为了说明金属键的本质，目前已发展运用金属键的改性共价键理论和能带理论加以解释。这里简要讲解一下改性共价键理论。

改性共价键理论认为，在固态或液态金属中，价电子可以自由地从一个原子跑向另一个原子，这样一来就好像电子为许多原子或离子（指每个原子释放出自己的电子便成为离子）所共有。这些共用电子起到把许多原子（或离子）黏合在一起的作用，形成所谓的金属键，这种键可以认为是改性的共价键，这种键是由多个原子共用一些能够流动的自由电子所组成的。对于金属键有两种形象化的说法：一种说法是在金属原子（或离子）之间有电子气在自由流动；另一种说法是"金属离子浸沉在电子的海洋中"（图7.2）。

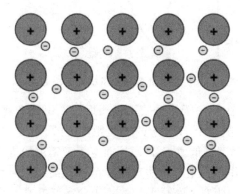

图7.2　金属键的形象化金属离子浸沉在电子的海洋中

在金属晶体中，由于自由电子的存在和晶体的紧密堆积结构，使金属获得了共同的性质，如较大的密度，金属光泽，良好的导电性、导热性和机械加工性，等等。

金属中自由电子可以吸收可见光，然后又把各种波长的光大部分再发射出来，因而金属一般有银白色光泽并且对辐射有良好的反射性能。金属的导电性也同自由电子有关，在外加电场的作用下，自由电子就沿着外加电场定向流动而形成电流。不过在晶格内的原子和离子不是静止的，而是在晶格节点上作一定幅度的振动，这种振动对自由电子的流动起着阻碍的作用，加上阳离子对电子的吸引作用，构成了金属特有的电阻。加热时原子和离子的振动加强，电子的运动便受到更多的阻力，因而一般随着温度升高金属的电阻加大。金属的导热性也决定于自由电子的运动，电子在金属中运动，会不断地和原子或离子碰撞而交换能量。因此，当金属的某一部分受热而加强了原子或离子的振动时，就能通过自由电子的运动而把热能传递到邻近的原子和离子，使热运动扩展开来，很快使金属整体的温度均一化。金属紧密堆积结构允许在外力下使一层原子在相邻的一层原子上滑动而不破坏金属键，这是金属有良好的机械加工性的原因。

# 7.2　共　价　键

## 7.2.1　价键理论

1. 共价键的形成

1927年，海特勒和伦敦由量子力学处理两个H原子形成$H_2$分子的过程，得到$H_2$分子的能量与原子核间距离的关系曲线。

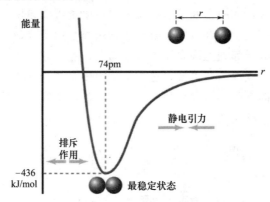

**图 7.3　$H_2$ 分子的能量与原子核间距离的关系曲线**

由图 7.3 可知，当两个 H 原子从远处互相接近时，出现两种情况：如果两个 H 原子的 1s 电子自旋方向相反，随两个 H 原子的核间距离 $r$ 的减小，体系能量逐渐降低，当核间距离为 $r=r_0$ 时，能量降到最低值 $E_0$，两核间电子云密度较为密集，如果两个原子进一步靠近，原子核间的排斥作用占主导，体系的能量将升高；如果两个 H 原子的 1s 电子自旋方向相同，随着原子核间距离 $r$ 的减小，体系能量逐渐升高。由此可知，自旋方向相反的两个 H 原子以核间距离 $r$ 相结合，可以形成稳定的 $H_2$ 分子，这一状态称为氢分子的基态，此时体系的能量低于两个未结合时 H 原子的能量。相反，如两个 H 原子的 1s 电子自旋方向相同，则体系的能量随 $r$ 的减小而增大，1s 电子在原子核间的概率密度很小，这意味着两个氢原子趋向分离而不能键合。因此根据量子力学的基本原理，氢分子的基态之所以能成键，是由于两个氢原子的 1s 原子轨道互相重叠时，$\psi_{1s}$ 都是正值，相加后使两个原子核间的电子云密度有所增加。在两个原子核间出现的电子云密度较大的区域，一方面降低了两个原子核间的排斥，另一方面增大了两个原子核对电子云密度较大区域的吸引，有利于体系能量的降低和形成稳定的化学键。这种由共用电子对所形成的化学键称为共价键（covalent bond）。

2. 价键理论的基本要点

1930 年，鲍林等人在海特勒和伦敦处理 $H_2$ 分子结构的基础上，发展了量子力学处理氢分子成键的结果，建立了现代价键理论。其理论的基本要点如下。

（1）两个原子相互接近时，自旋方向相反的单电子可以配对形成共价键。

（2）电子配对时放出能量越多形成的化学键就越稳定，如形成一个 C—H 键放出 $411kJ \cdot mol^{-1}$ 的能量，形成 H—H 键时放出 $436kJ \cdot mol^{-1}$ 的能量。

3. 共价键的特征

（1）共价键具有饱和性

共价键的饱和性是指一个原子含有几个单电子，就能与几个自旋相反的单电子配对形成共价键。也就是说，一个原子所形成的共价键的数目不是任意的，它受单电子数目的制约。如果 A 原子和 B 原子各有 1 个、2 个或 3 个成单电子，且自旋相反，则可以互相配对，形成共价单键、双键或叁键（如 H—H、O=O、N≡N）。如果 A 原子有 2 个单电子，B 原子有 1 个单电子，若自旋相反，则 1 个 A 原子能与 2 个 B 原子结合生成 AB$_2$ 型分子，如 2 个 H 原子和 1 个 O 原子结合生成 H$_2$O 分子。

（2）共价键具有方向性

根据原子轨道的最大重叠原理，即形成共价键时，原子间总是尽可能地沿着原子轨道最大重叠的方向成键。成键电子的原子轨道重叠程度越高，电子在两核间出现的概率密度也越大，形成的共价键也越稳固。

共价键的形成将沿着原子轨道最大重叠的方向进行，这样两核间的电子云越密集，形成的共价键就越牢固，这就是共价键的方向性。除 s 轨道呈球形对称无方向性外，p、d、f 轨道在空间都有一定的伸展方向。在形成共价键时，除 s 轨道与 s 轨道在任何方向上都能达到最大程度的重叠外，p、d、f 轨道只有沿着一定的方向才能发生最大程度的重叠。

（3）共价键的类型（σ 键和 π 键）

按原子轨道的重叠方式的不同，可以将共价键分为 σ 键和 π 键两种类型（图 7.4）。例如两个原子都含有成单的 s 和 p$_x$、p$_y$、p$_z$ 电子，当它们沿 $x$ 轴接近时，能形成共价键的原子轨道有：s—s、p$_x$—s、p$_x$—p$_x$、p$_z$—p$_z$。这些原子轨道之间可以有两种成键方式：一种是沿键轴的方向，以"头碰头"的方式发生轨道重叠，轨道重叠部分是沿着键轴呈圆柱形对称分布，这种键称为 σ 键，如 s—s、p$_x$—s、p$_x$—p$_x$ 等；另一种是原子轨道以"肩并肩"方式发生轨道重叠，如 p$_z$—p$_z$、p$_y$—p$_y$。轨道重叠部分以键轴为平面，具有镜面反对称性，这种键称为 π 键。

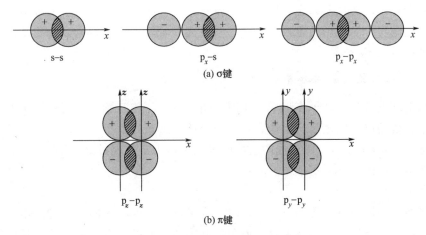

图 7.4 σ 键和 π 键的成键示意图

一般说来，π 键具有反对称面，其重叠程度小于 σ 键，因此 π 键的键能小于 σ 键，π 键的稳定性也小于 σ 键。π 键电子的能量高于 σ 键、活泼性高，是化学反应的积极参与者。

两个原子间形成共价单键时，通常生成的是 σ 键；形成共键双键或叁键时，其中一个为 σ 键，其余的为 π 键。

前面所讨论的共价键的共用电子对都是由形成化学键的两个原子分别提供一个电子组成的。此外还有一类共价键，其共用电子对不是由成键的两个原子分别提供，而是由其中一个原子单方面提供，另一原子提供空轨道。这种由一个原子提供电子对，另一原子提供空轨道形成的共价键称为配位键（coordination bond）或共价配键。配位键的形成条件是：

其中的一个原子的价电子层有孤电子对（即未共用的电子对），另一个原子的价电子层有可接受孤电子对的空轨道。一般含有配位键的离子或化合物是相当普遍的。

（4）共价键的极性

根据成键原子电负性的差异，可将共价键分成极性共价键和非极性共价键。成键的两个原子电负性差值<0.4时，形成的共价键称为非极性共价键；成键的两个原子电负性差值>0.4时，电荷分布（电子云分布）显著不对称，即在键的两端出现了明显的正极和负极，这样形成的共价键称为极性共价键。

对分子而言，根据正、负电荷重心是否重合，可将其分为极性分子和非极性分子。分子中正、负电荷重心重合的分子称为非极性分子；与此相反，正、负电荷重心不互相重合的分子称为极性分子。

## 7.2.2 杂化轨道理论

价键理论成功地阐明了共价键的本质和特性，但是在解释多原子分子的空间构型方面却遇到了困难。已知基态碳原子的电子层构型是$1s^2 2s^2 2p_x^1 2p_y^1$，其中$1s^2$电子在原子的内层不参与成键作用，不必考虑；外层$2s^2$已成对，只有两个未成对的2p电子，似乎应该只能形成两个共价键。但实验事实证明绝大部分碳原子形成的化合物中，碳原子都生成了四个化学键。如在$CH_4$分子中，中心C原子分别与四个H原子形成了四个C—H共价键，而且四个化学键的性质完全等同，这是价键理论不能解释的。为了解释多原子分子的空间构型，鲍林在价键理论的基础上，进一步补充和发展了价键理论，提出了杂化轨道理论（hybrid orbital theory）。

1. 杂化轨道理论的基本要点

杂化轨道理论认为：原子在形成分子时，由于原子间相互影响，同一原子的若干不同类型且能量相近的原子轨道混合起来，重新组合成一组新的原子轨道，这种重新组合的过程称为杂化（hybridation），所形成的新的原子轨道称为杂化轨道（hybrid orbit）。

杂化轨道理论的基本要点如下。

（1）激发。

当能量相近的原子轨道要形成化学键时，为了形成尽可能多的化学键，中心原子的成对电子可以激发到能量较高的空轨道，原子从基态转化为激发态，其所需能量由所形成共价键数目的增加所释放出更多的能量来补偿。

以碳原子为例，碳原子最外层电子排布为$2s^2 2p^2$，在受到激发以后2s轨道的一个电子跃迁到2p轨道上，并发生杂化形成四个等价的$sp^3$杂化轨道（图7.5）。

（2）杂化。

为了解释中心原子和其他相同原子所生成分子具有相同的化学键，杂化轨道理论认为，处于激发态的不同原子轨道线性组合成一组能量相同的新的原子轨道，这一过程称为杂化。只有能量相近的原子轨道才能进行杂化，同时杂化只有在形成分子的过程中才会发生，而孤立的原子是不可能发生杂化的。

（3）轨道重叠。

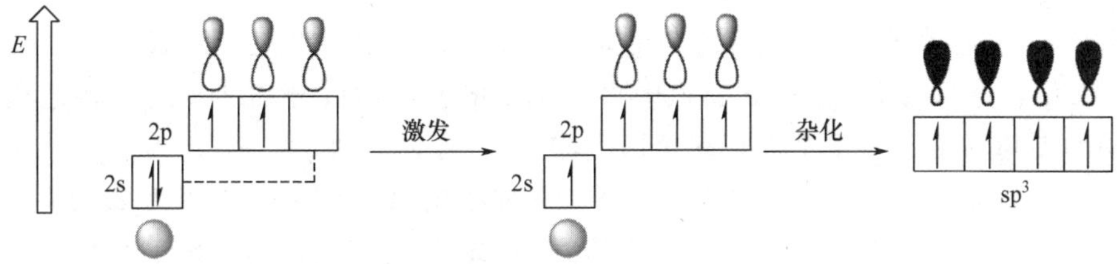

**图 7.5 碳原子 $sp^3$ 杂化轨道示意图**

杂化轨道和其他原子轨道重叠形成化学键时，同样需要满足原子轨道最大重叠原则。因为杂化后原子轨道的形状发生变化，电子云分布集中在某一方向上，比未杂化的 s、p、d 轨道的电子云分布更为集中、重叠程度增大、成键能力增强、形成的共价键更稳定。由于杂化轨道的空间伸展方向比杂化前发生改变，满足原子轨道最大重叠原则决定了形成分子的空间构型。

（4）杂化轨道的数目等于参加杂化的原子轨道数目的总数，杂化后的轨道既不能增加，也不能减少。

（5）杂化轨道成键时，要满足化学键间最小排斥原理。键与键间排斥力的大小决定于键的方向，即决定于杂化轨道间的夹角。故杂化轨道的类型与分子的空间构型有关。

2. 杂化轨道的类型

根据参与杂化的原子轨道种类和数目的不同，可以杂化成不同类型的杂化轨道。通常分为 s-p 型和 s-p-d 型。杂化轨道又可分为等性杂化轨道和不等性杂化轨道两种。凡是由不同类型的原子轨道混合起来，重新组合成一组完全等同（能量相等、成分相同）的杂化轨道称为等性杂化。凡是由于杂化轨道中有不参加成键的孤对电子的存在，而造成不完全等同的杂化轨道，这种杂化称为不等性杂化。

（1）等性杂化

① sp 等性杂化。

由一个 ns 轨道和一个 np 轨道参与的杂化称为 sp 等性杂化，所形成的轨道称为 sp 杂化轨道。每一个 sp 杂化轨道中含有 1/2 的 s 轨道成分和 1/2 的 p 轨道成分，两个杂化轨道间的夹角为 $180°$，呈直线形。

以 $HgCl_2$ 为例，Hg 原子最外层电子排布为 $5d^{10}6s^2$，成键时一个 6s 轨道的电子激发到空的 6p 轨道上同时发生杂化，组成两个新的等价的 sp 杂化轨道。每个 sp 轨道均含有 1/2s 成分和 1/2p 成分。两个轨道在一条直线上，杂化轨道的夹角为 $180°$。两个 Cl 原子的 3p 轨道以"头碰头"方式与 Hg 原子的两个杂化轨道的大的一端发生重叠形成 σ 键。$HgCl_2$ 中的三个原子在一条直线上，Hg 原子位于中间，如图 7.6 所示。

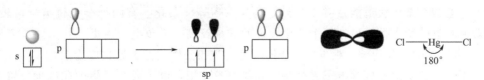

**图 7.6 sp 轨道杂化示意图与分子的空间构型**

② sp² 等性杂化。

由一个 ns 轨道和两个 np 轨道参与的杂化称为 sp² 等性杂化，所形成的三个杂化轨道称为 sp² 杂化轨道。每个 sp² 杂化轨道中含有 1/3 的 s 轨道成分和 2/3 的 p 轨道成分，杂化轨道间的夹角为 120°，呈平面正三角形。

以 $BF_3$ 分子形成说明 sp² 等价杂化过程。B 原子的最外层电子排布为 $2s^2 2p^1$，只有一个未成对电子，成键过程中 2s 的一个电子激发到 2p 空轨道上，同时发生杂化，组成三个新的等价的 sp² 杂化轨道。每个杂化轨道均含有 1/3s 成分和 2/3p 成分。三个杂化轨道位于同一平面，分别指向正三角形的三个顶点。杂化轨道间的夹角为 120° 三个 F 原子的 p 轨道以"头碰头"的方式与 B 原子的杂化轨道形成三个 σ 键，如图 7.7 所示。

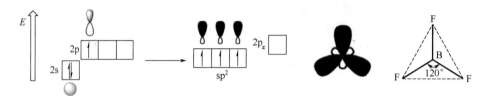

**图 7.7　sp² 杂化示意图与分子的空间构型**

③ sp³ 等性杂化。

由一个 ns 轨道和三个 np 轨道参与的杂化称为 sp³ 等性杂化，所形成的四个杂化轨道称为 sp³ 杂化轨道。sp³ 杂化轨道的特点是每个杂化轨道中含有 1/4 的 s 成分和 3/4 的 p 成分，杂化轨道间的夹角为 109.5°，空间构型为四面体形。

$CH_4$ 分子的形成过程是典型的 sp³ 过程。C 原子最外层电子排布为 $2s^2 2p^2$，有两个未成对电子。成键过程中，经过激发并杂化，组成四个新的等价的 sp³ 杂化轨道，每个杂化轨道都含有 1/4s 成分和 3/4p 成分。四个杂化轨道间的夹角为 109.5°。四个氢原子的 s 轨道以"头碰头"的方式与四个杂化轨道的大的一端重叠，形成四个 σ 键，如图 7.8 所示。

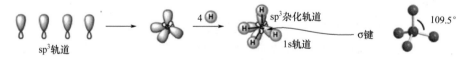

**图 7.8　sp³ 杂化轨道的分布与分子的空间构型**

（2）不等性杂化

在一组杂化轨道中，若参与杂化的各原子轨道 s、p 等成分不相等，则杂化轨道的能量不相等，这种杂化称为不等性杂化。在水分子中，根据电子配对理论，由于氧原子的两个未成对电子占据两个 p 轨道，形成水分子时键角应为 90°。然而，实验测得 H—O—H 的键角为 104.5°。根据杂化轨道理论，氧原子的一个 2s 轨道和三个 2p 轨道应采取 sp³ 等性杂化，但四个杂化轨道能量并不一致，为 sp³ 不等性杂化。有两个杂化轨道能量较低，被两对孤对电子所占据；另外两个杂化轨道的能量较高，为单电子占据，并与两个氢原子的 1s 轨道形成两个共价键。根据 sp³ 杂化轨道具有四面体构型，键角应为 109.5°，该键角与事实不符。这是由于成键电子受氧原子和氢原子作用，电子云主要集中在键轴位置，而孤电子对不参与成键，只受到氧原子的作用，电子云集中在氧原子周围，显得比较肥，故对成键轨道产生较大的排斥,引起 O—H 键之间的夹角小于 109.5°成为 104.5°,如图 7.9 所示。

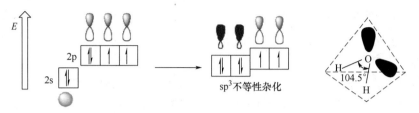

**图 7.9 水分子中 O 原子的不等性杂化与水分子的空间构型**

（3）大π键

对键轴所在的某一特定平面具有反对称性,即两个互相平行的 $p_y$ 或 $p_z$ 轨道以"肩并肩"方式进行重叠,轨道的重叠部分垂直于键轴并呈镜面反对称分布（原子轨道在镜面两边波瓣的符号相反）,原子轨道以这种重叠方式形成的共价称为π键,形成π键的电子称为π电子。如图 7.10 所示 $x-y$ 平面（或 $y-z$ 平面）为对称镜面。

在具有双键或三键的两原子之间常常既有σ键又有π键。例如,$N_2$ 分子内,N 原子之间就有 1 个σ键和 2 个π键。N 原子的最外层电子排布是 $3s^2 2p^3$,形成 $N_2$ 分子时用的是 2p 轨道上的 3 个单电子。这 3 个 2p 电子分别分布在 3 个相互垂直 $2p_x$,$2p_y$,$2p_z$ 轨道内。当 2 个 N 原子的 $p_x$ 轨道沿着 $z$ 轴方向以"头碰头"的方式重叠时,伴随着σ键的形成,2 个 N 原子将进一步靠近,这时垂直于键轴（这里指 $x$ 轴）的 $2p_y$ 和 $2p_z$ 轨道只能以"肩并肩"的方式两两重叠,形成 2 个π键,如图 7.10 所示。

当分子中多个原子间有相互平行的 p 轨道,彼此连贯重叠形成的 π 键也称为多原子 π 键或离域 π 键。离域 π 键的一个经典例子就是苯。苯分子中有一个闭合的离域 π 键,均匀对称地分布在 6 个碳原子组成的六角环平面上下,如图 7.11 所示。

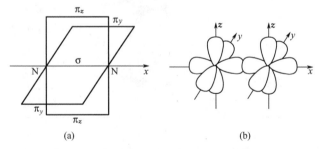

**图 7.10 π键与 $N_2$ 分子中化学键的形成示意图**

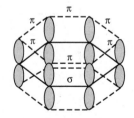

**图 7.11 苯分子中的离域 π 键**

## 7.2.3 价层电子对互斥理论

依据杂化轨道理论可知,不同的杂化轨道有相对应的空间构型,我们可以根据已知分子的空间构型,通过杂化轨道理论对该分子的成键和空间构型进行解释,即杂化轨道理论不能用于预测分子的立体构型。1940 年,希吉维克（Sidgwick）等人在总结大量试验事实的基础上,提出了价层电子对互斥理论（valence shell electron pair repulsion theory）,简称 VSEPR 理论。它比较简单，不需要原子轨道的概念，而且在解释、判断和预见分子构型的准确性方面比杂化轨道理论更为有效。

### 1. 价层电子对互斥理论的基本要点

（1）在共价分子中，中心原子周围配置的原子或原子团的空间构型，主要取决于中心原子价电子层中电子对的相互排斥作用，中心原子的价电子层中的电子对的数目包括成键电子对和孤对电子。共价分子的空间构型总是采取电子对相互排斥最小的那种结构。

（2）对于共价分子来说，其分子的空间构型主要决定于中心原子的价层电子对的数目和类型。根据电子对之间相互排斥最小的原则，电子对间应尽可能远离。分子的空间构型同电子对的数目和类型的关系见表 7-1。

表 7-1　分子的空间构型同电子对的数目和类型的关系

| 中心原子 A 价层的电子对的数目 | 成键电子对的数目 | 孤对电子数 | 空间构型 | 中心原子 A 价层电子对的排布方式 | 分析的空间构型实例 |
|---|---|---|---|---|---|
| 2 | 2 | 0 | 直线形 | | $BeH_2$<br>$HgCl_2$（直线形）<br>$CO_2$ |
| 3 | 3 | 0 | 平面三角形 | | $BF_3$<br>$BCl_3$<br>（平面三角形） |
| | 2 | 1 | 三角形 | | $SnBr_2$<br>$PbCl_2$（V 形） |
| 4 | 4 | 0 | 四面体 | | $CH_4$<br>$CCl_4$<br>（正四面体） |
| | 3 | 1 | 四面体 | | $NH_3$<br>（三角锥形） |
| | 2 | 2 | 四面体 | | $H_2O$（V 形） |
| 5 | 5 | 0 | 三角双锥形 | | $PCl_5$<br>（三角双锥形） |
| | 3 | 2 | 三角双锥 | | $ClF_3$（T 形） |

续表

| 中心原子 A 价层的电子对的数目 | 成键电子对的数目 | 孤对电子数 | 空间构型 | 中心原子 A 价层电子对的排布方式 | 分析的空间构型实例 |
|---|---|---|---|---|---|
| | 6 | 0 | 八面体 | | $SF_6$（八面体） |
| 6 | 5 | 1 | 八面体 | | $IF_5$（四角锥形） |
| | 4 | 2 | 八面体 | | $ICl_4^-$（平面正方形）$XeF_4$ |

（3）当中心原子和配位原子通过双键或三键结合时，共价双键或三键被当作一个共价单键处理。

（4）价层电子对相互排斥作用的大小，决定于电子对之间的夹角和电子对的成键情况。一般规律为①电子对之间的夹角越小，排斥力越大；②价层电子对之间静电斥力大小顺序是孤对电子－孤对电子＞孤对电子－成键电子对＞成键电子对－成键电子对；③由于双键或三键含有的电子对数多、占据空间较大、静电斥力较大，故其静电斥力大小顺序为三键＞双键＞单键。

2. 判断共价分子结构的一般规律

（1）首先确定中心原子的价层电子对数，中心原子的价层电子对数由下式确定。

$$中心原子的价层电子对数 = \frac{中心原子的价电子数 + 配位原子提供的电子数}{2} \quad (7-2)$$

在正规的共价键中，有以下规律。

① 氢原子和卤素原子作为配位原子时，均各提供 1 个电子，例如 $CH_4$ 和 $BF_3$ 中的氢原子和氟原子。

② 氧原子和硫原子作为配位原子时，可认为不提供共用电子。

③ 若所讨论的物质是一个离子的话，则应加上或减去与电荷相应的电子数，例如 $NH_4^+$ 离子中的中心原子 N 的价层电子对数为 $(5+4-1)/2=4$；$SO_4^{2-}$ 离子中的中心原子 S 的价电子对数为 $(6+2)/2=4$。

④ 若中心原子的价电子数和配位原子的价电子数之和为单数，除以 2 后还有一个单电子，这一个单电子也当一对电子处理，如 NO 的电子对数 $(5+0)/2$，其电子对数为 3；$NO_2$ 的电子对数也为 3。

（2）根据中心原子价层电子对数，从表 7-1 中找出相应的电子对排布方式，这种排布方式可使电子对之间静电斥力最小。

（3）画出结构图，把配位原子排布在中心原子周围，每一对电子连接 1 个配位原子，剩下的未结合的电子对是孤对电子。根据孤对电子、成键电子对之间静电斥力的大小，确定静电斥力最小的稳定结构。如果中心原子周围只有成键电子对，则每一对成键电子和一个配位原子相连，分子最稳定的结构就是电子对在空间静电斥力最小的构型。如 $BF_3$，B原子周围有 3 对成键电子，3 对电子占据平面三角形的三个顶点，静电斥力最小，分子呈平面三角形结构。如果价电子对中包含孤对电子，则分子的结构和电子对静电斥力最小的电子对排布方式不同，分子的结构就是除去孤对电子后的空间构型。如 $H_2O$ 分子中，氧原子周围的电子对数为 $(6+2)/2=4$，则 4 对电子采取静电斥力最小的四面体构型，且其中的两对分别和两个氢原子形成两个化学键的电子对，占据四面体的两个顶点，另外两个孤对电子占据四面体的另外两个顶点，所以，$H_2O$ 分子的结构为除去两个孤对电子后的空间构型，故其为 V 字形空间构型。同理，$NH_3$ 空间构型为三角锥形。

**3. 价层电子对互斥理论的应用实例**

（1）在 $CCl_4$ 分子中，中心原子 C 有 4 个价电子，4 个氯原子提供 4 个电子。因此中心原子 C 原子价层电子总数为 8，即有 4 对电子。由表 7-1 可知，4 对电子伸向四面体的四个顶点的形式排布，静电斥最小。由于价层电子对全部是成键电子对，因此 $CCl_4$ 分子的空间构型和电子对的排布方式一样，为正四面体。

（2）在 $ClO_3^-$ 离子中，中心原子 Cl 有 7 个价电子，O 原子不提供电子，再加上得到的 1 个电子，价层电子总数为 8，价层电子对为 4。由表 7-1 可知，Cl 原子的价层电子对的排布方式为正四面体，其中 3 对电子为成键电子，故正四面体的 3 个顶点被 3 个 O 原子占据，余下的一个顶角被孤电子对占据，这种排布方式只有一种形式，因此 $ClO_3^-$ 离子的空间构型为三角锥形。

（3）在 $IF_2^-$ 离子中，中心原子 I 有 7 个价电子，2 个 F 各提供 1 个电子，再加上阴离子的电荷数 1，中心原子共有 5 个价层电子对，价层电子对静电斥力最小的空间排布方式为三角双锥形。在中心原子的 5 对价层电子对中，有 2 个成键电子对和 3 个孤电子对，$IF_2^-$ 离子的空间构型有三种可能的结构，如图 7.12 所示。

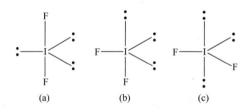

**图 7.12 $IF_2^-$ 离子的空间构型的三种可能结构**

在三角双锥形排布中，电子对之间的夹角有 90°、120° 和 180° 三种。电子对之间的夹角越小，静电斥力就越大，所以只需考虑 90° 夹角间的静电斥力。图 7.12（a）结构中没有 90° 的孤电子对-孤电子对的排斥作用，它的静电斥力最小，是最稳定的结构。因此 $IF_2^-$ 离子的空间构型为直线形。

由此可见，价层电子对互斥理论和杂化轨道理论在判断分子的空间构型方面可以得到大致相同的结果，而且价层电子对互斥理论应用起来比较简单。但是，它不能很好地说明键的形成和键的相对稳定性。

## 7.2.4　分子轨道理论

在价键理论上发展起来的杂化轨道理论成功地说明了共价化合物化学键的形成和空间构型，解释分子化学键的形成和空间构型十分简便直观、容易理解，然而在涉及个别分子的某些性质时又显得无能为力，如价键理论认为 $O_2$ 分子中不含有单电子，因为 2 个氧原子各有两个未成对的价电子，两者结合时正好配对，按价键理论得出 $O_2$ 分子的结构似乎应当是特征的双键结构。根据物理学理论可知：若分子或离子中不存在未成对电子（电子全部成对），则该分子或离子应当是反磁性的；相反，若某个分子或离子是顺磁性的，则必有未成对电子（成单电子），且通过磁矩测定，可以获得分子或离子中未成对电子的数目。但对氧分子的磁性实验研究表明，$O_2$ 是顺磁性的，且含有两个自旋方向相同的成单电子。价键理论无法解释氧分子这一顺磁性问题。又如，根据价键理论，分子中只有一个电子的 $H_2^+$ 是不可能生成的，但是 $H_2^+$ 分子实实在在地存在，而且还具有一定的稳定性，价键理论对这一现象无法解释。

为什么价键理论对上述问题显得无能为力呢？这是因为价键理论认为原子形成分子时仅仅是各自的成单电子相互配对，似乎原子成键时只与未成对价电子有关，与其他价电子无关，忽视了分子作为一整体，当原子形成分子后电子的运动应该从属于整个分子这一重要因素。假如我们将分子中的电子看作在分子中所有原子核及其他电子所形成的势场中的运动，那么分子整体的性质就能得到较好地说明，这就是分子轨道理论（molecular orbital theory，MO），的基本出发点。分子轨道理论是由马利肯（Milliken）和洪特（Hund）在 1932 年提出的。近十几年来随着计算机技术的发展和应用，该理论发展很快，在共价键理论中占有非常重要的地位。

1. 分子轨道的概念

在介绍分子轨道理论的基本要点之前，首先了解一下分子轨道的概念。通过原子结构理论的学习，我们知道原子中的电子是处于原子核及其他电子所形成的势场中运动的，每个电子都对应一定的运动状态和能量。原子中电子存在若干种运动状态 $\psi_{1s}$、$\psi_{2s}$、$\psi_{2p}$……电子的这些运动状态称为原子轨道，即原子中存在 1s、2s、2p……等原子轨道。分子轨道理论认为，在多原子分子中，组成分子的每个电子并不从属于某个特定的原子，而是在整个分子的范围内运动。分子中的电子处于所有原子核和其他电子的作用之下，分子中电子的运动状态和原子中电子的运动状态一样，也可以用波函数来描述，这些波函数称为分子轨道，即分子中电子的空间运动状态叫分子轨道（molecular orbit，MO）。

正如原子中每一个原子轨道分别对应一个能量。因此，在分子中也存在对应一定能量的若干分子轨道。像原子结构那样电子遵循"能量最低原理"将分子中所有电子按能量高低依次填入各分子轨道中，则可得到分子中电子排布，并由此说明分子的性质，这就是分子轨道理论的基本思路。现将其要点介绍如下。

2. 分子轨道理论的基本要点

（1）分子轨道是由原子轨道线性组合而成（linear combination of atomic orbital，LCAO），$n$ 个原子轨道组合成 $n$ 个分子轨道。在组合形成的分子轨道中，比组合前原子轨道能量低的称为成键分子轨道，用 $\psi$ 表示；能量高于组合前原子轨道的称为反键分子轨道，用 $\psi^*$ 表示。

例如，两个氢原子的 1s 原子轨道 $\psi_A$ 与 $\psi_B$ 线性组合，可产生两个分子轨道。

$$\psi_{\sigma_{1s}} = C_1(\psi_A + \psi_B) \qquad \psi_{\sigma_{1s}}^* = C_2(\psi_A + \psi_B) \qquad (7-3)$$

式中：$C_1$、$C_2$——常数。

（2）原子轨道组合成分子轨道时，必须遵循对称性匹配原则、能量近似原则和最大重叠原则。

① 对称性匹配原则。

原子轨道均具有一定的对称性，例如 s 轨道是球形对称，p 轨道是反对称（即一半是正，一半是负），d 轨道有中心对称和对坐标轴或某个平面对称。为了有效组合成分子轨道，必须要求参加组合的原子轨道对称性相同（匹配），对称性不相同的原子轨道不能组合成分子轨道。所谓对称性相同是指将原子轨道绕键轴（$x$ 轴）旋转 $180°$，原子轨道的正、负号都不变或都改变，即为原子轨道对称性相同（匹配）；若一个正、负号变了，另一个不变即为对称性不相同（不匹配），如图 7.13 所示。

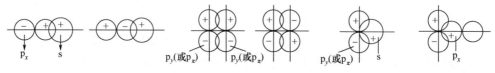

(a) 原子轨道对称性相同　　　　　　　　　(b) 原子轨道对称性不相同

**图 7.13　分子轨道对称性匹配原则**

②能量近似原则。

两个对称性相同的原子轨道能否组合成分子轨道，还要看这两个原子轨道能量是否接近。只有能量接近的原子轨道才能组合成有效的分子轨道，而且原子轨道的能量越接近越好，这就叫能量近似原则。在同核双原子分子中，当然 1s－1s、2s－2s、2p－2p 能有效地组合成分子轨道，而能量近似原则对于异核的双原子分子或多原子分子来说更加重要。如 H 原子 1s 轨道的能量是 $-1312 \text{kJ} \cdot \text{mol}^{-1}$，O 原子的 2p 轨道和 Cl 原子的 3p 轨道能量分别是 $-1314 \text{kJ} \cdot \text{mol}^{-1}$ 和 $-1251 \text{kJ} \cdot \text{mol}^{-1}$，因此 H 原子的 1s 轨道与 O 原子的 2p 轨道和 Cl 原子的 3p 轨道能量相近，就可以组成分子轨道。而 Na 原子 3s 轨道能量为 $-496 \text{kJ} \cdot \text{mol}^{-1}$，与 O 原子的 2p 轨道、Cl 原子的 3p 轨道及 H 原子的 1s 轨道能量都相差很远，所以不能有效组合成分子轨道。

③最大重叠原则。

当两个对称性相同、能量相同或相近的原子轨道组合成分子轨道时，原子轨道重叠得越多，组合成的分子轨道越稳定，这就是最大重叠原则。这是因为原子轨道发生重叠时，在可能的范围内重叠程度越大，成键轨道能量降低得越显著。

（3）每个分子轨道都有相应的能量和图像。分子的能量 $E$ 等于分子中电子能量的总和，而电子的能量即为它们所占据的分子轨道的能量。根据原子轨道的重叠方式和形成的分子轨道的对称性不同，可将分子轨道分为 $\sigma$ 成键、$\pi$ 成键轨道和 $\sigma^*$ 反键、$\pi^*$ 反键轨道。将这些分子轨道按能量的高低排布，可以得到分子轨道的近似能级图。

（4）分子中所有电子将遵从原子轨道中电子排布三原则，即能量最低原则、保里不相容原则、洪特规则，进入分子轨道，即得分子的基态电子排布。

　　3. 分子轨道的形成和类型

　　(1) 分子轨道的形成和类型

　　① $ns-ns$ 组合的分子轨道。

　　A、B 两原子的 $ns$ 轨道相结合，可以形成两条分子轨道：一条是能量比 $ns$ 原子轨道能量低的成键分子轨道，用符号 $\sigma_{ns}$ 表示；另一条是能量比 $ns$ 原子轨道能量高的反键分子轨道，用 $\sigma_{ns}^*$ 表示。其形成如图 7.14 所示。

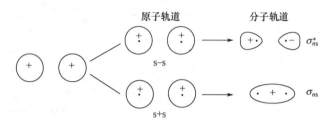

图 7.14　分子轨道 $\sigma_{ns}$ 与 $\sigma_{ns}^*$ 的形成

　　② $ns-np_x$ 组合的分子轨道。

　　当能量相等或相近的 A 原子的 $ns$ 轨道与 B 原子的 $np$ 轨道沿键轴重叠时，由于 $ns$ 轨道只与 $np^*$ 轨道对称性匹配，则可以组合成两条分子轨道，用 $\sigma_{sp_x}$ 和 $\sigma_{sp_x}^*$ 表示，如图 7.15 所示。

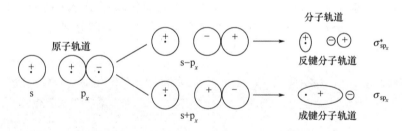

图 7.15　分子轨道 $\sigma_{spx}$ 与 $\sigma_{spx}^*$ 的形成

　　③ $np-np$ 组合的分子轨道。

　　每个原子的 $np$ 轨道共有 3 条，即 $np_x$、$np_y$、$np_z$，它们在空间的分布是互相垂直的。若原子 A 与原子 B 沿键轴（$x$ 轴）方向重叠时，$np_x$(A) 与 $np_x$(B) 以"头碰头"方式重叠，有两种重叠方式，从而形成两条 $\sigma$ 分子轨道，分别用符号 $\sigma_{np}$ 和 $\sigma_{npx}^*$ 表示，如图 7.16 所示。

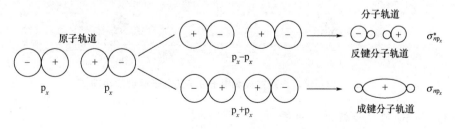

图 7.16　分子轨道 $\sigma_{npx}$ 与 $\sigma_{npx}^*$ 的形成

由于 $np_x(A)$ 与 $np_x(B)$ 以"头碰头"方式重叠，则它们的 $np_y(A)$ 与 $np_y(B)$，$np_z(A)$ 与 $np_z(B)$ 的重叠就以"肩并肩"的方式进行，形成 π 分子轨道。这两组轨道的组合情况相同，仅空间伸展方向不同，因此，$\pi_{np_y}$ 与 $\pi_{np_z}$，$\pi^*_{np_y}$ 与 $\pi^*_{np_z}$ 的能量相等，互为简并轨道，如图 7.17 所示。

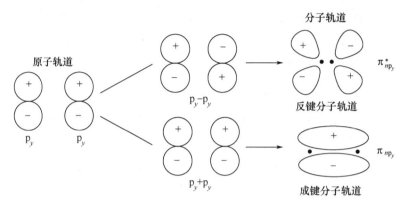

图 7.17　分子轨道 $\pi_{np_y}$ 与 $\pi^*_{np_y}$ 的形成

分子轨道的重叠方式还有 p—d、d—d 重叠，这类重叠一般出现在过渡金属化合物和一些含氧酸中，在此不作介绍。

（2）第二周期同核双原子分子的分子轨道能级图

每个分子轨道都具有相应的能量，分子轨道中每一分子轨道对应的能量高低主要是通过分子光谱实验来确定的。图 7.18 所示是第二周期同核双原子分子的分子轨道能级图。第二周期同核双原子分子的分子轨道能级顺序有两种情况，下面分别讨论。

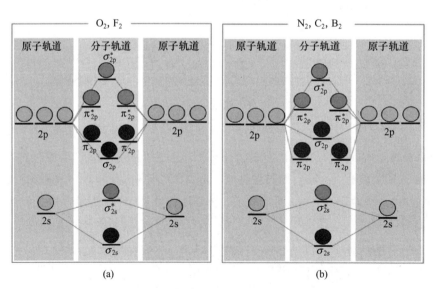

图 7.18　第二周期同核双原子分子的分子轨道能级图

① $O_2$ 和 $F_2$ 的分子轨道能级图。

对同核双原子分子，当组成原子的 2s 和 2p 轨道能量相差较大，一般认为大于 15eV

或 $2.4 \times 10^{-19}$ J，原子轨道组合成分子轨道时，只发生 s—s、p—p 重叠，不会发生 2s 和 2p 轨道之间的相互作用。

② $H_2$—$N_2$ 的分子轨道能级图。

对同核双原子分子来说，若组成原子的 2s 和 2p 轨道能级相差较小，一般认为 10eV 左右或 $1.6 \times 10^{-19}$ J 左右，不仅会发生 s—s、p—p 重叠，还必须考虑 2s 和 2p 轨道之间的相互作用，以致造成 $\sigma_{2p}$ 能量高于 $\pi_{2p}$ 能量的能级交错现象。

第二周期同核双原子分子的分子轨道能级顺序也可用分子轨道电子排布式来表示。

对 $O_2$、$F_2$，分子轨道电子结构式为

$$\sigma_{1s}\sigma_{1s}^*\sigma_{2s}\sigma_{2s}^*\sigma_{2p_x}(\pi_{2p_y}\pi_{2p_z})(\pi_{2p_y}^*\pi_{2p_z}^*)\sigma_{2p_x}^*$$

对 $B_2$、$C_2$、$N_2$，分子轨道电子结构式为

$$\sigma_{1s}\sigma_{1s}^*\sigma_{2s}\sigma_{2s}^*(\pi_{2p_y}\pi_{2p_z})\sigma_{2p_x}(\pi_{2p_y}^*\pi_{2p_z}^*)\sigma_{2p_x}^*$$

其中，括号内的分子轨道为简并轨道。因为这两组轨道的组合情况相同，仅空间伸展方向不同，因此，$\pi_{2p_y}$ 与 $\pi_{2p_z}$、$\pi_{2p_y}^*$ 与 $\pi_{2p_z}^*$ 的能量相等，互为简并轨道。

分子轨道理论提出了键级（bond order）的概念，键级的公式如下。

$$键级 = 1/2(成键轨道中的电子总数 - 反键轨道中的电子总数) \tag{7-4}$$

键级实际上是净的成键电子对数，一对成键电子构成一个共价键，所以键级一般等于键的数目。键级为零，意味着原子间不能形成稳定分子；成键轨道中电子数目越多，分子体系的能量降低得越多，分子越稳定，所以键级越大，键越牢固，分子越稳定。

下面举几个同核双原子分子的实例说明分子轨道法的应用。

$H_2^+$ 以及 $H_2$ 中的两个氢原子的轨道线性组合形成两个分子轨道，一个成键轨道一个反键轨道，如图 7.19 所示。$H_2^+$ 的单电子排布在成键轨道上。一个电子排布在成键轨道上形成的共价键成为单电子键。所谓的单电子键就是一个电子按照波函数所描述的状态绕两个核做运动。

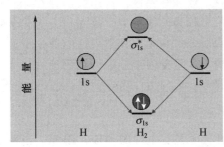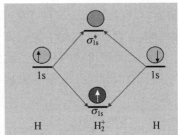

图 7.19 $H_2$ 分子和 $H_2^+$ 分子轨道能级图

$O_2$ 的电子组态为

$$[KK(\sigma_{2s})^2(\sigma_{2s}^*)^2(\sigma_{2p})^2(\pi_{2p})^4(\pi_{2p}^*)^2]$$

$O_2$ 的特点之一是有两个三电子键，$\sigma + \pi3 + \pi3$，是一个双自由基。由于每个 $\pi3$ 只相当于半个键，故键级为 2（图 7.20），尽管键级与价键理论的双键一致，但是 MO 理论圆满的解释了 $O_2$ 的顺磁性。

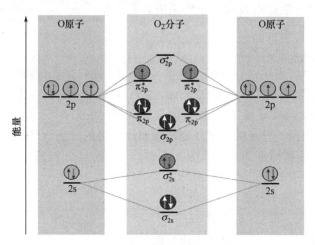

**图 7.20　$O_2$ 分子轨道能级图**

# 7.3　分子间作用力

　　化学键是分子中相邻原子之间较强烈的相互作用力。不仅分子内原子之间有作用力，分子与分子之间也有作用力。物质在气态时，分子之间的距离很大，分子可以自由运动，人们不容易感觉到分子之间有作用力。然而，当冷却气体时，分子运动减缓，气体可以凝聚成液体，甚至固体，这表明分子之间存在着作用力（气体凝聚成固体后具有一定的形状和体积，可以证明）。范德华早在 1873 年就已经注意到这种作用力的存在，并对此进行了卓有成效的研究，所以后人将分子间的作用力称为范德华力。范德华力与化学键相比要弱得多，即使在固体中它也只有化学键强度的百分之一到十分之一。然而，范德华力是决定物质的熔点、沸点和硬度等物理化学性质的一个重要因素。根据范德华力产生的原因，一般从理论上将分子间力分成三个基本组成部分：取向力、诱导力和色散力。

　　**1. 取向力**

　　取向力存在于极性分子之间。由于极性分子具有电性的偶极，因此，当两个极性分子相互靠近时，同极相斥、异极相吸。分子将产生相对的转动，分子转动的过程称取向。在已取向的分子之间，由于静电引力而互相吸引。极性分子由于固有偶极（永久偶极）的取向而产生的静电引力称为取向力（orientation force）。

　　理论研究表明，取向力与分子固有偶极矩的平方成正比，与绝对温度成反比，与分子间距离的六次方成反比。

　　**2. 诱导力**

　　在极性分子和非极性分子之间，非极性分子由于受到极性分子的固有偶极产生的电场的影响，导致非极性分子的正、负电荷重心产生位移。这种在外电场影响下分子的正、负电荷重心产生位移的现象称分子的极化，由此而产生的偶极称诱导偶极。诱导偶极同极性分子的固有偶极间的作用力称诱导力（induction force），如图 7.21 所示。

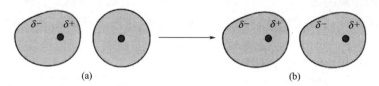

**图 7.21　极性分子与非极性分子的诱导力示意图**

同样，在极性分子和极性分子之间，除了取向力外，由于极性分子的相互影响，每个极性分子会发生变形，产生诱导偶极，其结果是使极性分子的偶极矩增大，从而使分子之间出现了除取向力外的额外吸引力——诱导力。对于极性分子与极性分子之间的作用来说，它是一种附加的取向力。诱导力也会出现在离子和离子以及离子和分子之间（离子极化）。

静电理论研究表明，诱导力与极性分子偶极矩的平方成正比，与被诱导分子的变形性（极化率）成正比，与分子间距离的七次方成反比，与温度无关。

3. 色散力

在非极性分子中没有偶极，似乎不存在什么静电作用。但实际情况表明，非极性分子之间也有相互作用。如：在常温下，$Br_2$ 是液体，$I_2$ 是固态，$F_2$ 是气态；在低温下，$Cl_2$、$N_2$、$O_2$ 甚至稀有气体也能液化。另外，对于极性分子来说，按前两种力计算出的分子间的力与实验值相比要小得多，说明分子中还存在第三种力，这个力称色散力。色散力的名称并不是由于它的产生原因，而是由于从量子力学导出的这种力的理论计算公式与光的色散公式类似。

必须根据近代量子力学的观点才能正确理解色散力的来源和本质。在非极性分子中，从宏观上看，分子的正、负电荷重心是重合在一起的，电子云呈现对称分布，但电荷的这种对称分布只是一段时间的统计平均值。由于组成分子的电子和原子核总是处于不断运动之中的，在某一瞬间，可能会出现正、负电荷重心不重合，瞬间的正、负电荷重心不重合而产生的偶极称瞬时偶极，瞬时偶极会诱导邻近的分子产生瞬时偶极。这种由于存在瞬时偶极而产生的相互作用力称为色散力（dispersion force）。

由于色散力包含瞬间诱导极化作用，因此色散力的大小主要与相互作用分子的变形性有关。一般说来，分子体积越大，其变形性也就越大，分子间的色散力就越大，即色散力和相互作用分子的变形性成正比；色散力与分子间距离的七次方成反比；此外，色散力和相互作用分子的电离势有关。不难理解，只要分子可以变形，不论其原来是否有偶极，都会有瞬时偶极产生。因此，色散力是普遍存在的，而且在一般情况下，是主要的分子间作用力，只有在极性很强的分子中，取向力才能占据分子间作用力的主要部分。

总之，分子间的范德华力具有如下的特点。

（1）不同情况下分子间作用力的组成不同

极性分子与极性分子之间的作用力是由取向力、诱导力和色散力三部分组成的；极性分子与非极性分子之间只有诱导力和色散力；非极性分子之间仅存在色散力。由此可见，色散力是普遍存在的。不仅如此，在多数情况下，色散力还占据分子间作用力的绝大部分。

（2）分子间作用力的范围很小（一般是 300～500pm）

随着分子间距离的增加，分子间的作用力以其七次方的关系减小。因此，在液态或固态的情况下分子间作用力比较显著；气态时，分子间作用力可以忽略，可将其视为理想气体。

（3）分子间作用力与化学键不同

分子间作用力既无饱和性，又无方向性；分子间作用力比化学键键能小 1～2 个数量级；分子间作用力主要影响物质的物理性质，化学键则主要影响物质的化学性质。

## 7.3.2　氢键

实验证明，有些物质的一些物理性质具有反常现象。如：水的比热特别大；水的密度在 277K 时最大；水的沸点比氧族同类氢化物的沸点高；等等。同样 $NH_3$、HF 也具有类似反常的物理性质。人们为了解释这些反常的现象，提出了氢键学说。

**1. 氢键的形成**

研究结果表明，当氢原子同电负性很大、半径又很小的原子（氟、氧或氮等）形成共价型氢化物时，由于二者电负性相差甚大，共用电子对强烈地偏向于电负性大的原子一边，而使氢原子几乎变成裸露的质子而具有极强的吸引电子的能力，这样氢原子就可以和另一个电负性大且含有孤对电子的原子产生强烈的静电吸引，这种吸引力就称氢键（hydrogen bonds）。如，液态水分子 $H_2O$ 中的 H 原子可以和另一个 $H_2O$ 分子中的 O 原子互相吸引形成氢键（图 7.22 中以虚线表示）。

氢键通常可用通式 X—H···Y 表示。X 和 Y 代表 F、O、N 等电负性大、半径较小且含孤对电子的原子。

**2. 氢键的特点**

（1）具有饱和性

由于氢原子很小，在它周围容不下两个或两个以上的电负性很强的原子，使得一个氢原子只能形成一个氢键。即每一个 X—H 只能与一个 Y 原子形成氢键。

（2）具有方向性

氢键的方向性是指 Y 原子与 X—H 形成氢键时，为减少 X 原子与 Y 原子电子云之间的静电斥力，应使氢键的方向与 X—H 键的键轴在同一方向，即使 X—H···Y 在同一直线上。

**3. 氢键的类型**

（1）分子间氢键

分子之间形成的氢键称为分子间氢键。通过分子间氢键，分子可以缔合成多聚体。如在常温下，水中除有 $H_2O$ 外，还有 $(H_2O)_2$、$(H_2O)_3$。又如，甲酸可以形成图 7.23 所示的二聚物。

由于分子缔合使分子的变形性及分子量增加，分子间作用力增加，物质的熔点和沸点随之升高。

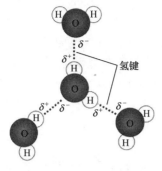

图 7.22 水分子间的氢键

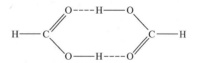

图 7.23 甲酸的二聚物

（2）分子内氢键

研究发现，某些化合物的分子内也可以形成氢键。例如，硝酸中可能出现如图 7.24 所示的分子内氢键。分子内氢键不可能与共价键成一直线，往往在分子内形成较稳定的多原子环状结构，化合物的熔点、沸点较低。由此可以理解为什么硝酸是低沸点酸（沸点是 83℃）。与此不同，硫酸中的氢形成分子间氢键从而将很多 $SO_4^{2-}$ 结合起来，致使硫酸成为高沸点的酸。苯酚的邻位上有 $-OH$，$-COOH$，$-NO_2$，$-CHO$ 等，都可以形成分子内氢键。

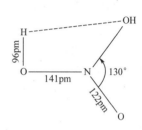

图 7.24 硝酸的分子内氢键

4. 氢键对化合物性质的影响

物质的许多理化性质都要受到氢键的影响，如熔点、沸点、溶解度、黏度等。形成分子间氢键时，会使化合物的熔点、沸点显著升高，这是由于要使液体汽化或使固体熔化，不仅要破坏分子间的范德华力，还必须给予额外的能量去破坏分子间氢键。

若溶剂与溶质之间能形成氢键，将增强溶质和溶剂之间的相互作用，则溶解度增大。如 $NH_3$、$HF$ 在水中的溶解度很大，就是因为 $NH_3$ 或 $HF$ 分子与 $H_2O$ 分子之间形成了分子间氢键。溶质分子如果形成分子内氢键，则分子的极性降低，在极性溶剂中的溶解度降低，而在非极性溶剂中的溶解度增大。如邻-硝基苯酚在水中溶解度比对-硝基苯酚小，但它在苯中的溶解度却比对-硝基苯酚大。

液体分子间若形成氢键，则黏度增大。如甘油的黏度很大，就是因为 $C_3H_5(OH)_3$ 分子间有氢键的缘故。

# 7.4 离子的极化作用

## 7.4.1 离子的极化

1. 离子的极化与影响因素

分子在外电场（如极性分子）影响下，其正、负电荷重心将发生变形，产生诱导偶极矩，分子的这种变化称为分子的极化（polarization），或称为分子的变形。分子极化的程度用极化率来衡量。离子和分子一样，在外电场影响下也会发生极化。我们将离子在外电场影响下，正、负电荷重心发生偏离，产生诱导偶极矩的现象称为离子的极化。

每个离子作为带电粒子均具有二重性：一方面离子本身带电，它会在其周围产生电场，对另一个离子产生极化作用，使另一个离子发生电子云的变形；另一方面，在另一个离子的极化作用下，离子本身也可以被极化发生变形，所以每种离子均具有变形性和极化作用两重性能。当正、负离子相互靠近时，将发生相互极化和相互变形，这种结果将导致相应的化合物在结构和性质上发生相应的变化。

一个离子使另一异号离子极化而变形的作用称为该离子的极化作用。离子极化作用的强弱由离子电荷、半径和离子的电子层构型决定。

①正离子半径小、电荷多、极化作用强，则
$$Al^{3+}>Mg^{2+}>Na^+$$

②负离子半径越小、电荷越多、其极化作用就越强，则
$$F^->Cl^-, \quad S^{2-}>Cl^-$$

③电荷和半径相近时，极化作用与电子层构型有关（影响很大），这一点主要表现在金属离子上。极化作用的强弱次序如下。

(18+2)电子型离子、18电子型离子>(9—17)电子型离子>8电子型离子
$$(Ge^{2+}，Pb^{2+}，Zn^{2+}，Hg^{2+})>(Fe^{2+}，Mn^{2+})>(Mg^{2+}，Sr^{2+})$$

离子的极化作用随其外层 d 电子数增多而增大。

**2. 离子的变形性**

离子受外电场影响发生变形，产生诱导偶极矩的现象称为离子的变形，离子变形性常用极化率来衡量。影响离子变形性的主要因素如下。

(1) 正离子电荷越小，半径越大，变形性（极化率）越大。

(2) 负离子电荷越多，半径越大，变形性越大，则
$$F^-<Cl^-<Br^-<I^-$$

(3) 电荷和半径相近时，变形性与离子的电子层构型有关，变形性大小顺序如下。

(18+2) 电子型离子、18 电子型离子>(9—17) 电子型离子>8 电子型离子

综上所述，极化作用最强的是电荷高、半径小和具有 18 电子层或 (18+2) 电子层的正离子；最容易变形的是半径大、电荷高的负离子和具有 18 电子层或 (18+2) 电子层的低电荷正离子；可见，具有 18 电子层或 (18+2) 电子层的正离子无论极化作用还是变形性均较强。

**3. 离子极化的相互作用**

虽然正离子和负离子都具有极化作用和变形性两方面的性能，但负离子在正离子的极化作用下更易变形。所以正离子主要表现为对负离子的极化作用，负离子主要表现为电子云的变形。因此在讨论正、负离子间的相互极化作用时，往往着重的是正离子的极化作用和负离子的变形性。但是当正离子的电子层构型为非稀有气体构型时，正离子也容易变形，此时要考虑正离子和负离子之间的相互极化作用。正、负离子相互极化的结果，导致彼此的变形性增大，产生诱导偶极矩加大，从而进一步加强了它们的极化能力，这种加强的极化作用称为附加极化作用。离子的外层电子构型对附加极化作用的大小有很重要的影

响，一般是最外层含有 d 电子的正离子容易变形而产生附加极化作用，而且所含 d 电子数越多，这种附加极化作用越强。

## 7.4.2 离子的极化对化合物性质的影响

当正离子和负离子相互结合形成离子晶体时，如果相互间无极化作用，则形成的化学键应是纯粹的离子键。但实际上正、负离子之间将发生程度不同的相互极化作用，这种相互极化作用导致电子云发生变形，即负离子的电子云向正离子方向移动，同时正离子的电子云向远离负离子方向移动，也就是说负离子的电子云发生了向正离子的偏移。相互极化作用越强，电子云偏移的程度也越大，则键的极性也减弱越多。从而使化学键从离子键过渡到共价键。

（1）使化合物的熔点降低

由于离子极化，使化学键由离子键向共价键转变，化合物也相应由离子型向共价型过渡，其熔点、沸点也随共价成分的增多而降低。

例如第三周期的氯化物，由于 $Na^+$，$Mg^{2+}$，$Al^{3+}$，$Si^{4+}$ 电荷依次递增而半径依次减小，极化作用依次增强，引起 $Cl^-$ 发生变形的程度也依次增大，致使正、负离子轨道的重叠程度依次增大，化学键的极性减小，有离子晶体 NaCl 转变成过渡性晶体 $MgCl_2$，$AlCl_3$，而 $SiCl_4$ 则是共价型分子晶体，故化合物的熔点依次降低。

AgCl 与 NaCl 相比，$Ag^+$ 的极化能力和形变能力都远大于 $Na^+$，故 AgCl（熔点 $455^\circ\!C$）远低于 NaCl（熔点 $800^\circ\!C$）。

离子的极化作用同样适用于阴离子，卤化钙的熔点按照 $CaF_2$，$CaCl_2$，$CaBr_2$，$CaI_2$ 的顺序依次降低。

（2）使化合物的溶解度降低

离子晶体通常是可溶于水的。水的介电常数很大（约等于 80），它会削弱正、负离子之间的静电引力，离子晶体进入水中后，正、负离子间的静电引力将减到约为原来的八十分之一，这样使正、负离子很容易受热运动的作用而互相分离。由于离子极化，离子的电子云相互重叠，正、负离子靠近，离子键向共价键过渡的程度较大，即键的极性减小。水不能像减弱离子间的静电作用那样减弱共价键的结合力，所以导致离子极化作用较强的晶体难溶于水。则 AgF，AgCl，AgBr，AgI 溶解度依次降低。

（3）使化合物的稳定性下降（分解温度降低）

随着离子极化作用的加强，负离子的电子云变形，强烈地向正离子靠近，有可能使正离子的价电子失而复得，又恢复成原子或单质，导致该化合物分解。如卤化铝 $AlCl_3$，$AlBr_3$，$AlI_3$ 的分解温度依次降低。

（4）使化合物的颜色加深

离子极化作用使外层电子变形，价电子活动范围加大，与原子核结合松弛，使离子间电子发生荷移跃迁所吸收光波的波长从紫外光到可见光方向移动，吸收部分可见光而使化合物的颜色变深。如 $S^{2-}$ 变形性比 $O^{2-}$ 大，因此硫化物颜色比氧化物深。而且副族离子的硫化物一般都有颜色，而主族金属硫化物一般都无颜色，这是因为主族金属离子的极化作用都比较弱。

# 习 题

## 一、单项选择题

1. 下列物质中含有相同的化学键类型的是（　　）。

A. $NaCl$，$HCl$，$H_2O$，$NaOH$ 　　　B. $Cl_2$，$Na_2S$，$HCl$，$SO_2$

C. $HBr$，$CO_2$，$H_2O$，$CS_2$ 　　　D. $Na_2O_2$，$H_2O_2$，$H_2O$，$O_3$

2. 下列物质中，含有非极性共价键的离子化合物的是（　　）。

A. $NH_4NO_3$ 　　　B. $Cl_2$

C. $H_2O_2$ 　　　D. $Na_2O_2$

3. 下列判断错误的是（　　）。

A. 熔点：$Si_3N_4$＞$NaCl$＞$SiI_4$ 　　　B. 沸点：$NH_3$＞$PH_3$＞$AsH_3$

C. 酸性：$HClO_4$＞$H_2SO_4$＞$H_3PO_4$ 　　　D. 碱性：$NaOH$＞$Mg(OH)_2$＞$Al(OH)_3$

4. 下列化合物中，不存在氢键的是（　　）。

A. $HNO_3$ 　　　B. $H_2S$

C. $H_3BO_3$ 　　　D. $H_3PO_3$

5. 影响分子晶体熔点、沸点的因素主要是分子间的各种作用力。硝基苯酚的分子内和分子间都存在氢键，邻硝基苯酚以分子内氢键为主，对硝基苯酚以分子间氢键为主，那么邻硝基苯酚和对硝基苯酚的沸点比较正确的选项是（　　）。

A. 邻硝基苯酚高于对硝基苯酚

B. 邻硝基苯酚低于对硝基苯酚

C. 邻硝基苯酚等于对硝基苯酚

D. 无法比较

## 二、填空题

1. 砷（As）在地壳中含量不大，但砷的化合物却是丰富多彩的。

（1）砷的基态原子的电子排布式为_____。

（2）市售的发光二极管，其材质以砷化镓（GaAs）为主。Ga 和 As 相比，电负性较大的是_____，GaAs 中 Ga 的化合价为_____。

（3）$AsH_3$ 是无色、稍有大蒜气味的气体，在 $AsH_3$ 中 As 原子的杂化轨道类型为_____。$AsH_3$ 的沸点高于 $PH_3$，其主要原因为_____。

2. 乙二胺分子（$NH_2-CH_2-CH_2-NH_2$）中氮原子杂化类型为 $sp^3$，乙二胺和三甲胺[$N(CH_3)_3$]均属于胺。试比较沸点：乙二胺_____三甲胺，并解释原因_____。

3. $CH_4$ 分子中键角是_____，$NH_3$ 分子中键角是_____。

4. 根据价层电子对互斥理论，$BF_3$ 分子是_____构型，$NF_3$ 分子是_____构型_____。

5. HF，HCl，HBr 及 HI 气体分子的热稳定性依次排序：_____。

## 三、判断题

1. 在多原子分子中，键的极性越强，分子的极性也越强。（　　）

2. 由极性共价键形成的分子，一定是极性分子。（　　）

3. 分子中的键是非极性键，分子一定是非极性分子。 （　　）

4. 非极性分子中的化学键一定是非极性共价键。 （　　）

5. $H_2O$ 比 $H_2S$ 具有更高的沸点。 （　　）

**四、简答题**

1. 应用价层电子对互斥理论，判断下列分子或离子的空间几何构型。

（1）$NO_2$ （2）$NF_3$ （3）$SO_3^{2-}$ （4）$ClO_4^-$ （5）$CS_2$

（6）$BF_3$ （7）$SiF_4$ （8）$H_2S$ （9）$SF_4$ （10）$ClO_3^-$

2. 写出 $F_2$ 和 $OF$ 的分子轨道表示式，指出它们是顺磁性还是反磁性？比较它们的相对稳定性。

3. $PCl_3$ 的空间几何构型为三角锥形，键角略小于 $109°28'$，$SiCl_4$ 是四面体形，键角为 $109°28'$，试用杂化轨道理论加以说明。

4. 应用价层电子对互斥理论，画出下列化合物的空间构型并标出孤对电子的位置。

（1）$XeOF_4$ （2）$ClO_2^-$ （3）$IO_6^{5-}$ （4）$I_3^-$ （5）$PCl_3$

5. 现有离子 $H^-$、$H_2^+$、$H_2^-$、$H_2^{2-}$，分别写出它们的分子轨道表示式，计算其键级，判断哪些离子能存在？哪些离子不能存在？

6. 试用离子极化的理论解释：$Cu^+$ 与 $Na^+$ 虽然半径相近（前者为 96pm，后者为 95pm）、电荷相同，但是 CuCl 和 NaCl 熔点相差很大（前者为 425℃，后者为 801℃）、水溶性相差很远（前者难溶，后者易溶）的原因。

**五、推断题**

根据分子轨道理论画出 $O_2$、$O_2^-$ 和 $O_2^+$ 的分子轨道能级图，并比较 $O_2$、$O_2^-$ 和 $O_2^+$ 的稳定性。

第7章 拓展习题讲解

第7章 在线答题

# 第8章
# 配位化合物

**知识结构图**

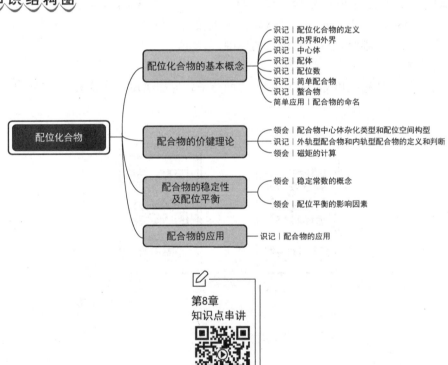

配位化合物（coordination compounds）或称络合物（complex compound），是配位化学研究的对象，是一类组成比较复杂而应用极广的化合物。有记录的配位化合物可以追溯到德国化学家利巴维斯（Libavins）于 1693 年观察到的蓝色$[Cu(NH_3)_4]^{2+}$ 和德国柏林的染料工人狄斯巴赫（Diesbach）偶然制得的普鲁士蓝 $KCN \cdot Fe(CN)_2 \cdot Fe(CN)_3$（$KFe[Fe(CN)_6]$）。

配位化学是研究配位化合物的合成、结构、性质和应用的学科，在现代结构化学理论和近代物理实验方法的推动下，已发展成为一个内容丰富、成果丰硕的学科，并广泛应用于工业、生物、医药等领域。1963 年，诺贝尔化学奖授予德国化学家齐格勒和意大利化学家纳塔，他们所研究的齐格勒—纳塔聚合催化剂是金属铝和钛的配位化合物，使得乙烯的低压聚合成为可能，这项研究使数千种聚乙烯物品成为日常用品。21 世纪的配位化学处于现代化学的中心地位，配位化学正在形成一个新的二级化学学科，和其他二级化学学科以及生命科学、材料科学、环境科学等一级学科都有紧密的联系和交叉渗透，促进了分离技术、配位催化、原子能、火箭等尖端技术的发展。一些重要的科学课题，如化学模拟固定氮、光合作用人工模拟和太阳能利用等，也都与配位化学密切相关。总之，配位化学在整个化学领域中具有极为重要的理论和实践意义。本章概括地介绍一些配位化学中最基本的知识。

# 8.1　配位化合物的基本概念

## 8.1.1　配位化合物的定义

配位化合物以下简称配合物，2005 年，国际纯粹与应用化学联合会（IUPAC）对配合物的定义为："任何包含有配位实体的化合物都是配合物。配位实体可以是离子或者中性分子，配位实体中有中心原子，通常为金属，中心原子周围有序排列的原子或基团称为配体。"目前，可以将配合物定义简化理解为由中心原子或者离子和几个配体分子或者离子以配位键相结合而形成的复杂分子或离子，通常可以称为配位单元，凡是由配位单元组成的化合物都称为配合物。

## 8.1.2　配合物的组成

### 1. 内界和外界

从配合物的定义可知，其结构中必含一个独立的结构单元作为配合物的特征部分，称为内界。如$[Cu(NH_3)_4]SO_4$ 和 $K_2[HgI_4]$ 中它们的内界分别是$[Cu(NH_3)_4]^{2+}$［图 8.1(a)］和$[HgI_4]^{2-}$，通常表示在方括号内部。外界一般为简单正、负离子或者酸根离子，可以起到平衡化合物电荷的作用，上面两个化合物的外界分别是 $SO_4^{2-}$ 离子［图 8.1(a)］和 $K^+$ 离子。若配合物的内界本身就是中性的，则不需要外界来平衡电荷，如$[Fe(CO)_5]$［图 8.1(b)］、$[Ni(CO)_4]$、$[PtCl_2(NH_3)_2]$等。内界一般由中心体（离子或原子）按照一定的空间构型

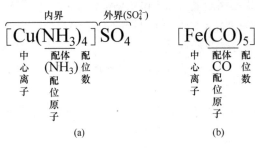

图 8.1　内界和外界

和配体共同组成。配离子（分子）的电荷数等于中心体和配体电荷的代数和，配合物组成部分所带电荷数的计算规则遵循电荷守恒原则。如果配体全部是中性分子，则配离子（分子）的电荷数为中心体的电荷数。如在 $[Cu(NH_3)_4]^{2+}$ 中，配离子的电荷为 $(+2)+4\times0=+2$；在 $[Fe(CN)_6]^{4-}$ 中，配离子的电荷为 $(+2)+6\times(-1)=-4$；而在 $[PtCl_2(NH_3)_2]$ 中，配合单元的电荷为 $(+2)+2\times(-1)+2\times0=0$，故 $[PtCl_2(NH_3)_2]$ 本身是一个电中性的配合物。除像 $[PtCl_2(NH_3)_2]$ 这种内界不带电荷的配合物外，一般内界均带电荷。为了保持整个配合物的电中性，必然有电荷相等但符号相反的外界离子与配离子结合，因此也可根据外界离子的电荷来算出配离子的电荷，如在 $K_3[Fe(CN)_6]$ 中，配离子的电荷为 $-3$，从而推知中心体 Fe 的氧化数为 $+3$。

### 2. 中心体

中心体也可称为中心原子，往往可以提供合适的空轨道，一般位于元素周期表的 d 区或者 ds 区，如上述配合物的带正电荷的 $Cu^{2+}$、$Hg^{2+}$ 以及中性原子 Fe、Ni。此外一些具有高氧化数的非金属原子由于外层存在空轨道，也是较常见的中心体，如 $[SiF_6]^{2-}$ 中的 $Si^{4+}$、$[PF_6]^-$ 中的 $P^{5+}$ 等。

### 3. 配体

配体指的是和中心体结合的分子或者离子，每个配体中直接同中心体相连接形成配位键的原子称为配位原子（简称配原子），如 $[Cu(NH_3)_4]SO_4$ 配合物中 $NH_3$ 配体的 N 原子，$Fe(CO)_5$ 配合物中 CO 配体的 C 原子等。配体的种类非常多且繁杂，新的配体被不断合成出来，新的配合物也随着不断涌现。根据配体所提供的配位原子个数不同，可以将配体简单分为单齿配体和多齿配体。单齿配体只提供一个配原子和中心体结合，如 $NH_3$、$H_2O$、$Cl^-$、吡啶等，常见的单齿配体见表 8-1。多齿配体可提供两个或两个以上的配原子和中心体结合，如 $CO_3^{2-}$、$NO_3^-$、$C_2O_4^{2-}$（草酸根，缩写 ox）、$H_2N-CH_2-CH_2-NH_2$（乙二胺，缩写 en）等。

表 8-1　常见的单齿配体

| 中性分子配体 | 名称 | 配原子 | 阴离子配体 | 名称 | 配原子 | 阴离子配体 | 名称 | 配原子 |
|---|---|---|---|---|---|---|---|---|
| $H_2O$ | 水 | O | $F^-$ | 氟 | F | $NH_2^-$ | 氨基 | N |
| $NH_3$ | 氨 | N | $Cl^-$ | 氯 | Cl | $NO_2^-$ | 硝基 | N |
| CO | 羰基 | C | $Br^-$ | 溴 | Br | $ONO^-$ | 亚硝酸根 | O |
| $CH_3NH_2$ | 甲胺 | N | $I^-$ | 碘 | I | $SCN^-$ | 硫氰酸根 | S |
| NO | 亚硝酰基 | O | $OH^-$ | 羟基 | O | $NCS^-$ | 异硫氰酸根 | N |
| $C_5H_5N$ | 吡啶 | N | $CN^-$ | 氰基 | C | $S_2O_3^{2-}$ | 硫代硫酸根 | O |

#### 4. 配位数

配位数是指中心体所接受的配原子的数目。若配体是单齿的，则配体数目就是该中心体的配位数，如 $[Cu(NH_3)_4]SO_4$ 中 $Cu^{2+}$ 的配位数就是配体 $NH_3$ 的个数 4，$[Co(NH_3)_5H_2O]Cl_3$ 中 $Co^{2+}$ 的配位数为配体 $H_2O$ 和 $NH_3$ 分子数目之和 6。若配体是多齿的，配位数则不等于中心体的配体数目，如 $[Cu(en)_2]^{2+}$ 中有两个乙二胺（en）配体，乙二胺含有两个配原子 N，因此这里 $Cu^{2+}$ 的配位数为 4。总的来说，配位数和配原子的数目相等。配合物中，中心体的配位数一般为 2~12，最高可以达到 16，其中以 4 和 6 最为常见。配位数在 8 以上的中心体一般出现在由镧系、锕系或者个别其他重金属元素组成的配合物。

配位数的多少取决于中心体和配体所带电荷、体积以及电子分布情况，此外配合物形成或结晶时的条件，如反应物比例、浓度、温度、pH 等也会对配位数造成影响。

①中心体的电荷高，有利于形成配位数较多的配合物。如 $Ag^+$，其特征配位数为 2，如 $[Ag(NH_3)_2]^+$；$Cu^{2+}$，其特征配位数为 4，如 $[Cu(NH_3)_4]^{2+}$；$Co^{3+}$，其特征配位数为 6，如 $[Co(NH_3)_6]^{3+}$。但对配体来说需要满足的是负电荷数越高、半径越大，则对同一中心体来说配位数减少。因为负电荷的增加、半径的增大使得配体的变形性增大而增加了配体之间的静电斥力，如 $[Co(H_2O)_6]^{2+}$ 和 $[CoCl_4]^{2-}$ 相比，前者的配体是中性 $H_2O$ 分子，后者是带负电荷的 $Cl^-$ 离子，$Co^{2+}$ 的配位数由 6 降为 4。

②中心体的半径越大，周围可容纳的配体数目越多，配位数也就越高。如碱土金属离子 $Mg^{2+}$、$Ca^{2+}$ 和 $Ba^{2+}$，离子半径依次增大，其配位数分别为 4、6 和 6（8）。同样和 $F^-$ 配位，半径较大的 $Al^{3+}$ 与 $F^-$ 可形成 $[AlF_6]^{3-}$ 配离子，而半径较小的 $B^{3+}$ 离子就只能生成 $[BF_4]^-$ 配离子。但应指出中心体半径的增大固然有利于形成高配位数的配合物，但若过大又会减弱它同配体的结合，反而降低了配位数。如 $Co^{2+}$ 可形成 $[CoCl_6]^{4-}$ 配离子，比 $Co^{2+}$ 大的 $Hg^{2+}$，却只能形成 $[HgCl_4]^{2-}$ 配离子。若配体的半径较大，在中心体周围容纳不下过多的配体，配位数就减少。如 $F^-$ 可与 $Al^{3+}$ 形成 $[AlF_6]^{3-}$ 配离子，但半径比 $F^-$ 大的 $Cl^-$、$Br^-$、$I^-$ 与 $Al^{3+}$ 只能形成 $[AlX_4]^-$ 配离子（X 代表 $Cl^-$、$Br^-$、$I^-$ 离子）。

③温度升高，常使配位数减小。这是因为温度升高，分子中的热运动加剧，将会削弱中心体与配体间的配位键，导致配体的离去而降低了配位数。而配体浓度增大有利于形成高配位数的配合物。

综上所述，影响配位数的因素是复杂的，是由多方面因素决定的，但某一中心体与不同的配体结合时，常具有一定的特征配位数。现将某些常见金属离子的特征配位数列于表 8-2。

表 8-2　某些常见金属离子的特征配位数

| 特征配位数 | 金属离子 | 举例 |
|---|---|---|
| 2 | $Cu^+$、$Ag^+$、$Au^+$、$Hg^{2+}$ | $[Ag(NH_3)_2]^+$、$[Ag(CN)_2]^-$、$[Cu(CN)_2]^-$ |

续表

| 特征配位数 | 金属离子 | 举例 |
|---|---|---|
| 3 | $Cu^+$、$Au^+$、$Hg^{2+}$、$Pt^{2+}$ | $[Cu_2Cl_2(PPh_3)_2]$、$[Au(PPh_3)_3]^+$、$[HgI_3]^-$、$[Pt(PPh_3)_3]^{2+}$ |
| 4 | $Zn^{2+}$、$Fe^{2+}$、$Ni^{2+}$、$Au^{3+}$ | $[Zn(NH_3)_4]^{2+}$、$[FeCl_4]^{2-}$、$[Ni(CN)_4]^{2-}$、$[AuCl_4]^-$ |
| 5 | $Cd^{2+}$、$Cu^{2+}$、$Co^{2+}$、$Ni^{2+}$ | $[CdCl_5]^{3-}$、$[Cu_2Cl_8]^{4-}$、$[Co(CN)_5]^{3-}$、$[Ni(CN)_5]^{3-}$ |
| 6 | $Fe^{2+}$、$Fe^{3+}$、$Co^{3+}$、$Pt^{2+}$、$Cr^{3+}$、$Al^{3+}$ | $[Fe(CN)_6]^{4+}$、$[FeF_6]^{3-}$、$[Co(NH_3)_6]^{3+}$、$[Cr(NH_3)_6]^{3+}$、$[AlF_6]^{3-}$、$[Pt(NH_3)_6]^{2+}$ |
| 7 | $Zr^{4+}$、$Fe^{2+}$、$Fe^{3+}$、$Mn^{3+}$ | $[ZrF_7]^{3-}$、$Na_2[Fe^{II}(H_2O)(edta)] \cdot 2NaClO_4 \cdot 6H_2O$、$Li[Fe^{III}(H_2O)(edta)] \cdot 2H_2O$、$Li[Mn^{III}(H_2O)(edta)] \cdot 4H_2O$ |
| 8 | $Eu^{3+}$、$U^{4+}$、$Zr^{4+}$、$Mo^{4+}$ | $[Eu(dbm)_4]^-$、$[U(NCS)_8]^{4-}$、$[Zr(NO_3)_2(acac)_2]$、$[Mo(CN)_8]^{4-}$ |
| 9 | $Pr^{3+}$、$Nd^{3+}$ | $[Pr(NCS)_3(H_2O)_6]$、$[Nd(H_2O)_9]^{3+}$ |
| 10 | $La^{3+}$ | $[La(H_2O)_4(Hedta)] \cdot 3H_2O$ |
| 更高配… | | |

## 8.1.3 配合物类型

配合物分类方法多种多样。根据配体与中心体的结合方式可以分为简单配合物和螯合物；根据中心体的个数可以分为单核配合物、多核配合物和聚合物；根据配合物中配体的种类分为单一配体配合物和混合配体配合物。配合物种类繁多，很多配合物具有多种特点，因此分类方法不能一概而论。下面我们介绍几种常见的配合物类型。

**1. 简单配合物**

简单配合物是指由一个中心体与若干个单齿配体配合而成的配合物。本章前面所提到的那些配合物如$[Cu(NH_3)_4]SO_4$、$K_2[HgI_4]$、$[Ag(NH_3)_2]^+$、$[ZnCl_4]^{2-}$、$[Ni(CN)_4]^{2-}$等均属于这种类型。这类配合物中一般没有环状结构，在溶液中常发生逐级生成现象和逐级离解现象，如$[Ag(NH_3)_2]^+$的形成如下。

$$Ag^+(aq) + NH_3(aq) \Longleftrightarrow [Ag(NH_3)]^+(aq)$$
$$[Ag(NH_3)]^+(aq) + NH_3(aq) \Longleftrightarrow [Ag(NH_3)_2]^+(aq)$$

**2. 螯合物**

螯合物（chelates）是由中心体和多齿配体配合而成的具有环状结构的配合物。如$Cu^{2+}$与乙二胺（en）配合时，由于en中的两个氮配位原子可以同时和$Cu^{2+}$配合形成环状结构的配合物。在螯合物分子中，配体好似螃蟹的螯钳一样牢牢地钳着中心体，故形象地称为螯合物。螯合物的中心体和配位体数目之比称为配合比，在 $[Cu(en)_2]^{2+}$ 中，其配合比为 $1:2$。螯合物的稳定性较高，很少有逐级离解现象。

形成螯合物的配体称螯合剂。螯合剂一般具备下列两个条件：①配体必须含有两个或两个以上能同时给出电子对的原子，主要是 O、N、S、P 等配位原子；②这种含两个或两个以上能给出孤电子对的配位原子应该间隔两个或三个其他原子。因为只有这样才能形成稳定的五原子环或六原子环，获得稳定的环状结构。如联氨 $H_2N-NH_2$，虽有两个配位原子氮，但中间没有间隔其他原子，与金属配合后形成一个三原子环，成环张力太大，这是一种不稳定的结构，故不能形成螯合物。常见的螯合配体见表 8-3。

**表 8-3 常见的螯合配体**

| 名称 | 缩写 | 分子式 | 配体离子 |
|---|---|---|---|
| 乙二胺四乙酸 | $H_4$edta | （乙二胺四乙酸结构式） | $H_3$edta$^-$、edta$^{4-}$、Hedta$^{3-}$ |
| 亚氨基二乙酸 | $H_2$ida | （亚氨基二乙酸结构式） | Hida$^-$、ida$^{2-}$ |
| 乙二酸（草酸） | $H_2$ox | （乙二酸结构式） | Hox$^-$、ox$^{2-}$ |
| 2，2'—联吡啶 | bpy | （联吡啶结构式） | |
| 1，10'—菲洛林 | phen | （菲洛林结构式） | |

应用最广的一类螯合剂是乙二胺四乙酸，简称 EDTA。它是一个四元酸，可表示为 $H_4Y$，因其在水中溶解度不大，常用其二钠盐 $Na_2H_2Y$，在它的分子中有六个配位原子，两个是 N，四个是 O，可与绝大多数金属离子形成螯合物。EDTA 具广泛的应用，是最常用的配合滴定剂、掩蔽剂和水的软化剂，在医药上有多种用途，如可用于医治重金属和放射性元素的中毒。

## 8.1.4 配合物的命名

配合物种类繁多，除少数按照习惯命名外，如黄血盐 $K_4[Fe(CN)_6]$、赤血盐 $K_3[Fe(CN)_6]$ 等，大多数配合物遵循 1980 年中国化学会无机化学专业委员会按照《无机化学命名原则》制定的命名规则。下面介绍这类命名规则的基本原则。

### 1. 配合物总命名规则

配合物命名遵循盐类命名习惯，先命名阴离子，再命名阳离子。例如配合物的外界酸根是一个简单的阴离子如 $Cl^-$、$OH^-$、$S^{2-}$ 等，其与配阳离子结合，则称某化某，如 $[Ag(NH_3)_2]Cl$ 称为氯化二氨合银（$\text{I}$）；若外界是复杂酸根如 $SO_4^{2-}$，与配阳离子结合则称某酸某，如 $[Cu(NH_3)_4]SO_4$ 称为硫酸四氨合铜（$\text{II}$）；若内界为配阴离子的配合物，也称为某酸某，如 $K_6[Ni(CN)_6]$ 称为六氰合镍酸钾；若配合物为中性分子则按照中性化合物命名规则，如 $[Co_2(CO)_8]$ 称为八羰基合二钴。

内界命名顺序为：配位数—配体名称—合（表示配位结合）—中心体—（用罗马数字标出中心体氧化数），中性配合物无外界，可不标记氧化数。如 $[FeF_6]^{3-}$ 配离子的命名为六氟合铁（$\text{III}$）酸根离子、$[Ag(NH_3)_2]^+$ 二氨合银（$\text{I}$）配离子、$[AuCl_4]^{3-}$ 四氯合金（$\text{I}$）配离子等。

2. 配体命名次序及规则

（1）若配体中既有无机配体又有有机配体，则无机配体在前，有机配体在后，如 $[PtCl_2(Ph_3P)_2]$ 命名为二氯·二（三苯基膦）合铂（$\text{II}$）。

（2）无机配体中既有离子型配体又有分子型配体，则按照阴离子、中性分子顺序排列，例如 $K[PtCl_3(NH_3)]$ 命名为三氯-氨合铂（$\text{II}$）酸钾。

（3）同类配体（如同是无机配体又同是分子型配体），按配位原子的元素符号在英文字母中的顺序排列，如 $[Co(NH_3)_5(H_2O)]Cl_3$ 命名为三氯化五氨一水合钴（$\text{III}$）。

（4）同类配体，配位原子相同，则配体中原子数少的排在前面。若原子数也相同，则按结构式中与配位原子相连原子的元素符号的英文字母顺序排列，如 $[Pt(NH_2)(NO_2)(NH_3)_2]$，应命名为一氨基·一硝基·二氨合铂（$\text{II}$）。

（5）配体化学式相同，但是配位原子不同，按照配位原子元素符号的字母顺序排列，并在配体名称后写出配位原子的符号。若配位原子不清楚，则按照配位个体的化学式中所列顺序为准，如 $ONO^-$（氧为配位原子）称为亚硝酸根，$NO_2^-$（氮为配位原子）称为硝基。

（6）配体个数用倍数词头二、三、四等数字表示。倍数词头的中英文对照见表 8-4。

表 8-4　倍数词头的中英文对照

| 中文 | 二 | 三 | 四 | 五 | 六 | 七 | 八 |
|---|---|---|---|---|---|---|---|
| 英文 | di | tri | tetra | penta | hexa | hepta | octa |

# 8.2　配合物的价键理论

鲍林等人在 20 世纪 30 年代首先提出了杂化轨道理论，这个我们在前面相关章节已经做了介绍，他首先将杂化轨道理论与配位共价键、简单的静电理论结合起来用于解释和处理配合物的形成、几何构型等问题，建立了配合物的价键理论（valence bond theory，VBT）。此外，配合物的化学键理论还有晶体场理论（CFT）、配体场或配位场理论（LFT）和分子轨道理论（MOT）等，这里我们着重介绍价键理论。

鲍林等人在原有价键理论的基础上，将过渡金属配合物构型解释统一到价键理论中来，提出所有配合物中的中心体与配体之间都以配位键结合，配体中配位原子所提供的孤电子对向中心体的空杂化轨道配位形成配位键，这种配位键一般是靠配体提供的孤电子对与中心体共用 M←:L 而成键，称为 σ 配键。根据价键理论，形成配合物时中心体需要提供能量相近的空轨道（s、p，s、p、d 或者 d、s、p）并进行杂化，形成数目相同、能量相等且有一定空间取向的、新的杂化轨道，它们分别和配位原子的孤电子对轨道在一定方向上彼此接近，发生最大重叠而形成配位键，这样就形成了不同配位数和不同空间构型的配合物。由此可以看出，配合物的构型也就是说配位单元的构型由中心体的轨道杂化方式决定。

如图 8.2 所示，$Ni^{2+}(3d^8)$ 可以形成配合物 $[Ni(NH_3)_4]^{2+}$ 和 $[Ni(CN)_4]^{2-}$，其中心体为 $Ni^{2+}$，要满足四个配体所提供的孤电子对需要提供四个空轨道。对 $[Ni(NH_3)_4]^{2+}$ 来说，$Ni^{2+}$ 采取的杂化形式为 $sp^3$，即一个 4s 和三个 4p 轨道杂化成四个 $sp^3$ 杂化轨道，接受四个 $NH_3$ 提供的四对电子，形成四个配位键，配位单元的构型为正四面体；而对 $[Ni(CN)_4]^{2-}$ 来说，$Ni^{2+}$ 采取的杂化形式为 $dsp^2$，即一个 3d、一个 4s 和二个 4p 杂化形成四个 $dsp^2$ 杂化轨道，配位单元的构型为平面四方形。这里 $sp^3$ 是由外层轨道形成的，像这种由 $ns-np-nd$ 杂化形成的称为外轨型杂化轨道，配合物称为外轨型配合物；而 $dsp^2$ 是由内层 3d 轨道和外层轨道形成，像这种由 $(n-1)d-ns-np$ 形成的杂化轨道称为内轨型杂化轨道，配合物称为内轨型配合物。

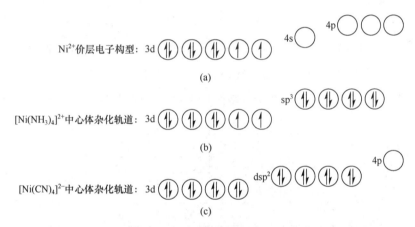

**图 8.2　$Ni^{2+}$ 离子的价层电子构型及在两种配合物中的杂化类型**

这种情况在六配位的配合中也会出现，如 $Fe^{3+}$ 离子，可以采取 $sp^3d^2$ 外轨型杂化（$[FeF_6]^{3-}$），也可以采取 $d^2sp^3$ 内轨型杂化（$[Fe(CN)_6]^{3-}$），这两个配离子均为正八面体构型。如图 8.3 所示，对采取内轨杂化的 $[Fe(CN)_6]^{3-}$ 来说，当 $CN^-$ 接近 $Fe^{3+}$ 离子时，$Fe^{3+}$ 离子中 3d 轨道上的 5 个成单电子会发生重排，分别填充进三个 3d 轨道，剩余二个空的 3d 轨道将会和外层的 4s、4p 轨道杂化形成 $d^2sp^3$ 的杂化轨道。对采取外轨杂化的 $[FeF_6]^{3-}$ 来说，当 $F^-$ 离子靠近 $Fe^{3+}$ 离子时，$Fe^{3+}$ 离子内层 3d 轨道及所容纳的 5 个单电子并未发生变化，外层的 4s、4p 及 4d 参与杂化形成了六个杂化轨道，六对成对电子填充六个杂化轨道形成六个配位键。从 $[Fe(CN)_6]^{3-}$ 中我们可以看出，其内层只有一个成单电子，而 $[FeF_6]^{3-}$ 内层有五个成单电子。具有成单电子的配合物往往具有顺磁性，未成对电子越多，顺磁磁矩越高，如这两个 $Fe^{3+}$ 离子配合物在磁天平上测出的磁矩分别为 $2.0\sim2.3\mu_B$ 和 $5.8\sim5.9\mu_B$。磁矩 $\mu$ 和物质轨道中成单电子数 $n$ 之间的关系满足公式：$\mu=\sqrt{n(n+2)}\mu_B$，$\mu_B$ 为玻尔（Bohr）磁子，是磁矩的单位。上述 $Fe^{3+}$ 离子这两个配合物的磁矩计算值分别为 $1.73\mu_B$ 和 $5.92\mu_B$ 和实测值比较接近。表 8-5 列出了常见具有 $3d^n$ 金属离子的价层电子构型、理论磁矩和实测磁矩，表8-6列出了常见中心体在形成配合物时所采用的杂化类型与配位空间构型。

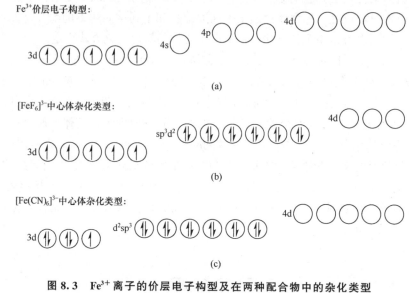

图8.3 $Fe^{3+}$ 离子的价层电子构型及在两种配合物中的杂化类型

表8-5 常见具有 $3d^n$ 金属离子的价层电子构型、理论磁矩和实测磁矩

| 金属离子 | 价层电子构型 | 理论磁矩/$\mu_B$ | 实测磁矩/$\mu_B$ | 金属离子 | 价层电子构型 | 理论磁矩/$\mu_B$ | 实测磁矩/$\mu_B$ |
| --- | --- | --- | --- | --- | --- | --- | --- |
| $Ti^{3+}$ | $3d^1$ | 1.73 | 1.65~1.79 | $Fe^{3+}$ | $3d^5$ | 5.92 | 5.70~6.00 |
| $V^{3+}$ | $3d^2$ | 2.83 | 2.75~2.85 | $Fe^{2+}$ | $3d^6$ | 4.90 | 5.10~5.70 |
| $V^{2+}$ | $3d^3$ | 3.87 | 3.80~3.90 | $Co^{3+}$ | $3d^6$ | 4.90 | 5.30 |
| $Cr^{3+}$ | $3d^3$ | 3.87 | 3.70~3.90 | $Co^{2+}$ | $3d^7$ | 3.87 | — |
| $Cr^{2+}$ | $3d^4$ | 4.90 | 4.75~4.90 | $Ni^{3+}$ | $3d^7$ | 3.87 | 4.30~5.20 |
| $Mn^{3+}$ | $3d^4$ | 4.90 | 4.90~5.00 | $Ni^{2+}$ | $3d^8$ | 2.83 | 2.80~3.50 |
| $Mn^{2+}$ | $3d^5$ | 5.92 | 5.65~6.10 | $Cu^{2+}$ | $3d^9$ | 1.73 | 1.71~2.20 |

表8-6 常见中心体在形成配合物时所采用的杂化类型与配位空间构型

| 配位数 | 杂化类型 | 配位空间构型 | 举例 |
| --- | --- | --- | --- |
| 2 | sp | 直线形 | $[Ag(NH_3)_2]^+$、$[Cu(CN)_2]^-$ |
| 3 | $sp^2$ | 平面三角形 | $[CuCl_3]^{2-}$ |
| 4 | $sp^3$ | 四面体 | $[Zn(NH_3)_4]^{2+}$、$[HgI_4]^{2-}$、$[Co(SCN)_4]^{2-}$ |
| 4 | $dsp^2$ | 平面正方形 | $[AuCl_4]^-$、$[Ni(CN)_4]^{2-}$、$[PtCl_4]^{2-}$ |
| 5 | $dsp^3$ | 三角双锥 | $Fe(CO)_5$、$[Ni(CN)_5]^{3-}$ |
| 5 | $d^4s$ | 四方锥 | $[TiF_5]^-$ |
| 6 | $sp^3d^2$ | 八面体 | $[FeF_6]^{3-}$、$[Fe(H_2O)_6]^{3+}$ |
| 6 | $d^2sp^3$ | 八面体 | $[Co(NH_3)_6]^{3+}$、$[Fe(CN)_6]^{3-}$ |

上面讨论了价键理论的基本内容，价键理论简单明了，能较好地说明中心体与配体结合的本质、配合物的配位数与配位几何构型的关系，合理地解释某些配合物的磁性等；但该理论存在不少缺点：不能解释成键电子的能量问题，不能定量解释配合物的稳定性，不能解释第一过渡系列金属配合物的稳定性变化规律，也不能解释配合物的可见吸收光谱、紫外吸收光谱的特征以及过渡金属配合物普遍具有特征颜色，等等。价键理论根本缺点是它只看到孤电子对占据中心体空轨道这一过程，而没有看到配体负电场对中心体的影响，特别是中心体的价层 d 轨道在负电场影响下电子云分布和能量的变化，因而在阐明配合物的某些性质时发生了困难。

# 8.3　配合物的稳定性及配位平衡

配合物的稳定性本质上是配位单元的稳定性，包括配合物在溶液中的稳定性和氧化还原稳定性等。在溶液中的稳定性主要是指它的热力学稳定性，也就是配合物在水溶液中的离解情况。氧化还原稳定性指的是配合物中金属离子得失电子的难易程度。

## 8.3.1　配合物的稳定常数

### 1. 稳定常数和不稳定常数

在配合物中，配离子与外界离子以离子键结合，在水溶液中能完全电离，产生配离子和外界离子，外界离子很容易被检出。而配离子中的中心体与配体之间是以配位键结合，在水溶液中很难解离。如在 $CuSO_4$ 溶液中加入氨水，外界离子仍为 $SO_4^{2-}$；加入 $BaCl_2$ 溶液便可得到 $BaSO_4$ 沉淀。此外，在水溶液中配位单元也存在着解离反应和生成反应的平衡，当二者反应速率相等时，反应达到平衡状态，可以用如下反应表示。

$$Cu^{2+}(aq)+4NH_3(aq) \rightleftharpoons [Cu(NH_3)_4]^{2+}(aq)$$

由前面所学的化学平衡原理，可得到该反应的标准平衡常数、稳定常数或者生成常数 $K_f^\ominus$，一般可表示为 $K_f^\ominus$ 或者 $K_稳$。

$$K_f^\ominus = \frac{[Cu(NH_3)_4]^{2+}}{[Cu^{2+}] \cdot [NH_3]^4} \tag{8-1}$$

式（8-1）中的浓度为各物质的平衡活度（通常没有特别指明，以各物质的物质的量浓度来进行计算，此外依据化学平衡的一般原理，其标准平衡常数表达式中，每一浓度项需要除以标准浓度，由于溶液中反应的标准浓度均为 $1.0mol \cdot L^{-1}$，为了书写方便，在此都省去）。对于相同类型的配位单元来说，$K_f^\ominus$ 越大，配位单元越稳定，生成配离子的倾向越大，而解离的倾向就越小，如 $[Ag(NH_3)_2]^+$ 和 $[Ag(CN)_2]^-$ 的 $K_f^\ominus$ 分别为 $1.1 \times 10^7$ 和 $1.2 \times 10^{21}$，后者比前者稳定得多，事实正是这样。如前所述，加碘化钾于 $[Ag(NH_3)_2]^+$ 溶液中，可因生成碘化银沉淀而破坏 $[Ag(NH_3)_2]^+$ 离子，但在同样条件下却不能破坏 $[Ag(CN)_2]^-$ 离子，这一点可通过计算得到证明。

[例 8-1]　$0.10mol \cdot L^{-1}[Ag(NH_3)_2]^+$ 溶液中含有 $1.0mol \cdot L^{-1}$ 的氨水，求溶液中的 $Ag^+$ 离子浓度；$0.10mol \cdot L^{-1}[Ag(CN)_2]^-$ 溶液中含有 $1.0mol \cdot L^{-1}$ 的 $CN^-$ 离子时，求溶

液中的 $Ag^+$ 离子浓度。$K_f^\ominus([Ag(NH_3)_2]^+)=1.1\times10^7$，$K_f^\ominus([Ag(CN)_2]^-)=1.2\times10^{21}$。

**解**：第一步先求 $[Ag(NH_3)_2]^+$ 和氨水的混合溶液中的 $Ag^+$ 离子浓度。

设 $[Ag^+]=x$，根据物料平衡，有如下关系：

$$Ag^+(aq)+2NH_3(aq)\Longrightarrow[Ag(NH_3)_2]^+(aq)$$
$$x \qquad 1.0+2x \qquad 0.10-x$$

$NH_3$ 过量时解离受到抑制，此时 $0.10-x\approx0.1$，$1.0+2x\approx1.0$。

解得 $x=9.1\times10^{-9}\,mol\cdot L^{-1}$，即 $[Ag^+]=9.1\times10^{-9}\,mol\cdot L^{-1}$。

第二步计算 $[Ag(CN)_2]^-$ 和 $CN^-$ 混合溶液中的 $Ag^+$ 离子浓度。

设 $[Ag^+]=y$，与上面的计算相似。

$$Ag^+(aq)+2CN^-(aq)\Longrightarrow[Ag(CN)_2]^-(aq)$$
$$y \qquad 1.0+2y \qquad 0.10-y$$

解得 $y=8.3\times10^{-23}\,mol\cdot L^{-1}$，即 $[Ag^+]=8.3\times10^{-23}\,mol\cdot L^{-1}$。

计算结果表明，在水溶液中 $[Ag(CN)_2]^-$ 解离出的 $Ag^+$ 浓度比 $[Ag(NH_3)_2]^+$ 离子解离出的 $Ag^+$ 浓度小得多，即 $[Ag(CN)_2]^-$ 更稳定。

如果在上述混合溶液中含有 $0.1\,mol\cdot L^{-1}$ 的 $I^-$ 离子，由于 $AgI$ 的 $K_{sp}=8.5\times10^{-17}$，所以在 $[Ag(NH_3)_2]^+$ 的溶液中会产生 $AgI$ 的沉淀（$0.10\times9.1\times10^{-9}>8.5\times10^{-17}$），而在 $[Ag(CN)_2]^-$ 溶液中不会产生 $AgI$ 的沉淀（$0.10\times8.3\times10^{-23}<8.5\times10^{-17}$）。

应当注意，在用 $K_f^\ominus$ 比较配离子的稳定性时，配位单元类型必须相同，如 $[CuY]^{2-}$ 和 $[Cu(en)_2]^{2+}$ 的 $K_f^\ominus$ 分别为 $6.2\times10^{18}$ 和 $1.0\times10^{20}$，从 $K_f^\ominus$ 看，似乎后者比前者稳定，但通常情况下是前者更稳定，因为前者是 1：1 型螯合物，后者是 1：2 型螯合物，配位单元类型会影响配合物的稳定性，不能直接用 $K_f^\ominus$ 比较，只能通过计算出离子的具体浓度来进行比较。

除了可用 $K_f^\ominus$ 表示配离子的稳定性以外，早期的教科书或文献中，也常用不稳定常数表示配离子的稳定性，如配离子 $[Cu(NH_3)_4]^{2+}$ 在水中的解离平衡为

$$[Cu(NH_3)_4]^{2+}(aq)\Longrightarrow Cu^{2+}(aq)+4NH_3(aq)$$

其平衡常数表达式为

$$K_d^\ominus=\frac{[Cu^{2+}]\cdot\{[NH_3]\}^4}{\{[Cu(NH_3)_4]^{2+}\}}(d\text{ 表示 dissociation}) \qquad (8-2)$$

这个平衡常数称 $[Cu(NH_3)_4]^{2+}$ 离子的解离常数或不稳定常数，可用 $K_d^\ominus$ 或者 $K_{不稳}^\ominus$ 来表示。因为它越大则表示配离子越容易解离，即配离子越不稳定。

很明显，$K_f^\ominus$ 与 $K_d^\ominus$ 之间存在如下关系：$K_d^\ominus=1/K_f^\ominus$，使用时需要注意，不要混淆。

配合物稳定常数可以通过一些实验方法来进行测定，通常的方法有电位法、极谱法、分光光度法、萃取法、离子交换法、量热滴定法等。

2. 逐级稳定常数

以上所讨论的配合物形成和解离反应及其平衡关系式是代表了配合物的总生成或总解离反应的平衡关系式。实际上像多元弱酸一样，在溶液中配合物的形成与解离也是分步进行的。例如 $[Cu(NH_3)_4]^{2+}$ 配离子的形成和解离是分四步来完成，每一步均对应相应的标准平衡常数 $K_f$。

第一步形成（相应于第四步解离）：

$$Cu^{2+}(aq)+NH_3(aq)\Longleftrightarrow[Cu(NH_3)]^{2+}(aq)$$

$$K_{f1}=\frac{\{[Cu(NH_3)]^{2+}\}}{[Cu^{2+}]\cdot[NH_3]}=2.0\times10^4$$

第二步形成（相应于第三步解离）：

$$[Cu(NH_3)]^{2+}(aq)+NH_3(aq)\Longleftrightarrow[Cu(NH_3)_2]^{2+}(aq)$$

$$K_{f2}=\frac{\{[Cu(NH_3)_2]^{2+}\}}{\{[Cu(NH_3)]^{2+}\}\cdot[NH_3]}=4.7\times10^3$$

第三步形成（相应于第二步解离）：

$$[Cu(NH_3)_2]^{2+}(aq)+NH_3(aq)\Longleftrightarrow[Cu(NH_3)_3]^{2+}(aq)$$

$$K_{f3}=\frac{\{[Cu(NH_3)_3]^{2+}\}}{\{[Cu(NH_3)_2]^{2+}\}\cdot[NH_3]}=1.1\times10^3$$

第四步形成（相应于第一步解离）：

$$[Cu(NH_3)_3]^{2+}(aq)+NH_3(aq)\Longleftrightarrow[Cu(NH_3)_4]^{2+}(aq)$$

$$K_{f4}=\frac{\{[Cu(NH_3)_4]^{2+}\}}{\{[Cu(NH_3)_3]^{2+}\}\cdot[NH_3]}=2.0\times10^2$$

配合物的每步生成常数称逐级稳定常数。由化学平衡可知总的平衡常数和逐级稳定常数之间的关系为

$$K_f^\ominus=\frac{\{[Cu(NH_3)_4]^{2+}\}}{[Cu^{2+}]\cdot\{[NH_3]\}^4}=K_{f1}\times K_{f2}\times K_{f3}\times K_{f4}=2.1\times10^{13}$$

配离子的逐级稳定常数一般差别不大，除少数例外，通常是比较均匀地逐级减小，这是因为后面配合的配体受到前面已经配合的配体的排斥。因此，在计算离子浓度过程中需要考虑各级配离子的存在。一般在实验过程中，会加入过量的配位试剂，因此在计算简单离子浓度的时候往往按照总的平衡稳定常数来进行计算。

3. 影响配合物稳定的因素

影响配合物稳定性的因素有很多，分为内因和外因两个方面。内因主要是指中心体和配体自身的性质特点引起的稳定性差异；外因主要是指配合物所存在外界环境条件，如溶液的酸度、浓度、温度和压力等。这里我们主要讨论内因引起的稳定性差异。

## 8.3.2　配位平衡的移动及影响因素

金属离子和配位体在溶液中形成配离子时存在配位平衡：$M^{n+}(aq)+aL^-\Longleftrightarrow ML_n^{n-a}$(aq)，根据平衡移动原理，改变金属离子或配体的浓度均会使平衡发生移动，从而导致配离子的生成或解离。如加入某种沉淀剂，使金属离子生成难溶化合物或者当配体是弱酸根离子时，改变溶液的酸度使弱酸根离子生成难电离的弱酸，都可使平衡左移，引起配离子离解。下面讨论配位平衡与酸碱电离平衡、沉淀-溶解平衡及氧化还原平衡的关系。

1. 配位平衡与酸碱电离平衡

（1）配体的酸效应

在配位平衡时，溶液中存在着配离子、未配位的金属离子和配位体，它们的浓度会因

溶液酸度的改变而发生不同程度的变化，因此酸度对配位平衡有较大的影响。

从酸碱质子理论的观点来看，配位体一般都可认为是碱。如常见的 $NH_3$ 和酸根离子 $F^-$ 等，可与 $H^+$ 离子结合而形成相应的共轭酸，如 $NH_3(aq)+H^+(aq)\Longleftrightarrow NH_4^+(aq)$，反应的程度决定于配体碱性的强弱，碱越强就越易与 $H^+$ 结合。因此在溶液中除了要考虑中心离子和配体的配合反应外，还须考虑配体与 $H^+$ 的酸碱反应。

在酸性溶液中，$Cu^{2+}$ 离子与 $NH_3$ 分子实际上不能生成配合物，因为当 $H^+$ 离子浓度大时，溶液中游离的 $NH_3$ 浓度很低。$Cu^{2+}(aq)+4NH_3(aq)\Longleftrightarrow[Cu(NH_3)_4]^{2+}(aq)$ 反应进行极微，实际上不能形成配合物，即此时酸碱反应代替了配位反应。

在弱酸性介质中，$F^-$ 离子能与 $Fe^{3+}$ 离子配合，$Fe^{3+}(aq)+6F^-(aq)\Longleftrightarrow[FeF_6]^{3-}(aq)$，但若酸度过大（$[H^+]>0.5mol\cdot L^{-1}$），由于发生 $H^+(aq)+F^-(aq)\Longleftrightarrow HF(aq)$ 的酸碱反应，使 $[F^-]$ 降低，配位平衡左移，使大部分 $[FeF_6]^{3-}$ 配离子解离。因此从配体方面来看，酸度增大会导致配合物的稳定性降低，这种现象一般称配体的酸效应。可见酸度对配合物稳定性有一定的影响，实质上这是酸度影响了游离配体的浓度，从而导致配位平衡的移动。增加 $[H^+]$，使 $[L^-]$ 变小，不利于配合物的形成；而降低 $[H^+]$，有利于 $[L^-]$ 变大，有利于配合物的形成。酸效应的强弱显然与配体碱性有关，碱性越大，酸效应越强。如果配体是极弱的碱，则基本上不与 $H^+$ 结合，它的浓度实际上不受溶液酸度的影响，这时酸度也不会影响配合物的稳定性。如硫氰酸（HSCN）是强酸，其共轭碱 $SCN^-$ 是弱碱，以 $SCN^-$ 作配体时，配合物在强酸性溶液中仍然很稳定。

(2) 金属离子的水解效应

金属离子在水中都会有不同程度的水解，如 $Fe^{3+}$ 离子可能发生如下的水解反应。

$$Fe^{3+}(aq)+H_2O(l)\Longleftrightarrow[Fe(OH)]^{2+}(aq)+H^+(aq)$$
$$[Fe(OH)]^{2+}(aq)+H_2O(l)\Longleftrightarrow[Fe(OH)_2]^+(aq)+H^+(aq)$$
$$[Fe(OH)_2]^+(aq)+H_2O(l)\Longleftrightarrow Fe(OH)_3(s)+H^+(aq)$$

显然溶液的酸度越小，水解越彻底，越易生成 $Fe(OH)_3$ 沉淀，从而使溶液中游离金属离子浓度降低，故 $[FeF_6]^{3-}$ 配离子在酸度小的溶液中遭到破坏，可见金属离子的水解反应也会对配位平衡有影响。故从防止金属离子水解的角度来看，增加溶液的酸度可抑制水解，防止游离金属离子浓度的降低，从而有利于配合物的形成，这种现象一般称为金属离子的水解效应。

从上述两种效应来看，酸度对配合物稳定性的影响是复杂的，既要考虑配位体的酸效应，又要考虑金属离子的水解效应，而酸效应和水解效应两者的作用刚好相反，因为酸度对配体和金属离子浓度的影响完全相反，所以在考虑酸度对配合物稳定性的影响时要全面地考虑这些因素。一般每种配合物均有其最适宜的酸度范围，调节溶液的 pH 可导致配合物的形成或破坏，这在实际工作中是十分有用的。

**2. 配位平衡与沉淀-溶解平衡**

在配合物溶液中加入某种沉淀剂，它可与该配合物中的中心离子生成难溶化合物，则该沉淀剂或多或少地导致配离子的破坏。如在 $[Cu(NH_3)_4]^{2+}$ 配离子的溶液中加入 $Na_2S$ 溶液，就有 CuS 沉淀生成，而 $[Cu(NH_3)_4]^{2+}$ 离子则被破坏。即原先的配位平衡被破坏，而代之以沉淀平衡。用反应式表示为

$$[Cu(NH_3)_4]^{2+}(aq) \Longleftrightarrow Cu^{2+}(aq) + 4NH_3(aq)$$

$$Cu^{2+}(aq) + S^{2-}(aq) \Longleftrightarrow CuS(s)$$

$$[Cu(NH_3)_4]^{2+}(aq) + S^{2-}(aq) \Longleftrightarrow CuS(s) + 4NH_3(aq)$$

该反应的标准平衡常数：

$$K^\ominus = \frac{[NH_3]^4}{\{[Cu(NH_3)_4]^{2+}\} \cdot [S^{2-}]} \qquad (8-3)$$

因 CuS 固体为纯相，在平衡表达式中不写出。将式（8-3）右边分子、分母均乘以 $[Cu^{2+}]$，则

$$K^\ominus = \frac{[NH_3]^4 \cdot [Cu^{2+}]}{\{[Cu(NH_3)_4]^{2+}\} \cdot [S^{2-}] \cdot [Cu^{2+}]} = \frac{1}{K_f^\ominus K_{sp}^\ominus} = 7.59 \times 10^{21}$$

该反应的平衡常数很大，正向反应可以进行且很完全。

从 $K^\ominus = \dfrac{1}{K_f^\ominus K_{sp}^\ominus}$ 的关系式可见，沉淀反应代替配位反应的程度取决于配合物的稳定性和所生成的难溶化合物的溶解度。显然配合物越不稳定，$K_f^\ominus$ 越小；沉淀的溶解度越小，$K_{sp}^\ominus$ 越小，正向反应的倾向越大；反之亦然。

同样，在化学上也能用配位平衡反应来破坏沉淀平衡，用配位剂来促使沉淀的溶解。如用浓氨水溶解氯化银沉淀，这是由于沉淀物中的金属离子与所加的配位剂形成了稳定的配合物，导致沉淀的溶解。

$$AgCl(s) \Longleftrightarrow Ag^+(aq) + Cl^-(aq)$$

$$Ag^+(aq) + 2NH_3(aq) \Longleftrightarrow [Ag(NH_3)_2]^+(aq)$$

总的反应为

$$AgCl(s) + 2NH_3(aq) \Longleftrightarrow [Ag(NH_3)_2]^+(aq) + Cl^-(aq)$$

反应的平衡常数：

$$K^\ominus = \frac{\{[Ag(NH_3)_2]^+\} \cdot [Cl^-]}{[NH_3]^2} \qquad (8-4)$$

式（8-4）中分子、分母均乘以 $[Ag^+]$，则

$$K^\ominus = \frac{\{[Ag(NH_3)_2]^+\} \cdot [Cl^-] \cdot [Ag^+]}{[NH_3]^2 \cdot [Ag^+]} = K_f^\ominus K_{sp}^\ominus = 2.0 \times 10^{-4}$$

从 $K^\ominus$ 值来看，上述反应进行的程度不大，故欲使 AgCl 沉淀溶解应加浓氨水，促使反应的进行。配位反应代替沉淀反应的趋势决定于反应的 $K^\ominus$ 值，因为 $K^\ominus = K_f^\ominus K_{sp}^\ominus$，形成的配合物越稳定，沉淀的溶解度越大，正向反应进行得越完全。

**［例8-2］** 在 $0.1 \text{mol} \cdot \text{L}^{-1}$ 的 $[Cu(NH_3)_4]^{2+}$ 配离子溶液中加入 $Na_2S$，使 $Na_2S$ 的浓度达到 $1.0 \times 10^{-3} \text{mol} \cdot \text{L}^{-1}$，有无 CuS 沉淀生成？已知 $K_f^\ominus([Cu(NH_3)_4]^{2+}) = 2.1 \times 10^{13}$，$K_{sp}^\ominus(CuS) = 6.3 \times 10^{-36}$。

**解：** 设 $[Cu(NH_3)_4]^{2+}$ 配离子离解所生成的 $[Cu^{2+}] = x$。

$$Cu^{2+}(aq) + 4NH_3(aq) \Longleftrightarrow [Cu(NH_3)_4]^{2+}(aq)$$

平衡时浓度：    $x$        $4x$        $0.1 - x$

$$K_f^\ominus = \frac{\{[Cu(NH_3)_4]^{2+}\}}{[Cu^{2+}] \cdot [NH_3]^4} = \frac{0.1 - x}{x \cdot 4x^4} = 2.1 \times 10^{13}$$

因 $K_f^\ominus$ 较大，$x$ 很小，$0.1 - x \approx 0.1$。

解得 $x=4.51\times10^{-4}\,mol\cdot L^{-1}$。

溶液中 $[S^{2-}]=1.0\times10^{-3}\,mol\cdot L^{-1}$，$[Cu^{2+}][S^{2-}]=4.51\times10^{-4}\times1.0\times10^{-3}=4.51\times10^{-7}>6.3\times10^{-36}$，所以有 CuS 沉淀生成。

[**例 8-3**] 在 298K 时，1L 6mol·$L^{-1}$氨水可溶解多少物质的量浓度 AgCl？

**解：** $\qquad AgCl(s)+2NH_3(aq)\Longrightarrow[Ag(NH_3)_2]^+(aq)+Cl^-(aq)$

该反应的 $K^\ominus=2.0\times10^{-3}$，设 1L 6mol·$L^{-1}$氨水可溶解 $x$ 摩尔的 AgCl。

平衡时各成分的浓度分别为 $\{[Ag(NH_3)_2]^+\}=x$，$[Cl^-]=x$，$[NH_3]=6-2x$，可以认为所溶解的 $Ag^+$ 离子基本上均以 $[Ag(NH_3)_2]^+$ 离子形式存在，将各浓度代入平衡关系式：

$$K^\ominus=\frac{\{[Ag(NH_3)_2]^+\}\cdot[Cl^-]}{[NH_3]^2}=\frac{x\cdot x}{(6-2x)^2}$$

解得 $x=0.247\,mol\cdot L^{-1}$。

计算结果表明，在 1L 6mol·$L^{-1}$氨水中有 0.247mol·$L^{-1}$AgCl 溶解，故促使 AgCl 沉淀溶解需要加大氨水浓度。

3. 配位平衡与氧化还原平衡

配位反应的发生可使溶液中的金属离子的浓度降低，从而改变了金属离子的氧化还原能力。如溶液中 $Cu^+$ 离子不稳定，易发生歧化反应，若加入 KCN，则由于形成了 $[Cu(CN)_2]^-$，使溶液中 $Cu^+$ 离子浓度大大降低，从而使电极电势降低，溶液中的 $Cu^+$ 趋于稳定。配合反应不仅能改变金属离子的稳定性，而且还能改变氧化还原的方向，或者阻止某些氧化还原反应的发生。如 $Fe^{3+}$ 可以氧化 $I^-$，$2Fe^{3+}(aq)+2I^-(aq)\Longrightarrow2Fe^{2+}(aq)+I_2$，若在溶液中加入 $F^-$ 离子后，由于生成了较稳定的 $[FeF_6]^{3-}$ 配离子，使溶液中 $Fe^{3+}$ 大大降低，导致电对的 $\varphi^\ominus$ 值大大下降，从而使上述反应逆向进行。

# 8.4 配合物的应用

## 8.4.1 检验离子的特效试剂

通常利用螯合剂与某些金属离子生成难溶的有色配合物，作为检验这些离子的特征反应。如二甲基丁二肟在严格的 pH 和氨浓度条件下，与 $Ni^{2+}$ 反应生成鲜红色沉淀，是 $Ni^{2+}$ 的特效试剂，用来检验 $Ni^{2+}$ 离子的存在。

## 8.4.2 作掩蔽剂

多种金属离子共同存在时，要测定其中某一种金属离子，其他金属离子往往会与试剂发生同类反应而干扰测定。如 $Cu^{2+}$ 离子和 $Fe^{3+}$ 离子都会氧化 $I^-$ 离子成为 $I_2$，因此在用 $I^-$ 离子来测定 $Cu^{2+}$ 离子时，与之共存的 $Fe^{3+}$ 离子就会产生干扰。如果加入 $F^-$ 或 $PO_4^{3-}$ 离子，使 $Fe^{3+}$ 与 $F^-$ 配位生成稳定的 $[FeF_6]^{3-}$ 或 $[Fe(HPO_4)]^+$ 就能防止 $Fe^{3+}$ 的干扰，这种防止干扰的作用称为掩蔽作用。配位剂 NaF 和 $H_3PO_4$ 称为掩蔽剂。

近年来发现某些有机螯合剂能和金属离子在水中生成溶解度极小的配合物沉淀，这种配合物沉淀具有相当大的分子量和固定的组成。少量的金属离子便可产生大量的沉淀，这种沉淀还有易于过滤和洗涤的优点，因此利用有机螯合剂可以大大提高质量分析的精确度。如 8-羟基喹啉能从热的 $HAc-Ac^-$ 缓冲溶液中定量沉淀 $Cu^{2+}$、$Ca^{2+}$、$Al^{3+}$、$Fe^{3+}$、$Ni^{2+}$、$Zn^{2+}$、$Mn^{2+}$ 等离子，这样就可使上述离子被分离出来。

### 8.4.3　在医药方面的应用

配合物可作为药物来医治某些疾病，且疗效更好或毒副作用更小。

多数抗微生物的药物属配体，如果它们和金属离子（或原子）配位后形成的配合物往往能增加其活性。如丙基异烟肼与一些金属的配合物的抗结核杆菌的能力比丙基异烟肼更强，其原因可能是由于配合物的形成提高了药物的脂溶性和透过细胞膜的能力，从而活性更高。风湿性关节炎与局部缺乏铜离子有关，用阿司匹林治疗风湿性关节炎就是把体内结合的铜转化为低分子量的中性铜配合物透过细胞膜运载到风湿病变处而起治疗作用的，但阿司匹林会螯合胃壁的 $Cu^{2+}$，引起胃出血，若改用阿司匹林的铜配合物，则疗效更好，即使较大剂量也不会引起胃出血这一副作用。20 世纪 70 年代以来配合物作为抗癌药物的研究也受到很大重视，如顺式 $cis-[PtCl_2(NH_3)_2]$ 已用于临床抗癌药物。

由此可见结合实际问题开展在医药学领域中有关配合物化学的研究具有十分重要的理论和实践意义。

### 8.4.4　在生物方面的应用

金属配合物在生物方面的应用非常广泛，而且极为重要。许多酶的作用与其结构中所含有的配位金属离子有关。生物体中的能量转换、传递或电荷转移、化学键的形成或断裂以及伴随这些过程出现的能量变化和分配等，常与金属离子和有机体生成复杂的配合物所起的作用有关。如：植物生长中起光合作用的叶绿素是含 $Mg^{2+}$ 的复杂配合物，动物血液中起输送氧的血红素是 $Fe^{2+}$ 卟啉配合物，等等。

习　题

**一、填空题**

命名表 8-7 中的化合物，指出中心体、配体、配位原子和配位数。

表 8-7　填空题一

| 化合物 | 名称 | 中心体 | 配体 | 配位原子 | 配位数 |
|---|---|---|---|---|---|
| $Na_3[Ag(S_2O_3)_2]$ | | | | | |
| $[Co(en)_3]SO_4$ | | | | | |

续表

| 化合物 | 名称 | 中心体 | 配体 | 配位原子 | 配位数 |
|---|---|---|---|---|---|
| | 四羟基合铝（Ⅲ）酸 | | | | |
| | 六氟合硅（Ⅳ）酸钠 | | | | |
| $[Pt(NH_3)Cl_5]^-$ | | | | | |
| $[PtCl(NO_2)(NH_3)_4]$ | | | | | |
| $[CoCl_2(NH_3)_3(H_2O)]NO_3$ | | | | | |
| $K[Cr(NCS)_4(NH_3)_2]$ | | | | | |

## 二、简答题

1. 试述配合物中配位数和配体数的区别和联系。

2. 给以下各配合物（或配离子）命名。

(1) $[Zn(NH_3)_4]^{2+}$。

(2) $[Co(NH_3)_3Cl_3]$。

(3) $[FeF_6]^{3-}$。

(4) $[Ag(CN)_2]^-$。

(5) $[Fe(CN)_5(NO_2)]^{3-}$。

3. 试述配合物价键理论的基本要点，内轨型配合物和外轨型配合物如何区别？

4. 配离子 $[NiCl_4]^{2-}$ 和 $[Ni(CN)_4]^{2-}$ 的配位空间构型分别为正四面体形和平面四方形。试根据价键理论分别画出它们的中心原子价层电子排布图，判断其磁性，指出 $Ni^{2+}$ 离子的杂化轨道类型。

5. 请回答以下问题，已知下列配合物的磁矩：

$[Ni(NH_3)_6]^{2+}$，$\mu = 3.2\mu_B$；$[Cu(NH_3)_4]^{2+}$，$\mu = 1.73\mu_B$。

(1) 分别给它们命名。

(2) 根据价键理论画出中心离子价层电子排布图。

(3) 指出中心离子杂化轨道类型。

(4) 指出配离子的配位空间构型。

(5) 指出该配合物是内轨型还是外轨型。

6. 用价键理论写出下列配离子的配位空间构型，中心离子的杂化轨道类型。配离子的配位空间构型是内轨型还是外轨型配合物？

(1) $[Fe(en)_2]^{2+}$ ($\mu = 5.5\mu_B$)。

(2) $[Pt(CN)_4]^{2-}$。

(3) $[Mn(CN)_6]^{4-}$（有一个成单电子）。

(4) $[FeF_6]^{3-}$。

## 三、计算题

1. 0.010mol $Zn(OH)_2$ 加到 1.0L NaOH 溶液中，NaOH 溶液浓度多大，才能使之完全溶解生成 $[Zn(OH)_4]^{2-}$？（已知：$K_{f,[Zn(OH)_4]^{2-}}^\ominus = 3.3 \times 10^{15}$，$K_{sp,[Zn(OH)_2]}^\ominus = 1.0 \times 10^{-17}$）

2. 在 $Zn(OH)_2$ 饱和溶液中悬浮着一些 $Zn(OH)_2$ 固体，将 NaOH 溶液加入到上述溶液中，直到所有悬浮的 $Zn(OH)_2$ 固体恰好溶解为止。此时溶液的 pH 为 13.00，计算溶液中 $Zn^{2+}$ 和 $[Zn(OH)_4]^{2-}$ 离子的浓度。（已知：$K_{f,[Zn(OH)_4]^{2-}}^{\ominus} = 3.3 \times 10^{15}$，$K_{sp,[Zn(OH)_2]}^{\ominus} = 1.0 \times 10^{-17}$）

3. 将 $0.1\,mol \cdot L^{-1}\,AgNO_3(aq)$ 与 $0.5\,mol \cdot L^{-1}\,NH_3 \cdot H_2O$ 等体积混合，试问平衡时，溶液中各物质的浓度是多少？（已知：$K_{f,[Ag(NH_3)_2]^+}^{\ominus} = 1.12 \times 10^7$）

4. 如果 1L 氨水中溶解了 $0.1\,mol\,AgCl(s)$，试计算该氨水的最初浓度。（已知：$K_{f,[Ag(NH_3)_2]^+}^{\ominus} = 1.12 \times 10^7$，$K_{sp,AgCl}^{\ominus} = 1.8 \times 10^{-10}$）

第8章
拓展习题讲解

第8章
在线答题

# 第9章
## s区和p区元素

### 知识结构图

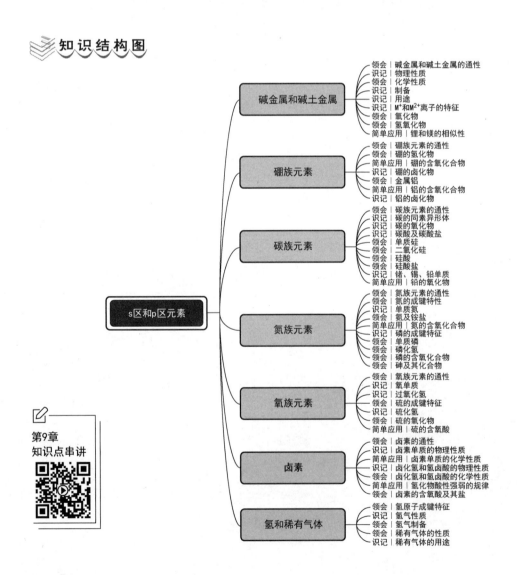

碱金属和碱土金属
- 领会｜碱金属和碱土金属的通性
- 识记｜物理性质
- 领会｜化学性质
- 识记｜制备
- 识记｜用途
- 识记｜$M^+$和$M^{2+}$离子的特征
- 领会｜氧化物
- 领会｜氢氧化物
- 简单应用｜锂和镁的相似性

硼族元素
- 领会｜硼族元素的通性
- 领会｜硼的氢化物
- 简单应用｜硼的含氧化合物
- 识记｜硼的卤化物
- 领会｜金属铝
- 简单应用｜铝的含氧化合物
- 识记｜铝的卤化物

碳族元素
- 领会｜碳族元素的通性
- 识记｜碳的同素异形体
- 领会｜碳的氧化物
- 识记｜碳酸及碳酸盐
- 领会｜单质硅
- 领会｜二氧化硅
- 领会｜硅酸
- 领会｜硅酸盐
- 识记｜锗、锡、铅单质
- 简单应用｜铅的氧化物

氮族元素
- 领会｜氮族元素的通性
- 领会｜氮的成键特性
- 识记｜单质氮
- 领会｜氨及铵盐
- 简单应用｜氮的含氧化合物
- 识记｜磷的成键特征
- 领会｜单质磷
- 领会｜磷化氢
- 领会｜磷的含氧化合物
- 领会｜砷及其化合物

氧族元素
- 领会｜氧族元素的通性
- 识记｜氧单质
- 识记｜过氧化氢
- 领会｜硫的成键特征
- 识记｜硫化氢
- 领会｜硫的氧化物
- 简单应用｜硫的含氧酸

卤素
- 领会｜卤素的通性
- 识记｜卤素单质的物理性质
- 简单应用｜卤素单质的化学性质
- 识记｜卤化氢和氢卤酸的物理性质
- 领会｜卤化氢和氢卤酸的化学性质
- 简单应用｜氢化物酸性强弱的规律
- 领会｜卤素的含氧酸及其盐

氢和稀有气体
- 领会｜氢原子成键特征
- 识记｜氢气性质
- 领会｜氢气制备
- 领会｜稀有气体的性质
- 识记｜稀有气体的用途

s区和p区元素

第9章
知识点串讲

在人类可能探测的宇宙范围,已经发现的天然元素和人工合成的元素加在一起,共有118种,其中地球上天然存在的元素有92种,其余为人工合成元素。

已确认的118种元素按性质可以分为金属元素和非金属元素,其中金属元素95种,非金属元素23种,金属元素约占元素总数的4/5。它们在周期表中的位置可以通过硼—硅—砷—碲—砹和铝—锗—锑—钋之间的对角线来划分。位于这条对角线左下方的单质都是金属,右上方的都是非金属。这条对角线附近的锗、砷、锑、碲等称为准金属。所谓准金属是指性质介于金属和非金属之间的单质。准金属大多数可作半导体。

# 9.1 碱金属和碱土金属

元素周期系中的IA族金属元素称为碱金属,包括锂(Li)、钠(Na)、钾(K)、铷(Rb)、铯(Cs)、钫(Fr)六种金属元素,由于它们的氢氧化物都是易溶于水的强碱,所以称为碱金属。IIA族金属元素称为碱土金属,包括铍(Be)、镁(Mg)、钙(Ca)、锶(Sr)、钡(Ba)、镭(Ra)六种金属元素,该族元素由于钙、锶和钡的氧化物在性质上介于"碱性的"(碱金属的氧化物和氢氧化物)和"土性的"(难溶的氧化物如 $Al_2O_3$)之间而得名碱土金属。

## 9.1.1 碱金属和碱土金属的通性

碱金属的价层电子构型为 $ns^1$,次外层为8电子(Li为2电子)的稳定结构。加上它们是每一个新的能级组开始的第一个元素,在同周期元素中原子半径最大、核电荷最少,所以碱金属的第一电离能在同一周期中是最低的,在反应中极易失去一个电子而呈现+1氧化数(特征氧化数)。生成的金属离子的半径在同周期元素的正离子中也是最大的。同一族内,从上到下,金属原子半径和离子半径依次增大,它们的电离能、电负性依次减小。故碱金属中铯的电离能最小,最容易失去电子,当受到光线照射时,铯表面的电子逸出,产生电流,这种现象称为光电效应。因而铯等活泼金属常用来制造光电管。

碱土金属元素原子的价电子构型为 $ns^2$,次外层为8电子(Be为2电子)的稳定结构。反应中易失去2个电子呈现+2氧化数(特征氧化数)。碱土金属与同周期碱金属相比,由于增加的电子填在最外层,屏蔽效应小,所增加的一个核电荷导致原子核对最外层电子的静电引力增大,原子半径减小。同理,碱土金属 $M^{2+}$ 离子半径都比同周期的碱金属 $M^+$ 离子半径要小。与碱金属一样,同一族中,自上而下,碱土金属的原子半径和离子半径依次增大,电离能和电负性依次减小。

碱金属和碱土金属单质都是强的还原剂(如钾、钠、钙等常用作化学反应的还原剂)。由于它们都是活泼的金属元素,只能以化合态存在于自然界,如:钠和钾的主要来源为岩盐(NaCl)、海水、天然KCl、光卤石(KCl·$MgCl_2$·$6H_2O$)等;钙和镁主要存在于白云石(Ca-$CO_3$·$MgCO_3$)、方解石($CaCO_3$)、菱镁矿($MgCO_3$)、石膏($CaSO_4$·$6H_2O$)等矿物中;锶和钡的矿物有天青石($SrSO_4$)和重晶石($BaSO_4$)等。碱金属和碱土金属元素在化合时,以形成离子键为主要特征。锂和铍由于金属原子半径和离子半径小,且为2电子构型,有效核电荷大、极化力特别强,因此它们的化合物具有明显的共价性,表现出与同族元素不同的化学性质。

碱金属和碱土金属元素的基本性质分别列于表 9-1 和表 9-2 中。

表 9-1　碱金属元素的基本性质

| 元素 | 锂（Li） | 钠（Na） | 钾（K） | 铷（Rb） | 铯（Cs） |
|---|---|---|---|---|---|
| 原子序数 | 3 | 11 | 19 | 37 | 55 |
| 原子量 | 6.941 | 22.9898 | 39.0983 | 85.4678 | 132.9054 |
| 价电子构型 | $2s^1$ | $3s^1$ | $4s^1$ | $5s^1$ | $6s^1$ |
| 原子半径/pm（金属半径） | 152 | 153.7 | 227.2 | 247.5 | 265.4 |
| $M^+$ 离子半径/pm | 68 | 95 | 133 | 148 | 169 |
| 第一电离能/(kJ·mol$^{-1}$) | 520 | 469 | 419 | 403 | 376 |
| 第二电离能/(kJ·mol$^{-1}$) | 7298 | 4562 | 3052 | 2633 | 2230 |
| 电负性 | 0.98 | 0.93 | 0.82 | 0.82 | 0.79 |
| 标准电极电势/V | −3.045 | −2.714 | −2.925 | −2.925 | −2.923 |
| 原子化焓/(kJ·mol$^{-1}$) | 161 | 108 | 90 | 82 | 78 |
| 单质的熔点/K | 453.8 | 371 | 336.9 | 312.2 | 302 |
| 单质的沸点/K | 1613.2 | 1154.6 | 1038.7 | 967.2 | 952 |
| 单质的密度/(g·cm$^{-3}$) | 0.534 | 0.968 | 0.856 | 1.532 | 1.8785 |
| 单质的硬度（金刚石） | 0.6 | 0.4 | 0.5 | 0.3 | 0.2 |

表 9-2　碱土金属元素的基本性质

| 元素 | 铍（Be） | 镁（Mg） | 钙（Ca） | 锶（Sr） | 钡（Ba） |
|---|---|---|---|---|---|
| 原子序数 | 4 | 12 | 20 | 38 | 56 |
| 原子量 | 9.012 | 24.305 | 40.08 | 87.62 | 137.3 |
| 价电子构型 | $2s^2$ | $3s^2$ | $4s^2$ | $5s^2$ | $6s^2$ |
| 原子半径/pm（金属半径） | 111.3 | 160 | 197.3 | 215.1 | 217.3 |
| $M^{2+}$ 离子半径/pm | 31 | 65 | 99 | 113 | 135 |
| 原子化焓/(kJ·mol$^{-1}$) | 322 | 150 | 177 | 163 | 176 |
| 第一电离能/(kJ·mol$^{-1}$) | 899.4 | 737.7 | 589.9 | 549.5 | 502.9 |
| 第二电离能/(kJ·mol$^{-1}$) | 1757 | 1451 | 1145 | 1064 | 965.3 |
| 第三电离能/(kJ·mol$^{-1}$) | 14849 | 7733 | 4912 | 4207 | 3575 |
| 电负性 | 1.57 | 1.31 | 1.00 | 0.95 | 0.89 |
| $M^{2+}$ 水化焓/(kJ·mol$^{-1}$) | −2494 | −1921 | −1577 | −1443 | −1305 |
| 单质的密度/(g·cm$^{-3}$) | 1.86 | 1.74 | 1.55 | 2.60 | 3.59 |
| 单质的熔点/K | 1550 | 923 | 1112 | 1042 | 998 |
| 单质的沸点/K | 3243 | 1363 | 1757 | 1657 | 1913 |

续表

| 元素 | 铍(Be) | 镁(Mg) | 钙(Ca) | 锶(Sr) | 钡(Ba) |
|---|---|---|---|---|---|
| 标准电极电势/V | | | | | |
| $M^{2+} + 2e^- = M$ | $-2.28$ | $-2.69$ | $-3.02$ | $-2.99$ | $-2.97$ |
| $M(OH)_2 + 2e^- = M + 2OH^-$ | $-1.85$ | $-2.37$ | $-2.87$ | $-2.89$ | $-2.91$ |

## 9.1.2　碱金属和碱土金属元素的单质

### 1. 物理性质

碱金属单质的物理性质取决于它们的原子结构。由于碱金属元素的原子半径大、价电子少（只有 1 个），故其金属键很弱。因此，碱金属单质的密度小，都是典型的轻金属。其中 Li 是最轻的金属，密度为 $0.534\text{g} \cdot \text{cm}^{-3}$；硬度小，通常可用小刀切割；熔点低（除锂以外都在 100℃ 以下，铯的熔点最低，人的体温就可以使之熔化），在常温下就能形成液态合金，其中最重要的合金有钠钾合金及钠汞齐。

由于碱土金属原子有 2 个价电子，与同周期碱金属相比，它们的原子半径较小，金属键较强，因此它们的密度、硬度都比碱金属的大，熔点和沸点比碱金属高。由于本族金属的晶体结构不同（铍、镁六方晶格，钙、铯立方晶格，钡体心立方晶格），所以熔点变化没有很强的规律性。

### 2. 化学性质

碱金属和碱土金属的原子结构特征决定了它们都是非常活泼的金属元素，尤其是碱金属可与空气中氧、水及许多非金属直接反应，需要保存在无水的煤油中。

碱金属及钙、锶、钡同水反应生成氢氧化物和放出氢气，锂、钙、锶、钡同水反应比较平稳，而其他的碱金属与水反应非常激烈，量大时会引起爆炸。其反应方程式如下。

碱金属：

$$2M + 2H_2O = 2MOH + H_2 \uparrow$$

碱土金属：

$$M + 2H_2O = M(OH)_2 + H_2 \uparrow$$

由于碱金属和碱土金属单质大多与水激烈反应，所以通常是在干态和一些有机溶剂中用作还原剂。如在高温下 Na、Mg、Ca 能夺取许多氧化物中的氧或氯化物中的氯。

$$NbCl_5 + 5Na = Nb + 5NaCl$$
$$ZrO_2 + 2Ca = Zr + 2CaO$$
$$TiCl_4 + 2Mg = Ti + 2MgCl_2$$

目前，一些稀有金属常常是用金属 Na、Mg、Ca 作为还原剂，在高温和隔绝空气的条件下通过还原其氧化物或氯化物来制备。

碱金属及钙、锶、钡都可溶于液氨中生成蓝色的导电溶液（铍、镁通过电解可以生成稀溶液）。在溶液中含有金属离子和溶剂化的自由电子，这种电子非常活泼，所以金属的液氨溶液是一种能够在低温下使用的、非常强的还原剂。当长期放置或有催化剂（如过渡金属氧化物）存在时，金属的液氨溶液可以发生如下反应。

$$M + NH_3 == MNH_2 + \frac{1}{2}H_2$$

更确切的反应式可写为

$$e^-（溶剂化）+ NH_3 == NH_2^- + \frac{1}{2}H_2$$

碱金属与碱土金属的化合物在高温火焰中，可以使火焰呈现特征颜色，这种现象称为焰色反应。金属原子的电子受高温火焰的激发而跃迁到高能级轨道上，当电子从高能级轨道返回到低能级轨道时，就会发射出一定波长的光，从而使火焰呈现特征颜色。如钙使火焰呈橙红色，锶呈洋红色，钡呈绿色，锂呈红色，钠呈黄色，钾、铷、铯呈紫色。锶、钡、钾的硝酸盐分别与 $KClO_3$、硫磺粉、镁粉、松香等按一定的比例混合，可以制成能发射出各种颜色光的信号剂和焰火剂。

### 3. 金属单质的制备

碱金属和碱土金属的化学性质十分活泼，它们不可能以单质的形式存在于自然界。它们主要以氯化物、碳酸盐、硫酸盐及硅酸盐等离子化合物的形态存在于地壳中。钠、钾、镁、钙、锶、钡在地壳中的含量丰富；而锂、铍、铷、铯含量很低，属于稀有金属。

由于碱金属和碱土金属的标准电极电势都是很大的负值，不可能从水溶液中制备出它们的单质来。制备这些金属单质只能采用熔盐电解法和高温热还原法。锂和钠常用电解熔融氯化物的方法来大量生产，而钾、铷、铯则以金属为还原剂的热还原法来制备。

### 4. 金属单质的用途

碱金属和碱土金属用途十分广泛，其应用涉及冶金、化工、电子、核工业、航天航空等许多领域，下面仅就应用较多的几种金属做简略的介绍。

锂用来制备有机锂化合物，是有机合成中的重要试剂，在有机合成的生产及研究中应用很广。锂也用于制造合金，Al、Mg 等合金中含少量的锂可以大大地提高合金的硬度。锂铍合金尤其重要，是一种比重仅为 1～1.5 的超轻合金，它具有很高的硬度，又有很高的耐蚀性，并且在加入铝和锌后，这些特性有所加强。这种超轻合金在航空航天器的制造中有重要意义。锂也是制造电池的一种重要原料，锂电池是发展前景广阔的高能电池。$LiBH_4$ 是一种良好的贮氢材料。锂在核动力技术中也有重要的应用。

金属钠和金属钾主要用作还原剂。另外钠和钾的合金在很宽的温度范围内为液态，这种合金因其比热大、液化范围宽，可用作核反应堆的冷却剂（被用作原子能增殖反应堆的交换液），通过循环将反应堆核心的热能转移出来。钠汞齐因还原性强、反应温和，常用作有机合成中的还原剂。

碱金属单质都具有良好的导电性和延展性，对光也十分敏感，其中铯是制造光电池的良好材料。

铍对 X 线是透明的，是一种很好的窗口材料。金属铍的熔点高、中子截面小，其表面有一层氧化物保护膜，在空气中加热至 $500～600℃$ 时仍然保持稳定，所以金属铍被广泛用于核工业中。另外，铍在合金生产中也相当重要，如含 $2\%～22.5\%$ 铍、$0.25\%～0.5\%$ 镍的铜合金具有很高的硬度而且弹性也非常好。

镁主要用于制作轻合金，铝镁合金是飞机制造业中的重要材料。镁也可以同锌、锰、锡、锆、铈等金属一起制造轻合金。同时金属镁也是冶金或其他生产中常用的还原剂。

## 9.1.3 碱金属和碱土金属元素的化合物

### 1. $M^+$ 和 $M^{2+}$ 离子的特征

碱金属和碱土金属化合物大多是离子型化合物。它们的离子很容易和水分子结合成稳定的水合离子 $M^+(aq)$ 和 $M^{2+}(aq)$。从酸碱质子理论的观点看，由于和同周期的其他元素的正离子相比，它们的原子半径大、电荷低，因此 $M^+(aq)$ 和 $M^{2+}(aq)$ 都是很弱的酸，而相应的氢氧化物 MOH 和 $M(OH)_2$ 则是强碱（Be 的氢氧化物除外）；碱和它们的盐大多是强电解质；除 $Be^{2+}$ 外，阳离子水解程度很小或基本上不水解。

与同周期的碱土金属离子相比，碱金属离子有较大的离子半径和较小的电荷，同时它们的离子最外电子层结构都是 $ns^2np^6$，即 8 电子构型，所以碱金属的氢氧化物和盐的晶格能小，大多数易溶于水，比碱土金属氢氧化物和盐的溶解度大。此外，$M^+$ 和 $M^{2+}$ 离子都是无色的。

### 2. 氧化物

碱金属和碱土金属与氧形成的二元化合物可分为普通氧化物、过氧化物、超氧化物和臭氧化物，在这些氧化物中碱金属和碱土金属的氧化数分别为 +1 和 +2，但氧的氧化数则分别为 −2，−1，−1/2 和 −1/3。这些氧化物都是离子化合物，在其晶格中分别含有氧离子、过氧离子、超氧离子和臭氧离子。

碱金属和碱土金属在充足的空气中燃烧的正常产物如下。

① Li、Be、Mg、Ca、Sr 主要生成普通氧化物，化学式为 $M_2O$ 或 MO。

② Na 和 Ba 的主要产物为过氧化物，化学式为 $Na_2O_2$ 和 $BaO_2$。

③ K、Rb、Cs 的主要产物为超氧化物，化学式为 $MO_2$。

### 3. 氢氧化物

碱金属和碱土金属的氢氧化物都是白色固体，除氢氧化铍外均呈碱性。

LiOH（中强碱）、NaOH（强碱）、KOH（强碱）、RbOH（强碱）、CsOH（强碱）、$Be(OH)_2$（两性）、$Mg(OH)_2$（中强碱）、$Ca(OH)_2$（强碱）、$Sr(OH)_2$（强碱）、$Ba(OH)_2$（强碱）。

氢氧化铍是典型的两性氢氧化物，它既溶于酸也溶于碱。

$$Be(OH)_2 + 2H^+ \Longrightarrow Be^{2+} + 2H_2O$$

$$Be(OH)_2 + 2OH^- \Longrightarrow [Be(OH)_4]^{2-}$$

对同一族元素而言，离子电荷数相同，离子半径从上到下依次增大，$M(OH)_n$ 的碱性增强。

碱金属氢氧化物都溶于水，在空气中很容易受潮，它们溶于水时都会放出大量的热。除氢氧化锂的溶解度稍小外，碱金属的氢氧化物在水中的溶解度都很大，在常温下可以形成很浓的溶液，如氢氧化钠溶液的百分比浓度可达 50％以上。它们在低级醇中也有相当大的溶解度，如在 28℃时，100g 乙醇中可溶解 7.2g NaOH 或 386g KOH。碱土金属氢氧化物在水中的溶解度要小得多。氢氧化铍和氢氧化镁难溶于水，氢氧化钙与氢氧化锶微溶于水，氢氧化钡可溶但溶解度不大。

### 4. 锂和镁的相似性

将第二周期的碱金属元素锂的性质加以总结，并将其与碱土金属元素镁的性质加以比较，不难发现，ⅠA 族锂的许多性质与本族其他元素不一样，而与ⅡA 族的镁相似。

（1）在氧气中的燃烧产物

锂和镁在氧气中的燃烧的主产物是普通氧化物。

$$4Li+O_2 \rightleftharpoons 2Li_2O$$
$$2Mg+O_2 \rightleftharpoons 2MgO$$

其他碱金属在氧气中燃烧的主产物是过氧化物或超氧化物。

（2）化合物的溶解性

锂和镁的氢氧化物 LiOH 和 $Mg(OH)_2$ 的溶解度都很小，而其他碱金属氢氧化物都易溶于水。

锂与镁的氟化物、碳酸盐、磷酸盐都是难溶于水，而其他碱金属的氟化物、碳酸盐、磷酸盐都易溶于水。如氟化钠的溶解度约是氟化锂的 10 倍，磷酸钠的溶解度约是磷酸锂的 200 倍。

（3）硝酸盐的热分解

硝酸锂和硝酸镁受热分解产物是金属的普通氧化物、二氧化氮和氧气，而其他碱金属硝酸盐受热分解的产物为亚硝酸盐和氧气。

$$2KNO_3 \xrightarrow{\triangle} 2KNO_2+O_2 \uparrow$$

（4）与氮气的反应

金属锂和镁都能直接和氮气反应生成氮化物。

$$6Li+N_2 \xrightarrow{\triangle} 2Li_3N$$
$$3Mg+N_2 \xrightarrow{\triangle} Mg_3N_2$$

而其他碱金属不能直接和氮气反应。

在元素周期表中，Mg 处于 Li 的右下方；同周期元素从左向右非金属性增强，同族元素从上向下金属性增强。从 Li 出发向右又向下到 Mg，两者的性质相似是有一定道理的。性质相似的内在原因在于像 Li 和 Mg 这样一对处在斜线上的元素，其离子的电荷与半径的比值相近，即离子的电场强度接近。同理，处于斜线上的元素 Be 和 Al，B 和 Si 的许多性质也十分相似。

# 9.2 硼族元素

硼族元素位于周期表ⅢA族，包括硼（B）、铝（Al）、镓（Ga）、铟（In）、铊（Tl）五种元素。本族元素除硼以外都是金属，而且金属性随原子序数的增加而增加。B 和 Al

都是常见元素，铝在地壳中的含量仅次于氧和硅，而 Ga、In、Tl 皆是稀有元素，仅在提取 Al、Zn、Cd、Pb 等时作为副产物而得到。

## 9.2.1　硼族元素的通性

本族元素基态原子的价电子构型为 $ns^2np^1$，因此它们稳定的氧化数主要有 +3，+1。由于惰性电子对效应，本族元素从上到下表现 +1 氧化数的趋势增大，表现 +3 氧化数的趋势减小。如 B、Al 常见的氧化数是 +3；Tl 常见的氧化数是 +1，在 Tl(I) 的化合物中具有较强的离子键特征。

硼族元素具有如下共同特性。

(1) +3 氧化数的硼族元素仍然具有相当强的形成共价键的倾向。硼是非金属元素，其较小的原子半径（82pm）及较大电负性（2.01）决定了硼具有较强的形成共价键的倾向。铝以下的各元素虽然都是金属，然而 +3 这一较高的氧化数以及镓、铟、铊的 18 电子层壳层结构，也容易使原子间成键时表现为极性共价键。

(2) 硼族元素的价电子层有 4 个原子轨道 $ns$、$np_x$、$np_y$、$np_z$，但只有 3 个电子，在形成共价键时，价电子层未充满（$ns^2$、$np_x^2$、$np_y^2$、$np_z^0$），比稀有气体构型缺少一对电子，$np_z$ 轨道是空的。这种价电子数（如 B，3 个价电子）<价层轨道数（1 个 s 轨道个 +3 个 p 轨道）的元素，叫缺电子元素，所形成的化合物叫作缺电子化合物。缺电子化合物还有很强的继续接受电子的能力，这种能力表现在分子的自聚合（如 $B_2H_6$，$AlCl_3$ 二聚）以及同电子对给予体形成稳定的配位化合物。

B 最外层只有 2s 和 3 个 p 轨道共 4 个原子轨道，没有 d 轨道，最多只能生成 4 个化学键。从 Al 开始，硼族元素最外层还有空的 d 轨道，生产化学键的最高数目可达 6 个，如 $Na_3AlF_6$。

## 9.2.2　硼单质及其化合物

硼单质及其化合物结构上复杂性和键型上多样性极大地丰富和扩展了现有的共价键理论。因此，硼单质及其化合物的研究在无机化学发展中占有独特的地位。硼在玻璃、冶金、医药、搪瓷、油漆、日用化工、农业以及国防尖端工业等部门都是不可缺少的。

### 1. 硼的氢化物

硼和氢不能直接化合，但可以间接形成一系列硼氢化合物。由于这些氢化物类似于烷烃，所以称它们为硼烷。人们对硼烷的研究开始于 1912 年前后，迄今为止已知道有 20 多种硼烷，其中最简单的一种是乙硼烷（$B_2H_6$）。

(1) $B_2H_6$ 的结构

在 $B_2H_6$ 中，两个 B 原子通过氢原子作为桥梁而连接，称为氢桥键。两个氢桥位于平面上、下两侧，并垂直于平面。氢桥键由于是由 2 个电子把 3 个原子键合起来的，所以称为三中心二电子键，简写为 3c—2e。三中心键是缺电子原子的一种特殊成键形式，强度只有一般共价键的一半，故 $B_2H_6$ 的化学性质比较活泼。$B_2H_6$ 的结构如图 9.1 所示。

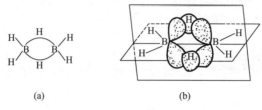

**图 9.1　$B_2H_6$ 的结构**

（2）$B_2H_6$ 的性质

① 还原性。

$B_2H_6$ 等在常温下遇空气即自燃，产生绿色火焰，放出大量的热。因此 $B_2H_6$ 商品通常都用氮气、氩气、氦气或氢气稀释。

$$B_2H_6 + 3O_2 =\!=\!= B_2O_3 + 3H_2O$$

$B_2H_6$ 与氯气发生爆炸性反应。

$$B_2H_6 + 3Cl_2 =\!=\!= 2BCl_3 + 3H_2$$

② 水解性。

$B_2H_6$ 遇水激烈分解成硼酸和氢气。

$$B_2H_6 + 6H_2O =\!=\!= 2B(OH)_3 + 6H_2$$

③ 缺电子反应。

$NH_3$ 和 $CO$ 是具有孤电子对的分子，能与 $B_2H_6$ 发生加合反应。

$$B_2H_6 + 2CO =\!=\!= 2[H_3B\leftarrow CO]$$
$$B_2H_6 + 2NH_3 =\!=\!= 2[H_3B\leftarrow NH_3]$$

**2. 硼的含氧化合物**

由于硼与氧形成的 B—O 键，键能大（$523kJ\cdot mol^{-1}$），所以硼的氧化合物具有很高的稳定性。能形成含氧化合物是硼最显著的特征之一，硼被称为亲氧元素。

（1）三氧化二硼（$B_2O_3$）

硼最重要的氧化物是 $B_2O_3$，其为无色玻璃状晶体或粉末，质硬且脆，表面有滑腻感，无味。在 $600\,℃$ 左右时，$B_2O_3$ 变为黏性很大的液体。制备 $B_2O_3$ 的一般方法是加热硼酸（$H_3BO_3$）使之脱水。

$$2H_3BO_3 =\!=\!= B_2O_3 + 3H_2O$$

硼与氧气直接化合也以得到 $B_2O_3$。

$B_2O_3$ 溶于水重新生成硼酸。但在热的水蒸气中则生成挥发性的偏硼酸（$HBO_2$），同时放热。

$$B_2O_3（晶体状）+ H_2O(g) =\!=\!= 2HBO_2 \quad \Delta_r H_m^{\ominus} = -199.2kJ\cdot mol^{-1}$$
$$B_2O_3（无定形）+ 3H_2O(l) =\!=\!= 2H_3BO_3 \quad \Delta_r H_m^{\ominus} = -76.6kJ\cdot mol^{-1}$$

熔融的 $B_2O_3$ 可以溶解许多金属氧化物而得到有特征颜色的偏硼酸盐玻璃体，这个反应可用于定性分析中，用来鉴定金属离子，称为硼砂珠试验。

$$B_2O_3 + CuO =\!=\!= Cu(BO_2)_2（蓝色）$$
$$B_2O_3 + NiO =\!=\!= Ni(BO_2)_2（绿色）$$

（2） $H_3BO_3$

$H_3BO_3$ 实际上是氧化硼的水合物（$B_2O_3 \cdot 3H_2O$），为白色粉末状结晶，有滑腻感，无臭味，溶于水、酒精、甘油、醚类及香精油中，水溶液呈弱酸性。

$H_3BO_3$ 是一个酸性比 $H_2CO_3$ 弱的一元弱酸，$K_a^{\ominus} = 5.8 \times 10^{-10}$，其酸性来源不是本身给出质子，而是由于硼的缺电子性，能加合水分子的 $OH^-$，而释放出 $H^+$。

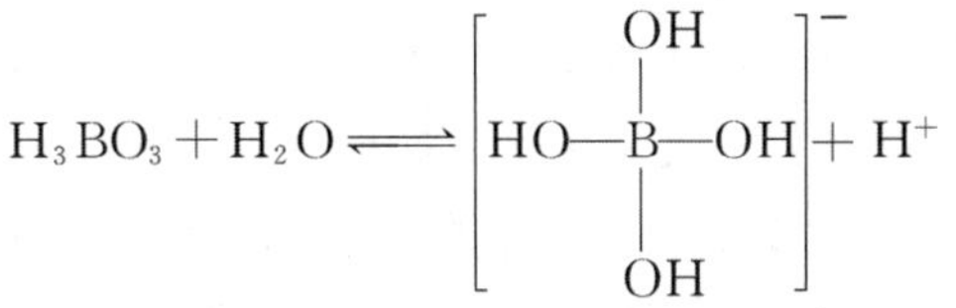

$$H_3BO_3 + H_2O \Longrightarrow \left[ \begin{array}{c} OH \\ | \\ HO-B-OH \\ | \\ OH \end{array} \right]^- + H^+$$

$H_3BO_3$ 加热至 70～100℃时逐渐脱水生成 $HBO_2$，在 150～160℃时生成焦硼酸，在 300℃时生成硼酸酐（$B_2O_3$）。

（3） 硼酸盐

B 在自然界中绝大多数是以硼酸盐的形式存在。从化学组成上区分，硼酸盐有如下三类。

①正硼酸盐——数量最少，如 $Mg_3(BO_3)_2$。

②偏硼酸盐——数量最多，如 $Ca(BO_2)_2$，$K_3(BO_2)_3$。

③多硼酸盐——稳定存在于溶液中，甚至在天然矿物中都能存在，如硼砂（$Na_2B_4O_7 \cdot 10H_2O$）。

硼砂是一种重要的硼酸盐。它是无色半透明晶体或白色结晶粉末，无臭、味咸，比重 1.73。硼砂在空气中可缓慢风化，加热到 650K 左右失去全部结晶水，在 1150K 熔融成无色玻璃状物质；易溶于水、甘油，微溶于酒精，水溶液呈弱碱性。硼砂的主要结构单元为 $[B_4O_5(OH)_4]^{2-}$，其示意图如图 9.2 所示，是由 2 个 $BO_3^{3-}$ 原子团和 2 个 $BO_4^{5-}$ 原子团通过共用角顶氧原子联结而成的，其化学式应为 $Na_2B_4O_5(OH)_4 \cdot 8H_2O$。

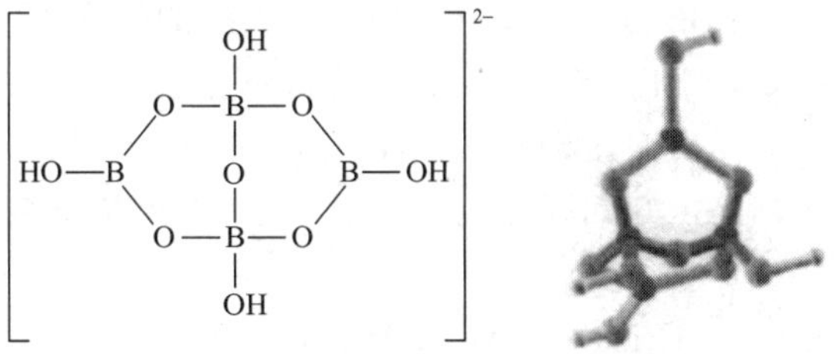

(a)　　　　　　　(b)

图 9.2　$[B_4O_5(OH)_4]^{2-}$ 的示意图

硼砂主要用于玻璃和搪瓷行业。硼砂在玻璃中可增强紫外线的透射率，提高玻璃的透明度及耐热性能。在搪瓷制品中，硼砂可使瓷釉不易脱落并使其具有光泽。在特种光学玻璃、玻璃纤维、金属的焊接剂、珠宝的黏结剂、印染、洗涤（丝和毛织品等）、金的精制、化妆品、农药、肥料、硼砂皂、防腐剂、防冻剂和医学用消毒剂等方面也有广泛的应用。硼砂是制取含硼化合物的基本原料，几乎所有的含硼化合物都可经硼砂来制得。它们在冶金、钢铁、机械、军工、刀具、造纸、电子管、化工及纺织等部门中都有着重要而广泛的用途。

### 3. 硼的卤化物

三卤化硼是硼的特征卤化物。三卤化硼（$BX_3$）都是熔点、沸点较低的共价化合物，而且熔点、沸点有规律地从 $BF_3 \longrightarrow BI_3$ 增加（色散力按此增加）。三卤化硼都是路易斯酸，可同路易斯碱起加合反应。虽然卤素的电负性为 $F>Cl>Br$，但是三卤化硼作为路易斯酸的酸性强度（即接受电子对的能力）顺序为

$$BF_3 < BCl_3 < BBr_3$$

这里决定 $BX_3$ 酸性强弱的主要因素是电负性以外的其他效应，即大 $\pi$ 键。我们知道，在 $BX_3$ 中 B 原子有一个空的 p 轨道，它与紧邻的 3 个卤素原子的一个已充满电子的 p 轨道对称性相匹配，因此可以相互重叠，形成一个四中心六电子大 $\pi$ 键，以 $\Pi_4^6$ 表示(图 9.3)。由于大 $\pi$ 键中的 6 个电子是由 3 个 X 原子提供的，因而 B 原子获得了额外的负电荷。换句话说，大 $\pi$ 键的形成引起的电子离域降低了 B 原子的缺电子性，从而降低了它们的酸性。从 $BF_3$ 到 $BI_3$，由于卤素半径增大，大 $\pi$ 键的形成越来越难。因此 $BF_3$ 中大 $\pi$ 键最强，酸性就减弱得最大；$BBr_3$ 中大 $\pi$ 键最弱，酸性减弱得最小。这样它们的酸性强度顺序就与电负性相反。

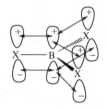

图 9.3　$BX_3$ 的大 $\pi$ 键

$BF_3$ 是无色、有窒息性气味的气体，不能燃烧，易发生水解，在湿空气中发烟。将 $BF_3$ 通入水中时，发生水解反应。

$$BF_3 + 3H_2O \Longrightarrow B(OH)_3 + 3HF$$

水解产生的 HF 进一步与 $BF_3$ 作用，得到氟硼酸溶液。

$$BF_3 + HF \Longrightarrow H^+ + [BF_4]^-$$

$BF_3$ 是缺电子化合物，是已知的强路易斯酸之一，它可以同路易斯碱如水、醚、醇、胺类等起加合反应。

$$F_3B + :NH_3 \Longrightarrow F_3B \leftarrow NH_3$$
$$F_3B + :O(C_2H_5)_2 \Longrightarrow F_3B \leftarrow O(C_2H_5)_2$$

## 9.2.3　铝单质及其化合物

### 1. 金属铝

铝是一种银白色、有光泽的金属，质轻，较软，密度 $2.7g \cdot cm^{-3}$，熔点 933K，沸点 2740K。铝具有良好的延展性和传热导电性，能代替铜用于制电线、电缆、发电机等电器设备。铝在地壳中的丰度（质量百分比）为 8.05%，在地壳中居第三位。铝在自然界主要以铝硅酸盐的形式存在，如长石、云母、高岭土等。铝矿石主要有铝土矿（$Al_2O_3 \cdot nH_2O$）和冰

晶石（$Na_3AlF_6$）等。

常温下，空气中金属铝表面发生缓慢氧化生成一薄层致密氧化物膜，阻止氧气、水继续和铝反应，这层膜对铝起保护作用，因此铝有一定的抗锈蚀能力，被大量用于制作日用器皿。铝还用于制造合金、建筑设备、机械、汽车、飞机、宇航飞行器等。

铝在加热时可在氧气中燃烧，生成氧化铝并发出强烈的白光和放出大量的热。由于铝和氧有较强的亲合力，因此铝有强还原性，在冶金工业上用作还原剂炼制高熔点金属如镍、铬、锰、钒等。铝还用作炼钢中的脱氧剂。加热时铝可与卤素、氮气、磷、硫、碳等化合。高纯铝与一般酸不反应，只溶于王水。

一般铝可溶于盐酸、稀硫酸并放出氢气。

$$2Al+6HCl =\!=\!= 2AlCl_3+3H_2\uparrow$$

常温下，铝在浓硫酸或浓硝酸中发生钝化，因此，可用铝容器储运这些浓酸，但铝可跟热硫酸反应放出二氧化硫。

铝可溶于强碱溶液放出氢气。

$$2Al+2NaOH+2H_2O =\!=\!= 2NaAlO_2+3H_2\uparrow$$

铝粉用于配制油漆、烟火等。

### 2. 铝的含氧化合物

（1）$Al_2O_3$

氧化铝化学式为 $Al_2O_3$，其是一种白色粉状物。$Al_2O_3$ 是矾土的主要成分。其具有不同晶型，常见的是 $\alpha$-$Al_2O_3$ 和 $\gamma$-$Al_2O_3$。自然界中的刚玉为 $\alpha$-$Al_2O_3$，为六方紧密堆积晶体，$\alpha$-$Al_2O_3$ 的熔点 $2015\pm15℃$，密度 $3.965 g\cdot cm^{-3}$，硬度 8.8，仅次于金刚石，不溶于水、酸或碱，无色透明者称白玉，含微量三价铬显红色的称红宝石，含二价铁、三价铁或四价钛显蓝色的称蓝宝石。$Al_2O_3$ 可用作精密仪器的轴承，钟表的钻石、砂轮、抛光剂，耐火材料和电的绝缘体。色彩艳丽的可作装饰用宝石。人造红宝石单晶可制作激光器的材料。除天然矿产外，可用氢氧焰熔化氢氧化铝制取 $Al_2O_3$。

（2）$Al(OH)_3$

$Al(OH)_3$ 是一种两性物质，既能与酸反应生成水和盐，又能与强碱反应生成盐。

$$Al(OH)_3+3HCl =\!=\!= AlCl_3+3H_2O$$
$$Al(OH)_3+NaOH =\!=\!= Na[Al(OH)_4]$$

### 3. 铝的卤化物

在三卤化铝中，除 $AlF_3$ 是离子型化合物外，$AlCl_3$、$AlBr_3$ 和 $AlI_3$ 均为共价型化合物。在气相或非极性溶剂中，$AlCl_3$、$AlBr_3$ 和 $AlI_3$ 均是二聚分子。

在二聚分子中，卤素原子对铝呈四面体结构，是一种桥式结构。如图 9.4 所示，在每个 $AlCl_3$ 分子中，铝原子有空轨道，氯原子有孤对电子，桥式氯原子在与一边的铝成 $\sigma$ 键的同时，与另一边的铝发生 Cl→Al 的电子对配位，形成氯桥键，即三中心四电子键。这种二聚分子遇到电子给予体分子时会解离成单分子，形成这个电子给予体的配位化合物。

$AlCl_3$ 在常温下是白色固体，在 453K 下升华，几乎溶解于所有的有机溶剂内；遇水则发生强烈的水解反应并放热，甚至在潮湿空气中也强烈地冒烟。

$$AlCl_3+3H_2O =\!=\!= Al(OH)_3+3HCl$$

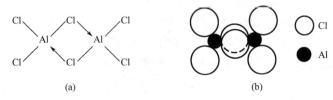

图 9.4　$AlCl_3$ 的二聚分子及四面体结构

$AlCl_3$ 是路易斯酸，能与有机胺、醚、醇等结合，也能与 NaCl 生成 $Na[AlCl_4]$。无水 $AlCl_3$ 在有机合成和石油化工中是常用的催化剂。

# 9.3　碳族元素

碳族元素为周期表ⅣA族，包括碳（C）、硅（Si）、锗（Ge）、锡（Sn）、铅（Pb）五种元素。本族元素从上至下金属性逐渐增强，碳、硅为非金属，锗为半金属，而锡、铅为金属，也有人把硅、锗称为准金属。硅、锗是半导体材料，除铅以外，其他元素有同素异形体。

## 9.3.1　碳族元素的通性

本族元素价层电子构型为 $ns^2np^2$，能形成氧化数为 +2、+4 的化合物。碳、硅主要形成氧化数为 +4 的化合物，在碳化物中，碳可以形成阴离子 $C^{4-}$，$C_2^{2-}$ 和 $C_3^{4-}$。铅主要以氧化数为 +2 的化合物存在，Pb（Ⅳ）具有强的氧化性。锗、锡化合物的常见氧化数为 +4 和 +2。

碳族元素的基本性质列于表 9-3。

表 9-3　碳族元素的基本性质

| | 碳(C) | 硅(Si) | 锗(Ge) | 锡(Sn) | 铅(Pb) |
|---|---|---|---|---|---|
| 原子序数 | 6 | 14 | 32 | 50 | 82 |
| 原子量 | 12.01 | 28.09 | 72.59 | 118.7 | 207.2 |
| 价层电子构型 | $2s^22p^2$ | $3s^23p^2$ | $4s^24p^2$ | $5s^25p^2$ | $6s^26p^2$ |
| 主要氧化数 | 2,4,−4 | 2,4 | 2,4 | 2,4 | 2,4 |
| 原子共价半径/pm | 77 | 117 | 122 | 141 | 154 |
| 离子($M^{4+}$)半径/pm | 16 | 42 | 53 | 71 | 84 |
| 离子($M^{2+}$)半径/pm | | | 73 | 102 | 120 |
| 电离能/(kJ·mol$^{-1}$) | 1087 | 787 | 762 | 709 | 716 |
| 电负性 | 2.55 | 1.90 | 2.01 | 1.20 | 1.60 |

碳和硅虽然都是本族的非金属元素，但在形成化合物时都有各自的特点。碳是第二周期元素，外层有效轨道是 s、p，它可以 $sp^3$、$sp^2$、$sp$ 的不同杂化方式形成数目不等的 σ

键，但配位数不能超过 4。又因它的原子半径较小，除了形成 σ 键外，还可以形成 p– pπ 键（双键，三键）。硅是第三期元素，它的外层除了 s、p 轨道外，还有 d 轨道可以参加成键，因此配位数可以达到 6，但因原子半径较大，一般不能形成多重键。因此，在成键方式上，碳比硅更多样化，可形成种类繁多的化合物。

元素自身间通过化学键相互结合也是本族元素的共性，这种结合的趋势大小与相互间的键能有关，键能越高，其结合力就越强。表 9 - 4 列出碳族元素某些单键的键能。可见本族元素自身结合的趋势自 C 至 Sn 越来越弱。碳原子通过自身结合形成的碳链或碳环可以包含数以万计个碳原子（如聚乙烯、天然橡胶及合成橡胶），硅也可以形成不太长的硅链，而锡最多只有两个原子连接。另外，由于 Si—O 键的键能很大，在有氧条件下，Si—Si 键容易转变成 Si—O 键，造成 Si—Si 键不稳定。C—H 键的键能较大，因此在自然界中存在着一系列的含 C—H 键的化合物，如有机物中的烃类等，这也是碳元素化合物众多的一个重要原因。

表 9 - 4　某些碳族元素单键的键能/kJ·mol$^{-1}$

| 键 | 键能 | 键 | 键能 |
|---|---|---|---|
| C—C | 356 | C—H | 411 |
| Si—Si | 226 | Si—H | 318 |
| Ge—Ge | 167 | C—O | 358 |
| Sn—Sn | 155 | Si—O | 452 |

## 9.3.2　碳及其重要化合物

### 1. 碳的同素异形体

碳有石墨、金刚石和 20 世纪 80 年代中期发现的碳原子簇（富勒烯）三种同素异形体。

（1）石墨

在石墨晶体中，碳原子以 sp$^2$ 杂化轨道与邻近的三个碳原子成键，构成平面六角网状结构，由这些网状结构连成层状结构。层中 C—C 之间的距离为 141.5pm，每个碳原子有一个未参加杂化的 p 轨道，并有一个 p 电子，同一层中这些 p 电子可以形成离域大 π 键（$\pi_n^m$），这些离域 π 电子可以在整个碳原子平面内活动。层与层之间以分子间作用力相结合，层间距 335.4pm。石墨的晶体结构如图 9.5 所示。

石墨具有层状结构，质软，有金属光泽，能导电，可做电极、坩埚、润滑剂、铅笔芯等。

（2）金刚石

金刚石属立方晶系原子晶体，每个碳原子以 sp$^3$ 杂化轨道与另外 4 个碳原子成键，C—C 之间的距离为 154.45pm。图 9.6 所示为金刚石的晶体结构。

金刚石为透明晶体，具有很高的折光性、硬度最大，以它的硬度为 10 作为量度其他物质硬度的标准。在所有物质中，金刚石的熔点最高（3827±200℃）。金刚石不导电，但具有很高的导热性，是铜导热性的 6 倍。由于 C—C 键很强，室温下金刚石是非常惰性的。金刚石俗称钻石，除作装饰品外，主要用于制造钻探用钻头、切割和磨削工具。

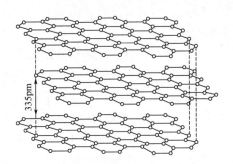 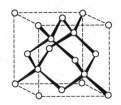

图 9.5　石墨的晶体结构　　　　图 9.6　金刚石的晶体结构

（3）富勒烯

富勒烯或球烯，是由碳元素结合形成的稳定分子，分子式为 $C_n$（一般 $n < 200$），其中研究得最多的是 $C_{60}$。富勒烯 $C_{60}$ 具有 60 个顶点和 32 个面，其中 12 个为正五边形，20 个为正六边形，整个分子形似足球。$C_{70}$ 是由 70 个碳原子所构成的橄榄球状封闭的多面体，分子内含 12 个五边形环和 25 个六边形。其分子结构如图 9.7 所示。

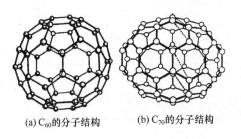

(a) $C_{60}$ 的分子结构　　(b) $C_{70}$ 的分子结构

图 9.7　富勒烯的分子结构示意图

$C_{60}$ 和 $C_{70}$ 的分子结构具有中空的碳笼，可在笼中形成内包物，又可在笼表面形成衍生物。双键又使它们具有一些特殊的物理与化学性质，如：易溶于苯、甲苯、环己烷等非极性有机溶剂，能参与氧化、还原、加成、环加成、亲核取代、亲电取代、聚合、氨基化等反应，掺入金属（如 Cs、K 等）后显超导性，还具有非线性光效应等性质。

20 世纪 90 年代以来，富勒烯已经成为物理学家、化学家、材料学家甚至生物医学家竞相追逐的明星。目前，富勒烯的研究领域已涉及有机化学、无机化学、生命科学、材料科学、高分子科学、催化化学、电化学、超导体等众多学科及应用研究领域，富勒烯的应用潜力巨大。克罗托（Kroto）、斯莫利（Smalley）和柯尔（Curl）三位科学家因对碳原子族的开创性研究而荣获 1996 年诺贝尔化学奖。

**2. 碳的氧化物**

碳的稳定氧化物有 CO 和 $CO_2$。

CO 是无色、无臭、有毒的气体。空气中 CO 的含量仅为 0.1%（体积分数）时，即会使人中毒，原因是它能与血液中携带 $O_2$ 的血红蛋白结合，破坏血液的输 $O_2$ 功能。CO 是良好的气体燃料，也是重要的化工原料，在冶金工业上用作还原剂。CO 有加合性，在一定条件下能以 C 原子上的孤电子对配位，与某些金属单质形成金属羰基化合物，如 $[Ni(CO)_4]$、$[Fe(CO)_5]$ 等。

$CO_2$ 是无色、无臭的气体，不助燃、易液化。大气中正常含量的体积分数约为 0.03%。$CO_2$ 主要来自煤、石油气及其他含碳化合物的燃烧、碳酸钙的分解、动物的呼吸过程及发酵过程。自然界通过植物的光合作用和海洋中浮游生物可将 $CO_2$ 转变为 $O_2$，维持大气中 $O_2$ 与 $CO_2$ 的平衡。近年来，应用 $CO_2$ 替代光气在合成碳酸酯、异氰酸酯的技术中已有重大突破，不仅避免了光气对人的危害，而且还减少了 $CO_2$ 在大气中的排放，对缓解"温室效应"有重要意义。

固态 $CO_2$ 称为干冰。干冰不经融化而直接升华，可用作制冷剂（其冷冻温度可达 $-70℃$）。$CO_2$ 大量用于生产 $Na_2CO_3$、$NaHCO_3$ 和 $NH_4HCO_3$，也可用作灭火剂、防腐剂和灭虫剂。

### 3. 碳酸和碳酸盐

（1）碳酸

通常认为 $CO_2$ 溶于水后生成 $H_2CO_3$，$H_2CO_3$ 极不稳定，只存在于水溶液中。$H_2CO_3$ 是二元弱酸。

$$H_2CO_3 \Longleftrightarrow H^+ + HCO_3^- \quad K_{a1}^\ominus = 4.2 \times 10^{-7}$$
$$HCO_3^- \Longleftrightarrow H^+ + CO_3^{2-} \quad K_{a2}^\ominus = 4.8 \times 10^{-11}$$

上述电离常数是假定溶于水中的 $CO_2$ 全部转化为 $H_2CO_3$ 计算而得，实际上 $CO_2$ 溶于水后，大部分 $CO_2$ 是以水合分子存在的，只有约 $1/600$ $CO_2$ 分子转化为 $H_2CO_3$。

（2）碳酸盐

碳酸作为二元酸，可以生成酸式盐和正盐，正盐中除碱金属（不包括 Li）和铵盐以外都难溶于水。对于难溶的碳酸盐（如 $CaCO_3$），其碳酸氢盐有较大的溶解度 $[如 Ca(HCO_3)_2]$；但对易溶的碳酸盐来说，它们相应的酸式盐的溶解度却相对较小。

$CO_3^{2-}$ 具有强烈的水解性，当金属离子与碱金属碳酸盐溶液反应时，可能生成碳酸盐、碱式碳酸盐或氢氧化物，其具体情况视金属离子 $M^{n+}$ 的水解性和生成物的溶度积而定。

$$2Ag^+ + CO_3^{2-} \Longrightarrow Ag_2CO_3 \downarrow (碱土金属离子, Mn^{2+}, Ni^{2+})$$
$$2Cu^{2+} + 2CO_3^{2-} + 2H_2O \Longrightarrow Cu_2(OH)_2CO_3 \downarrow + CO_2 \uparrow (Be^{2+}, Zn^{2+}, Co^{2+})$$
$$2Al^{3+} + 3CO_3^{2-} + 3H_2O \Longrightarrow 2Al(OH)_3 \downarrow + 3CO_2 \uparrow (Fe^{3+}, Cr^{3+})$$

碳酸盐的热稳定性的一般规律：碱金属盐＞碱土金属盐＞过渡金属盐＞铵盐，碳酸盐＞碳酸氢盐。

## 9.3.3 硅及其重要化合物

### 1. 单质硅

单质硅有无定形硅和晶体硅之分，晶体硅又有多晶硅和单晶硅之分。

单质硅的晶体结构类似于金刚石，熔点 1683K，呈灰黑色金属外貌，硬脆，能刻划玻璃。在低温下，单质硅并不活泼，与水、空气和酸均不发生反应（这可能是由于硅的表面形成有几个原子厚度的 $SiO_2$ 保护膜），但与强氧化剂和强碱溶液发生反应。

$$Si+O_2 == SiO_2$$

$Si+2X_2 = SiX_4$（$F_2$ 在室温下、$Cl_2$ 在 300℃左右、$Br_2$ 和 $I_2$ 在 500℃左右的条件下能够发生此反应）

$$Si+2OH^- +H_2O == SiO_3^{2-} +2H_2\uparrow$$

高纯单质硅（杂质少于百万分之一）具有良好的半导体性能，被用作半导体材料。

### 2. 二氧化硅

二氧化硅又叫硅石，它在自然界有晶体和无定形体两种形态。硅藻土是无定形的二氧化硅；石英是常见的二氧化硅晶体，无色透明的纯石英称水晶，普通砂粒是混有杂质的石英细粒。石英具有许多特殊性能，石英玻璃热膨胀系数小、软化点高（约 1500℃）、能透过可见光和紫外光、耐腐蚀性强（除 HF 和熔碱外）、不易引入杂质，可用来制作光学仪器的透镜、棱镜、紫外灯和汞灯等，还可用来制造高级石英器皿。现代光通信中的光导纤维也是由二氧化硅经特殊工艺制成的。

二氧化硅的性质不活泼，但能与氢氟酸、浓碱以及熔融的碳酸钠反应。

$$SiO_2+4HF == SiF_4\uparrow +2H_2O$$
$$SiO_2+6HF == H_2SiF_6 +2H_2O$$
$$SiO_2+2OH^- == SiO_3^{2-} +H_2O$$
$$SiO_2+Na_2CO_3 == Na_2SiO_3+CO_2\uparrow$$

### 3. 硅酸

可溶性硅酸盐与酸作用生成硅酸。

$$SiO_3^{2-} +2H^+ == H_2SiO_3$$

其电离常数为 $K_{a1}^\ominus=3.0\times10^{-10}$，$K_{a2}^\ominus=2.0\times10^{-12}$。

$Na_2SiO_3$ 与酸作用，随浓度和酸度的不同可以生成硅酸胶体溶液（即硅酸溶胶），或生成含水量较多、软而透明、具有弹性的硅酸凝胶，硅酸凝胶可制成吸附剂——硅胶。将浓度较大的 $Na_2SiO_3$ 与盐酸混合，使其生成硅酸凝胶，将硅酸凝胶静置24h左右，使其陈化，用热水洗去硅酸凝胶中的盐，将洗净的硅酸凝胶在 60~70℃ 烘干，然后缓慢升温至300℃活化，即得硅胶。若将硅酸凝胶在 $CoCl_2$ 溶液中浸泡，干燥活化后可得变色硅胶。无水 $CoCl_2$ 为蓝色，水合 $CoCl_2\cdot 6H_2O$ 为红色，所以根据变色硅胶颜色的变化可以判断硅胶的吸水程度。硅胶主要用作干燥剂，加热脱水后可以再生并反复使用。

### 4. 硅酸盐

硅酸盐是数目极多的一类无机物，约占地壳质量的 80%，自然界中的硅酸盐复杂多变，常以矿物称之。

硅酸盐分为可溶性和不溶性两类。$Na_2SiO_3$、$K_2SiO_3$ 等是可溶性硅酸盐。$Na_2SiO_3$ 是一种玻璃态物质，常因含有铁而呈蓝色，溶于水后成为黏稠溶液，商品名为水玻璃（俗称泡花碱）。水玻璃在工业上用作黏合剂，木材等经它浸泡后可以防腐、防火。

$SiO_3^{2-}$ 具有强的水解性，与 $Al^{3+}$ 作用生成 $H_2SiO_3$ 和 $Al(OH)_3$；与 $NH_4^+$ 作用生成 $H_2SiO_3$ 和 $NH_3$。

$$3Na_2SiO_3+Al_2(SO_4)_3+6H_2O == 3H_2SiO_3\downarrow +2Al(OH)_3\downarrow +3Na_2SO_4$$

$$Na_2SiO_3 + 2NH_4Cl = H_2SiO_3\downarrow + 2NaCl + 2NH_3\uparrow$$

大多数硅酸盐是不溶于水的，它们在自然界中主要以矿物存在。

### 9.3.4 锗、锡、铅及其重要化合物

**1. 锗、锡、铅单质**

锗（Ge）是一种灰白色的脆性金属，它的晶体结构是金刚石型，熔点为1210K。在化学性质上，它略比硅活泼些。在400K左右，就能与氯反应生成$GeCl_4$。它能溶于浓$H_2SO_4$和浓$HNO_3$中，但不溶于NaOH溶液中（除非有$H_2O_2$存在）。高纯锗是一种良好的半导体材料。

锡（Sn）有三种同素异形体，即白锡、灰锡和脆锡。白锡是银白带蓝色的金属，有延展性，可以制成器皿。当温度低于286K时，白锡非常慢地转变成灰锡。灰锡呈粉末状。因此，锡制品若在寒冬中长期处于低温会自行毁坏，毁坏是先从某一点开始，然后迅速蔓延，称为"锡疫"。当温度高于434K时，白锡转变成具有斜方晶系晶体结构的斜方锡，斜方锡很脆，一敲就碎，称为脆锡。

金属锡在冷的稀盐酸中溶解缓慢，但迅速溶于热浓盐酸中。

$$Sn + 2HCl = SnCl_2 + H_2\uparrow$$

铅（Pb）的密度很大（$11.35g\cdot cm^{-3}$），熔点低（601K），质地软，新切开的铅表面有金属光泽。铅与盐酸和硫酸的反应缓慢，但加热时反应明显。

$$Pb + 2HCl = PbCl_2 + H_2\uparrow$$
$$Pb + H_2SO_4 = PbSO_4 + H_2\uparrow$$

铅能防止X射线和$\gamma$射线的穿透，可用于对这些射线的防护。

铅是一种积累性的毒性物质，很容易被胃肠吸收，其中一部分破坏血液使红血球分解，另一部分通过血液扩散到全身器官并进入骨骼。铅从体内排出的速度慢，可使人慢性中毒。铅中毒症状：感到疲倦、食欲不振，严重时会呕吐、腹泻。

**2. 铅的氧化物**

铅可生成氧化数为+2，+4的氧化物，最重要的是PbO，$Pb_3O_4$，$Pb_2O_3$和$PbO_2$。

PbO又称密陀僧或黄铅，可由Pb（Ⅱ）的氢氧化物、硝酸盐或碳酸盐热分解制得。PbO具有两性，易与酸、碱反应。

$Pb_3O_4$又称红铅或铅丹，$Pb_2O_3$呈现橙色，二者都是+2，+4价铅的混合价氧化物。

$PbO_2$为棕色固体，是强氧化剂，在酸性介质中，$PbO_2$将$Mn^{2+}$氧化为$MnO_4^-$，该反应可用来检验$Mn^{2+}$离子。

$$5PbO_2 + 2Mn^{2+} + 4H^+ = 5Pb^{2+} + 2MnO_4^- + 2H_2O$$

# 9.4 氮族元素

元素周期表中第ⅤA族元素包括氮（N）、磷（P）、砷（As）、锑（Sb）和铋（Bi）五种元素，统称为氮族元素。其中，N和P是典型的非金属，As为半金属，Sb和Bi为金属。

### 9.4.1　氮族元素的通性

表 9-5 列出了氮族元素的某些基本性质。

表 9-5　氮族元素的某些基本性质

| 元素 | 氮（N） | 磷（P） | 砷（As） | 锑（Sb） | 铋（Bi） |
| --- | --- | --- | --- | --- | --- |
| 原子序数 | 7 | 15 | 33 | 51 | 83 |
| 原子量 | 14.01 | 30.97 | 74.92 | 121.75 | 208.98 |
| 价电子构型 | $2s^2 2p^3$ | $3s^2 3p^3$ | $4s^2 4p^3$ | $5s^2 5p^3$ | $6s^2 6p^3$ |
| 主要氧化数 | $-3, -2, -1,$ $+1, +2, +3,$ $+4, +5$ | $-3, +1,$ $+3, +5$ | $-3, +3, +5$ | $+3, +5$ | $+3, +5$ |
| 原子共价半径/pm | 75 | 110 | 122 | 143 | 152 |
| 第一电离能/(kJ·mol$^{-1}$) | 1402.58 | 1011.75 | 944.58 | 831.659 | 703.333 |
| 第一电子亲和能电负性 | 3.04 | 2.19 | 2.18 | 2.05 | 2.02 |

氮族元素的共同特点是基态原子的价电子构型为 $ns^2 np^3$。其同电负性很大的氟和氧成键时，5 个价电子可以全部失去，所以氮族元素的最高氧化数为 +5。但是自上而下到元素 Bi 时，由于 Bi 原子出现了充满的 4f 能级和 5d 能级，而 f、d 电子对原子核的屏蔽作用较小，6s 电子又具有较大的穿透作用，所以 6s 能级显著降低，从而使 6s 电子成为"惰性电子对"而不易参加成键。Bi 常因仅失去 3 个 p 电子而显 +3 氧化数，由于 Bi 原子半径在同族中最大，因此，它形成 +3 氧化数的倾向也最大，表现为较活泼的金属。

氮族元素在基态时，原子都有半充满的 p 轨道，因而相比于同周期中前后元素有相对较高的电离能。氮族元素与其他元素成键时，往往表现出较强的共价性。随着其原子半径的增大，形成离子键的倾向有所增强。虽然 N 和 P 有一些具有离子键特征的氧化数为 -3 的化合物，但在水溶液中却不会存在 $N^{3-}$ 或 $P^{3-}$ 这样的水合离子（发生水解反应）。

氮族元素除了 N 原子外，其他原子的最外层都有空的 d 轨道，成键时 d 轨道也可能参与成键，所以除 N 原子具有不超过 4 的配位数外，其他原子的最高配位数为 6，如 $PCl_6^-$ 中的杂化轨道为 $sp^3 d^2$。

### 9.4.2　氮及其化合物

1. 氮的成键特性

氮原子价电子构型为 $2s^2 2p^3$，p 轨道有 3 个单电子，s 轨道有一个孤电子对，没有空的价层 d 轨道。氮的价电子层结构决定了它的成键特征。

（1）离子键

N 元素有较高的电负性，它同电负性较小的金属如 Li、Mg 等形成二元氮化物时，能够以离子键存在。但是 $N^{3-}$ 的负电荷高，遇水会剧烈水解，生成 $NH_3$ 和金属氢氧化物。因此 $N^{3-}$ 的离子型化合物只能存在于无水的固态化合物中。

（2）共价键

N 原子同非金属形成化合物时，总是以共价键同其他原子相结合。在 $NH_3$、$N_2H_4$ 等分子中，N 原子采取 $sp^3$ 杂化，形成 3 个 σ 键，还有一个孤电子对不参加成键。在 $HNO_2$，NOCl 等分子中，N 原子采取 $sp^2$ 杂化，形成一个 σ 键和一个双键。在 $N_2$ 和 HCN 等分子中，N 原子采取 sp 杂化，形成三键，即一个 σ 键和两个 π 键，保留一个孤电子对不参加成键。

在一些分子中，N 原子参与形成大 π 键。虽然 N 原子价电子层中没有空 d 轨道可以利用，但可激发 1 个 2s 电子到 2p 轨道，N 采取 $sp^2$ 杂化。未杂化的 2p 轨道的电子对可以参与形成大 π 键，形成氧化数为 +5 的化合物，如 $HNO_3$ 分子中的 $\Pi_3^4$ 和 $N_2O_5$ 分子中的 $\Pi_3^4$ 等，多数氮的氧化物都存在大 π 键。

（3）配位键

氮的化合物，如氨、联氨、部分低氧化数的氮氧化物等都有孤电子对，可作为电子对给予体与金属离子配位，如 $[Cu(NH_3)_4]^{2+}$。$N_2$ 分子的孤电子对也可以与金属离子配位，已经制备出许多过渡金属的分子氮配合物，例如 $[Os(NH_3)_5(N_2)]^{2+}$ 和 $[(NH_3)_5Ru(N_2)Ru(NH_3)_5]^{4+}$ 等配离子。对 $N_2$ 分子配合物的进一步研究，有可能解决 $N_2$ 分子的活化问题。

2. 单质氮

绝大部分的氮是以单质分子 $N_2$ 的形式存在于大气中。$N_2$ 在常态下是一种无色无臭的气体；在标准状态下，密度为 $1.25g \cdot L^{-1}$，熔点为 63K，沸点为 77K。氮气微溶于水，在 283K 时，1 体积水大约可溶解 0.02 体积氮气。

分子轨道理论认为，氮分子的轨道排布式如下。

$$(\sigma_{1s})^2(\sigma_{1s}^*)^2(\sigma_{2s})^2(\sigma_{2s}^*)^2(\pi_{2p_y})^2(\pi_{2p_z})^2(\sigma_{2p_x})^2$$

由于 N 原子中的 2s 和 2p 轨道能量相差较小，在成键过程中互相作用后影响轨道能量，使氮分子中的三个键由 $(\sigma_{2p_x})^2$、$(\pi_{2p_y})^2$ 和 $(\pi_{2p_z})^2$ 构成，即一个 σ 键和两个 π 键，键级为 3。

由于 $N_2$ 分子具有三重键，其键能特别大（$945.41kJ.mol^{-1}$）、核间距短（109.76pm），加之电子云的分布非常对称，难以极化，因此 $N_2$ 分子极为稳定。$N_2$ 分子的离解能是双原子分子中最高的。实验证明，加热至 3273K 时只有 0.1% $N_2$ 分解。由于 $N_2$ 的稳定性很高，常温下不易参加化学反应，故常用作保护气体以防止某些物质和空气接触而被氧化。

3. 氨及铵盐

氨（$NH_3$）是氮的重要化合物之一，几乎所有含氮化合物都可以由它来制取。工业上利用氮气和氢气反应生产氨。

$$N_2 + 3H_2 \xrightarrow[\text{催化剂}]{\text{高温、高压}} 2NH_3$$

氨分子中氮原子采取不等性 $sp^3$ 杂化，有一个孤电子对，分子呈三角锥形结构，如图 9.8 所示。由于孤电子对成键电子的排斥作用，使氨分子中 N—H 共价单键之间的键角

变小至 $107°18'$，这种结构使得 $NH_3$ 分子有较强的极性，其偶极矩为 1.46D，也使得 $NH_3$ 分子有较强的配位能力。

**图 9.8　氨分子结构示意图**

氨在常温下是一种具有刺激性气味的气体。氨有极大的极性，且分子间能形成氢键，因此其熔点、沸点高于同族的 $PH_3$。氨极易溶于水，是在水中溶解度最大的气体之一。在 293K 时，1 体积水能溶解 700 体积的氨。氨溶解度如此大的原因主要是氨和水分子之间存在氢键，生成了缔合分子。通常把溶有氨的水溶液称为氨水，氨水的相对密度小于1。$NH_3$ 含量越多，氨水的相对密度就越小，一般市售氨水的相对密度为 0.91，含 $NH_3$ 约为 28%，浓度约为 $15\text{moI} \cdot \text{L}^{-1}$。

氨在通常情况下很稳定。它能参加 4 类化学反应：①配位反应，氨分子的孤电子对向其他反应物配位，有时称为加合反应；②取代反应，$NH_3$ 分子的氢被其他基团取代；③氨解反应，类似于水解反应；④氧化反应，$NH_3$ 中氮元素具有最低氧化数（-3），被氧化成较高氧化数。

$$AgCl + 2NH_3 \Longrightarrow [Ag(NH_3)_2]Cl$$

$$2Na + 2NH_3 \xrightarrow{623K} 2NaNH_2 + H_2$$

$$COCl_2（光气）+ 4NH_3 \Longrightarrow CO(NH_2)_2（尿素）+ 2NH_4Cl$$

$$4NH_3 + 3O_2 \Longrightarrow 2N_2 + 6H_2O$$

氨是其他含氮化合物的生产原料，如用于制造硝酸及其盐、铵盐等。硝酸是重要的工业原料，铵盐可以作为化肥。常见的铵盐有硝酸铵（$NH_4NO_3$）、硫酸铵 [$(NH_4)_2SO_4$] 和碳酸氢铵（$NH_4HCO_3$）等。

氨与酸作用可得到相应铵盐。铵离子没有颜色，若阴离子也没有颜色，则铵盐是无色的。大多数铵盐易溶于水，而且是强电解质。$NH_4^+$ 和 $Na^+$ 是等电子体，因此 $NH_4^+$ 具有 +1 价金属离子的性质。$NH_4^+$ 的半径 143pm 近似于 $K^+$ 的 133pm 和 $Rb^+$ 的 147pm，使许多同类铵盐与钾或铷的盐类质同晶，溶解度相似。$K^+$ 和 $Rb^+$ 的沉淀剂一般也是 $NH_4^+$ 的沉淀剂。

氨为弱碱。铵盐溶于水有一定程度的水解，与强酸根组成的铵盐的水溶液显酸性，如 $NH_4NO_3$、$NH_4Cl$ 等；而醋酸铵（$NH_4Ac$）的水溶液近于中性。

在铵盐水溶液中加强碱，可发生如下反应。

$$NH_4^+ + OH^- \Longrightarrow NH_3\uparrow + H_2O$$

将铵盐水溶液加热，氨即挥发出来，所以这是一种检验铵盐的方法。

**4. 氮的含氧化合物**

**（1）氮的氧化物**

氮可以形成多种氧化物，在这些氧化物中，氮的氧化数可以从 +1 到 +5。常见的氮氧化物主要有 $N_2O$、$NO$、$N_2O_3$、$NO_2$、$N_2O_4$ 和 $N_2O_5$。在室温下，$N_2O_3$ 是蓝色液体，$NO_2$ 是红棕色气体，$N_2O_5$ 是无色固体，其余都是无色气体。$NO$ 和 $NO_2$ 都是含单电子的分子，显顺磁性。

$N_2O$ 为极性分子，在水中有一定的溶解度，$1\text{dm}^3$ 水能溶解 $0.5\text{dm}^3 N_2O$。由于 $N_2O$

的生成热为$+82kJ \cdot moI^{-1}$，因而其不稳定、易分解、可助燃。另外，$N_2O$ 曾作为牙科的麻醉剂。

NO 有还原性，在空气中迅速被氧化为红棕色的 $NO_2$。NO 分子中含未成对电子和未键合的孤电子对。因此，它可以作为配体和很多金属形成配合物，如 $Co(CO_3)NO$，$[Fe(NO)]SO_4$ 等，这类配合物称为亚硝酰配合物。因为与 CO 分子配合物类似，亚硝酰配合物属于类羰基配合物。这里的$[Fe(NO)]SO_4$ 是检验硝酸根的棕色环实验显色物质。

NO 与 $NO_2$ 在低温下作用生成 $N_2O_3$，$N_2O_3$ 熔点为 $-100.7℃$，沸点为 $3.5℃$。$N_2O_3$ 固态为蓝色，液态为淡蓝色。

NO 与 $O_2$ 作用得到 $NO_2$，$NO_2$ 为红棕色气体，聚合后得无色 $N_2O_4$ 气体。$NO_2$ 有氧化性。

$NO_2$ 与水作用发生歧化反应生成 $HNO_3$ 和 NO。

$$3NO_2 + H_2O = 2HNO_3 + NO$$

$NO_2$ 在碱中则歧化为 $NO_3^-$ 和 $NO_2^-$。

$$2NO_2 + 2OH^- = NO_3^- + NO_2^- + H_2O$$

$N_2O_5$ 是硝酸的酸酐，用强氧化剂氧化 $NO_2$ 可得到 $N_2O_5$。$N_2O_5$ 在常温下是固态，熔点为 $30℃$，沸点为 $47℃$，在常压下 $32.4℃$ 升华。当温度高于室温时，$N_2O_5$ 的固态和气态都不稳定，可分解为 $NO_2$ 和 $O_2$。$N_2O_5$ 是强氧化剂。

（2）亚硝酸及亚硝酸盐

亚硝酸（$HNO_2$）是一种弱酸，且很不稳定。在低温下将强酸加入亚硝酸盐溶液中时，就可以得到亚硝酸溶液。

$$NaNO_2 + H_2SO_4 = HNO_2 + NaHSO_4$$

将 $NO_2$ 和 NO 混合物溶解在冰冻的水中时，可生成亚硝酸的水溶液；若将该混合物溶于碱，则可生成亚硝酸盐。

$$NO_2 + NO + H_2O = 2HNO_2$$
$$NO_2 + NO + 2OH^- = 2NO_2^- + H_2O$$

亚硝酸是一种弱酸，但比醋酸略强，解离常数为 $7.24 \times 10^{-4}$。亚硝酸和亚硝酸盐中的 N 原子氧化数为 $+3$，它们既具有还原性又有氧化性。

$$2NO_2^- + 2I^- + 4H^+ = 2NO\uparrow + I_2 + 2H_2O$$
$$2MnO_4^- + 5NO_2^- + 6H^+ = 2Mn^{2+} + 5NO_3^- + 3H_2O$$

$HNO_2$ 虽然兼有氧化性和还原性，但却以氧化性为主，相同浓度的稀 $HNO_2$ 和 $HNO_3$，前者的氧化能力强于后者。如稀溶液中 $NO_2^-$ 可将 $I^-$ 离子氧化，稀溶液中的 $NO_3^-$ 却不能氧化 $I^-$ 离子，这是 $NO_2^-$ 和 $NO_3^-$ 离子的重要区别之一。

大多数亚硝酸盐是稳定的，除浅黄色的不溶盐 $AgNO_2$ 外，一般易溶于水。亚硝酸盐一般有毒，并且是致癌物质。

（3）硝酸及硝酸盐

硝酸（$HNO_3$）是三大强酸之一，它是制造炸药、染料、硝酸盐和许多其他化学药品的重要原料。

合成硝酸主要有三种方法。

①氨的催化氧化。

②电弧法。

③硝酸盐与浓硫酸作用，该方法现在多用于在实验室中制备少量硝酸。

$$NaNO_3 + H_2SO_4 \stackrel{\;\;}{=\!=\!=} NaHSO_4 + HNO_3$$

$HNO_3$ 分子是平面型结构[图 9.9(a)]，其中 N 原子采取 $sp^2$ 杂化，3 个杂化轨道分布在同一平面上，呈三角形，分别与 3 个 O 原子的 2p 轨道（各含 1 个电子）重叠组成 3 个 $\sigma$ 键。被孤电子对占据的 2p 轨道垂直于平面和 2 个非羟基氧的 2p 轨道（各含 1 电子）组成一个三中心四电子的离域 $\pi$ 键（$\Pi_3^4$）。这种结构使硝酸中的 N 原子表观氧化数为 $+5$。非羟基氧原子和氢原子组成一个 $\sigma$ 键。另外，$HNO_3$ 分子内还存在氢键，如图 9.9（a）所示。

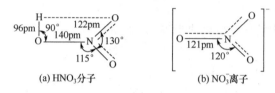

(a) $HNO_3$分子　　　　(b) $NO_3^-$离子

**图 9.9　硝酸和硝酸根离子的结构**

$NO_3^-$ 离子是平面三角形结构，其中 N 原子的 3 个 $sp^2$ 杂化轨道分别与 3 个 O 原子的 1 个 2p 轨道（各含 1 个电子）组成 3 个 $\sigma$ 键外，3 个氧原子上另 1 个 2p 轨道（各含 1 个电子）与 N 原子上被孤电子对占据的 2p 轨道，再加上外来的 1 个电子共同组成一个四中心六电子的离域大 $\pi$ 键（$\Pi_4^6$），如图 9.9（b）所示。由此可见，$HNO_3$ 分子整个结构对称性差，而 $NO_3^-$ 是一个对称性很好的离子。因此硝酸盐在正常状况下是足够稳定的。

硝酸能和水以任意比例混溶。一般市售硝酸相对密度为 1.50（无水），含量为 $68\%\sim70\%$，浓度相当于 $15\ mol \cdot L^{-1}$。纯硝酸是一种无色的透明油状液体。溶解了过多 $NO_2$ 的浓硝酸呈棕黄色，称为发烟硝酸。当硝酸加热至沸点 359K 或受光照时即逐渐分解。

$$4HNO_3 \stackrel{\triangle/h\nu}{=\!=\!=} 4NO_2\uparrow + O_2\uparrow + 2H_2O$$

硝酸受热、受光照时慢慢地发生分解作用，所以纯硝酸在放置中会慢慢变黄。

硝酸是重要的氧化剂，除了 Au，Pt，Rh 和 Ir 等少数金属外，许多金属都能被硝酸氧化。碱性金属一般都生成硝酸盐，酸性金属如 Sn，Sb，Mo，W 等与浓硝酸反应生成含氧酸或水合氧化物。S，P，As 等非金属单质可以被浓硝酸氧化成高价的含氧酸。浓硝酸作为氧化剂与金属反应时，还原产物多数为 $NO_2$；但同非金属元素反应时，还原产物往往是 NO。

$$Cu + 4HNO_3(浓) =\!=\!= Cu(NO_3)_2 + 2NO_2\uparrow + 2H_2O$$

$$S + 2HNO_3 =\!=\!= H_2SO_4 + 2NO\uparrow$$

在实际工作中常用 $HNO_3$ 的混合酸。将浓盐酸和浓硝酸体积比约为 3∶1 的混合物称王水，王水能溶解金（Au）、铂（Pt）等。

$$Au + HNO_3 + 4HCl =\!=\!= H[AuCl_4] + NO\uparrow + 2H_2O$$

$$3Pt + 4HNO_3 + 18HCl =\!=\!= 3H_2[PtCl_6] + 4NO\uparrow + 8H_2O$$

王水能够溶解金和铂，主要是由于溶液中存在大量 $Cl^-$，它能够形成配离子 $[AuCl_4]^-$ 和 $[PtCl_6]^{2-}$，使金属的还原能力增强。

硝酸盐的重要性质之一就是它的水溶性，几乎所有的硝酸盐都易溶于水而且容易结晶。

利用亚硝酸盐有还原性而硝酸盐没有还原性这一性质可以鉴别二者。最为有名的鉴别方法是棕色环试验。在试管中加入硝酸盐与硫酸亚铁混合溶液，再沿着试管壁缓慢加入浓硫酸，使浓硫酸进入试管的下部，在浓硫酸与水溶液的界面有棕色的 $Fe(NO)^{2+}$ 生成，从试管的侧面可观察到棕色环；用亚硝酸盐代替硝酸盐进行实验，得到棕色溶液而观察不到棕色环。

$$4H^+ + NO_3^- + 3Fe^{2+} =\!=\!= NO\uparrow + 2H_2O + 3Fe^{3+}$$
$$NO + Fe^{2+} =\!=\!= Fe(NO)^{2+}$$

## 9.4.3 磷及其化合物

### 1. 磷的成键特征

磷原子的价电子构型是 $3s^2 3p^3 3d^0$，即第三电子层除有 5 个价电子外还有空的 3d 轨道，因此磷原子在形成化合物或单质时其特征如下。

（1）形成离子键

为了达到稳定的结构，磷原子可以从电负性低的原子获得 3 个电子，形成含 $P^{3-}$ 离子的离子型化合物，如 $Na_3P$。不过由于 $P^{3-}$ 离子的半径大、电荷高、容易变形，它向共价键过渡的倾向很强，所以这种离子型化合物并不多，这一类磷化物很容易水解，在水溶液中不能得到 $P^{3-}$ 离子。

（2）形成共价键

磷原子可以同电负性较大的原子形成 3 个共价单键。根据与磷原子相结合元素的电负性高低，在化合物中磷的氧化数可以从 +3 变到 -3。这时磷原子采取 $sp^3$ 杂化，同时磷原子还有一个孤电子对。

当磷同电负性高的元素（F、O、Cl）相化合时，磷原子还可以拆开成对的 3s 电子，把多出的 1 个单电子激发进入 3d 能级而参加成键。在这种情况下磷原子的氧化数是 +5，形成的化合物是极性共价分子或基团，该共价分子或基团可以有两种价键结构形式：一种形式是形成 5 个共价单键，如五卤化磷，其中磷原子采取 $sp^3d$ 杂化；另一种形式是形成 3 个单键和 1 个双键，如正磷酸（$H_3PO_4$）中的磷酸根，其中磷原子采取 $sp^3$ 杂化，同时提供空的 d 轨道形成 π 键。

（3）形成配位键

磷原子在形成配位键时有两种形式。一种形式是 P（Ⅲ）原子上有一个孤电子对，可以作为电子对给予体向金属离子配位，特别是磷化氢（$PH_3$）的取代衍生物 $PR_3$ 是非常强的配位体，能形成很多的磷的配合物。另一种形式是 P（Ⅴ）原子有可利用的空 d 轨道，它可以作为配合物的中心原子，成为电子对的接受体从而组成了配位键，这时 P（Ⅴ）的配位数为 6（$sp^3d^2$ 杂化）。

### 2. 单质磷

磷在自然界中存在的矿物有磷酸钙矿 $Ca_3(PO_4)_2 \cdot H_2O$ 和氟磷灰石 $Ca_5F(PO_4)_3$。在自然界所有的含磷化合物中，磷原子总是毫无例外地通过氧原子同别的原子或基团相连接的。

单质磷主要有三种常见的同素异形体，白磷、红磷和黑磷。常见的是白磷。白磷经放置或在 400℃ 密闭条件下加热数小时就转化成红磷。红磷是一种稳定变体，其在转变过程中有热量放出。白磷在高压和较高温度条件下可以转化成黑磷。黑磷具有石墨状的片层结构，并有导电性。

白磷很活泼，通常在空气中就会发生缓慢的氧化作用，部分的反应能量以光能的形式放出，这便是白磷在暗处发光的原因，称为磷光现象。白磷在空气中氧化放热使温度达到 40℃ 时，便达到了白磷的燃点，引起自燃。因此白磷需要保存在冷水中。红磷和黑磷要比白磷稳定得多。

3. 磷化氢

磷和氢可组成一系列氢化物，其中最重要的是 $PH_3$，称为膦。磷化氢的分子结构如图 9.10 所示。$PH_3$ 和它的取代衍生物 $PR_3$（R 代表有机基团）具有三角锥形的结构，$PH_3$ 中的键角 $\angle HPH$ 为 93°，P—H 键长为 142pm。$PH_3$ 是一个极性分子（$\mu = 0.55D$），但是和 $NH_3$ 分子相比极性却弱得多。磷化氢在常温下是一种无色而剧毒的气体，在 183.28K 时凝为液体，在 139.25K 时凝结固体。$PH_3$ 在水中的溶解度比 $NH_3$ 小得多，其在水中的碱性要比 $NH_3$ 弱得多。

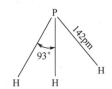

图 9.10　$PH_3$ 的分子结构

4. 磷的含氧化合物

（1）磷的氧化物

磷的氧化物常见的有三氧化二磷和五氧化二磷两种。

磷在常温下慢慢氧化或在不充分的空气中燃烧，可生成 P（Ⅲ）的氧化物即 $P_4O_6$，常称为三氧化二磷。三氧化二磷有很强的毒性，当其溶于冷水时缓慢地生成亚磷酸，因此称为亚磷酸酐。

$$P_4O_6 + 6H_2O(冷) \Longrightarrow 4H_3PO_3$$

磷在充足的氧气中反应时，$P_4O_6$ 分子中的每个磷原子上均有一个孤电子对，会受到氧分子的进攻，因此，$P_4O_6$ 还可以继续被氧化成 $P_4O_{10}$。$P_4O_{10}$ 与水作用时反应很激烈，放出大量的热，生成 P（Ⅴ）的各种含氧酸，因此 $P_4O_{10}$ 又称为磷酸酐。

$$P_4O_{10} + 6H_2O \Longrightarrow 4H_3PO_4$$

（2）磷的含氧酸

磷能生成多种氧化数的含氧酸，其中的磷原子总是采取 $sp^3$ 杂化。每个磷原子上有一个孤电子对，与端氧原子之间形成 σ 配键和 $p-d\pi$ 配键。磷的重要含氧酸按氧化数分类汇列于表 9-6。

续表

表9-6　磷的重要氧化数的含氧酸

| 名称 | 化学式 | 磷的氧化数 |
|------|--------|-----------|
| 次磷酸 | $H_3PO_2$ | +1 |
| 偏亚磷酸 | $HPO_2$ | +3 |
| 焦亚磷酸 | $H_4P_2O_5$ | +3 |
| 正亚磷酸 | $H_3PO_3$ | +3 |
| 连二磷酸 | $H_4P_2O_6$ | +4 |
| 聚偏磷酸 | $(HPO_3)_n$ | +5 |
| 焦磷酸 | $H_4P_2O_7$ | +5 |
| 正磷酸 | $H_3PO_4$ | +5 |
| 过二磷酸 | $H_4P_2O_8$ | +6 |

磷酸（$H_3PO_4$）的分子结构如图9.11所示。

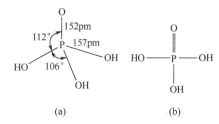

图9.11　$H_3PO_4$ 的分子结构

$H_3PO_4$ 具有磷氧四面体结构，磷氧四面体是一切 P（V）含氧酸和盐的基本结构单元。分子中 P 原子采取 $sp^3$ 杂化轨道成键，其中 3 个含单电子的杂化轨道与羟基氧原子形成 3 个 σ 键，另一个被孤电子对占据的杂化轨道与非羟基氧原子形成 1 个 σ 配键，非羟基氧原子上的孤电子对和 P 原子的空 3d 轨道再形成 p—dπ 键（反馈键），使原来的 σ 配键键长缩短（152pm），接近双键。

磷酸的熔点是 315K，由于加热磷酸会逐渐脱水并聚合，因此它没有沸点，它能与水以任何比例混溶。市售磷酸是含 82% $H_3PO_4$ 的黏稠状溶液。磷酸溶液黏度大的原因可能与浓溶液中存在氢键有关。磷酸有三个羟基，是一个三元中强酸，其逐级电离常数如下。

$$K_{a1}^\ominus = 6.92 \times 10^{-3} \quad K_{a2}^\ominus = 6.10 \times 10^{-8} \quad K_{a3}^\ominus = 4.79 \times 10^{-13}$$

不论在酸性溶液还是碱性溶液中，$H_3PO_4$ 几乎不显氧化性。磷酸根离子具有强的配位能力，能与许多金属离子形成可溶性配合物，如与 $Fe^{3+}$ 生成可溶性的无色配合物 $H_3[Fe(PO_4)_2]$ 和 $H[Fe(HPO_4)_2]$，利用这种性质，分析化学上常用 $PO_4^{3-}$ 掩蔽 $Fe^{3+}$ 离子。

（3）磷酸盐

钾、钠、铵的正磷酸盐，包括磷酸盐、磷酸一氢盐和磷酸二氢盐，其都易溶于水，这些易溶盐都有较多的结晶水，在加热时这些易溶盐可溶于其结晶水而熔化。锂及多数二价金属的磷酸盐都难溶于水，而磷酸二氢盐一般都易溶于水。二价金属磷酸盐或高价金属磷

酸盐的溶解度大小顺序为

$$磷酸二氢盐＞磷酸一氢盐＞磷酸盐$$

$Ca_3(PO_4)_2$ 和 $CaHPO_4$ 是难溶盐，而 $Ca(H_2PO_4)_2$ 是易溶盐。

由于磷酸是中强酸，所以它的碱金属盐都易于水解。如 $Na_3PO_4$、$Na_2HPO_4$ 和 $NaH_2PO_4$ 在水中发生如下的水解反应。

$$PO_4^{3-}+H_2O \Longleftrightarrow HPO_4^{2-}+OH^- （溶液显碱性）$$

$$HPO_4^{2-}+H_2O \Longleftrightarrow H_2PO_4^-+OH^- （溶液显碱性，pH＝9～10）$$

$$H_2PO_4^-+H_2O \Longleftrightarrow H_3PO_4+OH^- （溶液显酸性，pH＝4～5）$$

值得注意的是：$H_2PO_4^-$ 水解后溶液呈微酸性，这是因为 $H_2PO_4^-$ 离子除了按上述水解反应水解外，它还可能发生电离作用。而且电离程度比水解程度大，因此显酸性。

$$H_2PO_4^- \Longleftrightarrow HPO_4^{2-}+H^+$$

磷酸正盐比较稳定，不易分解。但是磷酸一氢盐和磷酸二氢盐受热却容易脱水成焦磷酸盐或偏磷酸盐。

### 9.4.4　砷及其化合物

砷在自然界中主要是以硫化物矿存在，如雌黄（$As_2S_3$）、雄黄（$As_4S_4$）、砷硫铁矿（$FeAsS$）等。

砷很难获得电子形成 $M^{3-}$ 离子，它的主要氧化数是＋3 和＋5，氧化物主要有 $As_2O_3$ 和 $As_2O_5$。比较重要的氧化物是 $As_2O_3$（砒霜），它是一种极毒物质，致死量为 0.1g。

1. 氧化数为＋3 的化合物

$As_2O_3$ 是以酸性为主的两性氧化物，微溶于水，它的水溶液是亚砷酸 $H_3AsO_3$，常见的是亚砷酸盐。$As_2O_3$ 既能溶于酸也能溶于碱。

$$As_2O_3+6HCl(浓)\Longrightarrow 2AsCl_3+3H_2O$$

$$As_2O_3+6NaOH\Longrightarrow 2Na_3AsO_3+3H_2O$$

由于 $As_2O_3$ 具有较明显的酸性，所以它在碱中的溶解度比在水中大得多。

$As_2O_3$ 是一个较强的还原剂，特别是在碱性介质中它可以被碘定量地氧化成砷酸。亚砷酸盐也能被碘氧化。

$$NaH_2AsO_3+4NaOH+I_2 \Longrightarrow Na_3AsO_4+2NaI+3H_2O$$

2. 氧化数为＋5 的化合物

$As_2O_5$ 是酸性氧化物，同水反应生成砷酸 $H_3AsO_4$。$H_3AsO_4$ 为三元酸，酸性与磷酸相近。

砷酸及其盐都有氧化性，同时，其氧化性只有在酸性介质中才表现出来，在这种情况下，砷酸可把 HI 氧化成 $I_2$。

$$H_3AsO_4+2HI\Longrightarrow H_3AsO_3+I_2+H_2O$$

砷酸同 $I^-$ 离子的反应，不仅在分析化学上具有实际意义，而且还具有普遍性，即溶液酸碱性的改变，将引起反应方向的变化，如在酸性介质中，砷酸能把 $I^-$ 离子氧化成碘相反，在碱性介质中碘却能把亚砷酸根离子氧化成砷酸根。

# 9.5 氧族元素

元素周期表中第ⅥA族元素包括氧（O）、硫（S）、硒（Se）、碲（Te）和钋（Po）五种元素，统称氧族元素。硫、硒和碲又常称为硫族元素，钋是由玛丽·居里夫妇于1896年从沥青铀矿中发现的放射性稀有元素。

## 9.5.1 氧族元素的通性

氧族元素（除钋外）的一些基本性质列于表9-7。

表9-7 氧族元素的基本性质

| 元素 | 氧(O) | 硫(S) | 硒(Se) | 碲(Te) |
|---|---|---|---|---|
| 原子序数 | 8 | 16 | 34 | 52 |
| 原子量 | 16.00 | 32.06 | 78.96 | 127.6 |
| 价电子构型 | $2s^2 2p^4$ | $3s^2 3p^4$ | $4s^2 4p^4$ | $5s^2 5p^4$ |
| 主要氧化数 | $-2,-1,0$ | $-2,0,2,4,6$ | $-2,0,2,4,6$ | $-2,0,2,4,6$ |
| 原子半径/pm | 66 | 104 | 117 | 137 |
| $M^{2-}$ 离子半径/pm | 132 | 184 | 191 | 211 |
| $M^{6+}$ 离子半径/pm | 9 | 29 | 42 | 56 |
| 第一电子亲和能/$(kJ \cdot mol^{-1})$ | 141 | 200 | 195 | 190 |
| 第二电子亲和能/$(kJ \cdot mol^{-1})$ | $-780$ | $-590$ | $-420$ | $-295$ |
| 第一电离能/$(kJ \cdot mol^{-1})$ | 1314 | 999.6 | 940.9 | 869.3 |
| 第二电离能/$(kJ \cdot mol^{-1})$ | 3380 | 2251 | 2044 | 1795 |
| 单键离解能/$(kJ \cdot mol^{-1})$ | 142 | 226 | 172 | 126 |
| 电负性 | 3.44 | 2.58 | 2.55 | 2.10 |

氧族元素的 $ns^2 np^4$ 价电子层中有6个价电子，所以它们都能结合两个电子形成氧化数为 $-2$ 的阴离子，表现出非金属元素特征。与卤素原子相比，它们结合两个电子当然不像卤素原子结合一个电子那么容易（因结合第二个电子需要吸收能量），因而氧族元素的非金属活泼性弱于卤素原子。由氧向硫过渡，在原子性质上表现出电离能和电负性都会突然降低，所以硫、硒、碲等原子同电负性较大的元素结合时，常失去电子而显正氧化数。氧由于原子半径较小，孤电子对之间有较大的排斥作用，以及最外电子层无d轨道，不能形成 pπ—dπ 键，因此，同氧族其他元素相比表现出一些特殊的性质：氧的第一电子亲和能及单键离解能反常的小。氧以下的元素，在价电子层中都存在空d轨道，当同电负性大的元素结合时，它们也参加成键，所以硫、硒、碲可显 $+2$，$+4$，$+6$ 氧化数。

氧族元素的原子半径、离子半径、电离能和电负性的变化趋势和卤素相似。随着电离能的降低，氧族元素从非金属过渡为金属：氧和硫是典型的非金属，硒和蹄是半金属，钋是金属。

## 9.5.2 氧及其化合物

### 1. 单质氧

氧是地壳中分布最广和含量最多的元素。它遍及岩石圈、水圈和大气层，约占地壳总质量的 48%。在岩石圈中，氧主要以二氧化硅、硅酸盐、其他氧化物和含氧酸盐等形式存在。在海水中，氧占海水质量的 89%。在大气层中，氧以单质状态存在，以质量分数计约占 23%，以体积分数计约占 21%。单质氧有两种同素异形体即 $O_2$ 和 $O_3$，在高空约 25km 高度处有一臭氧层，臭氧层阻止了太阳的强辐射而使生命体免遭伤害。

基态氧原子的价层电子结构为 $2s^2 2p^4$，根据核外电子排布原则，在 2p 能级中有两个电子成对，另两个电子分别占据一个 p 轨道，即 $2s^2 2p_x^2 2p_y^1 2p_z^1$。

（1）氧气

根据 MO 法，$O_2$ 的分子轨道能级如图 9.12 所示，$O_2$ 的电子组态为 $(\sigma_{1s})^2 (\sigma_{1s}^*)^2 (\sigma_{2s})^2 (\sigma_{2s}^*)^2 (\sigma_{2p_z})^2 (\pi_{2p_x})^2 (\pi_{2p_y})^2 (\pi_{2p_x}^*)^1 (\pi_{2p_y}^*)^1$。在 $O_2$ 的分子轨道中，成键的 $(\sigma_{1s})^2$ 和 $(\sigma_{2s})^2$ 与反键的 $(\sigma_{1s}^*)^2$ 和 $(\sigma_{2s}^*)^2$ 对键的贡献抵消，实际对成键有贡献的是 $(\sigma_{2p_z})^2 (\pi_{2p_x})^2 (\pi_{2p_y})^2 (\pi_{2p_x}^*)^1 (\pi_{2p_y}^*)^1$。其中，$(\sigma_{2p_z})^2$ 构成 $O_2$ 分子的σ键，$(\pi_{2p_x})^2 (\pi_{2p_y})^2 (\pi_{2p_x}^*)^1 (\pi_{2p_y}^*)^1$ 分别构成两个 3 电子π键。因此，$O_2$ 分子中共有一个σ键和 2 个 3 电子π键。由于每个 3 电子π键中有两个电子在成键轨道、1 个电子在反键轨道，从键能看每个 3 电子π键相当于半个正常的π键，两个 3 电子π键合在一起相当于一个正常π键，因此 $O_2$ 分子总键能相当于双键的键能（494kJ/mol）。

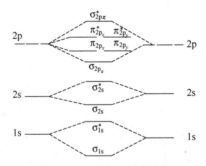

图 9.12 $O_2$ 的分子轨道能级图

由于氧是非极性分子，所以氧在水中的溶解度小于在有机溶剂中的溶解度。在 293K 下，1L 水中溶解 30cm³ 氧气即达到饱和，光学实验证明在溶有氧气的水中存在氧的水合物 $O_2 \cdot H_2O$ 和 $O_2 \cdot 2H_2O$。$O_2$ 熔点（54.6K）和沸点（90K）都很低，在常温常压下呈气态。气态 $O_2$ 无色，但液态和固态呈蓝色，液态和固态氧都具有明显的顺磁性。在常温常压下，分子光谱实验证明气态氧中含有抗磁性的物质 $O_4$，固态氧中存在更多的 $O_4$。$O_4$ 相当于两个 $O_2$ 结合在一起，两个 $O_2$ 之间的键能弱于一个电子对的键能，却比范德华力强。

O₂ 的主要化学性质是它的氧化性。在常温下，氧的反应性能较差，在加热条件下，除卤素、少数贵金属（Au、Pt 等）以及稀有气体外，氧几乎可与所有的元素直接化合成相应的氧化物。

（2）臭氧

实验证明臭氧分子（$O_3$）呈 V 构型，三个氧原子分别占据三角形的顶点。根据 MO 法，$O_3$ 分子中除氧原子间均存在 $\sigma$ 键外，在三个氧原子之间还存在一种 4 个电子的大 $\pi$ 键，以 $\Pi_3^4$ 表示形成的是三中心 4 电子的大 $\pi$ 键（图 9.13）。$O_3$ 分子中的角顶氧原子采取 $sp^2$ 杂化轨道，未参与杂化的 p 轨道与另外两个氧原子的平行 p 轨道进行线性组合成分子轨道：一个成键轨道、一个反键轨道、一个非键轨道（图 9.14）。可见 $\Pi_3^4$ 键的键级为 1，而在每两个氧原子之间的键级为 1.5，不足一个双键。所以臭氧分子的键长比氧分子的键长（120.8pm）长一些，臭氧分子的键能也应低于氧分子而不够稳定。并且由于分子轨道中没有出现成单电子，因此臭氧应该表现为抗磁性。另外，由于臭氧分子的顶端氧原子采取 $sp^2$ 杂化轨道成键，所以臭氧分子的结构为 V 构型。但由于顶端氧原子的不同，使得氧原子之间的化学键表现为极性键，分子为极性分子。

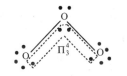

图 9.13 臭氧分子的大 $\pi$ 键

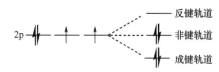

图 9.14 臭氧分子的 $\Pi_3^4$ 分子轨道

臭氧因具有特殊的臭味而得名。在 80K 时，蓝紫色的液态臭氧凝成黑色的晶体。臭氧比氧易液化，但难固化。由于臭氧的色散力大于氧，因而臭氧的沸点高于氧。臭氧和氧的物理性质见表 9-8。

表 9-8 臭氧和氧的物理性质

| 名称 | 气态颜色 | 液态颜色 | 熔点/K | 沸点/K | 临界温度/K | 水中溶解度 (273K)/(mol/L) | 磁性 |
|---|---|---|---|---|---|---|---|
| 氧 | 无 | 淡蓝 | 54.6 | 90 | 154 | 49.1 | 顺磁性 |
| 臭氧 | 淡蓝 | 暗蓝 | 21.6 | 160 | 268 | 494 | 抗磁性 |

臭氧的特征化学性质是具有不稳定性和氧化性。臭氧在常温下缓慢分解，当加热或用 $MnO_2$ 催化时可显著加速，分解反应为放热反应。

$$2O_3 \Longrightarrow 3O_2 \quad \Delta_r H_m^{\ominus} = -284kJ \cdot mol^{-1}$$

臭氧的氧化能力介于氧分子和氧原子之间，无论在酸性还是碱性条件下，臭氧都比氧气具有更强的氧化性，是仅次于 $F_2$、高氯酸盐的最强氧化剂之一。

臭氧能够迅速定量地氧化 $I^-$ 为 $I_2$，此反应常用来测定臭氧的含量。

$$O_3 + 2I^- + H_2O \Longrightarrow I_2 + O_2 \uparrow + 2OH^-$$

基于臭氧的氧化性，臭氧可用作消毒杀菌剂。臭氧在处理工业废水中有广泛用途，不但可以分解不易降解的聚氯联苯、苯酚、萘等多种芳烃和不饱和链烃，而且还能使发色团如重氮、偶氮等的双键断裂，臭氧对亲水性染料的脱色效果也很好，所以它是一种优良的污水净化剂、脱色剂、饮用水消毒剂。雷雨过后，大气中放电产生微量的臭氧能使人产生爽快和振奋的感觉，原因是微量的臭氧能消毒杀菌、刺激中枢神经、加速血液循环（但人连续暴露在臭氧中的最高允许浓度是 $0.1mg \cdot L^{-1}$）。空气中臭氧含量超过 $1mg \cdot L^{-1}$ 时，不仅对人体有害，而且对庄稼以及其他暴露在大气中的物质也有害。如臭氧对橡胶和某些塑料有特殊的破坏性作用，它的破坏性是基于它的强氧化性。

大气层中的臭氧层最重要的意义在于吸收太阳光中强烈的紫外线辐射，保护地球上的生物。大气中的还原性气体污染物如 $SO_2$，$CO$，$H_2S$，$NO$，$NO_2$ 以及氟利昂分解产生的氯原子等，同大气层中的 $O_3$ 发生反应，导致 $O_3$ 浓度的降低。为了避免臭氧层遭破坏，世界各国于 1987 年签署了《蒙特利尔破坏臭氧层物质管制议定书》，即禁止使用氟利昂和其他卤代烃的国际公约。

### 2. 过氧化氢

（1）过氧化氢的分子结构

过氧化氢的分子式为 $H_2O_2$，俗称"双氧水"。过氧化氢的分子结构如图 9.15 所示，两个氢原子像在半展开的书本的两页纸上，两页纸面的夹角为 $93°51'$，氧原子处于书的夹缝上，O—H 键和 O—O 键之间的夹角为 $96°52'$。O—O 键长为 149pm，O—H 键长为 97pm。

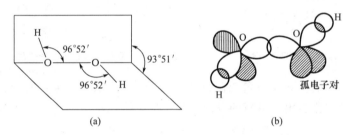

图 9.15 $H_2O_2$ 的分子结构

与 $H_2O$ 分子一样，$H_2O_2$ 分子中的氧原子也采取不等性 $sp^3$ 杂化，两个 $sp^3$ 杂化轨道中的单电子一个同氢原子的 1s 轨道重叠形成 σ 键，另一个则同第二个氧原子的 1 个 $sp^3$ 杂化轨道重叠形成σ键。其他两个 $sp^3$ 杂化轨道中是孤电子对，每个氧原子上的两个孤电子对之间的排斥作用，使得 O—H 键向 O—O 键靠拢，所以键角（∠HOO）小于四面体的值（109.5°），同时也使 O—O 键长比计算的单键要长。

（2）过氧化氢的性质

纯 $H_2O_2$ 是一种淡蓝色的黏稠液体，由于 $H_2O_2$ 和 $H_2O$ 皆为强极性物质，可以任何比例互溶，常用的 $H_2O_2$ 水溶液包括 $H_2O_2$ 质量分数为 3% 和 35% 两种。前者在医药上称为双氧水，有消毒杀菌的作用。

过氧化氢的化学性质主要表现为弱酸性、对热不稳定性、强氧化性和弱还原性。

$H_2O_2$ 是一种比水稍强、比 HCN 更弱的弱酸。

$$H_2O_2 \rightleftharpoons H^+ + HO_2^- \quad K_{a1}^{\ominus} = 2.4 \times 10^{-12}$$

$$HO_2^- \rightleftharpoons H^+ + O_2^{2-} \quad K_{a2}^{\ominus} = 1.0 \times 10^{-24}$$

$H_2O_2$ 分子中存在过氧链，过氧链的键能较低、很容易断裂，所以其化学性质较活泼。$H_2O_2$ 在较低温度和高纯度时较稳定，常温下即可分解，受热到 426K 以上时便猛烈分解。

$$2H_2O_2 =\!=\!= 2H_2O + O_2 \uparrow \quad \Delta_r H_m^{\ominus} = -196.4 kJ \cdot mol^{-1}$$

过氧化氢中氧的氧化数为$-1$，它既可以失去电子，氧化数升高为 0；又可获得电子，氧化数降低为$-2$，因此 $H_2O_2$ 既具有氧化性又具有还原性。

$H_2O_2$ 在酸性溶液中是一种强氧化剂，而在碱性溶液中氧化性减弱。如在酸性溶液中可以将 $I^-$ 氧化成单质 $I_2$。

$$H_2O_2 + 2I^- + 2H^+ =\!=\!= I_2 + 2H_2O$$

$H_2O_2$ 还原性较弱，遇到强氧化剂时才表现出还原性而被氧化。工业上利用 $H_2O_2$ 的还原性除氯气。

$$H_2O_2 + Cl_2 =\!=\!= 2Cl^- + O_2 + 2H^+$$

## 9.5.3　硫及其化合物

### 1. 硫的成键特征

硫原子的价电子构型为 $3s^2 3p^4$，有可以利用的空 3d 轨道，因此硫原子在形成化合物时有如下成键特征。

(1) 可以从电负性较小的原子接受两个电子，形成含 $S^{2-}$ 的离子型硫化物。

(2) 可以形成两个共价单键，组成共价硫化物。

(3) 可以形成一个共价双键，如二硫化碳 $S=\!=\!=C=\!=\!=S$。不过由于硫原子半径比氧原子大而电负性比氧原子小，所以它形成共价双键的倾向显然要比氧原子弱得多。

(4) 硫原子有可以利用的 3d 轨道，3s 和 3p 中的成对电子可以激发跃迁进入 3d 轨道，形成单电子，然后参加成键，这样可以形成氧化数高于$+2$的氧化物。其中，硫的最高氧化数可以达到$+6$。

(5) 从单质硫的结构特征来看，它能形成—$S_n$—长硫链。长硫链可以成为一些化合物的结构基础，如多硫化氢 $H_2S_n$（硫烷）、多硫化物 $MS_n$ 和连多硫酸 $H_2S_nO_6$。这个特点是氧族其他元素所少见的。

硫离子 $S^{2-}$ 的半径比氧离子 $O^{2-}$ 大，从而有较大的变形性，能在氧化剂作用下丢失电子，即 $S^{2-}$ 有较强的还原性。这样，就使得具有多种氧化数的元素在硫化物中往往表现出较弱的氧化性，而在氧化物中相应元素却可以表现出最高氧化数。如 Os 的氧化物可以有最高氧化数的 $OsO_4$，但它的硫化物却是 $OsS_2$。

### 2. 硫化氢

硫化氢（$H_2S$）是在热力学上唯一稳定的硫氢化物，它作为火山爆发或细菌作用的产物广泛存在于自然界。$H_2S$ 是一种无色有恶臭的剧毒气体，空气中 $H_2S$ 浓度达 $5mg \cdot L^{-1}$ 时，使人感到烦躁；浓度达 $10mg \cdot L^{-1}$，人会头疼和恶心，达 $100mg \cdot L^{-1}$ 就会使人休克而死亡。$H_2S$ 在空气中燃烧时产生浅蓝色火焰，会生成 $H_2O$ 和 $SO_2$（氧气不足时生成 S）。$H_2S$ 微溶于水，通常条件下，1 体积水能溶解 2.61 体积 $H_2S$（浓度为 $0.1mol \cdot L^{-1}$）。$H_2S$ 的水溶液称为氢硫酸，是一种二元弱酸：$pK_{a1}^{\ominus} = 7.72$，$pK_{a2}^{\ominus} = 14.85$。

$H_2S$ 跟 $H_2O$ 一样，S 采取 $sp^3$ 不等性杂化，其中有两个 $sp^3$ 杂化轨道分别有一个孤电子对，其余两个含有成单电子的 $sp^3$ 杂化轨道分别同氢原子的 1s 轨道重叠成键。因此硫化氢的分子结构为 V 型（图 9.16）。$H_2S$ 是一个极性分子，但极性弱于水分子，并且分子间形成氢键的倾向很小，所以硫化氢的熔点（187K）和沸点（202K）都比水低得多。

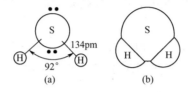

**图 9.16　$H_2S$ 的分子结构**

$H_2S$ 具有强还原性，能和许多氧化剂如 $I_2$、$Br_2$、浓 $H_2SO_4$、$KMnO_4$ 等发生反应。

$$I_2 + H_2S \Longrightarrow 2HI + S\downarrow$$

$$H_2S + 4Br_2 + 4H_2O \Longrightarrow H_2SO_4 + 8HBr$$

$$H_2SO_4(浓) + H_2S \Longrightarrow SO_2\uparrow + 2H_2O + S\downarrow$$

$$2KMnO_4 + 5H_2S + 3H_2SO_4 \Longrightarrow K_2SO_4 + 2MnSO_4 + 8H_2O + 5S\downarrow$$

$H_2S$ 水溶液在空气中放置时，会逐渐变浑浊，这是由于 $H_2S$ 被氧化为 S 的缘故。

$$2H_2S + O_2 \Longrightarrow 2H_2O + 2S\downarrow$$

### 3. 硫的氧化物

硫呈现多种氧化数，能形成种类繁多的氧化物，其中 $SO_2$ 和 $SO_3$ 很稳定也很重要。

**（1）二氧化硫（$SO_2$）**

硫或 $H_2S$ 在空气中燃烧，或煅烧硫铁矿 $FeS_2$ 均可得 $SO_2$。

$$3FeS_2 + 8O_2 \xrightarrow{\triangle} Fe_3O_4 + 6SO_2$$

二氧化硫与臭氧分子是等电子体，具有相同的结构，是 V 型分子构型（图 9.17）。

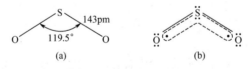

**图 9.17　$SO_2$ 的分子结构**

$SO_2$ 分子中的 S 原子采取 $sp^2$ 杂化，其中两个杂化轨道与氧成键，另一杂化轨道有一个孤电子对。S 原子未参加杂化的 p 轨道上的孤电子对分别与两个氧原子形成 $\prod_3^4$ 大 $\pi$ 键。$SO_2$ 是无色有刺激性气味的有毒气体，它的分子具有极性、极易液化，常压下 263K 就能液化。液态 $SO_2$ 是很有用的非水溶剂和反应介质。

$SO_2$ 中 S 的氧化数为 +4，所以 $SO_2$ 既有氧化性又有还原性，但还原性是主要的。只有遇到强还原剂时，$SO_2$ 才表现出氧化性。$SO_2$ 典型的氧化还原反应如下。

$$SO_2 + 2H_2S \Longrightarrow 3S + 2H_2O \qquad SO_2 + 2CO \xrightarrow{高温} S + 2CO_2$$

工业上 $SO_2$ 主要用来制备硫酸、亚硫酸盐和连二亚硫酸盐。因 $SO_2$ 能和一些有机色素结合成为无色的化合物，故还可用于漂白纸张等。

$SO_2$ 是大气中一种主要的气态污染物（形成酸雨的根源），燃烧煤、石油时均会产生相当多的 $SO_2$。含有 $SO_2$ 的空气不仅对人类（最大允许浓度 $5mg \cdot L^{-1}$）及动物、植物有害，还会腐蚀建筑物、金属制品，损坏油漆颜料、织物和皮革等。目前如何将 $SO_2$ 对环境的危害减小到最低限度已是人们普遍关注的问题。

（2）三氧化硫

无色的气态三氧化硫（$SO_3$）主要是以单分子存在。分子构型为平面三角形，键角 $120°$，S—O 键长 143pm，显然具有双键特征（S—O 单键长约 155pm）。

$SO_3$ 是一种强氧化剂，特别在高温时它能将 P 氧化成 $P_4O_{10}$、将 HBr 氧化为 $Br_2$。作为强路易斯酸，$SO_3$ 能广泛地同无机配位体和有机配位体形成相应的加合物，如 $SO_3$ 与氧化物生成 $SO_4^{2-}$；与 $Ph_3P$ 生成 $Ph_3PSO_3$；与 $NH_3$ 在不同的条件下可分别生成 $H_2NSO_3H$，$HN(SO_3H)_2$，$NH(SO_3NH_4)_2$；等等。$SO_3$ 还可磺化烷基苯用于洗涤剂制造业。

4. 硫的含氧酸

硫的各种含氧酸见表 9-9。

表 9-9 硫的各种含氧酸

| 名称 | 化学式 | 硫的氧化数 | 结构式 | 存在形式 |
|---|---|---|---|---|
| 次硫酸 | $H_2SO_2$ | $+2$ | H—O—S—O—H | 盐 |
| 连二亚硫酸 | $H_2S_2O_4$ | $+3$ | | 盐 |
| 亚硫酸 | $H_2SO_3$ | $+4$ | | 盐 |
| 硫酸 | $H_2SO_4$ | $+6$ | | 酸，盐 |
| 焦硫酸 | $H_2S_2O_7$ | $+6$ | | 酸，盐 |
| 硫代硫酸 | $H_2S_2O_3$ | $+2$ | | 盐 |
| 过一硫酸 | $H_2SO_5$ | $+6$ | | 酸，盐 |
| 过二硫酸 | $H_2S_2O_8$ | $+6$ | | 酸，盐 |

续表

| 名称 | 化学式 | 硫的氧化数 | 结构式 | 存在形式 |
|---|---|---|---|---|
| 连多硫酸 | $H_2S_xO_6$ ($x=2\sim6$) | $+5$，$+3.3$ $+2.5$，$+2$，$+1.7$ | H—O—S—S—S—O—H（双键O）($x=3$) | 盐 |

注：一个分子中成酸原子不止一个，而成酸原子又直接相连者，称为"连若干某酸"。由简单的一个酰基取代 H—O—O—H 中的氢而成的酸称为过酸，取代一个氢称为"过一某酸"，取代二个氢称为"过二某酸"。由两个简单的含氧酸缩去一分子水的酸，用"焦"字作词头来命名。

（1）亚硫酸及其盐

$SO_2$ 的水溶液称为亚硫酸，它是二元中强酸，在水溶液中存在二级电离平衡。

$$SO_2 + xH_2O \Longrightarrow SO_2 \cdot xH_2O \Longrightarrow H^+ + HSO_3^- + (x-1)H_2O \quad K_{a1}^\ominus = 1.54 \times 10^{-2}(291K)$$
$$HSO_3^- \Longrightarrow H^+ + SO_3^{2-} \quad K_{a2}^\ominus = 1.02 \times 10^{-7}(291K)$$

向亚硫酸中加酸并加热时，平衡向左移动，有 $SO_2$ 气体逸出；加碱时，则平衡向右移动，生成酸式盐或正盐：

$$NaOH + SO_2 \Longrightarrow NaHSO_3$$
$$2NaOH + SO_2 \Longrightarrow Na_2SO_3 + H_2O$$
$$2NaHSO_3 + Na_2CO_3 \Longrightarrow 2Na_2SO_3 + H_2O + CO_2\uparrow$$

亚硫酸及其盐也像二氧化硫一样，既可以作还原剂又可作氧化剂。它们的还原性总强于氧化性，且亚硫酸盐的还原性比亚硫酸要强得多。事实证明，亚硫酸的还原性又比二氧化硫强，故它们的氧化还原性顺序如下。

还原性：$SO_3^{2-} > H_2SO_3 > SO_2$

氧化性：$SO_2 > H_2SO_3 > SO_3^{2-}$

亚硫酸盐作为还原剂能与许多氧化剂如氧气、过氧化氢、高锰酸钾、重铬酸钾、卤素等发生反应。

$$2Na_2SO_3 + O_2 \Longrightarrow 2Na_2SO_4$$
$$NaHSO_3 + Cl_2 + H_2O \Longrightarrow NaHSO_4 + 2HCl$$

亚硫酸盐与氧气反应表明亚硫酸盐在空气中不稳定，很容易转变为硫酸盐，在使用其溶液时，应临时配制。亚硫酸盐与氯气反应广泛应用在印染工业中以除去残留的氯气。

亚硫酸盐受热容易分解。

$$4Na_2SO_3 \xrightarrow{\triangle} 3Na_2SO_4 + Na_2S$$

（2）硫酸及其盐

$SO_3$ 和水能剧烈反应并强烈放热生成 $H_2SO_4$。但制备硫酸通常不用水吸收 $SO_3$，因为大量的热使水蒸发为蒸气后与 $SO_3$ 形成酸雾会影响吸收效率，所以工业上采用浓硫酸来吸收 $SO_3$ 制得发烟硫酸，经稀释后又可得浓硫酸。发烟硫酸的浓度通常以其中游离 $SO_3$ 的含量来表明，如 30%、50% 发烟硫酸即表示在 100% 硫酸中含有 30% 或 50% 游离的 $SO_3$。

纯硫酸是无色油状液体，熔点 283.4K，沸点 603K。硫酸的高沸点和黏稠性与其分子间存在氢键有关。浓硫酸受热时放出 $SO_3$，随浓度逐渐下降沸点不断升高，沸点达 611K 时保持恒定，形成恒沸混合物。

$H_2SO_4$ 分子具有四面体构型，硫与羟基氧键长为 155pm 左右，而与非羟基氧键长只有 142pm 左右，硫酸分子中的成键方式可能是：硫原子采用不等性 $sp^3$ 杂化，含 1 个电子的杂化轨道与 2 个羟基氧原子中含 1 个电子的 p 轨道重叠形成两个 $\sigma$ 键；含有孤电子对的 2 个杂化轨道和非羟基氧的 p 空轨道（将 2 个成单电子挤进同一轨道，空出一个轨道）重叠形成两个 $\sigma$ 配键。另外，每个非羟基氧原子中的已被孤电子对占据的 $p_x$ 轨道和 $p_z$ 轨道（$p_x$ 轨道已形成 $\sigma$ 配键）分别与硫原子的空 $3d_{xy}$ 和 $3d_{xz}$ 轨道重叠形成两个 $p-d\pi$ 配键（图 9.18）。

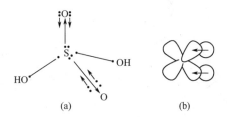

**图 9.18  $H_2SO_4$ 分子中的 $p-d\pi$ 配键**

浓硫酸与水有强烈结合的倾向，水合能大（$-878.6kJ \cdot mol^{-1}$），与水作用放出大量的热，形成一系列稳定的水合物 $H_2SO_4 \cdot nH_2O(n=1\sim5)$。上述性质决定了浓硫酸具有强吸水性，因此，它常用作干燥剂，甚至将一些有机物中的氢、氧元素按水的组成比脱去（脱水作用）。

$$\underset{(甲酸)}{HCOOH} \xrightarrow{浓\ H_2SO_4} H_2O+CO\uparrow$$

$$\underset{(蔗糖)}{C_{12}H_{22}O_{11}} \xrightarrow{浓\ H_2SO_4} 11H_2O+12C$$

淀粉、纤维素等碳水化合物也都容易被浓硫酸脱水而碳化。因此浓硫酸能严重腐蚀动植物组织、损坏衣服、烧坏皮肤，使用时必须格外小心。

浓热硫酸是一种很强的氧化剂，加热时氧化性更显著，它能氧化许多金属和非金属，而本身往往被还原为 $SO_2$。与过量的活泼金属作用，可以还原成 S 甚至 $H_2S$。

$$C+2H_2SO_4(浓) \xrightarrow{\triangle} CO_2\uparrow+2SO_2\uparrow+2H_2O$$

$$Cu+2H_2SO_4(浓) \xrightarrow{\triangle} CuSO_4+2SO_2\uparrow+2H_2O$$

$$4Zn+5H_2SO_4(浓) \xrightarrow{\triangle} 4ZnSO_4+H_2S\uparrow+4H_2O$$

金属铁、铝和冷浓硫酸接触，生成一层致密的保护膜，使其不再与浓硫酸反应，这种现象称为钝化。这就是可用铁、铝制的器皿盛放浓硫酸的缘故。

硫酸溶液是二元强酸，第一步电离是完全的，第二步的电离常数 $K_2=1.2\times10^{-2}$。作为溶剂，硫酸的介电常数很高（293K 时为 110），能很好地溶解离子型化合物。100% 的硫酸具有相当高的电导率，这是因它的自偶电离生成以下两种离子。

$$2H_2SO_4 \rightleftharpoons H_3SO_4^+ + HSO_4^- \qquad K^\ominus(25℃)=2.7\times10^{-4}$$

（3）硫代硫酸及其盐

稳定的硫代硫酸盐可由 $H_2S$ 和亚硫酸的碱溶液作用制得，也可将硫粉溶于沸腾的亚硫酸钠碱性溶液中或将 $Na_2S$ 和 $Na_2CO_3$ 以 $2:1$ 的物质的量配成溶液再通入 $SO_2$ 便可制得 $Na_2S_2O_3$。

$$Na_2SO_3 + S \Longrightarrow Na_2S_2O_3$$
$$2Na_2S + Na_2CO_3 + 4SO_2 \Longrightarrow 3Na_2S_2O_3 + CO_2$$

硫代硫酸钠（$Na_2S_2O_3 \cdot 5H_2O$）又称海波或大苏打，是无色透明的晶体，熔点 48.5℃，易溶于水，其水溶液显弱碱性。硫代硫酸根可看成是 $SO_4^{2-}$ 中的一个氧原子被硫原子取代，并与 $SO_4^{2-}$ 具有相似的四面体构型（图 9.19）。

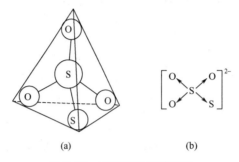

图 9.19　硫代硫酸根的结构

硫代硫酸根的中心硫原子氧化数为 $+4$；另一个硫原子氧化数为 $0$；2 个硫原子平均氧化数为 $+2$。因此，硫代硫酸钠具有一定的还原性。它是一种中等强度的还原剂，能定量地被 $I_2$ 氧化为连四硫酸根，这是容量分析中碘量法的理论基础。

$$2S_2O_3^{2-} + I_2 \Longrightarrow S_4O_6^{2-} + 2I^-$$

硫代硫酸根遇更强的氧化剂，将进一步反应生成硫酸氢盐。

$$S_2O_3^{2-} + 4Cl_2 + 5H_2O \Longrightarrow 2HSO_4^- + 8H^+ + 8Cl^-$$

因此，纺织和造纸工业中用硫代硫酸钠作脱氯剂。

硫代硫酸根中的硫原子及氧原子在一定条件下可和金属离子配位，因此，它又是一个单齿或双齿配体，有很强的配位能力，最重要的是其与银（$Ag^+$）形成的配离子，如难溶于水的 AgBr 可以溶解在 $Na_2S_2O_3$ 溶液中。

$$AgBr + 2S_2O_3^{2-} \Longrightarrow [Ag(S_2O_3)_2]^{3-} + Br^-$$

硫代硫酸钠用作定影液，就是利用这个反应溶去胶片上未曝光的溴化银。

# 9.6　卤　素

元素周期表的第ⅦA族元素包括氟（F）、氯（Cl）、溴（Br）、碘（I）、砹（At）五种元素，统称为卤族元素，简称卤。卤素希腊文原意是成盐元素，它们表现出典型的非金属性质。除稀有气体外，在周期表中它们是唯一没有金属元素的族。卤素中的砹属于放射性元素，在自然界中仅微量而短暂地存在于镭、锕或钍的蜕变产物中。对砹的性质研究得不多，但已经知道它与碘十分相似。

## 9.6.1  卤素的通性

有关卤素（除砹外）的一些基本性质列于表 9 – 10。

**表 9 – 10  卤素的一些基本性质**

| 性质 | 氟（F） | 氯（Cl） | 溴（Br） | 碘（I） |
|---|---|---|---|---|
| 原子序数 | 9 | 17 | 35 | 53 |
| 相对原子质量 | 18.998 | 35.453 | 79.904 | 126.905 |
| 价电子构型 | $2s^2 2p^5$ | $3s^2 3p^5$ | $4s^2 4p^5$ | $5s^2 5p^5$ |
| 共价半径/pm | 64 | 99 | 114 | 133 |
| 离子($X^-$)半径/pm | 135 | 181 | 195 | 216 |
| 电子亲和能/(kJ·mol$^{-1}$) | 328 | 348.8 | 324.5 | 295.3 |
| 电负性 | 3.90 | 3.15 | 2.85 | 2.65 |
| 第一电离能/(kJ·mol$^{-1}$) | 1681 | 1251 | 1140 | 1008 |
| 离子($X^-$)水合热/(kJ·mol$^{-1}$) | −515 | −381 | −347 | −305 |
| 分子离解能/(kJ·mol$^{-1}$) | 155 | 240 | 190 | 149 |
| 主要氧化数 | −1,0 | −1,0,+1,+3,+4,+5,+7 | −1,0,+1,+3,+5,+7 | −1,0,+1,+3,+5,+7 |

卤素的价电子构型均为 $ns^2np^5$，与稀有气体的 8 电子稳定结构相比仅缺少一个电子，因此卤素原子都有获得一个电子的形成负离子的强烈趋势。卤素的原子半径随原子序数增加而依次增大，但与同周期元素相比较，原子半径较小，容易获得电子，故卤素都有较大的电负性。电子亲和能除 F 外，按 Cl、Br、I 顺序依次减小。

在卤素性质中，氟表现出反常的变化规律。如虽然氟的电负性最大，但它的电子亲和能却小于氯，这主要是因为氟的原子半径小，原子核周围的电子云密度较大，当它接受一个外来电子时，电子间的静电斥力增大，部分抵消了氟原子接受一个电子成为氟离子（$F^-$）时放出的能量。相对于 $Cl_2$ 和 $Br_2$，$F_2$ 的分子离解能较小，其原因同样是氟的原子半径小，使电子对之间的静电压力较大。氟的原子半径最小，电负性最大，因此氟与其他元素结合时，总是表现出氧化性。

卤素原子的最外层电子构型为 $ns^2np^5$，除氟外其他卤素原子最外层还有 $nd$ 轨道可以成键，因此卤素在形成单质和化合物时具有如下的成键特征。

（1）卤素原子的价电子层中有一个成单的 p 电子，在形成单质的双原子分子时可以形成一个非极性共价键。

（2）氧化数为−1 的卤素，有三种成键方式。

①卤素与活泼金属化合生成离子型化合物，其中卤素以 $X^-$ 形式存在，生成的化学键是离子键。

②卤素与电负性较小的非金属元素化合时，生成的化学键是极性共价键。

③在配位化合物中，卤素离子（$X^-$）可以作为电子对给予体而与中心离子配位，如$[FeCl_6]^{3-}$，其中卤素与中心离子之间的键是配位键。

（3）除氟外，氯、溴和碘均可显正氧化数，氧化数通常是＋1，＋3，＋5和＋7。在卤素具有正氧化数的化合物中，经常形成共价键。卤素的含氧化合物和卤素的互化物基本属于这类化合物。

## 9.6.2  卤素单质

### 1．物理性质

随着卤素原子半径的增大，卤素分子之间的色散力也逐渐增大。因此，卤素单质的熔点、沸点、密度等物理性质都按氟－氯－溴－碘的顺序依次递增。表9-11中列出了卤素单质的一些重要物理性质。

表9-11　卤素单质的一些重要物理性质

| 性质 | 氟 | 氯 | 溴 | 碘 |
|---|---|---|---|---|
| 聚集状态 | 气 | 气 | 液 | 固 |
| 颜色 | 淡黄 | 黄绿 | 红棕 | 紫黑 |
| 单质的熔点/K | 53.38 | 172.02 | 265.95 | 386.5 |
| 单质的沸点/K | 84.86 | 238.95 | 331.76 | 457.35 |
| 单质的密度/(g·cm$^{-3}$) | 1.108 (l) | 1.57 (l) | 1.12 (l) | 4.93 (s) |
| 汽化热/(kJ·mol$^{-1}$) | 6.32 | 20.41 | 30.71 | 46.61 |
| 溶解度/(g/100g 水，293K) | 分解水，放出$O_2$ | 0.732 (反应) | 3.58 | 0.029 |

在常温常压下，氟和氯呈气态，溴呈液态，碘呈固态。固态碘具有高的蒸气压，在加热时，固态碘可直接升华为气态碘，人们常利用这种性质对碘进行纯化。

氟呈浅黄色，氯呈黄绿色，溴呈红棕色，碘呈紫黑色并带有金属光泽。

卤素单质的分子是非极性分子，在极性溶剂中的溶解度不大。通常条件下，氯、溴、碘在水中的饱和浓度分别为$0.09mol·L^{-1}$、$0.22mol·L^{-1}$和$0.0011mol·L^{-1}$。氟与水相遇猛烈反应，放出氧气。氯和溴的水溶液称为氯水和溴水，它们在水中不仅是单纯的溶解，还会有不同程度的反应。碘在水中的溶解度极小，但易溶于碘化物溶液（如碘化钾）中，这主要是碘在碘化物溶液中形成溶解度很大的$I_3^-$离子的缘故。

$$I_2+I^- \rightleftharpoons I_3^-$$

卤素单质均有刺激性气味，强烈刺激眼、鼻、喉、气管的黏膜。空气中含有0.01%的氯气时，就会引起人严重的氯气中毒，此时，可让患者吸入酒精和乙醚的混合气体解毒，吸入少量氨气也有缓解作用。

### 2．化学性质

卤素原子都有取得一个电子形成卤素阴离子的强烈趋势，故它们最典型的化学性质是氧化性，随着原子半径的增大，其氧化能力依次减弱。

$$F_2 > Cl_2 > Br_2 > I_2$$

卤素单质的化学性质可以概括为以下几个方面。

（1）与水的反应

卤素单质与水可以发生两种类型的反应。

① 对水的氧化作用：$2X_2 + 2H_2O = 4H^+ + 4X^- + O_2$

$F_2$ 在酸、碱介质中均和水剧烈作用放出氧气。

$$2F_2 + 2H_2O = 4HF + O_2$$

② 卤素在水中的歧化：$X_2 + H_2O = H^+ + X^- + HXO$

在 298.15K 下，除氟外，氯、溴、碘在水中均可以发生这类反应。常温下氯、溴、碘歧化反应的平衡常数分别为 $4.2 \times 10^{-4}$、$7.2 \times 10^{-9}$、$2 \times 10^{-13}$。

（2）与金属的反应

$F_2$ 能强烈地与所有金属直接作用，生成高价氟化物。$F_2$ 与铜、镁、镍作用时，由于在金属表面生成一层氟化物膜而阻止了氟与它们的进一步作用，因此 $F_2$ 可以储存在铜、镁、镍或它们的合金制成的容器中。

$Cl_2$ 也能和各种金属作用，与有的金属作用时需要加热，反应较为剧烈。$Cl_2$ 在干燥的情况下不与铁作用，因此可将氯储存于铁罐中。

$Br_2$ 和 $I_2$ 在常温下只能和活泼金属作用，与其他金属的反应需要加热。

（3）与非金属的反应

$F_2$ 几乎与所有的非金属元素（除氧、氮外）都能直接化合，甚至在低温下，$F_2$ 仍能和溴、碘、硫、磷、砷、硅、碳、硼等非金属猛烈反应，产生火焰或炽热，这是因为生成的氟化物具有挥发性，它们的生成并不妨碍非金属表面与氟的进一步作用。氟和稀有气体直接化合形成多种类型的氟化物。

$Cl_2$ 可以与大多数非金属单质直接化合，作用程度不如氟剧烈。$Br_2$、$I_2$ 的活泼性比 $Cl_2$ 差。

在氯与磷的反应中，若磷过量将生成三氯化磷，而氯气过量则生成五氯化磷。

$$2P(过量) + 3Cl_2 = 2PCl_3$$

$$2P + 5Cl_2(过量) = 2PCl_5$$

溴和碘同样与磷作用，但由于氧化能力较弱，只生成三溴化磷和三碘化磷。

$$2P + 3Br_2 = 2PBr_3$$

$$2P + 3I_2 = 2PI_3$$

（4）与氢的反应

卤素单质都能与氢直接化合：$X_2 + H_2 = 2HX$

但反应的剧烈程度鲜明地表现出卤素单质化学活泼性的差异。氟在低温和暗处即可与氢化合，放出大量的热并引起爆炸；氯与氢在暗处室温下反应非常慢，但在加热（523K 以上）或强光照射下，发生爆炸性反应；在紫外线照射时或加热至 648K 时，溴与氢可发生反应，但剧烈程度远不如氯；碘和氢的反应，则需要更高的温度，并且反应不完全。

## 9.6.3 卤化氢和氢卤酸

**1. 卤化氢的物理性质**

卤化氢都是具有强烈刺激性臭味的无色气体。卤化氢分子的极性随着卤素电负性的不同而变化，HF 分子极性最大，HI 分子极性最小。

卤化氢分子有极性，在水中有很大的溶解度。273K 时 $1m^3$ 的水可溶解 $500m^3$ 的氯化氢，氟化氢则可无限制地溶于水中。卤化氢的水溶液是氢卤酸。卤化氢极容易液化，液态卤化氢不导电。

在常压下蒸馏氢卤酸（不论是稀酸还是浓酸），溶液的沸点和组成都将不断改变，但最后都会达到溶液的组成和沸点恒定不变状态，此时的溶液称为恒沸溶液。各种氢卤酸恒沸溶液的物理性质见表 9-12。

表 9-12　各种氢卤酸恒沸溶液的物理性质

| 性质 | HF | HCl | HBr | HI |
|---|---|---|---|---|
| 熔点/K | 189.6 | 158.9 | 186.3 | 222.4 |
| 沸点/K | 292.7 | 188.1 | 206.4 | 237.8 |
| 生成热/(kJ·mol$^{-1}$) | $-271$ | $-92$ | $-36$ | $+266$ |
| 1273K 的分解度/(%) | — | 0.014 | 0.5 | 33 |
| 键能/(kJ·mol$^{-1}$) | 565.0 | 428.0 | 362.0 | 295.0 |
| 溶解热/(kJ·mol$^{-1}$) | 61.55 | 74.90 | 85.22 | 81.73 |
| 溶解度/(g/100g 水,273K) | $\infty$ | 82.3 | 221 | 234 |
| 气态分子的偶极矩/($\times10^{-30}$C·m) | 6.071 | 3.602 | 2.715 | 1.418 |
| 水溶液中表现电离度(0.1mol·L$^{-1}$,291K) | 8.5 | 92.6 | 93.5 | 95 |
| 恒沸点/K | 393 | 383 | 399 | 400 |
| 恒沸物密度/(g.cm$^{-3}$) | 1.14 | 1.10 | 1.49 | 1.71 |
| 恒沸物百分浓度 | 35.37 | 20.24 | 47 | 57 |

卤化氢的物理性质按 HI、HBr、HCl 的顺序呈规律性的变化，但 HF 却有一个突变。HF 生成时放热相当多，键能很大，难于离解。更值得注意的是其熔点和沸点在卤化氢中是反常的，反常的原因是 HF 分子间存在氢键，存在其他卤化氢所没有的缔合作用。

**2. 卤化氢的化学性质**

氢卤酸在水溶液中可以电离出氢离子和卤离子，因此酸性和卤离子的还原性是氢卤酸的主要化学性质。

（1）酸性

除氢氟酸外，其余的氢卤酸在稀的水溶液中全部离解为氢离子和卤离子，其都是强酸，而且酸的强度按照 HCl、HBr、HI 的顺序增大。氢氟酸只是发生部分电离，电离产

生的 $F^-$ 可以和没有电离的 HF 发生缔和。

$$HF \Longrightarrow H^+ + F^- \quad K_a^\ominus = 6.6 \times 10^{-4}$$
$$F^- + HF \Longrightarrow HF_2^- \quad K^\ominus = 5$$

这种缔和作用在浓溶液中更易发生。从平衡常数可以看出，在浓氢氟酸溶液中所含 $HF_2^-$ 比 $F^-$ 多。在 $1mol \cdot L^{-1}$ 的氢氟酸溶液中 $HF_2^-$ 占 $10\%$，而 $F^-$ 只占 $1\%$。因此在不太稀的溶液中，氢氟酸是以二分子缔和 $(HF)_2$ 形式存在的，在溶液中存在着如下的电离平衡。

$$(HF)_2 \Longrightarrow H^+ + HF_2^-$$

可见，$(HF)_2$ 是一元酸而不是二元酸，许多金属氟化物可以生成稳定的氢氟酸盐，如 $KHF_2$。在很浓的氢氟酸溶液中，电离度反而增大，这是因为在浓的氢氟酸中 $(HF)_2$ 的浓度增大，而 $(HF)_2$ 的酸性比 HF 的酸性强。

氢氟酸具有与二氧化硅或硅酸盐（玻璃的主要成分）反应生成气态 $SiF_4$ 的特殊性质。

$$SiO_2 + 4HF \Longrightarrow 2H_2O + SiF_4 \uparrow$$
$$CaSiO_3 + 6HF \Longrightarrow CaF_2 + 3H_2O + SiF_4 \uparrow$$

其他氢卤酸没有这个性质。因此，氢氟酸不能盛于玻璃容器中，一般贮存于塑料容器中。氢氟酸常用于蚀刻玻璃，分解硅酸盐以测定硅的含量。

（2）还原性

根据 $X_2/X^-$ 的标准电极电势数据可知，卤素的氧化能力和卤离子的还原能力大小顺序如下。

氧化能力：

$$F_2 > Cl_2 > Br_2 > I_2$$

还原能力：

$$I^- > Br^- > Cl^- > F^-$$

因此，按 F、Cl、Br、I 的次序，前面的卤素单质（$X_2$）可以将后面的卤素从卤化物中置换出来。

$$Cl_2 + 2Br^- \Longrightarrow 2Cl^- + Br_2$$
$$Cl_2 + 2I^- \Longrightarrow 2Cl^- + I_2$$
$$Br_2 + 2I^- \Longrightarrow 2Br^- + I_2$$

这类反应在工业上常用来制备单质溴和碘。因此氢卤酸和卤化氢的还原能力按 HF、HCl、HBr、HI 的顺序增强。氢碘酸在常温时可以被空气中的氧气所氧化。

$$4H^+ + 4I^- + O_2 \Longrightarrow 2I_2 + 2H_2O$$

氢溴酸和氧气的反应进行得很慢。盐酸不能被氧气所氧化，但在强氧化剂如 $KMnO_4$、$MnO_2$、$K_2Cr_2O_7$ 等的作用下可以表现出还原性。

$$MnO_2 + 4HCl(浓) \Longrightarrow MnCl_2 + 2H_2O + Cl_2 \uparrow$$

氢氟酸没有还原性。

（3）热稳定性

从表 9-12 中列出的卤化氢在 1273K 分解度可以看出，它们的热稳定性按 HF＞HCl＞HBr＞HI 的顺序依次减弱。HF 在很高温度下并不显著地离解，而 HI 在 573K 时就大量分解为碘和氢。

从热力学角度考虑，化合物的热稳定性可粗略地由它的生成热数据得到说明。生成热为负值的化合物比正值的化合物稳定，因为负值表示在生成该化合物时放热。负值越大，放热就越多，化合物内能就越小，因而就越稳定。另外，若从结构角度分析，用键能数据也同样可粗略说明 HX 热稳定性的差异。键能越大，键越难打开，稳定性就越强。HF 的键能是 HX 中最大的，并且按 HF 至 HI 顺序键能依次减少，所以它们的热稳定性也依次减弱。

### 3. 氢化物酸性强弱的规律

与质子直接相连的原子的电子密度，是决定无机酸强度的直接因素，原子的电子密度越低，它对质子的引力就越弱，因而化合物的酸性也就越强，反之亦然。

有的氢化物在水溶液中既不接受质子，也不释放质子，无酸碱性（如碳族元素的氢化物）；有的氢化物能接受质子显碱性（如氮族氢化物）；而卤素和氧族的氢化物能释放出质子，显酸性。

具有酸碱性的 $V_A \sim VII_A$ 族氢化物水溶液酸碱性变化规律如图 9.20 所示。

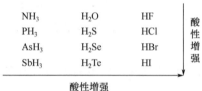

**图 9.20　$V_A \sim VII_A$ 族氢化物水溶液酸碱性变化规律**

可见，同一周期内的氢化物从左至右酸性增强；同一族内的氢化物自上而下酸性增强。

从与质子直接相连的原子的电子密度的角度很容易解释氢化物的酸碱性这种变化规律。在同一周期的氢化物中，如 $NH_3$、$H_2O$ 和 HF，由于直接与质子相连的原子（N、O、F）的氧化数逐渐降低，因而所带负电荷也依次减少，从而使这些原子的电子密度越来越小，对质子的引力就越来越弱，故相应的氢化物的酸性依次增强。在同一族的氢化物中（如 $H_2O$、$H_2S$、$H_2Se$、$H_2Te$），尽管与质子直接相连的原子（O、S、Se、Te）的氧化数相同，原子所带负电荷相同，但它们的原子（离子）半径却依次增大，使这些原子的电子密度逐渐降低，对质子的引力也就依次减弱，故相应的氢化物的酸性依次增强。

## 9.6.4　卤素的含氧酸及其盐

氯、溴和碘可生成四种类型的含氧酸，分别为次卤酸（HXO）、亚卤酸（$HXO_2$）、卤酸（$HXO_3$）和高卤酸（$HXO_4$），其中卤素的氧化数分别为 +1、+3、+5、+7。在它们的含氧酸根离子结构中，卤素原子全都采用 $sp^3$ 杂化，故次卤酸根为直线形，亚卤酸根为 V 形，卤酸根为三角锥形，高卤酸根为四面体形（图 9.21）。

很多的卤素含氧酸仅存在溶液中或仅存在含氧酸盐中。在卤素的含氧酸中只有氯的含氧酸有较多的实际用途。HBrO 和 HIO 的存在是短暂的，往往只是化学反应的中间产物。

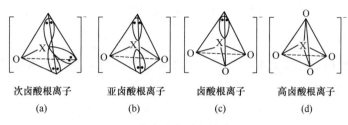

| 次卤酸根离子 | 亚卤酸根离子 | 卤酸根离子 | 高卤酸根离子 |
| --- | --- | --- | --- |
| (a) | (b) | (c) | (d) |

**图 9.21　卤素含氧酸根的离子结构**

### 1. 次卤酸 HXO 及其盐

次卤酸都是很弱的一元酸，其酸强度按 HClO＞HBrO＞HIO 顺序依次减弱。

卤素单质与水作用生成次卤酸和氢卤酸。

$$X_2 + H_2O \rightleftharpoons H^+ + X^- + HXO$$

在卤素与水的反应中，如能设法除去生成的氢卤酸，则反应向右进行的程度将增大。如在 $Cl_2$ 的水溶液中加入 $CaCO_3$：

$$CaCO_3 + H_2O + 2Cl_2 \rightleftharpoons CaCl_2 + CO_2 + 2HClO$$

使卤素水解作用完全的另一方法是加入碱，如 KOH：

$$X_2 + 2KOH \rightleftharpoons KX + KXO + H_2O$$

次卤酸都很不稳定，仅存在于水溶液中，其稳定程度依 HClO、HBrO、HIO 迅速减小。

次氯酸及次氯酸盐是强氧化剂，具有杀菌、漂白作用。如将氯气通入 $Ca(OH)_2$ 中，就得到大家熟知的漂白粉。漂白粉是由 $Ca(ClO)_2$、$Ca(OH)_2$、$CaCl_2$ 等组成的混合物，其有效成分是 $Ca(ClO)_2$。

工业上生产次氯酸钠采取电解冷的稀食盐溶液的方法。在阴极放出氢气，从而使溶液中的 $OH^-$ 浓度增大，阳极上生成的氯气与 $OH^-$ 作用生成次氯酸盐。

阳极反应：$2Cl^- - 2e^- \longrightarrow Cl_2$　　$Cl_2 + 2OH^- \rightleftharpoons ClO^- + Cl^- + H_2O$

阴极反应：$2H^+ + 2e^- \longrightarrow H_2$

### 2. 亚卤酸 HXO₂ 及其盐

已知的亚卤酸仅有亚氯酸 $HClO_2$，它存在于水溶液中，酸性强于次氯酸，为中强酸，$K_a^{\ominus}(298K)$ 为 $1.1 \times 10^{-2}$。

纯的亚氯酸溶液可用硫酸和亚氯酸钡溶液作用制取。

$$H_2SO_4 + Ba(ClO_2)_2 \rightleftharpoons BaSO_4 \downarrow + 2HClO_2$$

过滤分离硫酸钡，可得稀的亚氯酸溶液。亚氯酸的水溶液也不稳定，易发生如下分解反应。

$$8HClO_2 \rightleftharpoons 6ClO_2 + Cl_2 \uparrow + 4H_2O$$

将过氧化钠或过氧化氢的碱溶液与 $ClO_2$ 作用，可得到纯净的 $NaClO_2$。

$$2ClO_2 + Na_2O_2 \rightleftharpoons 2NaClO_2 + O_2$$

亚氯酸盐在溶液中较为稳定，有强氧化性，用作漂白剂。在固态时加热或击打亚氯酸盐，则迅速分解发生爆炸。在溶液中加热发生歧化反应，并转化为氯酸盐和氯化物。

$$3NaClO_2 \xrightarrow{\triangle} 2NaClO_3 + NaCl$$

### 3. 卤酸 HXO₃ 及其盐

氯酸和溴酸可稳定存在于水溶液中，但浓度不可太高，当稀溶液加热时或浓度太高（质量分数：氯酸超过 40%，溴酸超过 50%）时分解。

$$4HBrO_3 \xrightarrow{\triangle} 2Br_2 + 5O_2\uparrow + H_2O$$

$$8HClO_3 == 4HClO_4 + 2Cl_2\uparrow + 3O_2\uparrow + 2H_2O$$

碘酸以白色固体存在。固体碘酸在加热时可脱水生成 $I_2O_5$。可见，卤酸的稳定性按 $HClO_3$、$HBrO_3$、$HIO_3$ 的顺序增大。

$HClO_3$、$HBrO_3$ 是强酸，$HIO_3$ 是中强酸，其浓溶液都是强氧化剂。

氯酸和溴酸可由相应的钡盐与硫酸作用而制取。

$$Ba(XO_3)_2 + H_2SO_4 == BaSO_4\downarrow + 2HXO_3$$

碘酸则可用碘与浓硝酸作用制取。

$$I_2 + 10HNO_3 == 2HIO_3 + 10NO_2\uparrow + 4H_2O$$

卤酸盐通常用卤素单质在热的浓碱中歧化或氧化卤化物制得，即

$$3X_2 + 6KOH == KXO_3 + 5KX + 3H_2O \quad (X=Cl、Br、I)$$

碘酸盐也可用碘化物在碱溶液中用氯气氧化得到。

$$KI + 6KOH + 3Cl_2 == KIO_3 + 6KCl + 3H_2O$$

从 $XO_3^-$ 的标准电极电势来看，其氧化能力的次序是溴酸盐＞氯酸盐＞碘酸盐。

卤酸盐中，氯酸钾最为重要，它在 630K 时熔化，约在 670K 时开始歧化分解。

$$4KClO_3 \xrightarrow{\triangle} 3KClO_4 + KCl$$

当使用 $MnO_2$ 作催化剂时，氯酸钾在较低的温度下分解。

$$2KClO_3 == 2KCl + 3O_2\uparrow$$

氯酸锌的热分解产物则为氧化锌、氧气和氯气。

$$2Zn(ClO_3)_2 \xrightarrow{\triangle} 2ZnO + 2Cl_2\uparrow + 5O_2\uparrow$$

固体氯酸钾是强氧化剂，当它与硫磺或红磷混合均匀，撞击时会发生猛烈爆炸。氯酸钾大量用于制造火柴、炸药的引信、信号弹和礼花等。氯酸钠用作除草剂，溴酸盐和碘酸盐用作分析试剂。

### 4. 高卤酸 HXO₄ 及其盐

用浓硫酸和高氯酸钾作用可以制取高氯酸。

$$KClO_4 + H_2SO_4(浓) == KHSO_4 + HClO_4$$

经减压蒸馏方法可以获得浓度为 60% 的市售 $HClO_4$。工业上采用电解氧化盐酸的方法制取高氯酸。电解时用铂作阳极，用银或铜作阴极，在阳极区可得到质量分数达 20% 的高氯酸。

$$4H_2O + Cl^- \longrightarrow ClO_4^- + 8H^+ + 8e^-$$

无水高氯酸是无色液体，不稳定，当温度高于 363K 时，发生爆炸分解。

$$4HClO_4 \xrightarrow{\triangle} 4ClO_2\uparrow + 3O_2\uparrow + 2H_2O \qquad 2ClO_2 \xrightarrow{\triangle} Cl_2\uparrow + 2O_2\uparrow$$

因此使用和贮存无水高氯酸时应特别小心。但 $HClO_4$ 的水溶液是稳定的，浓度低于 60％的 $HClO_4$ 加热近沸点也不分解。冷和稀的 $HClO_4$ 水溶液氧化能力低于 $HClO_3$，没有明显的氧化能力，但浓热的 $HClO_4$ 是强氧化剂，与有机物质可以发生猛烈作用。高氯酸是无机酸中的最强酸，在水溶液中完全离解为 $H^+$ 和 $ClO_4^-$。

$ClO_4^-$ 为正四面体结构，对称性高，而 $ClO_3^-$ 为三角锥形结构，因此 $ClO_4^-$ 比 $ClO_3^-$ 稳定。$SO_2$、S、HI 以及 Zn、Al 等均不能使稀溶液中的 $ClO_4^-$ 还原，而氯酸却很容易将上述还原剂氧化。在浓溶液中，高氯酸以分子形式存在，只有一个氧原子与质子结合形成对称性较低的不稳定的高氯酸分子，因此表现出很强的氧化性。

高氯酸盐是常用的分析试剂。高氯酸盐易溶于水，但其钾盐的溶解度很小，因此在定性分析中常用高氯酸钾鉴定钾离子。高氯酸镁吸湿性很强，可用作干燥剂。

从上述讨论中可以看出，卤素含氧酸及其盐主要表现的性质是酸性、氧化性和稳定性。现以氯的含氧酸及其盐为代表将这些性质的变化规律总结如下（图 9.22）。

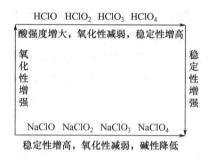

**图 9.22　氯的含氧酸及其盐的酸性、氧化性和稳定性变化规律**

5. 含氧酸的酸性强弱的规律

含氧酸（$H_mXO_n$）中的可离解的质子均与氧原子相连，即含有 X—O—H 键。因此，氧原子的电子密度大小将是决定酸性强弱的关键，而氧原子的电子密度又受到中心原子（X）的电负性、原子半径以及氧化数等因素的影响。

含氧酸的强度的定性描述如下。

（1）在同一周期内，最高氧化数含氧酸的酸性从左至右逐渐增强。

$$H_4SiO_4 < H_3PO_4 < H_2SO_4 < HClO_4$$

这是因为中心原子（Si、P、S、Cl）的电负性越来越大，氧化数越来越高，半径越来越小，则它们同与之相连的氧原子争夺电子的能力依次增强，使氧原子的电子密度依次降低，对质子的束缚力越来越弱，质子的解离越来越容易，故相应的含氧酸的酸性依次增强。

（2）在同一族内，氧化数相同的含氧酸的酸性自上而下逐渐减弱。

$$HClO > HBrO > HIO$$

可见中心原子（Cl、Br、I）的电负性依次减小，中心原子的离子半径依次增大，争夺氧原子上的负电荷的能力依次减弱，使氧原子的电子密度依次增高，相应含氧酸的酸性依次减弱。

（3）对同一元素具有不同氧化数的含氧酸中，高氧化数的含氧酸的酸性往往比低氧化数的酸性强。

$$HClO_4 > HClO_3 > HClO$$
$$HNO_3 > HNO_2 \qquad H_2SO_4 > H_2SO_3$$

随着中心原子的氧化数的增加，中心原子的正电性进一步升高，使其从羟基氧上争夺电子的能力加强，羟基氧原子的电子密度相应降低，故酸性增强。

# 9.7　氢和稀有气体

氢（H）原子的价电子层构型为 $1s^1$，在周期表中位于 IA 族的顶端。虽然它和碱金属的价层电子构型 $ns^1$ 相同，但是和碱金属元素的性质有很大的差异。氢原子获得 1 个电子后达到和 He 相同的稳定电子结构，这一点似乎和卤素元素有相似之处，然而它和卤素元素的性质依然相差甚大。因此，它难以归纳在周期表中某一族元素中，这里将其和稀有气体放在一章，作为单独的一节进行描述。稀有气体为氦（He）、氖（Ne）、氩（Ar）、氪（Kr）、氙（Xe）、氡（Rn），它们的电子结构除了 He 为 $1s^2$ 外，其他为 $ns^2np^6$，在周期表中归为 0 族元素。由于它们的电子结构为全充满的稳定结构，最初认为它们不会参与化学反应，被命名为惰性气体。后来人们发现它们可以参与化学反应，并制得它们的化合物。对其"惰性气体"的称呼随之更改为"稀有气体"，同时也开创了稀有气体元素化学的新篇章。

## 9.7.1　氢

**1. 氢原子的性质及其成键特征**

氢存在于整个宇宙空间，是所有元素中含量最丰富的元素，占所有原子总数的90%以上。地球上绝大部分的氢都是以化合物的形式存在，最常见的形式是水和有机物（如石油、煤炭、天然气、生命体等）；自由态的氢气单质较为稀少，在大气中仅约占 $1/10^7$。

自然界中，氢有三种同位素：$^1_1H$（氕，符号 H）、$^2_1H$（氘，deuterium，符号 D）和 $^3_1H$（氚，tritium，符号 T）。其中，$^1_1H$ 的丰度最大，原子百分比为 99.98%；$^2_1H$ 具有可变的天然丰度，平均原子百分比为 0.0156%；$^3_1H$ 是一种不稳定的放射性同位素。氢的同位素因核外均含一个电子，所以化学性质基本相同。但由于质量数分别为 1、2、3，相差较大，导致了它们的单质和化合物在物理性质上有所差异。

氢原子的价电子构型为 $1s^1$，电负性为2.3。因此，当氢同其他元素的原子化合时，氢的成键方式有以下几种情况。①失去价电子形成 $H^+$：$H^+$ 就是氢原子核或质子，由于质子半径为氢原子的半径的几万分之一，因此质子有相对很强的正电场，能使邻近的原子或分子强烈变形。②形成离子键：当氢与电负性小原子半径大的活泼金属（如 Na、K、Ca 等）相化合形成离子型氢化物时，它将获得一个电子形成 $H^-$ 离子。③形成共价键：当氢原子同其他非金属元素的原子化合时，通过共用电子对而形成共价型氢化物（如 HCl、$H_2S$、$NH_3$ 等）。

2. 氢气的性质

单质氢在常温下是一种无色无味无臭、同温同压下密度最小的气体，常用来填充氢气球。氢气在常见溶剂中的溶解度很低。氢气在所有分子中分子质量最小，分子间作用力很弱，很难液化。高压氢气通过反复绝热膨胀和压缩，或冷却到 20K 左右，都可以将氢气液化。在减压下将液氢蒸发，可以将氢气冻结成固体。无论是气态、液态或固态，氢都是绝缘体。

氢分子是由两个氢原子以共价单键的形式结合成的双原子分子，其键长为 74pm，键能约 $436kJ \cdot mol^{-1}$，比一般单键高很多，接近普通双键。因此在常温下分子氢具有一定的惰性，与许多其他元素的反应很慢，但有些反应也能迅速进行：如同单质氟的反应甚至在暗处也能迅速进行，在温度低至 23K 也能同液态或固态氟反应，而在低温下同其他卤素单质或氧气不发生反应。

在一定条件下，氢气能同某些非金属（如卤素、氧、硫、硒、氮、碳等）化合。氢气同卤素或氧的混合物经引燃或光照都会猛烈地反应，并放出大量的热，如 298K 时由 $H_2$ 和 $Cl_2$ 生成 $HCl(g)$ 放出的热量为 $92kJ \cdot mol^{-1}$，$H_2$ 和 $O_2$ 生成 $H_2O(l)$ 时放热为 $285.7kJ \cdot mol^{-1}$，氢气在氧气中燃烧的氢氧火焰温度可以达到 2500～3000℃高温。工业上常利用氢氧焰来切割和焊接金属。体积比为 2∶1 的 $H_2$、$O_2$ 混合物遇火花会猛烈地爆炸，含氢量在 6%～67% 的氢气和空气混合物也是爆炸性的混合物。氢气同硫或硒在 250℃时直接化合，同氮气在催化剂存在下或电弧放电情况下化合。石墨电极在氢气中发生电弧时也可以产生烃类化合物。

在高温下，氢气可以同许多金属直接作用生成金属氢化物。这些金属包括碱金属、碱土金属（除铍和镁）、某些稀土金属等。

$$H_2 + 2Na \xrightarrow{653K} 2NaH$$

$$H_2 + Ca \xrightarrow{423\sim573K} CaH_2$$

在高温条件下，氢气可以还原许多金属氧化物、金属卤化物。

$$H_2 + CuO === H_2O + Cu$$

$$4H_2 + Fe_3O_4 === 3Fe + 4H_2O$$

$$3H_2 + WO_3 === W + 3H_2O$$

$$2H_2 + TiCl_4 === Ti + 4HCl$$

氢气同某些金属氧化物作用可以生成金属氢化物。

$$6H_2 + La_2O_3 === 2LaH_3 + 3H_2O$$

$$H_2 + CaO + Mg === CaH_2 + MgO$$

在室温条件下，氢气可以直接还原氯化钯成金属钯，借此反应可检出 $H_2$。

$$H_2 + PdCl_2 === Pd + 2HCl$$

在适当的温度、压力和加入相应催化剂的条件下，$H_2$ 可与 CO 反应而合成一系列有机化合物，也可以使不饱和碳氢化合物加氢而成饱和的碳氢化合物。

$$2H_2(g) + CO(g) \xrightarrow{Cu/ZnO} CH_3OH(g)$$

3. 氢气的制备

氢气有多种实验室制备方法，比较方便的有利用稀盐酸（或硫酸）与锌、铁等活泼金属作用，铝、硅等同氢氧化钠作用，金属氢化物同水作用，电解水等，在特定的情况下也可以用活泼金属（如镁）同水作用制取氢气。在野外工作时，可利用硅与碱液反应制取氢气。也可以用含硅百分比高的硅铁粉末与干燥的 $Ca(OH)_2$ 和 $NaOH$ 的混合物反应制取氢。

$$Si + 2NaOH + H_2O = 2H_2 \uparrow + Na_2SiO_3$$
$$Si + 2NaOH + Ca(OH)_2 = 2H_2 \uparrow + Na_2SiO_3 + CaO$$

在工业上中大规模生产氢气的方法主要如下。

（1）水的电解

在电解中，常采用质量分数为 25% 的 $NaOH$ 或 $KOH$ 溶液作为电解液、用镀镍的铁电极作为电极。在氯碱工业中，氢气是电解食盐水溶液制取苛性钠的副产物。电解法产生的氢气较为纯净，一般用在电子工艺中和有机合成工艺中。

（2）从天然气或裂解石油气制氢气

虽然通过热分解这两种原料可以产生氢气，但工业上常用的是它们同水蒸气反应。

$$CH_4 + H_2O = CO + 3H_2 \qquad \Delta_r H_m^\ominus = 204.4 kJ \cdot mol^{-1}$$

这个反应是吸热的，所需的热量一般由在空气中燃烧 $CH_4$ 来提供。将所得的混合气体和水蒸气一起通过填装有氧化铁钴催化剂的变换炉，在 $400 \sim 600℃$ 下将 $CO$ 变换成氢气和 $CO_2$。

$$CO(g) + H_2O(g) = CO_2(g) + H_2(g)$$

然后除去 $CO_2$ 和痕量的 $CO$。这样得到的氢气中含有来自空气中的氮气，主要用于合成氨工业中的原料气。

（3）水煤气法

水蒸气在高于 $1000℃$ 的温度通过赤热的焦碳，即发生水煤气反应。

$$C(s) + H_2O(g) = CO(g) + H_2(g)$$

所产生的气体按上述方法净化后用于合成氨的原料气。

将上述气体混合物用液态空气冷冻，可除去 $N_2$、$CO$ 和 $CO_2$ 得到纯氢气。这样的氢气可以用于油脂的氢化。

此外，焦炉煤气经过分级液化也可以分出其中的氢气。

## 9.7.2 稀有气体元素

1. 稀有气体的性质

稀有气体属于元素周期表中的零族，氦（He）、氖（Ne）、氩（Ar）、氪（Kr）、氙（Xe）和氡（Rn）六种元素。它们的电子结构除了 He 为 $1s^2$ 外，其他为 $ns^2np^6$。由于它们的电子结构为全充满的稳定结构，最初认为它们不会参与化学反应，被命名为惰性气体。后来人们发现它们可以参与化学反应，并制得它们的化合物。对其"惰性气体"的称呼随之更改为"稀有气体"，同时也开创了稀有气体元素化学的新篇章。

稀有气体均为单原子分子，无色无臭。其基本性质见表 9-13。

表 9-13　稀有气体的基本性质

| 性质 | 氦 | 氖 | 氩 | 氪 | 氙 | 氡 |
|---|---|---|---|---|---|---|
| 原子序数 | 2 | 10 | 18 | 36 | 54 | 86 |
| 相对原子质量 | 4.003 | 20.18 | 39.95 | 83.80 | 131.3 | 222.0 |
| 价电子构型 | $1s^2$ | $2s^2 2p^6$ | $3s^2 3p^6$ | $4s^2 4p^6$ | $5s^2 5p^6$ | $6s^2 6p^6$ |
| 原子半径/pm | 93 | 112 | 154 | 169 | 190 | 220 |
| 第一电离能/(kJ·mol$^{-1}$) | 2372 | 2081 | 1521 | 1351 | 1170 | 1037 |
| 蒸发热/(kJ·mol$^{-1}$) | 0.09 | 1.8 | 6.3 | 9.7 | 13.7 | 18.0 |
| 熔点/K | 0.95 | 24.48 | 83.95 | 116.55 | 161.15 | 202.15 |
| 沸点/K | 4.25 | 27.25 | 87.45 | 120.25 | 166.05 | 208.15 |
| 临界温度/K | 5.25 | 44.45 | 153.15 | 210.65 | 289.75 | 377.65 |
| 临界压强/10$^5$Pa | 2.29 | 27.25 | 48.94 | 55.01 | 58.36 | 63.23 |
| 在水中的溶解度/(cm$^3$·L$^{-1}$) | 8.8 | 10.4 | 33.6 | 62.6 | 123 | 222 |

稀有气体原子的最外层电子构型除氦为 $1s^2$ 外，其余均为稳定的 8 电子构型 $ns^2 np^6$。这种电子结构相当稳定。稀有气体的电子亲和能都接近于零，而与其他元素比较，则有很高的电离能，因此，稀有气体在一般条件下，也不易得到也不易失去电子而形成化学键。通常，稀有气体均以单原子状态存在，原子间仅存在着微弱的范德华力。它们的蒸发热和在水中的溶解度都很小，随着原子序数的增加而逐渐升高。

稀有气体都较难液化，但一经液化后，再稍加冷却就将固化，常压下，只要低于它们的沸点 3～6K（氦气除外），就都能凝固。氦的沸点（4.25K）是已知物质中最低的。温度在 2.2K 以上的液氦具有一般液体的通性，但温度在 2.2K 以下的液氦则是一种超导体，具有许多反常的性质，例如超导性、低黏滞性等。

2. 稀有气体的用途

由于稀有气体的化学性质不活泼，易于发光放电等性质，使其在光学、冶炼、医学、尖端科学技术以至日常生活里获得了广泛的应用。

人们利用稀有气体一般不跟其他物质发生化学反应的这种性质，在一些工业生产中，常常把它们用作保护气。例如：用电弧焊接火箭、飞机、轮船、导弹等用的不锈钢、铝或铝合金等时，可以用氩气来隔绝空气，防止金属在高温下跟其他物质起反应；在金属冶炼上，用氩气作为单晶硅、钛、钨等稀有金属及特种钢材的冶炼保护气体，用氦作为高级合金的焊接、切割和冶炼钛、锆、硅等时的保护气体。

稀有气体在通电时会发出有色的光。因此，它们在电光源中有特殊的应用。灯管里充入氩气，通电时会发出紫蓝色光；充入氦气，通电时会发出粉红色光；充入氖气，通电时会发出红光，这种光能穿透浓雾，所以氖灯可用作航空、航海的指示灯。五光十色的霓虹灯就是利用稀有气体的这种性质制成的。在石英玻璃管里充入氙气的氙灯，通电时能发出比荧光灯强几万倍的强光，因此叫作"人造小太阳"。这种灯可用于广场、体育场、飞机场等的照明。还可以把氩气和氖气混合充入灯泡里，使灯泡经久耐用。氪气可充填高级电子管，实验室用的连续紫外光灯。测量宇宙辐射时用氦来充填游离室，还可以用于制成不需要电能的原子灯。氪灯的透射率特别高，因而可用于夜战中越野战车上的灯光。氦氩混合气充填电子管和灯泡，比相同功率的氩气灯泡省电 $20\% \sim 25\%$，寿命可延长 $2 \sim 3$ 倍，光亮度可以提高，而体积可大大缩小。

氦气在色谱分析中常作为载气；氦气具有很强的扩散性，可用为压力容器和真空系统的检漏指示剂。将氦气和氧气配成混合气，可供深海潜水人员的呼吸，避免昏眩及意识丧失，以保证潜水人员在深海中的正常工作。此外，氦气还用于等离子工业、气体激光器、超导雷达探测及摄影等尖端技术方面，在原子反应堆技术中可用作冷却剂，在火箭和导弹中作为燃料的压送剂。

氙气在医学上也很受重视。高压氙灯还具有高度的紫外光辐射，可用于医疗杀菌消毒。将氙气与 $20\%$ 的氧气混合使用，可作无副作用的深度麻醉剂。

氖气、氩气、氙气还可用于激光技术等方面。近年来，氖还被用于研究基本粒子轨迹的火花室中作充填介质。

## 习 题

**一、单项选择题**

1. 下列氯化物在室温下不水解的是 （　　）。

A. $PCl_3$ 　　　　 B. $SnCl_2$ 　　　　 C. $AlCl_3$ 　　　　 D. $CCl_4$

2. 氟与水反应激烈，它的主要产物是 （　　）。

A. $HF$，$O_2$ 　　　　　　　　 B. $HF$，$O_2$，$O_3$

C. $HF$，$O_2$，$O_3$，$H_2O_2$，$OF_2$ 　　　 D. $HF$，$O_2$，$O_3$，$H_2O_2$

3. 在下列无机含氧酸中，其酸性强弱次序正确的（　　）。

A. $H_2SO_4 > HClO_4 > H_3PO_4 > H_2SiO_3$

B. $H_2SO_4 > HClO_4 > H_2SiO_3 > H_3PO_4$

C. $HClO_4 > H_2SO_4 > H_3PO_4 > H_2SiO_3$

D. $HClO_4 > H_3PO_4 > H_2SiO_3 > H_2SO_4$

4. 下列物质与水反应，不产生 $H_2O_2$ 的是 （　　）。

A. $KO_2$ 　　　　 B. $Li_2O$ 　　　　 C. $BaO_2$ 　　　　 D. $Na_2O_2$

5. 下列各对元素中化学性质最相似的是 （　　）。

A. $Na$，$Mg$ 　　 B. $Al$，$Si$ 　　 C. $Be$，$Al$ 　　 D. $H$，$Li$

**二、填空题**

1. 室温下卤素在水中的歧化为_____。

2. $O_2$ 分子中有一个_____键，2 个_____键；$O_2$ 分子中有_____个未成对电子，_____磁性。

3. 硝酸不能把金溶解，王水能使金溶解，其反应式为_____，原因是_____。

4. $CO_2$ 溶于水存在下列三个平衡：

$CO_2 + H_2O \rightleftharpoons H_2CO_3$ $\qquad$ $K_{a1}^{\ominus} = 1.7 \times 10^{-3}$

$H_2CO_3 + H_2O \rightleftharpoons H_3O^+ + HCO_3^-$ $\qquad$ $K_{a2}^{\ominus} = 2.5 \times 10^{-4}$

$CO_2 + 2H_2O \rightleftharpoons H_3O^+ + HCO_3^-$ $\qquad$ $K_{a3}^{\ominus} = 4.3 \times 10^{-7}$

三个 $K^{\ominus}$ 之间的关系式为_____，$CO_2$ 在水中主要以_____形式存在，表示 $H_2CO_3$ 真正的电离常数应是_____。

5. $B_2H_6$ 称为_____，分子中两个硼原子与一个氢原子之间通过_____键相连。这体现了硼氢化物_____的特征。

### 三、判断题

1. 氢原子可获得一个电子形成含 $H^-$ 的离子型化合物。 （ ）

2. 所有卤素都可以通过电解熔融卤化物得到。 （ ）

3. 单质硫既可作氧化剂又可作还原剂。 （ ）

4. $H_3BO_3$ 属于三元酸。 （ ）

5. 同一周期内的氢化物从左至右酸性增强；同一族内的氢化物自上而下酸性增强。 （ ）

### 四、简答题

1. 下列反应都可以产生氢气,试各举一例并写出反应方程式。

(1)金属与水。

(2)金属与酸。

(3)金属与碱。

(4)非金属单质与水蒸气。

(5)非金属单质与碱。

2. 为什么氢氟酸能腐蚀玻璃？写出相关化学反应方程式。

3. 写出下列物质中硫的氧化数：$S_8$、$H_2S$、$Na_2S_2O_3$、$SO_2$、$H_2SO_4$、$S_4O_6^{2-}$、$S_2O_8^{2-}$，作为常用氧化剂、常用还原剂的物质各举两例，既可作为氧化剂又可作为还原剂的是何物质？

4. 碳和硅都是ⅣA族元素,为什么碳的化合物有上千万种,而硅的化合物却远不及碳的化合物那样多？

5. 乙硼烷（$B_2H_6$）和乙烷（$C_2H_6$）在结构上有哪些差异。

### 五、计算题

1. 将 $KClO_3$ 和 $MnO_2$ 的混合物 5.36g 进行加热,分解完全后剩余 3.76g。试计算反应开始时,混合物中 $KClO_3$ 有多少克？（$KClO_3$ 的分子量为 122.5）

2. 在标准状况下,750ml 含有 $O_3$ 的氧气,当其中所含 $O_3$ 完全分解后体积变为 780mL,若将此含有 $O_3$ 的氧气 1L 通入酸化的 KI 溶液中,能析出多少克 $I_2$？（$I_2$ 的分子量为 254）

第9章
拓展习题讲解

第9章
在线答题

# 第10章

## d区和ds区元素

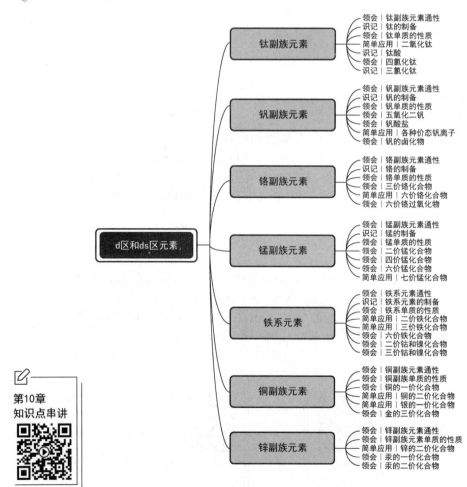

### 知识结构图

**d区和ds区元素**

- **钛副族元素**
  - 领会 | 钛副族元素通性
  - 识记 | 钛的制备
  - 领会 | 钛单质的性质
  - 简单应用 | 二氧化钛
  - 识记 | 钛酸
  - 领会 | 四氯化钛
  - 识记 | 三氯化钛

- **钒副族元素**
  - 领会 | 钒副族元素通性
  - 识记 | 钒的制备
  - 领会 | 钒单质的性质
  - 领会 | 五氧化二钒
  - 领会 | 钒酸盐
  - 简单应用 | 各种价态钒离子
  - 领会 | 钒的卤化物

- **铬副族元素**
  - 领会 | 铬副族元素通性
  - 识记 | 铬的制备
  - 领会 | 铬单质的性质
  - 领会 | 三价铬化合物
  - 简单应用 | 六价铬化合物
  - 领会 | 六价铬过氧化物

- **锰副族元素**
  - 领会 | 锰副族元素通性
  - 识记 | 锰的制备
  - 领会 | 锰单质的性质
  - 领会 | 二价锰化合物
  - 领会 | 四价锰化合物
  - 领会 | 六价锰化合物
  - 简单应用 | 七价锰化合物

- **铁系元素**
  - 领会 | 铁系元素通性
  - 识记 | 铁系元素的制备
  - 领会 | 铁系单质的性质
  - 简单应用 | 二价铁化合物
  - 简单应用 | 三价铁化合物
  - 领会 | 六价铁化合物
  - 领会 | 二价钴和镍化合物
  - 领会 | 三价钴和镍化合物

- **铜副族元素**
  - 领会 | 铜副族元素通性
  - 领会 | 铜副族单质的性质
  - 领会 | 铜的一价化合物
  - 简单应用 | 铜的二价化合物
  - 简单应用 | 银的一价化合物
  - 领会 | 金的三价化合物

- **锌副族元素**
  - 领会 | 锌副族元素通性
  - 领会 | 锌副族元素单质的性质
  - 简单应用 | 锌的二价化合物
  - 领会 | 汞的一价化合物
  - 领会 | 汞的二价化合物

第10章
知识点串讲

元素周期表中第ⅢB至第Ⅷ族共八列元素,称为过渡元素。有时,ⅠB、ⅡB族以及镧系和锕系元素也包括在过渡元素之中。这些元素在原子结构上的共同特点是价电子依次充填在次外层的 d 轨道或者 f 轨道上。本章以过渡金属中常见的 Ti(ⅣB族)、V(ⅤB族)、Cr(ⅥB族)、Mn(ⅦB族)、Fe、Co、Ni(Ⅷ族),以及 Cu、Ag、Au(ⅠB族)和 Zn、Hg(ⅡB族)等 12 种元素为例,介绍过渡金属元素的性质。

# 10.1　钛副族元素

## 10.1.1　钛副族元素概述及通性

元素周期表第ⅣB族的三个元素钛、锆、铪,称为钛副族,它们属于稀有元素。钛在地壳中的丰度是 0.63%,主要的矿物有金红石 $TiO_2$ 和钛铁矿 $FeTiO_3$,其次是钒钛铁矿。四川攀枝花地区有极丰富的钒钛铁矿。锆分散地存在于自然界中,主要矿物有锆英石 $ZrSiO_4$。铪常与锆共生,锆英石中平均约含 2% 的铪,最高可达 7%。

钛副族元素原子的价电子构型为 $(n-1)d^2ns^2$,d 轨道在全空($d^0$)的情况下,原子的结构比较稳定,因此,钛、锆、铪都以失去四个电子为特征。由于镧系收缩的影响,锆和铪的离子半径($Zr^{4+}$ 80pm、$Hf^{4+}$ 79pm)十分接近,因此它们的化学性质相似,造成锆和铪分离上的困难。除了最稳定的 +4 氧化数的化合物外,由于 +3、+2 氧化数的化合物还原性较强,因此较少见。由于钛副族元素的原子失去四个电子导致其离子半径小、氧化数高、极化能力强、遇水易发生水解,所以它们的 M(Ⅳ)化合物主要以共价键结合,在水溶液中主要以 $MO^{2+}$ 形式存在。其电极电势图如图 10.1 所示。

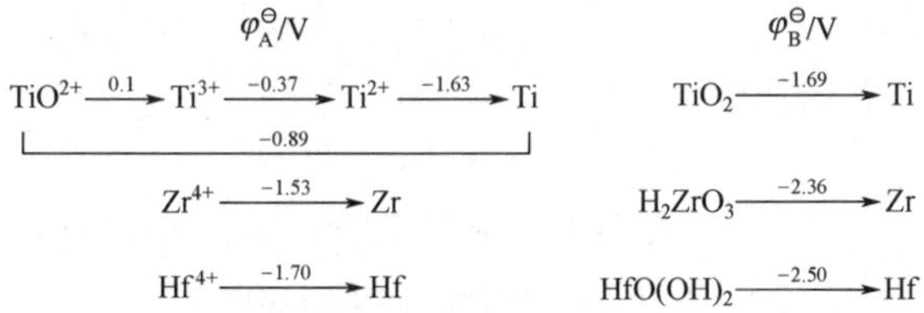

**图 10.1　钛副族元素的电极电势图**

## 10.1.2　钛单质的制备和性质

### 1. 钛的制备

高温时,Ti 和 O、N 可以生成氧化物和氮化物。熔融时,Ti 和碳酸盐、硅酸盐等形成碳化物和硅化物,所以冶炼比较困难。

工业上以钛铁矿为原料,制取钛单质时,先用浓 $H_2SO_4$ 处理磨碎后的钛铁矿粉。

$$FeTiO_3 + 3H_2SO_4 \Longrightarrow Ti(SO_4)_2 + FeSO_4 + 3H_2O$$

矿石中的 FeO 和 $Fe_2O_3$ 也同时转变成了硫酸盐,加入 Fe 粉,还原 $Fe_2(SO_4)_3$ 至

$FeSO_4$，冷却使 $FeSO_4 \cdot 7H_2O$（绿矾）结晶，得副产品。

水解 $Ti(SO_4)_2$：

$$Ti(SO_4)_2 + H_2O \Longrightarrow TiOSO_4（硫酸氧钛）+ H_2SO_4$$

$$Ti(SO_4)_2 + 2H_2O \Longrightarrow H_2TiO_3（沉淀白色，偏钛酸）+ 2H_2SO_4$$

煅烧 $H_2TiO_3$ 制得 $TiO_2$：

$$H_2TiO_3 \Longrightarrow TiO_2 + H_2O$$

高温还原、氯化制得 $TiCl_4$：

$$TiO_2 + 2C + 2Cl_2 \Longrightarrow TiCl_4(l) + 2CO\uparrow$$

在 Ar 气氛保护下，用熔镁还原 $TiCl_4$ 蒸气：

$$TiCl_4(g) + 2Mg(l) \Longrightarrow Ti + 2MgCl_2(l)（熔融，Ar 气氛保护）$$

可以将剩余的 Mg 和生成的 $MgCl_2$ 蒸发掉，或用盐酸将 Mg 和 $MgCl_2$ 溶掉得"海绵钛"，再熔炼得 Ti 单质。也可直接氯化金红石矿粉得 $TiCl_4$，完成钛的冶炼。

2. 钛单质的性质

钛单质为银白色物质，密度 $4.54g/cm^3$，比钢铁的 $7.8g/cm^3$ 小得多，比铝的 $2.7g/cm^3$ 大，较轻，强度接近钢铁，兼有铝和铁的优点，既轻且强度又高，因此，它是航空、航天工业中的重要材料。另外，钛还可以制作记忆性合金，镍钛合金 NT，加工成甲形状，在高温下处理（$300 \sim 1000℃$）数分钟至半小时，于是 NT 合金对甲形状产生了记忆。在室温下，对合金的形状改变，形成乙形状，以后遇到高温加热，则自动恢复甲形状。

钛是人体唯一不产生排异反应的金属，具有很好的亲生物性，可与生物体骨肉长在一起。因此，它是人工关节和骨骼的材料。

虽然钛在热力学上属于很活泼的元素，但其表面生成钝性的氧化物，在常温下极其稳定，不与 $X_2$、$O_2$、$H_2O$ 反应，也不与强酸（包括王水）以及强碱反应，所以钛和钛合金是优异的不锈钢原料。

但在高温时，钛具有较强的活泼性。

$$Ti + O_2 \Longrightarrow TiO_2（红热）$$

$$Ti + 2Cl_2 \Longrightarrow TiCl_4（600K）$$

$$3Ti + 2N_2 \Longrightarrow Ti_3N_4（800K）$$

Ti 的以上反应均达到最高氧化数。

$$2Ti + 6HCl \Longrightarrow 2TiCl_3（紫色）+ 3H_2\uparrow$$

最好的溶剂是氢氟酸或氢氟酸与盐酸的混合液，产生 $TiF_6^{2-}$。

$$Ti + 6HF \Longrightarrow TiF_6^{2-} + 2H^+ + 2H_2\uparrow$$

Ti 不溶于热碱，但和熔融碱作用。

$$2Ti + 6KOH \Longrightarrow 2K_3TiO_3（熔融）+ 3H_2\uparrow$$

总之，钛密度小、强度高、抗酸碱腐蚀、有记忆性、亲生物性、在地壳中储量高，是极有前途的结构材料，被誉为"第三金属"和"二十一世纪金属"。

### 10.1.3 钛的重要化合物

#### 1. 二氧化钛

在自然界中 $TiO_2$ 有三种晶型，其中最重要的是金红石型，其属于简单四方晶系，是典型的 $AB_2$ 型化合物的结构。金红石的晶胞结构如图 10.2 所示。

在 $TiO_2$ 晶体中，Ti 的配位数为 6，六个 O 配位在 Ti 的周围形成八面体结构。自然界的金红石是红色或桃红色晶体，有时因含有微量的 Fe、Nb、Ta、Sn、Cr、V 等杂质而呈黑色。

**图 10.2 金红石的晶胞结构图**

钛白是经过化学处理制造出来的纯净的二氧化钛，冷时呈白色，热时呈浅黄色，它的重要用途是用来制备钛的其他化合物。由 $TiO_2$ 直接制取金属钛是比较困难的，目前常用 $TiO_2$ 与碳和氯气在 $800\sim900℃$ 时进行反应，制得 $TiCl_4$。

$$TiO_2(s)+2C(s)+2Cl_2(g)\xrightarrow{800\sim900℃}TiCl_4(l)+2CO(g)$$

在氩（Ar）气氛中用镁还原 $TiCl_4$。

$$TiCl_4(l)+2Mg(s)=\!\!=\!\!=Ti(s)+2MgCl_2(s) \qquad \Delta_rG_m^\ominus=-447.3kJ\cdot mol^{-1}$$

反应后产物中的 $MgCl_2$ 和过量镁用稀 HCl 溶解，再用电弧法熔融、铸锭，得钛锭。

纯净的 $TiO_2$ 具有折射率高、着色力强、遮盖力大、化学性能稳定等优点，常用作高级白色颜料，在造纸工业中作填充剂，在合成纤维中作消光剂。

$TiO_2$ 白色粉末不溶于 $H_2O$、稀酸和稀碱中，在一定的条件下可溶于热浓 $H_2SO_4$ 中。

$$TiO_2+2H_2SO_4(浓)\xrightarrow{\triangle}Ti(SO_4)_2+2H_2O$$

$Ti^{4+}$ 电荷半径比很高，电场过强，在水中易水解成 $TiO^{2+}$。

$TiO^{2+}$ 称为钛氧基或钛酰基，因此上述反应可写成：

$$TiO_2+H_2SO_4(浓)\xrightarrow{\triangle}TiOSO_4+H_2O$$

$Ti^{4+}$ 和 $TiO^{2+}$ 之间有如下平衡。

$$Ti^{4+}+H_2O=\!\!=\!\!=TiO^{2+}+2H^+$$

$$Ti(SO_4)_2+H_2O=\!\!=\!\!=TiOSO_4+H_2SO_4$$

水溶液中不能析出 $Ti(SO_4)_2$，却可以析出白色粉末 $TiOSO_4\cdot H_2O$。

$TiO_2$ 与 $KHSO_4$ 共熔，得可溶性盐类。

$$TiO_2+2KHSO_4=\!\!=\!\!=TiOSO_4+K_2SO_4+H_2O(熔融)$$

$TiO_2$ 具有两性，除了能和热浓 $H_2SO_4$ 反应外，还能和碱反应。

$$TiO_2+MgO=\!\!=\!\!=MgTiO_3(熔融)$$

$$TiO_2+BaCO_3=\!\!=\!\!=BaTiO_3(熔融)+CO_2\uparrow$$

偏钛酸钡（$BaTiO_3$）是一种压电材料，受压时两端产生电位差。

#### 2. 钛酸

在钛盐中加碱，可得 α-钛酸（氢氧化钛或水合 $TiO_2$）。

$$TiBr_4 + 4NaOH \xrightarrow{\quad} Ti(OH)_4 \downarrow + 4NaBr$$

α-钛酸活性大，可溶于酸或碱，它可以写成 $Ti(OH)_4$、$H_4TiO_4$ 或 $TiO_2 \cdot xH_2O$ 等形式。将钛酸溶液煮沸，水解生成β-钛酸，这种水解生成即使加强酸也不能抑制。得到的β-钛酸稳定，不溶于酸也不溶于碱。

$$Ti(SO_4)_2 + 4H_2O \xrightarrow{\triangle} Ti(OH)_4 + 2H_2SO_4（浓）$$

3. 四氯化钛

$TiCl_4$ 是无色液体，有刺激性气味，极易水解，在空气中冒白烟。

$$TiCl_4 + 3H_2O \xrightarrow{\quad} H_2TiO_3 + 4HCl$$

制备 $TiCl_4$ 时，用到反应的耦合，为了防止 $TiCl_4$ 的水解，反应物 $Cl_2$ 要严格除水，反应前装置要通 $CO_2$ 排除 $H_2O$，反应停止后还要通 $CO_2$ 保护。尾气 $Cl_2$ 的吸收装置上也要有干燥管，防止外界水的侵入。

制备 $TiCl_4$ 关键是防止水解。

4. 三氯化钛

单质钛在加热情况下与盐酸反应得 $TiCl_3$ 紫色溶液。$TiCl_3$ 也可以由 $TiCl_4$ 还原剂还原制得。

$$2TiCl_4 + H_2 \xrightarrow{\quad} 2TiCl_3 + 2HCl$$
$$2TiCl_4 + Zn \xrightarrow{\quad} 2TiCl_3 + ZnCl_2$$

从水溶液中可以析出 $TiCl_3 \cdot 6H_2O$ 的紫色晶体，配合物的构成是 $[Ti(H_2O)_6]Cl_3$。若用乙醚从 $TiCl_3$ 的饱和溶液中萃取出，可得 $TiCl_3 \cdot 6H_2O$ 绿色晶体，配合物的构成是 $[Ti(H_2O)_5Cl]Cl_2 \cdot H_2O$，两者互为异构。

有关 Ti（Ⅳ）和 Ti（Ⅲ）的电极电势如下。

$$TiO^{2+} + 2H^+ + e^- \longrightarrow Ti^{3+} + H_2O \quad \phi^{\ominus}(TiO^{2+}/Ti^{3+}) = 0.099V$$

可见 Ti（Ⅳ）的氧化性不强，或者可以说 Ti（Ⅲ）具有一定的还原性。

$$Ti^{3+} + Fe^{3+} + H_2O \xrightarrow{\quad} TiO^{2+} + Fe^{2+} + 2H^+$$

# 10.2　钒副族元素

## 10.2.1　钒副族元素概述及通性

周期系第 VB 族包括钒、铌、钽三种元素。它们在地壳中含量很少，属于稀有元素。钒的主要矿物是钒钛铁矿、矾酸钾铀矿 $K(UO_2)VO_4 \cdot 3/2H_2O$ 和钒铅矿 $Pb_5(VO_4)_3Cl$ 等。由于镧系收缩，铌和钽离子半径极为相近，加上它们又是同族元素。所以，在自然界中它们总是共生在一起，它们的主要矿物为共生的铌铁矿或钽铁矿。

钒副族元素的价电子构型为 $(n-1)d^3ns^2$，5 个电子都可参加成键，所以稳定氧化数为 +5，此外还能形成 +4、+3、+2 的低氧化数的化合物。按 V、Nb、Ta 的顺序，高氧化数的稳定性依次增强，低氧化数的稳定性依次减弱。其电极电势图如图 10.3 所示。

$$\varphi_A^{\ominus}/V$$

$$VO_2^+ \xrightarrow{0.991} VO^{2+} \xrightarrow{0.337} VO^{3+} \xrightarrow{-0.255} VO^{2+} \xrightarrow{-1.175} V$$

$$Nb_2O_5 \xrightarrow{-0.1} Nb^{3+} \xrightarrow{-1.1} Nb$$

$$\underrightarrow{\hspace{3cm} -0.64 \hspace{3cm}}$$

$$Ta_2O_5 \xrightarrow{-0.81} Ta$$

**图 10.3　钒副族元素的电极电势图**

## 10.2.2　钒单质的制备和性质

### 1. 钒的制备

钒在自然界中非常分散，V（Ⅲ）经常和铁矿混生，如钒钛铁矿，V（Ⅴ）可独立成矿。

单质钒呈浅灰色，高熔点（比 Ti 高），纯净时延展性好，不纯时硬而脆，主要用于制造高速切削钢及其他合金钢和催化剂。把钒掺进钢里，可以制成钒钢。钒钢比普通钢结构更紧密，韧性、弹性与机械强度更高。在钢铁工业上，并不是把纯的金属钒加到钢铁中制成钒钢，而是直接采用含钒的铁矿炼成钒钢。钒的氧化物已成为化学工业中最佳催化剂之一，有"化学面包"之称。此外钒电池是目前发展势头强劲的优秀绿色环保蓄电池之一，它的制造、使用及废弃过程均不产生有害物质。

由于钒副族单质在高温下有较强的反应活性，它们都很难提取。铁/钒合金（钒铁）是通过铝热法制备的，再将它添加到合金钢中。纯钒可以通过金属 Na 或 $H_2$ 还原 $VCl_3$、单质 Mg 还原 $VCl_4$ 来获得。所有的钒副族金属均可以通过电解熔融氟的配位化合物，如 $K_2[NbF_7]$ 来制备。

### 2. 钒单质的性质

$$V^{2+} + 2e^- \longrightarrow V \quad \varphi^{\ominus} = -1.18V$$

从电极电势来看，钒是活泼金属，但由于表面钝化，常温下不活泼，块状的钒可以抵抗空气的氧化和海水的腐蚀，非氧化性酸及碱也不能与钒发生反应。

钒可以溶于浓硫酸和硝酸中，$V(NO_3)_4$ 或以 $VO(NO_3)_2$ 形式存在。

$$V + 8HNO_3 = V(NO_3)_4 + 4NO_2\uparrow + 4H_2O$$

钒在高温下活性很高，可与氧气和氯气发生反应。

$$4V + 5O_2 = 2V_2O_5(砖红色固体)$$
$$V + 2Cl_2 = VCl_4(红色液体)$$

## 10.2.3　钒的重要化合物

### 1. 五氧化二钒（$V_2O_5$）

$V_2O_5$ 为砖红色固体，无臭、无味、有毒，是钒酸 $H_3VO_4$ 及偏钒酸 $HVO_3$ 的酸酐。

237

加热偏钒酸铵可得 $V_2O_5$。

$$2NH_4VO_3 =\!=\!= V_2O_5 + 2NH_3 + H_2O$$

三氯氧钒水解得 $V_2O_5$。

$$2VOCl_3 + 3H_2O =\!=\!= V_2O_5 + 6HCl$$

$V_2O_5$ 在 $H_2O$ 中溶解度很小，但在酸中、碱中都可溶，是两性氧化物。

$$V_2O_5 + 6NaOH =\!=\!= 2Na_3VO_4 + 3H_2O$$

$$V_2O_5 + H_2SO_4 =\!=\!= (VO_2)_2SO_4 + H_2O$$

$V_2O_5$ 和盐酸反应放出 $Cl_2$，$V_2O_5$ 在酸性介质中有强氧化性。

$$V_2O_5 + 6HCl =\!=\!= 2VOCl_2 + Cl_2 + 3H_2O$$

在强酸中，V（V）以 $VO_3^+$ 和 $VO^{2+}$ 形式存在，V（Ⅳ）以 $VO^{2+}$ 形式存在，电极电势：$\varphi^{\ominus}(VO_2^+/VO^+) = 1.00V$。

$V_2O_5$ 钒可以与熔融的强碱反应。

$$V_2O_5 + 6NaOH =\!=\!= 2Na_3VO_4 + 3H_2O$$

### 2. 钒酸盐

钒酸盐有许多存在形式，如偏钒酸盐 $VO_3^-$，正钒酸盐 $VO_4^{3-}$，二聚钒酸盐 $V_2O_7^{4-}$，多聚酸（$H_{n+2}V_nO_{3n+1}$）。它们的存在形式与体系的 pH 有关：pH 越大，钒酸盐的聚合度越低；pH 越小，钒酸盐的聚合度越高。当 pH＞13 时，其以 $VO_4^{3-}$ 存在；当 pH＝2 时，其以 $V_2O_5$ 形式析出；当 pH≤1 时，其以 $VO^{2+}$ 阳离子存在，实际上 $VO^{2+}$ 为 $V_2O_5$ 与强酸的反应产物。

$VO_4^{3-}$ 中氧可被过氧链取代，向钒酸盐溶液中加 $H_2O_2$：在碱性、中性、弱酸性溶液中，得黄色的二过氧钒酸根 $[VO_2(O_2)_2]^{3-}$；在酸性溶液中，其以阳离子存在，得红棕色过氧钒离子 $[V(O_2)]^{3+}$。两者之间有如下平衡。

$$[VO_2(O_2)_2]^{3-} + 6H^+ \rightleftharpoons [V(O_2)]^{3+} + H_2O_2 + 2H_2O$$

这几个反应可以用于鉴定 V（V）。

### 3. 各种氧化数的钒离子

钒的不同氧化数化合物具有不同的特征颜色。若向紫色 $V^{2+}$ 溶液中加氧化剂，如 $KMnO_4$，先被氧化为绿色 $V^{3+}$ 溶液，继续被氧化为蓝色 $VO^{2+}$ 溶液，最后 $VO^{2+}$ 被氧化为黄色 $VO_2^+$ 溶液。不同氧化数钒化合物的颜色和相应离子颜色比较相近。

根据钒的元素电势图：$VO_2^+ \xrightarrow{1.0} VO^{2+} \xrightarrow{0.36} V^{3+} \xrightarrow{-0.26} V^{2+} \xrightarrow{-1.2} V$，$V^{3+}$ 和 $V^{2+}$ 有较明显的还原性。在酸性介质中 $VO_2^+$ 是一种较强的氧化剂，$VO_2^+$ 离子可以被 $Fe^{2+}$、草酸等还原剂还原为 $VO^{2+}$。

$$VO_2^+ + Fe^{2+} + 2H^+ =\!=\!= VO^{2+} + Fe^{3+} + H_2O$$

$$2VO_2^+ + H_2C_2O_4 + 2H^+ \xrightarrow{\triangle} 2VO^{2+} + 2CO_2 + 2H_2O$$

钒酸根 $VO_4^{3-}$ 和磷酸根 $PO_4^{3-}$ 结构相似，均为四面体。若向钒酸盐溶液中加酸，使 pH 逐渐下降，则生成不同缩合度的多钒酸盐。随着 pH 降低，多钒酸根中含钒原子越多，缩合度越大，其缩合平衡为

$$2VO_4^{3-} + 2H^+ \rightleftharpoons V_2O_7^{4-} + H_2O \quad pH = 12 \sim 10.6$$

$$2V_2O_7^{4-}+4H^+ \Longrightarrow H_2V_4O_{13}^{4-}+H_2O \quad pH\approx 9$$

$$5H_2V_4O_{13}^{4-}+8H^+ \Longrightarrow 4H_4V_5O_{16}^{3-}+H_2O \quad pH\approx 7$$

若向浓度较大的钒酸盐溶液中加酸，继续缩合，经 $H_4V_5O_{16}^{3-}$ 得到 $V_2O_5$ 沉淀。

$$2H_4V_5O_{16}^{3-}+6H^+ \Longrightarrow 5V_2O_5+7H_2O \quad pH\approx 2$$

继续加酸，$V_2O_5$ 溶解得到 $VO_2^+$ 浅黄色溶液。

$$V_2O_5+2H^+ \Longrightarrow 2VO_2^++H_2O \quad pH<1$$

钒广泛存在于植物、动物和人的脂肪中，与脂类的新陈代谢有关。现已证明钒对某些土壤中固氮菌来说是必需的。在海鞘类动物的血细胞中，运载氧的是钒血红素，它使血液成为绿色。在某些海虫中，钒可以代替铁或铜作为呼吸链中的色素组分。

4. 钒的卤化物

钒的五卤化物只有 $VF_5$，可由金属与卤素单质直接化合制得，$VF_5$ 为无色液体，钒副族元素的五卤化物气态时都是单体，具有三角双锥结构。常温下，$NbF_5$ 和 $TaF_5$ 是四聚体；$NbCl_5$、$TaCl_5$、$NbBr_5$ 和 $TaBr_5$ 是二聚体。四聚体和二聚体的结构如图 10.4 所示。

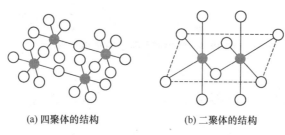

(a) 四聚体的结构　　　　　(b) 二聚体的结构

图 10.4　四聚体和二聚体的结构

钒除五卤化物外，还有其他卤化物形式存在，如固态的 $VF_4$（灰绿色）和 $VF_3$（黄绿色），液态的 $VCl_4$（棕红色），铌和钽的卤化物均为固态。

钒的卤化物对潮气十分敏感，易吸潮和水解。随着钒氧化数的升高，其卤化物的水解能力增强。

$$VCl_4+H_2O \Longrightarrow VOCl_2+2HCl$$

中间氧化数钒的卤化物会发生歧化，高氧化数的卤化物还能发生自氧化。

$$2VCl_3 \Longrightarrow VCl_2+VCl_4$$

$$2VCl_3 \Longrightarrow 2VCl_2+Cl_2$$

# 10.3　铬副族元素

## 10.3.1　铬副族元素概述及通性

元素周期表第ⅥB族铬、钼、钨三种元素称为铬副族元素。铬的最重要矿物是铬铁矿 $FeCr_2O_4$，常见的钼矿主要有辉钼矿（$MoS_2$），钨矿主要有黑钨矿[(Fe,Mn)WO$_4$]和白钨矿（$CaWO_4$）。我国的钨矿和钼矿储量都很丰富。

铬副族元素的价电子构型为 $(n-1)d^{4\sim5}ns^{1\sim2}$，最高能级组的 6 个电子占据 6 个原子轨道，s 电子和 d 电子都参加成键，形成非常强的金属键，导致该族元素是周期表中熔点最高、硬度最大的金属。同时，该族元素的 6 个电子都可以失去，生成的最高氧化数为 +6；若部分 d 电子参加成键则呈现低氧化数，如铬有 +3、+2 氧化数。从存在于自然界中的矿物也可以看出，铬、钼、钨的最高氧化数依次趋于稳定。铬副族元素的电极电势图如图 10.5 所示。

$$\varphi_A^\ominus / V$$

$$Cr_2O_7^{2-} \xrightarrow{+1.232} Cr^{3+} \xrightarrow{-0.407} Cr^{2+} \xrightarrow{-0.913} Cr$$
（上方箭头 $-0.74$，从 $Cr^{3+}$ 到 $Cr$）

$$H_2MoO_4 \xrightarrow{(+0.4)} MoO_2^+ \xrightarrow{(0.0)} Mo^{3+} \xrightarrow{-0.2} Mo$$

$$WO_3 \xrightarrow{-0.03} W_2O_5 \xrightarrow{-0.04} WO_2 \xrightarrow{-0.15} W^{3+} \xrightarrow{-0.11} W$$

$$\varphi_B^\ominus / V$$

$$Cr_2O_4^{2-} \xrightarrow{-0.13} Cr(OH)_3 \xrightarrow{-1.1} Cr(OH)_2 \xrightarrow{-1.4} Cr$$

$$MoO_4^{2-} \xrightarrow{-1.4} MoO_2 \xrightarrow{-0.87} Mo$$

$$WO_4^{2-} \xrightarrow{-1.25} W$$

图 10.5　铬副族元素的电极电势图

## 10.3.2　铬单质的制备和性质

### 1. 铬的存在与制备

铬是银白色金属，由于成单电子数多，金属键强，故硬度大、熔点、沸点均高，铬是硬度最高的过渡金属。由于铬的机械强度好、抗腐蚀性能强、硬度大，它被广泛用于钢铁、合金以及金属表面镀铬。如不锈钢中有不同含量的铬，不锈钢的性能不同，铬含量最高可达 20%。许多金属表面镀铬，不仅可以防锈，而且可使金属表面光亮如新。工业上主要是先将铬铁矿与固体 $Na_2CO_3$（或 $NaOH$）在高温空气中氧化，使铬铁矿中的铬氧化成可溶性的铬酸盐。然后用水浸取 $Na_2CrO_4$，过滤除去氧化铁等杂质，再加酸酸化并浓缩得 $Na_2Cr_2O_7$ 结晶，再用碳还原 $Na_2Cr_2O_7$ 得 $Cr_2O_3$。最后可用铝热法由 $Cr_2O_3$ 得到金属铬。

$$4FeCr_2O_4 + 7O_2 + 8Na_2CO_3 = 2Fe_2O_3 + 8Na_2CrO_4 + 8CO_2 \uparrow$$
$$2Na_2CrO_4 + H_2SO_4 = Na_2Cr_2O_7 + Na_2SO_4 + H_2O$$
$$Na_2Cr_2O_7 + 2C = Cr_2O_3 + Na_2CO_3 + CO \uparrow$$
$$Cr_2O_3 + 2Al = 2Cr + Al_2O_3$$

### 2. 铬单质的化学性质

$$Cr^{3+} + 3e^- \longrightarrow Cr \quad \varphi^\ominus(Cr^{3+}/Cr) = -0.74V$$
$$Cr^{2+} + 2e^- \longrightarrow Cr \quad \varphi^\ominus(Cr^{2+}/Cr) = -0.91V$$

从电极电势看，Cr 是活泼的金属，由于其表面生成钝性的氧化膜，致使常温下 Cr 不活泼，不溶于硝酸、硫酸甚至王水。Cr 的钝化可以在空气中迅速发生，如在空气中将铬块击碎投入汞中，无汞齐生成；在汞中将铬块击碎，有汞齐生成。

Cr 缓慢地溶于稀盐酸和稀硫酸中，先有 Cr(Ⅱ) 生成，Cr(Ⅱ) 在空气中迅速被氧化成 Cr(Ⅲ)。

$$Cr + 2HCl \longrightarrow CrCl_2(蓝色) + H_2 \uparrow$$
$$4CrCl_2 + 4HCl + O_2 \longrightarrow 4CrCl_3(绿色) + 2H_2O$$

高温时铬活泼，和 $X_2$，$O_2$，S，C，$N_2$ 直接化合，一般生成 Cr(Ⅲ) 化合物。高温时铬可和酸反应，熔融时也可以和碱反应。

## 10.3.3 铬的重要化合物

### 1. Cr(Ⅲ) 化合物

Cr(Ⅲ) 具有两性。如 $Cr_2O_3$ 为灰绿色的两性氧化物，可溶于酸和碱溶液。

$$Cr_2O_3 + 3H_2SO_4 \longrightarrow Cr_2(SO_4)_3(蓝紫色) + 3H_2O$$
$$Cr_2O_3 + 2NaOH \longrightarrow 2NaCrO_2(绿色) + H_2O$$

$Cr(OH)_3$ 是两性氢氧化物，与 $Al(OH)_3$ 的两性相似。

Cr(Ⅲ) 的盐类多带结晶水，如 $CrCl_3 \cdot 6H_2O$、$Cr_2(SO_4)_3 \cdot 18H_2O$、$K_2SO_4 \cdot Cr_2(SO_4)_3 \cdot 24H_2O$。

含水氯化物受热脱水时发生水解。

$$CrCl_3 \cdot 6H_2O \longrightarrow Cr(OH)Cl_2 + 5H_2O + HCl \uparrow$$

因为 $H_2SO_4$ 不挥发，硫酸盐加热脱水时不水解。

此外，溶液中 $Cr^{3+}$ 由于配位方式的不同，表现出不一样的颜色。这些颜色和晶体场中的 d−d 跃迁有关。

$$[Cr(H_2O)_6]^{3+}(蓝紫) \xrightarrow{Cl^-} [CrCl(H_2O)_5]^{2+}$$

加 $NH_3$ ↓       ↓ 加 $NH_3$

$$[Cr(NH_3)_3(H_2O)_3]^{3+} \xrightarrow{NH_3} [Cr(NH_3)_6]^{3+}$$

Cr(Ⅲ) 在碱中易被氧化至 Cr(Ⅵ)，在酸中需强氧化剂方可被氧化至 Cr(Ⅵ)。

$$2CrO_2^-(绿色) + 3H_2O_2 + 2OH^- \longrightarrow 2CrO_4^{2-}(黄色) + 4H_2O$$
$$10Cr^{3+} + 6MnO_4^- + 11H_2O \longrightarrow 6Mn^{2+} + 5Cr_2O_7^{2-}(橙色) + 22H^+$$

### 2. Cr(Ⅵ) 化合物

不同的 Cr(Ⅵ) 的含氧酸根有不同的颜色。

$CrO_4^{2-}$(黄色)，$Cr_2O_7^{2-}$(橙色)，$CrO_3$(红色)，$CrO_2^{2+}$(深红色)。

Cr(Ⅵ) 的含氧酸根之间在一定条件下相互转化，在碱中为单聚酸根 $CrO_4^{2-}$，在酸中则为二聚酸根 $Cr_2O_7^{2-}$，在强酸中沉淀出氧化物 $CrO_3$，酸性过强时为 $CrO_2^{2+}$。

$$2CrO_4^{2-} + 2H^+ \rightleftharpoons Cr_2O_7^{2-} + H_2O \qquad K^{\ominus} = 1.0 \times 10^{14}$$

$H_2SO_4$（浓）与 $K_2Cr_2O_7$ 混合配制洗液时，有 $CrO_3$ 红色针状晶体析出。

$$K_2Cr_2O_7 + 2H_2SO_4(浓) \longrightarrow 2KHSO_4 + 2CrO_3 + H_2O$$

$CrO_2^{2+}$ 称为铬氧基、铬酰基，$CrO_2Cl_2$ 是深红色液体，易挥发。$CrO_2Cl_2$ 的制备方法如下：$K_2Cr_2O_7$ 和 KCl 粉末相混合，滴加浓 $H_2SO_4$，加热则有 $CrO_2Cl_2$ 挥发出来。

$$K_2Cr_2O_7+4KCl+3H_2SO_4(浓)\!\!=\!\!=\!\!2CrO_2Cl_2(气体)+3K_2SO_4+3H_2O$$

$CrO_2Cl_2$ 易水解。

$$2CrO_2Cl_2+3H_2O\!\!=\!\!=\!\!H_2Cr_2O_7+4HCl$$

Cr(Ⅵ) 的氧化性是其重要的性质，$H_2CrO_4$ 的酸酐 $CrO_3$ 由于 Cr(Ⅵ) 的氧化性，使其受热易分解：

$$4CrO_3\!\!=\!\!=\!\!2Cr_2O_3+3O_2\uparrow$$

$Cr_2O_7^{2-}$ 有较强的氧化性，在酸性溶液中，$Cr_2O_7^{2-}$ 是强氧化剂；但在碱性溶液中其氧化性要弱得多。

$$Cr_2O_7^{2-}+14H^++6e^-\longrightarrow 2Cr^{3+}+7H_2O \qquad \varphi^{\ominus}=+1.232V$$

$$CrO_4^{2-}+4H_2O+3e^-\longrightarrow Cr(OH)_3(s)+5OH^- \qquad \varphi^{\ominus}=-0.13V$$

如在冷溶液中，$K_2Cr_2O_7$ 可以氧化 $H_2S$、$SO_3^{2-}$、$I^-$ 等。

$$Cr_2O_7^{2-}+3H_2S+8H^+\!\!=\!\!=\!\!2Cr^{3+}+3S\downarrow+7H_2O$$

$$Cr_2O_7^{2-}+3SO_3^{2-}+8H^+\!\!=\!\!=\!\!2Cr^{3+}+3SO_4^{2-}+4H_2O$$

$$Cr_2O_7^{2-}+6I^-+14H^+=2Cr^{3+}+3I_2+7H_2O$$

常见的 +6 价的铬酸难溶盐有 $Ag_2CrO_4$（砖红色）、$PbCrO_4$（黄色）、$BaCrO_4$（黄色）、$SrCrO_4$（黄色），故不会生成重铬酸盐沉淀。

$$Pb^{2+}+CrO_4^{2-}\!\!=\!\!=\!\!PbCrO_4$$

$$2Pb^{2+}+Cr_2O_7^{2-}+H_2O\!\!=\!\!=\!\!2PbCrO_4+2H^+$$

其中，$SrCrO_4$ 溶解度较大，可溶于 HAc 中，且在 $Sr^{2+}$ 中加入 $Cr_2O_7^{2-}$ 中不能生成 $SrCrO_4$ 沉淀。

3. Cr(Ⅵ) 的过氧化物

与 +4 价的 Ti、Zr、Hf 和 +5 价的 V、Nb、Ta 相似，+6 价的 Cr、Mo、W 也可形成过氧化物。以 Cr(Ⅵ) 为例，在重铬酸盐的酸性溶液中加入少许乙醚和过氧化氢溶液，轻轻摇荡，乙醚层呈现深蓝色。

$$Cr_2O_7^{2-}+4H_2O_2+2H^+\!\!=\!\!=\!\!2CrO_5+5H_2O$$

深蓝色化合物的化学式为 $CrO(O_2)_2(C_2H_5)_2O$。

$$CrO_5+(C_2H_5)_2O\!\!=\!\!=\!\!CrO(O_2)_2(C_2H_5)_2O$$

在分析化学中常用这个反应来检验 Cr 或 $H_2O_2$。这个深蓝色的化合物并不稳定，会逐渐分解。

$$4CrO_5+12H^+\!\!=\!\!=\!\!4Cr^{3+}+7O_2\uparrow+6H_2O$$

过铬酸盐有两种：将 30% 的 $H_2O_2$ 在 273K 时小心地加到 $K_2Cr_2O_7$ 溶液中，可生成蓝色的 $K_2Cr_2O_{12}$；在碱性 $K_2Cr_2O_7$ 溶液中加入 30% 的 $H_2O_2$ 得暗红色的 $K_3CrO_8$。这两种过氧铬酸盐均不稳定，在碱性溶液中易发生反应。

$$2Cr_2O_{12}^{2-}+4OH^-\!\!=\!\!=\!\!4CrO_4^{2-}+2H_2O+5O_2\uparrow$$

$$4CrO_8^{3-}+2H_2O\!\!=\!\!=\!\!4CrO_4^{2-}+4OH^-+7O_2\uparrow$$

在酸性溶液中，过铬酸盐易发生如下反应。

$$Cr_2O_{12}^{2-}+8H^+\!\!=\!\!=\!\!2Cr^{3+}+4H_2O+4O_2\uparrow$$

$$2CrO_8^{3-}+12H^+\!\!=\!\!=\!\!2Cr^{3+}+6H_2O+5O_2\uparrow$$

# 10.4 锰副族元素

## 10.4.1 锰副族元素概述及通性

周期表中第ⅦB族的锰（Mn）、锝（Tc）、铼（Re）三种元素通称为锰副族元素。Tc 是放射性元素，Re 为稀有元素。地壳中锰的主要矿石有软锰矿（$MnO_2 \cdot xH_2O$），黑锰矿（$Mn_3O_4$）和水锰矿（$Mn_2O_3 \cdot H_2O$），近年在深海海底发现大量的锰矿——锰结核。它是一种一层一层的铁锰氧化物层间夹有黏土层而构成的一个个同心圆状的团块，其中还含有铜、钴、镍等重金属元素。

锰副族元素的价电子构型为 $(n-1)d^6ns^2$，其中 Tc 为 $4d^65s^1$。s 电子和 d 电子都参加成键，最高氧化数为 +7，此外，锰的氧化数还有 +6、+4、+3、+2，比较重要的是 +7、+4 和 +2。其电极电势图如 10.6 所示。

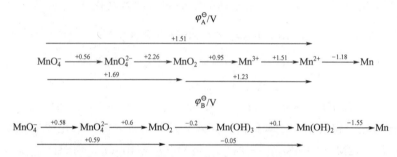

**图 10.6 锰副族元素的电极电势图**

## 10.4.2 锰单质的制备和性质

**1. 锰的存在与制备**

锰不属于稀有金属，常以软锰矿（$MnO_2$）存在于自然界中。

锰的外观像铁，纯锰块状时呈银白色，硬度、熔点高，但硬度和熔点不如 Ti、V、Cr 高。

$$Mn^{2+} + 2e^- \longrightarrow Mn \qquad \varphi^{\ominus} = -1.18V$$

金属锰的还原性较强且锰不钝化，易溶于稀的非氧化性酸中产生氢气。

$$Mn + 2H^+ \Longrightarrow Mn^{2+} + H_2 \uparrow$$

**2. 锰单质的化学性质**

Mn 和冷水不发生反应，加入 $NH_4Cl$ 即可发生反应，产生 $H_2$，这一点与 Mg 相似。Mn 和热水也可以发生反应。

高温时，Mn 和 $X_2$，$O_2$，S，B，C，Si，P 等非金属直接化合；更高温度时，Mn 可和 $N_2$ 化合。

有氧化剂存在时，Mn 和熔碱反应。

$$2Mn+4KOH(熔融)+3O_2 =\!=\!= 2K_2MnO_4(墨绿色)+2H_2O$$

## 10.4.3　锰的重要化合物

1. Mn（Ⅱ）化合物

Mn（Ⅱ）强酸盐易溶，如 $MnSO_4$、$MnCl_2$ 和 $Mn(NO_3)_2$ 等；而 Mn（Ⅱ）弱酸盐和其氢氧化物难溶。

|  | $MnCO_3$ | $Mn(OH)_2$ | $MnS$ | $MnC_2O_4$ |
|---|---|---|---|---|
| $K^{\ominus}sp$ | $1.8\times10^{-11}$ | $1.9\times10^{-13}$ | $2.0\times10^{-13}$ | $1.1\times10^{-15}$ |

这些盐可以溶于强酸中，这是过渡元素的一般规律。

在碱中，Mn（Ⅱ）还原性较强，易被氧化成高价，生成 $MnO(OH)_2$。

$$MnO_2/Mn(OH)_2 \qquad \varphi^{\ominus}=-0.05V$$

当酸根有氧化性时，Mn（Ⅱ）盐受热分解的同时即被氧化。

$$Mn(NO_3)_2 \xrightarrow{\triangle} MnO_2+2NO_2\uparrow$$

$$Mn(ClO_4)_2 \xrightarrow{\triangle} MnO_2+Cl_2+3O_2\uparrow$$

Mn（Ⅱ）在酸中稳定，需强氧化剂才能被氧化成 Mn（Ⅶ）。

$$MnO_4^-+8H^++5e^- \longrightarrow Mn^{2+}+4H_2O \qquad \varphi^{\ominus}=1.15V$$

如过二硫酸铵、铋酸钠、二氧化铅、高碘酸及其盐等才能被氧化成 $MnO_4^-$ 离子。

$$2Mn^{2+}+5S_2O_8^{2-}+8H_2O=2MnO_4^-+10SO_4^{2-}+16H^+$$

$$2Mn^{2+}+5NaBiO_3+14H^+=2MnO_4^-+5Bi^{3+}+5Na^++7H_2O$$

$Mn^{2+}$ 为 $d^5$ 组态，可与 $H_2O$、$Cl^-$ 等弱场配体形成外轨配合物；可与强场配体 $CN^-$ 形成内轨配合物。

2. Mn（Ⅳ）化合物（$MnO_2$）

$MnO_2$ 很稳定，不溶于 $H_2O$、稀酸和稀碱，在酸碱中均不歧化，但 $MnO_2$ 是两性氧化物，可以和浓酸、浓碱反应。

$$4MnO_2+6H_2SO_4(浓)=\!=\!= 2Mn_2(SO_4)_3(紫红色)+6H_2O+O_2\uparrow$$

$$2Mn_2(SO_4)_3+2H_2O =\!=\!= 4MnSO_4+O_2+2H_2SO_4$$

$$MnO_2+2NaOH(浓)=\!=\!= Na_2MnO_3+H_2O$$

在强酸中有氧化性：

$$MnO_2+4HCl(浓)=\!=\!= MnCl_2+2H_2O+Cl_2\uparrow$$

在碱性条件下，$MnO_2$ 可被氧化为 Mn（Ⅵ）。

$$3MnO_2+6KOH+6KClO_3 =\!=\!= 3K_2MnO_4(绿色)+6KCl+3H_2O$$

$$MnO_2/Mn^{2+} \quad \varphi_A^{\ominus}=1.23V；\quad MnO_4^{2-}/MnO_2 \quad \varphi_B^{\ominus}=0.60V$$

总之，$MnO_2$ 在强酸中具有强的氧化性，易被还原；在碱中有一定的还原性；在中性时较稳定。

3. Mn（Ⅵ）化合物

$K_2MnO_4$ 锰酸钾，绿色，是 Mn（VI）在强碱中的存在形式。

$MnO_4^{2-}$ 只有在相当强碱中才稳定，在弱碱或中性及酸中均歧化。

$$3MnO_4^{2-}+2H_2O \Longrightarrow 2MnO_4^- + MnO_2 + 4OH^-$$
$$3MnO_4^{2-}+4H^+ \Longrightarrow 2MnO_4^- + MnO_2 + 2H_2O$$

4. Mn（Ⅶ）化合物

七氧化二锰（$Mn_2O_7$）又称高锰酸酐，为绿色油状液体，既是高价金属氧化物又是酸性氧化物，有强氧化性、易潮解，晶体类型为分子晶体。该物质在室温下不稳定，易爆炸，易分解。

Mn（Ⅶ）以 $KMnO_4$（高锰酸钾）最为常见，具有强氧化性。

$KMnO_4$ 在酸中被还原成 $Mn^{2+}$，在强碱中被还原为 $MnO_4^{2-}$，在中性中则是 $MnO_2$。因为这些产物在相应的介质中稳定。

$$2MnO_4^- + 16H^+ + 10Cl^- \Longrightarrow 2Mn^{2+} + 5Cl_2 + 8H_2O$$
$$2MnO_4^- + 3SO_3^{2-} + H_2O \Longrightarrow 2MnO_2 + 3SO_4^{2-} + 2OH^-$$
$$2MnO_4^- + SO_3^{2-} + 2OH^- \Longrightarrow 2MnO_4^{2-} + SO_4^{2-} + H_2O$$

此外，$KMnO_4$ 不稳定，在酸碱中易分解。

$$4MnO_4^- + 4H^+ \Longrightarrow 4MnO_2 + 3O_2 + 2H_2O$$
$$4MnO_4^- + 2H_2O \Longrightarrow 4MnO_2 + O_2 + 4OH^-$$

$KMnO_4$ 在固相中的稳定性高于在溶液中，受热时分解生成锰酸钾。

在工业中，以软锰矿为原料制取 $K_2MnO_4$。

$$3MnO_2 + 6KOH + KClO_3 \Longrightarrow 3K_2MnO_4 + KCl + 3H_2O$$

从 $K_2MnO_4$ 制 $KMnO_4$ 有三种方法，分别是歧化法、氧化法和电解法。

# 10.5　铁系元素

## 10.5.1　铁系元素概述及通性

元素周期表中的第Ⅷ族包括铁（Fe）、钴（Co）、镍（Ni）、钌（Ru）、铑（Rh）、钯（Pd）、锇（Os）、铱（Ir）、铂（Pt）共九种元素。它们在元素周期表中是特殊的一族，它们之间性质的类似性和递变关系虽然也存在着一般的垂直相似性，如 Fe、Ru、Os，但其水平相似性更为突出。根据其性质，又将它们分为两个系：Fe、Co、Ni 的性质相似，称为铁系元素；由于镧系元素收缩，Ru、Rh、Pd 与 Os、Ir、Pt 较相似（与 Fe、Co、Ni 差别较显著），这六种元素称为铂系元素。铂系元素被列为稀有元素，和 Au、Ag 一起称为贵金属。

10.5.2 铁系单质的制备和性质

1. 铁系元素的存在与制备

铁在地壳中的分布仅次于铝而居第四位，其约占地壳质量的 $5.1\%$。铁在自然界主要以氧化物 [如赤铁矿（$Fe_2O_3$），磁铁矿（$Fe_3O_4$）] 或硫化物 [如黄铁矿（$FeS_2$）] 形式存在。钴和镍在地壳中的丰度分别是 $1\times10^{-3}\%$ 和 $1.6\times10^{-2}\%$，它们常共生，多以硫化物形式 [如辉钴矿（$CoAsS$）] 存在。

铁系元素的基本性质见表 10-1。

表 10-1  铁系元素的基本性质

| 性质 | | 铁 | 钴 | 镍 |
|---|---|---|---|---|
| 元素符号 | | Fe | Co | Ni |
| 原子序数 | | 26 | 27 | 28 |
| 相对原子质量 | | 55.85 | 58.93 | 58.70 |
| 价电子构型 | | $3d^64s^2$ | $3d^74s^2$ | $3d^84s^2$ |
| 主要氧化数 | | +2，+3，+6 | +2，+3 | +2 |
| 金属原子半径/pm | | 117 | 116 | 115 |
| 离子半径/pm | $M^{2+}$ | 75 | 72 | 70 |
| 离子半径/pm | $M^{3+}$ | 64 | 63 | — |
| 电负性（$M^{2+}$） | | 1.83 | 1.88 | 1.91 |
| 第一电离势/(kJ·mol$^{-1}$) | | 759.4 | 758 | 736.7 |
| 第二电离势/(kJ·mol$^{-1}$) | | 1561 | 1646 | 1753.0 |
| 第三电离势/(kJ·mol$^{-1}$) | | 2957.4 | 3232 | 3393 |
| 密度/（g·cm$^{-3}$） | | 7.847 | 8.90 | 8.902 |
| 熔点/K | | 1808 | 1768 | 1726 |
| 沸点/K | | 3023 | 3143 | 3005 |
| 标准电极电势 $\varphi^{\ominus}$/V $M^{2+}+2e^-=M$ | | −0.44 | −0.277 | −0.25 |

2. 铁系单质的化学性质

Fe、Co、Ni 三种元素的原子的价电子构型分别是 $3d^64s^2$、$3d^74s^2$、$3d^84s^2$。其最外层都有两个电子，仅次外层 d 电子分别为 6、7、8，而且原子半径也很相近，所以它们的性质相似。在第一过渡系元素中，Fe、Co、Ni 均不能达到与族数相当的最高氧化数。一般条件下，Fe 只表现+2 氧化数和+3 氧化数，在强碱性介质和强氧化剂存在条件下，Fe 还可以表现不稳定的+6 氧化数（高铁酸盐）。Co 在通常条件下表现为+2 氧化数。同样，在碱性介质中，强氧化剂存在时氧化数为 +2 的 Co 可以被氧化为 +3 氧化数，镍无论在酸性或碱性介质中通常表现为稳定的 +2 氧化数。这反映出第一过渡系元素发展到Ⅷ族时，由于 3d 轨道已超过半满状态，全部价电子参加成键的趋势大大降低。

铁系元素的原子半径、离子半径、电离势等性质基本上随原子序数的增加而有规律地变化。但 Ni 的原子量比 Co 小，这是因为 Ni 的同位素中，质量数小的一种占的比例大。

铁系元素单质都是具有金属光泽的白色金属。铁、钴略带灰色，而镍为银白色。它们的密度都比较大、熔点也比较高，它们的熔点随原子序数的增加而降低，这可能是因为 3d 轨道中成单电子数按 Fe、Co、Ni 的顺序依次减少（4、3、2）、金属键依次减弱的缘故。钴比较硬而脆，铁和镍却有很好的延展性。铁、钴、镍均能形成金属型氢化物，例如 $FeH_2$、$CoH_2$。这类氢化物的体积比原金属的体积有显著增加。钢铁与氢气（例如稀酸清洗钢铁制件产生的氢气）作用生成氢化物时会使钢铁的延展性和韧性下降，甚至使钢铁形成裂纹，此即谓"氢脆"。此外，它们都表现有铁磁性，它们的合金是很好的磁性材料。

从铁系元素电势图（图 10.7）可以明显看出，Fe、Co、Ni 都是中等活泼的金属。

$$\varphi_A^\ominus/V \qquad\qquad\qquad\qquad \varphi_B^\ominus/V$$

$$FeO_4^{2-} \xrightarrow{+2.20} Fe^{3+} \xrightarrow{+0.771} Fe^{2+} \xrightarrow{-0.44} Fe \qquad FeO_4^{2-} \xrightarrow{+0.72} Fe(OH)_3 \xrightarrow{-0.56} Fe(OH)_2 \xrightarrow{-0.877} Fe$$

$$Co^{3+} \xrightarrow{+1.808} Co^{2+} \xrightarrow{-0.277} Co \qquad\qquad Co(OH)_3 \xrightarrow{+0.17} Co(OH)_2 \xrightarrow{-0.73} Co$$

$$NiO_2 \xrightarrow{+1.678} Ni^{2+} \xrightarrow{-0.25} Ni \qquad\qquad NiO_2 \xrightarrow{+0.49} Ni(OH)_2 \xrightarrow{-0.72} Ni$$

(a) (b)

**图 10.7 铁系元素的电势图**

在酸性溶液中，$Fe^{2+}$、$Co^{2+}$ 和 $Ni^{2+}$ 分别是铁、钴、镍离子的最稳定状态。高氧化数的 Fe（Ⅵ）、Co（Ⅲ）、Ni（Ⅳ）在酸性溶液中都是很强的氧化剂。空气中的氧能把酸性溶液中的 $Fe^{2+}$ 氧化成 $Fe^{3+}$，但是不能将 $Co^{2+}$ 和 $Ni^{2+}$ 氧化为 $Co^{3+}$ 和 $Ni^{3+}$。

在碱性介质中，Fe 的最稳定氧化数是 +3、而 Co 和 Ni 的最稳定氧化数仍是 +2；在碱性介质中把低氧化数的 Fe、Co、Ni 氧化为高氧化数比在酸性介质中容易得多。低氧化数氢氧化物的还原性按 $Fe(OH)_2$、$Co(OH)_2$、$Ni(OH)_2$ 的顺序依次降低。如向 $Fe^{2+}$ 的溶液中加入碱，能生成白色的 $Fe(OH)_2$ 的沉淀，但空气中的氧立即把白色的 $Fe(OH)_2$ 氧化成红棕色的 $Fe(OH)_3$ 沉淀。

$$Fe^{2+} + 2OH^- \Longrightarrow Fe(OH)_2$$
$$4Fe(OH)_2 + O_2 + 2H_2O \Longrightarrow 4Fe(OH)_3$$

同样条件下，$Co^{2+}$ 生成的粉红色的 $Co(OH)_2$ 则比较稳定，但在空气中放置，只能缓慢地被空气中的氧氧化成棕褐色的 $Co(OH)_3$。

$$Co^{2+} + 2OH^- \Longrightarrow Co(OH)_2$$
$$4Co(OH)_2 + O_2 + 2H_2O \Longrightarrow 4Co(OH)_3$$

在同样条件下，$Ni^{2+}$ 生成的绿色的 $Ni(OH)_2$ 最稳定，根本不能被空气中的氧所氧化。

铁系元素易溶于稀酸中，只有钴在稀酸中溶解得很慢。它们遇到浓硝酸都呈"钝态"。铁能被热的浓碱液侵蚀，而钴和镍在碱溶液中的稳定性比铁高。

在没有水汽存在时，一般温度下，铁系元素与氧、硫、氯、磷等非金属几乎不起反应，但在高温下却发生猛烈反应。

## 10.5.3 铁系元素的重要化合物

1. 铁的重要化合物

在一般情况下，铁的常见氧化数是 +2 和 +3，在碱性和强氧化条件下，铁可以呈现不稳定的 +6 氧化数。

（1）氧化数为 +2 的铁化合物

① 氧化亚铁（FeO）和氢氧化亚铁 [Fe(OH)_2]。

FeO 为黑色粉末，不稳定，在空气中加热时迅速被氧化成四氧化三铁（$Fe_3O_4$）。FeO 呈碱性，能溶于盐酸、稀硫酸生成亚铁盐，在高温下可以被 CO、$H_2$、Al、C、Si 等还原。制备 FeO 的一般方法是在隔绝空气的条件下将草酸亚铁（$FeC_2O_4$）加热分解。

$$FeC_2O_4 \xrightarrow{\triangle} FeO + CO + CO_2$$

$Fe^{2+}$ 在溶液中呈淡绿色，溶液中加碱时，起初得到白色胶状沉淀 $Fe(OH)_2$；当与空气接触时，由于氧气的氧化作用，颜色很快加深，最后变成棕红色的 $Fe(OH)_3$。新制的 $Fe(OH)_2$ 具有微弱的酸性，可溶于浓碱溶液生成 $[Fe(OH)_6]^{4-}$ 离子。

$$Fe(OH)_2 + 4OH^- \xrightarrow{\triangle} [Fe(OH)_6]^{4-}$$

② 硫酸亚铁（$FeSO_4$）。

$FeSO_4$ 易溶于水、无水甲醇，微溶于乙醇；有腐蚀性；易被潮湿空气氧化。它在农业上用作农药，主治小麦黑穗病；在工业上用于染色，制造蓝黑墨水和木材防腐、除草剂和饲料添加剂；在医学上用作收敛剂及补血剂；在食品工业上用作蔬菜、果料蔬菜和咸菜以及糖类、蚕豆等的发色剂等。制备 $FeSO_4$ 的方法是在隔绝空气的条件下把纯铁溶于稀硫酸，工业上用氧化黄铁矿（$FeS_2$）来制取。

$$2FeS_2 + 7O_2 + 2H_2O \xrightarrow{\triangle} 2FeSO_4 + 2H_2SO_4$$

硫酸亚铁在水中有微弱的水解，并能被空气中的氧所氧化。

$$Fe^{2+} + H_2O = Fe(OH)^+ + H^+$$
$$4FeSO_4 + O_2 + 2H_2O = 4Fe(OH)SO_4$$

$FeSO_4 \cdot 7H_2O$ 称绿矾（copperas）、铁矾（iron vitriol），呈亮绿色，为单斜结晶或颗粒，在干燥空气中能风化，在 64～90℃时失去 6 个结晶水，在 300℃时完全脱水得到白色无水硫酸亚铁，并同时部分分解。

$$2FeSO_4 \xrightarrow{\triangle} Fe_2O_3 + SO_2 + SO_3$$

绿矾晶体表面常有铁锈色斑点，其溶液长期放置后有棕色沉淀。因此在保存 $FeSO_4$ 溶液时要加入适量的硫酸和铁钉。

$FeSO_4$ 可以与碱金属或铵的硫酸盐形成相对稳定的复盐 $M_2SO_4 \cdot FeSO_4 \cdot 6H_2O$，如常用作还原剂的莫尔盐 $[(NH_4)_2SO_4 \cdot FeSO_4 \cdot 6H_2O]$。莫尔盐在定量分析中也常用来标定重铬酸钾或高锰酸钾溶液。

$$10FeSO_4 + 2KMnO_4 + 8H_2SO_4 = 5Fe_2(SO_4)_3 + K_2SO_4 + 2MnSO_4 + 8H_2O$$

$$6FeSO_4 + K_2Cr_2O_7 + 7H_2SO_4 = 3Fe_2(SO_4)_3 + K_2SO_4 + Cr_2(SO_4)_3 + 7H_2O$$

莫尔盐用作聚合催化剂、光量子剂等。

③ Fe（Ⅱ）的配位化合物。

在 $Fe^{2+}$ 的溶液中加入 KCN 溶液时，起初生成淡黄棕色的 $Fe(CN)_2$ 沉淀，当 KCN 过量时，$Fe(CN)_2$ 沉淀溶解生成配离子 $[Fe(CN)_6]^{4-}$，其水合钾盐 $K_4[Fe(CN)_6] \cdot 3H_2O$ 是黄色晶体，俗称黄血盐。黄血盐在 373K 时失去所有结晶水，形成白色粉末，进一步加热则发生分解。

$$K_4[Fe(CN)_6] \xrightarrow{\triangle} 4KCN + FeC_2 + N_2 \uparrow$$

黄血盐溶液与 $Fe^{3+}$ 作用立即生成深蓝色沉淀 $KFe^{Ⅲ}[Fe^{Ⅱ}(CN)_6]$，俗称普鲁士蓝。

$$K^+ + Fe^{3+} + [Fe(CN)_6]^{4-} = KFe[Fe(CN)_6]$$

利用这一反应，可以用黄血盐检验 $Fe^{3+}$ 离子。

$Fe^{2+}$ 离子与环戊二烯基 $C_5H_5^-$ 生成化学式为 $(C_5H_5)_2Fe$ 的夹心面包型化合物，即二茂铁。其在常温下为橙黄色粉末，有樟脑气味，不溶于水，易溶于苯、乙醚、汽油、柴油等有机溶剂，与酸、碱、紫外线不发生作用，化学性质稳定，400℃以内不分解。二茂铁可以在有机溶剂中用溴化环戊二基镁与二氯化铁反应。

$$2C_5H_5MgBr + FeCl_2 = (C_5H_5)_2Fe + MgBr_2 + MgCl_2$$

二茂铁是反磁性的，没有未成对的电子。结构测定证实，二茂铁是两个上下平行的 $C_5H_5^-$ 中间夹有 $Fe^{2+}$。二茂铁常用作节能消烟助燃添加剂及汽油抗爆剂。二茂铁还可用作聚合催化剂，以及硅树脂、橡胶的熟化剂。

（2）氧化数为+3 的铁的化合物

① 三氧化二铁和氢氧化铁。

三氧化二铁 $Fe_2O_3$ 是砖红色固体，可以用作红色颜料、涂料、媒染剂、抛光粉以及某些反应的催化剂。$Fe_2O_3$ 具有 α 和 γ 两种不同的构型。α 型是顺磁性的，γ 型是铁磁性的。自然界中存在的赤铁矿是 α 型 $Fe_2O_3$，将硝酸铁或草酸铁加热，可得 α 型 $Fe_2O_3$。$Fe_3O_4$ 氧化所得产物是 γ 型 $Fe_2O_3$，γ 型 $Fe_2O_3$ 在 673K 以上可以转变为 α 型。

铁除了生成 FeO 和 $Fe_2O_3$ 外，还生成一种 FeO 和 $Fe_2O_3$ 的混合氧化物——$Fe_3O_4$，亦称为磁性氧化铁，它具有磁性，是电的良导体，是磁铁矿的主要成分。将铁或氧化亚铁在空气中加热，或令水蒸气通过烧热的铁，都可以得到 $Fe_3O_4$。

$$3Fe + 2O_2 = Fe_3O_4$$
$$6FeO + O_2 = 2Fe_3O_4$$
$$3Fe + 4H_2O = Fe_3O_4 + 4H_2 \uparrow$$

向铁（Ⅲ）盐溶液中加碱，可以沉淀出红棕色的氢氧化铁 $Fe(OH)_3$。它实际是水合三氧化二铁 $Fe_2O_3 \cdot xH_2O$，只是习惯上把它写作 $Fe(OH)_3$。新沉淀出来的 $Fe(OH)_3$ 略有两性，主要显碱性，易溶于酸中，能溶于浓的强碱溶液中形成 $[Fe(OH)_6]^{3-}$ 离子。

② $FeCl_3$。

三氯化铁是比较重要的铁（Ⅲ）盐，有无水三氯化铁 $FeCl_3$ 和六水合三氯化铁 $FeCl_3 \cdot 6H_2O$。将铁与氯气在高温下直接合成就可以得到棕黑色的无水 $FeCl_3$；而将铁屑溶于盐酸中，往溶液中通入氯气，经浓缩、冷却，则得到黄棕色的六水合三氯化铁 $FeCl_3 \cdot 6H_2O$。

加热六水合三氯化铁晶体，则水解失去 HCl 而生成碱式盐。

无水 $FeCl_3$ 的熔点（555K）、沸点（588K）都比较低，借助升华法提纯，并易溶于有机溶剂，说明无水 $FeCl_3$ 具有明显的共价性。在 673K 时，气态的 $FeCl_3$ 以双聚分子 $Fe_2Cl_6$ 形式存在，其结构和 $Al_2Cl_6$ 相似；在 1023K 以上时，双聚分子分解为单分子 $FeCl_3$。无水 $FeCl_3$ 在空气中易潮解，易溶于水生成淡紫色的 $[Fe(H_2O)_6]^{3+}$ 离子。

电对 $Fe^{3+}/Fe^{2+}$ 的标准电极电势为 $+0.771V$，因此三氯化铁及其他铁（Ⅲ）盐在酸性溶液中是较强的氧化剂，可以将 $I^-$ 氧化成 $I_2$，将 $H_2S$ 氧化成单质 S，还可以被 $SnCl_2$ 还原。

$$2FeCl_3 + 2KI \longrightarrow 2KCl + 2FeCl_2 + I_2$$
$$2FeCl_3 + H_2S \longrightarrow 2FeCl_2 + 2HCl + S$$
$$2FeCl_3 + SnCl_2 \longrightarrow 2FeCl_2 + SnCl_4$$

在分析化学中常用 $SnCl_2$ 来还原三价铁盐。另外，$FeCl_3$ 的溶液还可以氧化 Cu，使 Cu 变成 $CuCl_2$ 而溶解。在印刷制版中，就是利用 $FeCl_3$ 这一性质，作铜板的腐蚀剂，把铜版上需要去掉的部分溶解变成 $CuCl_2$。

$$2FeCl_3 + Cu \longrightarrow CuCl_2 + 2FeCl_2$$

三氯化铁主要用于有机染色反应中的催化剂。由于它能引起蛋白质的迅速凝聚，在医疗上用作外伤止血剂。可用作饮水的净水剂和废水的净化沉淀剂。

③ Fe（Ⅲ）的配合物。

Fe（Ⅲ）的价电子构型为 $3d^5 4s^0$，大多数 Fe（Ⅲ）的配合物是八面体且高自旋的，如 $[Fe(H_2O)_6]^{3+}$，但当与强场配体则形成低自旋配合物，如 $[Fe(CN)_6]^{3-}$。

用氯气来氧化黄血盐溶液，得到俗称赤血盐的深红色六氰合铁（Ⅲ）酸钾 $K_3[Fe(CN)_6]$ 晶体。

$$2K_4[Fe(CN)_6] + Cl_2 \longrightarrow 2KCl + 2K_3[Fe(CN)_6]$$

赤血盐在碱性溶液中有氧化作用。

$$4K_3[Fe(CN)_6] + 4KOH \longrightarrow 4K_4[Fe(CN)_6] + O_2\uparrow + 2H_2O$$

赤血盐在中性溶液中微弱的水解。

$$K_3[Fe(CN)_6] + 3H_2O \rightleftharpoons Fe(OH)_3 + 3KCN + 3HCN$$

因此，使用赤血盐溶液时，最好现用现配。

赤血盐溶液遇到 $Fe^{2+}$ 离子，立即生成化学式为 $KFe[Fe(CN)_6]$ 的蓝色沉淀，即滕氏蓝。

$$K^+ + Fe^{2+} + [Fe(CN)_6]^{3-} = KFe[Fe(CN)_6]$$

利用这一反应，可用赤血盐溶液来检验 $Fe^{2+}$ 离子的存在。经结构研究证明，滕氏蓝的组成与结构和普鲁士蓝一样。

向 $Fe^{3+}$ 溶液中加入硫氰化钾 KSCN 或硫氰化铵 $NH_4SCN$，溶液立即呈现出血红色。

$$[Fe(H_2O)_6]^{3+} + nSCN^- = [Fe(SCN)_n]^{3-n} + 6H_2O$$

$n = 1\sim6$，这是鉴定 $Fe^{3+}$ 离子的灵敏反应之一，这一反应也常用于 $Fe^{3+}$ 的比色分析。

$Fe^{3+}$ 离子能与卤素离子形成配位化合物，它和 $F^-$ 离子有较强的配位能力，当向血红色的 $[Fe(SCN)_n]^{3-n}$ 配合物溶液中加入氟化钠 NaF（NaF 溶液的 pH≈8）时，血红色的 $[Fe(SCN)_n]^{3-n}$ 配离子被破坏，生成了无色的 $[FeF_6]^{3-}$ 配离子。

$$[Fe(SCN)_6]^{3-}+6F^-\Longrightarrow[FeF_6]^{3-}(无色)+6SCN^-$$

这是由于一方面 $Fe^{3+}$ 与 $F^-$ 有更强的配位能力，另一方面 NaF 加进去后降低了溶液的酸度，因此血红色的配合物 $[Fe(SCN)_n]^{3-n}$ 转化为 $[FeF_6]^{3-}$。

在很浓的盐酸中，$Fe^{3+}$ 能形成四面体的 $[FeCl_4]^-$ 配离子。

$$Fe^{3+}+4HCl\Longrightarrow[FeCl_4]^-+4H^+$$

（3）氧化数为+6 的铁的化合物

氧化数为+6 的铁的化合物主要是高铁酸盐。$K_2FeO_4$ 为暗紫色粉末，在 198℃ 以下是稳定的，易溶于水成浅紫红色溶液，静置后会分解放出氧气，并沉淀出水合三氧化二铁。溶液的碱性随高铁酸盐分解而增大，在强碱性溶液中稳定，具有高效的消毒作用，为一种新型非氮高效消毒剂，主要用于饮水处理。其化工生产中用作磺酸、亚硝酸盐、亚铁氰化物和其他无机物的氧化剂，在炼锌时用于除锰、锑和砷，烟草工业中用于香烟过滤嘴等。

在酸性介质中，高铁酸根 $FeO_4^{2-}$ 离子是一个很强的氧化剂，其氧化能力比 $MnO_4^-$ 还强，因此酸性介质中一般的氧化剂难以把 $Fe^{3+}$ 离子氧化成 $FeO_4^{2-}$。相反，在强碱性介质中，$Fe(OH)_3$ 却能很容易地被一些氧化剂，如 NaClO 所氧化。

$$2Fe(OH)_3+3ClO^-+4OH^-\Longrightarrow2FeO_4^{2-}+3Cl^-+2H_2O$$

将 $Fe_2O_3$、$KNO_3$ 与 KOH 共熔，也可制得高铁酸钾。

$$Fe_2O_3+3KNO_3+4KOH\Longrightarrow2K_2FeO_4+3KNO_2+5H_2O$$

$FeO_4^{2-}$ 在酸性介质中不稳定，用盐酸酸化 $FeO_4^{2-}$ 溶液时，能放出氯气。

**2. 钴和镍的重要化合物**

（1）氧化数为+2 的钴和镍的化合物

氧化钴通常是灰色粉末，有时是绿棕色晶体。氧化镍是黑绿色固体。CoO 和 NiO 是碱性氧化物，能溶于酸性溶液，难溶于水，一般不溶于碱性溶液。一般通过在隔绝空气的条件下加热分解 Co（Ⅱ）或 Ni（Ⅱ）的碳酸盐、草酸盐来制备 CoO 或 NiO。CoO 和 NiO 用于制油漆颜料、陶瓷釉料和催化剂等。

氯化钴在含有不同数目的结晶水分子时呈现不同的颜色。

$$CoCl_2\cdot6H_2O\underset{\text{粉红色}}{\overset{325K}{\Longrightarrow}}CoCl_2\cdot2H_2O\underset{\text{紫红色}}{\overset{363K}{\Longrightarrow}}CoCl_2\cdot H_2O\underset{\text{蓝紫色}}{\overset{393K}{\Longrightarrow}}CoCl_2\underset{\text{蓝色}}{}$$

在氯气中加热钴的主要产物是氯化钴（Ⅱ），将粉红色的六水合物在 150℃ 真空加热脱水或用氯化亚硫酰处理，都可容易地制得到无水 $CoCl_2$。蓝色的无水 $CoCl_2$ 在潮湿空气中吸水变为粉红色，故蓝色 $CoCl_2$ 加入硅胶干燥剂中作为干燥剂吸水程度的指示剂；用 $CoCl_2$ 溶液在粉红色纸上写字不显字迹，烘烤后显出蓝色字迹，因此 $CoCl_2$ 也用作显隐墨水，利用此性质，人们将氯化钴加入水泥中，可制成变色水泥。此外，$CoCl_2$ 还用于电镀、玻璃着色、催化剂、油漆干燥剂、氨吸收剂、防毒面具和肥料添加剂等。

$CoCl_2\cdot6H_2O$ 晶体属于单斜晶系，每个钴原子被 4 个水分子和 2 个氯原子包围，形成一个变形八面体。另外两个水分子则不与钴直接连结。反式 $CoCl_2(H_2O)_4$ 是组成粉红色 $CoCl_2\cdot6H_2O$ 的单元。

硫酸镍又名镍矾，有六水物、七水物和无水物三种，是一种重要的镍盐，可利用金属镍同硫酸和硝酸的反应来制取，也可以将氧化镍或碳酸镍溶于稀硫酸中来制取。

$$2Ni+2HNO_3+2H_2SO_4\Longrightarrow2NiSO_4+NO_2+NO+3H_2O$$

$$NiO+H_2SO_4 =\!=\!= NiSO_4+H_2O$$
$$NiCO_3+H_2SO_4 =\!=\!= NiSO_4+H_2O+CO_2\uparrow$$

硫酸镍能生成由 $NiSO_4 \cdot 7H_2O$ 到 $NiSO_4 \cdot H_2O$ 的所有水合物，它们都是绿色晶体。将水合物在高于 $300℃$ 脱水可得无水硫酸镍（Ⅱ）。硫酸镍能生成一系列复盐 $M_2^I[Ni(H_2O)_6](SO_4)_2(M^I=K^+,Rb^+,Cs^+,NH_4^+,Ti^+)$。

硫酸镍主要应用于电镀镍、化学镀镍及充电电池行业，另外还用作有机合成的催化剂、金属着色剂、还原染料的媒染剂等，同时也是生产其他镍盐及氢氧化镍的原料。

在 $Co^{2+}$、$Ni^{2+}$ 的溶液中分别加入氨水时，先生成相应的氢氧化物沉淀，当氨水过量时，$Co(OH)_2$ 溶解生成黄色的 $[Co(NH_3)_6]^{2+}$，在空气中震荡片刻即转变成淡红棕色的 $[Co(NH_3)_6]^{3+}$；$Ni(OH)_2$ 则生成蓝紫色配合物 $[Ni(NH_3)_6]^{2+}$ 而溶解。

$$Co(OH)_2+6NH_3 =\!=\!= [Co(NH_3)_6]^{2+}+2OH^-$$
$$4[Co(NH_3)_6]^{2+}+O_2+2H_2O =\!=\!= 4[Co(NH_3)_6]^{3+}+4OH^-$$
$$Ni(OH)_2+6NH_3 =\!=\!= [Ni(NH_3)_6]^{2+}+2OH^-$$

在 $Co^{2+}$、$Ni^{2+}$ 的溶液中分别加入 KCN 溶液时，起初都生成 $M(CN)_2$ 沉淀，如继续加入过量的 KCN 溶液，所有的 $M(CN)_2$ 沉淀都溶解，生成氰合配离子 $[M(CN)_4]^{2-}$。$[Co(CN)_4]^{2-}$ 在空气中易被氧化生成更稳定的 $[Co(CN)_6]^{3-}$，而 $[Ni(CN)_4]^{2-}$ 不易被空气氧化。

（2）氧化数为 $+3$ 的钴和镍的化合物

在氧气中加热 CoO 至高于 $400℃$ 时得到与 $Fe_3O_4$ 异质同晶的黑色的四氧化三钴 $Co_3O_4$。它是 CoO 和 $Co_2O_3$ 的混合物。到目前为止还未得到纯的氧化钴（Ⅲ）和氧化镍（Ⅲ），只得到 $Co_2O_3 \cdot H_2O$，它在约 570K 分解为 $Co_3O_4$，并失去水，放出氧气。在碱性条件下用次溴酸钾或 $Br_2$ 氧化 Ni（Ⅱ）溶液得到 NiO(OH)，而用 NaClO 氧化则可以得到 $NiO_2 \cdot xH_2O$。

在 Co（Ⅱ）或 Ni（Ⅱ）溶液中加入碱，则得到相应的氢氧化物沉淀。$Co(OH)_2$ 虽较 $Fe(OH)_2$ 稳定，但在空气中也能缓慢地被氧化成棕黑色的 CoO(OH)。$Ni(OH)_2$ 则十分稳定，长久置于空气中也不被氧化，除非与强氧化剂作用才变为黑色的 NiO(OH)。

Co（Ⅲ）和 Ni（Ⅲ）只有在固态的氧化物或氢氧化物中是稳定的，在酸性介质中它们都是强氧化剂，同盐酸反应时能将 $Cl^-$ 氧化为 $Cl_2$。

$$2Co(OH)_3+6HCl =\!=\!= 2CoCl_2+Cl_2\uparrow+6H_2O$$
$$2NiO(OH)+6HCl =\!=\!= 2NiCl_2+2Cl_2\uparrow+4H_2O$$

如果 Co（Ⅲ）和 Ni（Ⅲ）只有在固态的氧化物或氢氧化物用稀硫酸溶解，$Co^{3+}$ 和 $Ni^{3+}$ 可以将水氧化放出氧气，故游离态的 $Co^{3+}$ 和 $Ni^{3+}$ 不能在水溶液中稳定存在。

$$4Co^{3+}+2H_2O =\!=\!= 4Co^{2+}+4H^++O_2\uparrow$$

# 10.6 铜副族元素

## 10.6.1 铜副族元素概述及通性

铜副族包括铜、银、金三种元素，铜和金是所有金属中呈现特殊颜色的两种金属。铜副族元素的密度、熔点、沸点和硬度均比碱金属高，这可能是与它们的 d 电子参与成键有关。它们的导电性和导热性在所有金属中是最好的，银占首位，铜次之。同时这三种金属都是面心立方晶格，具有很好的延展性。1g 金能抽成长达 3km 的丝，也能压辗成仅有 0.0001mm 厚的金箔。

铜副族元素之间、铜副族元素与其他金属都很容易形成合金，尤其以铜合金居多，如含锌 40% 的铜合金即是黄铜。

铜族元素的标准电极电势图如图 10.8 所示。

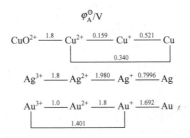

**图 10.8 铜族元素的标准电极电势图**

从电势图可以看出，铜族元素的单质在通常的情况下很稳定。其失去电子后，都表现出一定的氧化能力，或者是氧化性。而在酸性溶液中，特征氧化数的 $Cu^+$ 和 $Au^+$ 均很不稳定，容易发生歧化。

## 10.6.2 铜副族单质性质

铜副族的氧化数呈现变价，铜主要表现为 +2 价，其次是 +1 价；银主要表现为 +1 价，金主要表现为 +3 价，其次是 +1 价。这是由于到了 Cu、Ag、Au，$(n-1)d$ 轨道才刚好填满，可以失去一个或两个 d 电子，故可呈现变价。相比之下，碱金属如钠的 3s 与次外层 2p 轨道能量相差很大，在一般条件下很难失去稳定的次外层电子，通常只能为 +1 价。

和碱金属相比，铜族元素 18 电子层结构对核电荷的屏蔽效应比 8 电子结构小得多，故原子半径较小，第一电离能较大，使得铜族不如碱金属活泼；但在一定条件下，仍可以跟电负性大的非金属作用，表现出还原性。

在室温及干燥空气中，铜副族元素都不会与氧反应，但在加热的情况下，铜能与氧化合生成黑色的氧化铜。

$$2Cu + O_2 \xrightarrow{\triangle} 2CuO$$

在潮湿空气中，铜的表面会逐渐生成一层绿色铜锈（主要成分是碱式碳酸铜）。

$$2Cu + O_2 + H_2O + CO_2 =\!\!=\!\!= Cu(OH)_2 \cdot CuCO_3$$

铜绿可防止金属进一步腐蚀。银和金的活泼性差，不会发生上述反应。但是空气中若存在 $H_2S$ 气体，银的表面很快会出现一层黑色薄膜，这是由于生成了 $Ag_2S$。

由电极电势数据可知，铜、银、金不能置换出非氧化性稀酸中的氢，但可以与强氧化性酸如硝酸、浓硫酸等反应。

$$3Cu + 8HNO_3(稀) =\!\!=\!\!= 3Cu(NO_3)_2 + 2NO\uparrow + 4H_2O$$

$$Cu+4HNO_3（浓）\!=\!=\!=\!Cu(NO_3)_2+2NO_2\uparrow+2H_2O$$

金的活泼性最差，只能溶于王水中，这是由于金离子能形成稳定的配离子，降低了金电对的电极电势，从而使金被氧化。

$$Au+HNO_3（浓）+4HCl（浓）\!=\!=\!=\!H[AuCl_4]+NO\uparrow+2H_2O$$

在空气存在的情况下，Cu、Ag、Au 都能溶于氰化钾或氰化钠的溶液中。

$$4M+O_2+2H_2O+8CN^-\!=\!=\!=\!4[M(CN)_2]^-+4OH^-$$

M 代表 Au。该反应中强配位能力的 $CN^-$ 作为配位剂存在，从而大幅降低了金属的电极电势，使铜族元素被氧所氧化，金属单质被溶解。上述反应常用于从矿石中提取 Ag 和 Au。

除此之外，铜、银在加热时能与硫直接化合生成硫化物，金则不能，在与卤素的反应中，金的活泼性也最差。总之，铜副族由铜至金，金属的活泼性逐渐减弱。

## 10.6.3 铜副族元素的重要化合物

1. 铜的重要化合物

铜的常见氧化数为 +1 和 +2。

（1）氧化数为 +1 的铜化合物

氧化亚铜 $Cu_2O$ 属于共价化合物，不溶于水。由于晶粒大小不同，$Cu_2O$ 呈现出不同的颜色，如黄色、橘黄色、鲜红色或深棕色。$Cu_2O$ 呈弱碱性，溶于稀酸，并立即歧化为 Cu 和 $Cu^{2+}$。

$$Cu_2O+H_2SO_4（稀）\!=\!=\!=\!Cu+CuSO_4+H_2O$$

$Cu_2O$ 非常稳定，在 1235℃熔化但不分解。

$Cu_2O$ 溶于氨水生成无色的配离子。

$$Cu_2O+4NH_3+H_2O\!=\!=\!=\!2[Cu(NH_3)_2]^++2OH^-$$

铜的 +1 价氢氧化物很不稳定，易脱水变为相应的氧化物 $Cu_2O$。

Cu（Ⅰ）的卤化物有 CuCl、CuBr、CuI。卤化铜（Ⅰ）均为白色难溶于水的化合物，且溶解度依次减小。CuCl、CuBr 和 CuI 都可用适当的还原剂（如 $SO_2$、$Sn^{2+}$、Cu 等）在相应的卤离子存在下还原 $Cu^{2+}$ 离子得到。

同理，若 $Cu^+$ 能生成稳定的配离子，也可使 $Cu^{2+}$ 转化为一价铜。

$$Cu^{2+}+Cu+4HCl（浓）\!=\!=\!=\!2HCuCl_2+2H^+$$

用水稀释 $CuCl_2^-$ 的溶液，配合物分解，得到难溶的 CuCl 白色沉淀。

总之，在水溶液中凡能与 $Cu^+$ 生成难溶化合物或稳定配离子的，都可使 Cu（Ⅱ）的化合物转化为 Cu（Ⅰ）的化合物。

$Cu^+$ 为 $d^{10}$ 型离子，具有空的外层 s、p 轨道，能和 $X^-$（$F^-$ 除外）、$NH_3$、$S_2O_3^{2-}$、$CN^-$ 等配体形成稳定程度不同的配离子。由于 $Cu^+$ 的价电子构型为 $d^{10}$，配合物不存在 d−d 跃迁，因此配合物为无色。配合物的特征配位数为 2，直线型构型，也有少数配位数为 3 的配合物，如 $[Cu(CN)_3]^{2-}$，其构型为平面三角形。一价铜的配合物一般都是在配位体存在下，通过还原 Cu（Ⅱ）而得，例如 $[Cu(NH_3)_4]^{2+}$ 被 $Na_2S_2O_4$（保险粉）定量地还原为无色$[Cu(NH_3)_2]^+$。

$$2[Cu(NH_3)_4]^{2+}+S_2O_4^{2-}+4OH^-=\!=\!=2[Cu(NH_3)_2]^++2SO_3^{2-}+4NH_3+2H_2O$$

$[Cu(NH_3)_2]^+$不稳定，遇到空气易被氧化成深蓝色$[Cu(NH_3)_4]^{2+}$离子，利用这个性质可除去气体中的痕量$O_2$。

$[Cu(NH_3)_2]^+$可吸收CO气体，在合成氨工业中常用$[Cu(NH_3)_2]Ac$溶液吸收能使催化剂中毒的CO气体。

$$[Cu(NH_3)_2]Ac+CO+NH_3\underset{减压、加热}{\overset{低温、加压}{\rightleftharpoons}}[Cu(NH_3)_3]Ac\cdot CO$$

这是个放热反应，降低温度有利于$[Cu(NH_3)_2]Ac$吸收CO；它又是体积缩小的反应，提高压力有利于$[Cu(NH_3)_2]Ac$吸收CO，所以铜洗的条件是低温、加压。在加热，减压的条件下其又能使吸收的CO放出，故此溶液可以反复使用。

(2) 氧化数为+2的铜化合物

氧化数为+2的化合物是铜的特征。主要的铜的化合物有CuO、$CuCl_2\cdot H_2O$、$CuSO_4\cdot 5H_2O$、CuS以及Cu(Ⅱ)形成的许多配合物等。

在$Cu^{2+}$溶液中加入强碱，即有蓝色$Cu(OH)_2$絮状沉淀析出，它微显两性，它既溶于酸也能溶于浓NaOH溶液，形成蓝紫色$[Cu(OH)_4]^{2-}$离子。

$$Cu(OH)_2+H_2SO_4=\!=\!=CuSO_4+2H_2O$$
$$Cu(OH)_2+2NaOH=\!=\!=Na_2[Cu(OH)_4]$$

$Cu(OH)_2$加热脱水变为黑色CuO。CuO属于碱性氧化物，难溶于水，可溶于酸。

$$CuO+2H^+=\!=\!=Cu^{2+}+H_2O$$

CuO的热稳定性较好，在1273K的高温下受热分解为$Cu_2O$。

$$4CuO\xrightarrow{1273K}2Cu_2O+O_2\uparrow$$

在碱性介质中，$Cu^{2+}$可被含醛基的葡萄糖还原成红色的$Cu_2O$，用以检验糖尿病。

CuO具有一定的氧化性，是有机分析中常用的氧化剂。

二价铜的卤化物包括无水的白色$CuF_2$、黄褐色的$CuCl_2$和黑色的$CuBr_2$，以及带有结晶水的蓝色$CuF_2\cdot 2H_2O$和蓝绿色$CuCl_2\cdot 2H_2O$。卤化铜的颜色随着阴离子的不同而变化。

$CuCl_2$为共价化合物，不但易溶于水，还易溶于乙醇、丙酮。

氯化铜在浓溶液时为绿色，稀溶液时呈蓝色，这是因为$CuCl_4^{2-}$离子为黄色，$[Cu(H_2O)_4]^{2+}$离子为蓝色，两者共存时为绿色。

$Cu^{2+}$的价电子构型为$d^9$构型，有一个成单电子，所以它的化合物具有顺磁性。由于存在d-d跃迁，Cu化合物都有颜色，比如$CuSO_4\cdot 5H_2O$和许多水合铜盐都是蓝色的。

由于姜-泰勒效应，绝大多数配离子为四短两长键的拉长八面体，有时干脆称为平面正方形结构，如$[Cu(H_2O)_4]^{2+}$(蓝色)、$[Cu(NH_3)_4]^{2+}$(深蓝色)、$[Cu(en)_2]^{2+}$(深蓝紫)、$(NH_4)_2CuCl_4$(淡黄色)中的$CuCl_4^{2-}$离子等，均为平面正方形。

Cu(Ⅱ)和Cu(Ⅰ)之间可以相互转化。

铜主要有+1和+2两种氧化数。Cu(Ⅰ)的价电子构型为$3d^{10}$，d轨道是全充满状态，另外Cu的第一电离能为746kJ/mol，而第一、第二电离能的总和高达2711kJ/mol，所以Cu(Ⅰ)在干燥状态稳定并不难理解。但是在水溶液中，情况恰恰相反，Cu(Ⅱ)化合物是稳定的，这是由于在水溶液中，电荷高、半径小的$Cu^{2+}$，其水合热2121kJ/mol比$Cu^+$的水合热 582kJ/mol 大得多，因此水溶液中铜的稳定价态为 +2。$Cu^+$ 易发生歧化反应生成 $Cu^{2+}$ 和 $Cu$。

$$2Cu^+(aq) = Cu^{2+}(aq) + Cu$$

$$E_{池}^{\ominus} = 0.521 - 0.153 = 0.368(V)$$

由于 $E^{\ominus}(Cu^+/Cu) > E^{\ominus}(Cu^{2+}/Cu^+)$，在水溶液中 $Cu^+$ 要自发地发生歧化反应。反应的平衡常数为

$$\lg K^{\ominus} = \frac{nE_{池}^{\ominus}}{0.0591} = \frac{1 \times 0.368}{0.0591} = 6.23$$

$$K^{\ominus} = \frac{[Cu^{2+}]}{[Cu^+]^2} = 1.7 \times 10^6$$

说明一价铜离子歧化为二价铜离子和铜的趋势很大。

$Cu_2O$ 不溶于水，却能溶于稀硫酸，并发生歧化反应。

$$Cu_2O + H_2SO_4(浓) = Cu + CuSO_4 + H_2O$$

若降低 $Cu^+$ 的浓度，使其生成难溶的沉淀或稳定的配合物，则电对 $Cu^{2+}/Cu^+$ 和 $Cu^+/Cu$ 的电极电势也发生相应的变化，从而使歧化反应难以进行。例如，若有 $I^-$ 存在，由于 $CuI$ 难溶，故电对 $Cu^+/Cu$ 变成 $CuI/Cu$，其电极电势由 $0.521V$ 变为 $-0.185V$；同时 $Cu^{2+}/Cu^+$ 电对也变成 $Cu^{2+}/CuI$，其电极电势由 $0.153V$ 变为 $0.86V$。即

$$Cu^{2+} \xrightarrow{0.86} CuI \xrightarrow{-0.185} Cu$$

$$E_{池}^{\ominus} = (-0.185) - 0.86 = -1.05(V)$$

由于 $E_{池}^{\ominus} < 0$，故 $CuI$ 不能歧化为 $Cu^{2+}$ 和 $Cu$。但有 $I^-$ 存在时，$Cu^{2+}$ 和 $Cu$ 可发生反歧化反应转化为 $CuI$。

$$Cu^{2+} + Cu + 2I^- = 2CuI$$

若没有 $Cu$ 存在，$I^-$ 能使 $Cu^{2+}$ 还原，生成 $CuI$ 沉淀。

$$2Cu^{2+} + 5I^- = 2CuI + I_3^-$$

其他难溶卤化物（如 $CuCl$、$CuBr$）也可用适当的还原剂，并在相应 $X^-$ 的存在下，由还原 $Cu^{2+}$ 而得到。

$$2Cu^{2+} + 2Cl^- + SO_2 + 2H_2O \xrightarrow{\triangle} 2CuCl + SO_4^{2-} + 4H^+$$

同理，若 $Cu^+$ 能生成稳定的配离子，也可使 $Cu^{2+}$ 转化为一价铜。

$$Cu^{2+} + Cu + 4HCl(浓) = 2HCuCl_2 + 2H^+$$

总之，在水溶液中凡能与 $Cu^+$ 生成难溶化合物或稳定配离子的，都可使 $Cu(II)$ 的化合物转化为 $Cu(I)$ 的化合物。

2. 银的重要化合物

银的常见氧化数为 +1。在 $Ag(I)$ 的盐溶液中加入强碱，则生成 $AgOH$。$AgOH$ 极不稳定，立即脱水变为棕黑色的 $Ag_2O$。$AgOH$ 只有用强碱与可溶性银盐的乙醇溶液，低于 228K 才能真正得到。

$Ag_2O$ 和 $Cu_2O$ 一样均属共价化合物，不溶于水，这两种物质相比较，主要有下列异同点：$Cu_2O$ 呈弱碱性，而 $Ag_2O$ 呈中强碱；$Ag_2O$ 在 573K 分解为氧和银，而 $Cu_2O$ 对热稳定，1508K 熔化也不分解；$Ag_2O$ 与 $HNO_3$ 反应生成稳定的 $Ag(I)$ 盐，而 $Cu_2O$ 溶于

非氧化性的稀酸，若不能生成 $Cu(I)$ 的沉淀或配离子时，将立即歧化为 Cu 和 $Cu^{2+}$；$Ag_2O$ 和 $Cu_2O$ 相似，溶于氨水会生成无色的 $[Ag(NH_3)_2]^+$ 配离子。

$Ag_2O$ 有相当强的氧化性，它容易为 CO 所还原。它和 $MnO_2$、$Co_2O_3$、CuO 的混合物能在常温下使 CO 转变为 $CO_2$，故用在防毒面具中。

$$Ag_2O + CO \Longrightarrow 2Ag + CO_2$$

卤化银中只有 AgF 是离子型化合物，易溶于水，其余均微溶于水，溶解度依 AgCl、AgBr、AgI 的顺序而降低。而颜色却依此顺序而加深，这可用化合物中的电荷迁移跃迁来说明。在化合物中，电子从某一组分原子的分子轨道迁移到另一组分原子的分子轨道中去称为电荷迁移跃迁。发生电荷迁移跃迁时，电子吸收可见光而使化合物具有颜色。相同阳离子和结构相似变形性不同的阴离子所组成的化合物，阴离子的变形性越大，它与阳离子所组成的化合物越容易发生电荷迁移跃迁，吸收光波越往长波方向移动，化合物的颜色越深。在卤化银中，阴离子的变形性越来越大，因此其颜色越来越深。

硫化银 $Ag_2S$ 是黑色物质，难溶于水。由于 $S^{2-}$ 的离子半径大于 $O^{2-}$，因此 $S^{2-}$ 与阳离子间的极化作用增强，使硫化物的共价性比氧化物更强，所以硫化物的颜色深于氧化物，硫化物的溶解度小于氧化物。$Ag_2S$ 需要浓、热硝酸才能溶解。

$$3Ag_2S + 8HNO_3(浓) \Longrightarrow 6AgNO_3 + 3S + 2NO + 4H_2O$$

$Ag_2S$ 可以溶解于氰化钾溶液中。

$$Ag_2S + 4CN^- \Longrightarrow 2[Ag(CN)_2]^- + S^{2-}$$

$Cu(I)$ 的硝酸盐是不存在的，而 $AgNO_3$ 却是一个重要的试剂。固体 $AgNO_3$ 及其溶液都是氧化剂，即使室温，许多有机物都能将它还原成黑色银粉。例如皮肤或棉布与它接触后都会变黑。

$\varphi^{\ominus}_{池}(Ag^+/Ag) = 0.799V$，从电极电势来看，$Ag^+$ 是中等强度的氧化剂，可被许多还原剂还原为金属银。

$$2NH_2OH + 2Ag^+ \Longrightarrow N_2 + 2Ag + 2H^+ + 2H_2O$$
$$H_3PO_3 + 2AgNO_3 + H_2O = H_3PO_4 + 2Ag + 2HNO_3$$

两价锰盐在碱性介质中与 $Ag^+$ 反应如下。

$$2Ag^+ + Mn^{2+} + 4OH^- \Longrightarrow 2Ag + MnO(OH)_2 + H_2O$$

在分析化学上，这个反应一般用点滴法进行，是鉴定银也是鉴定锰的灵敏反应，称为锰盐法。

常见的银（I）配离子有 $[Ag(NH_3)_2]^+$、$[Ag(S_2O_3)_2]^{3-}$ 及 $[Ag(CN)_2]^-$，它们的稳定性依次增强。$[Ag(NH_3)_2]^+$ 具有氧化性，有机化学上用它鉴定醛基。

$$2[Ag(NH_3)_2]^+ + C_6H_{12}O_6 + H_2O \Longrightarrow 2Ag + C_6H_{12}O_7 + 2NH_3 + 2NH_4^+$$

$[Ag(NH_3)_2]^+$ 放置过程中逐渐变成具有爆炸性的 $Ag_3N$，因此切勿将 $[Ag(NH_3)_2]^+$ 溶液长时间放置储存。

电镀工业中用 $[Ag(CN)_2]^-$ 配合物镀银，使镀层光洁、致密，但镀液剧毒，废液处理困难，目前用的一种替代电镀液是 $[Ag(SCN)_2]^-$ 和 KSCN 混合液。

### 3. 金的重要化合物

金在化合态时的氧化数主要为 +3。

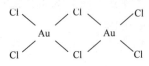

图 10.9　$AuCl_3$ 的氯桥结构

金在 473K 下同氯气作用，得到反磁性的红色固体 $AuCl_3$。无论在固态还是气态下，该化合物均为二聚体，具有氯桥结构，如图 10.9 所示。

若用有机物，如草酸、甲醛或葡萄糖等可以将 $AuCl_3$ 还原为胶态金。在盐酸溶液中，可形成平面 $[AuCl_4]^-$，与 $Br^-$ 作用得到 $[AuBr_4]^-$。

在金的化合物中，+3 氧化数是最稳定的。$Au(I)$ 化合物也是存在的，但不稳定，很容易歧化。

# 10.7　锌副族元素

## 10.7.1　锌副族元素概述和通性

锌副族包括锌、镉、汞三种元素。由于锌族元素最高能级组的 d 轨道和 s 轨道电子处于全满状态，金属键较弱，导致锌副族元素的熔点比碱土金属低，也低于铜副族元素，并按锌、镉、汞的顺序降低。尤其是汞的 6s 电子的惰性效应，导致汞是所有金属中熔点最低的，熔点为 243.13K，是常温下唯一的液体金属，汞蒸气几乎全是单原子分子。除稀有气体外，汞是唯一能以单原子分子稳定存在的元素。汞蒸气对人体有害。空气中汞的允许量为 $0.1mg/m^3$，但在室温下汞的饱和蒸气压（293K）为 $14mg/m^3$，这样，每立方米空气中汞的含量就大大超过了允许含量。因此，在使用汞时，必须使装置密闭，实验室要通风。在取用汞时，不允许撒落在实验桌或地面上，万一撒落，务必尽量收集起来，然后在估计还有汞的地方撒上硫磺粉，以便使汞转化为 HgS。

汞的另一特点是能与一些金属（Zn、Cd、Cu、Ag、Au、Na、K 等）形成合金，这种合金称为汞齐。汞齐有液态、糊状和固态等形式。液态和糊状汞齐是汞中溶有少量的其他金属，固态汞齐则含有较多的其他金属。汞齐中的其他金属仍保留着这些金属原有的性质，例如钠汞齐仍能从水中置换出氢气，只是反应变得温和些罢了。因此钠汞齐在有机合成中常用来作为还原剂。在 0～200° 时，汞的膨胀系数随温度升高而均匀地改变，且不润湿玻璃，在制造温度计时常利用汞的这一性质。另外常用汞填充在气压计中。在电弧作用下，汞的蒸气能导电，并发出富有紫外线的光，汞也被用在日光灯的制造上。

锌族元素的标准电极电势图如图 10.10 中。

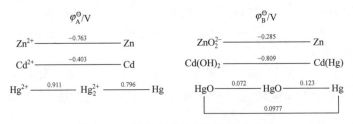

图 10.10　锌族元素的标准电极电势图

## 10.7.2　锌副族元素单质性质

锌副族元素与铜副族元素相比有很大的不同，主要表现在：锌副族每种元素的第一、第二电离能都比较小，而第三电离能却明显增大，因此锌副族元素的常见氧化数为+2。由于锌、镉、汞全充满的 d 亚层比较稳定，这些元素很少表现出过渡金属的特征。

锌、镉、汞的化学活泼性随着原子序数的增大而递减，这与碱土金属恰好相反，但比铜族活泼性强。单质的活泼性 Zn＞Cu，Cd＞Ag，Hg＞Au。锌和镉能从稀酸中置换出氢气。

汞的活泼性要远比这两种物质差。

锌和镉的标准电极电势 $\varphi^{\ominus}$ 为负值，可以跟没有氧化性的稀盐酸作用，置换出氢气。

$$Zn+2HCl =\!=\!= ZnCl_2+H_2\uparrow$$

汞的标准电极电势 $\varphi^{\ominus}$ 为正值，不能置换出非氧化性稀酸中的氢，但可以与强氧化性硝酸、浓硫酸等反应。

$$Hg+2H_2SO_4(浓) =\!=\!= HgSO_4+SO_2\uparrow+2H_2O$$

与镉、汞不同，锌是两性金属，能溶于强碱溶液中。

$$Zn+2NaOH+2H_2O =\!=\!= Na_2[Zn(OH)_4]+H_2\uparrow$$

锌能溶于氨水中形成配离子。

$$Zn+4NH_3+2H_2O =\!=\!= [Zn(NH_3)_4]^{2+}+H_2\uparrow+2OH^-$$

而同样是两性金属的铝，却不能溶于氨水中。锌在加热情况下，可以与大部分非金属作用，与卤素在通常条件下反应较慢。

## 10.7.3　锌副族元素的化合物

### 1. 锌的化合物

锌的常见氧化数为+2。其化合物有抗磁性，且锌（Ⅱ）的化合物经常是无色的，这是因为 d 轨道已全充满，不存在 d−d 跃迁的缘故。事实上，锌也存在+1 氧化数，只不过 $Zn_2^{2+}$ 极不稳定，仅在熔融的氯化物中溶解金属时生成，$Zn_2^{2+}$ 在水中立即歧化。

在空气中把 Zn 加热到足够高的温度时，能燃烧起来，分别发出蓝色火焰，生成 ZnO。ZnO 也可由相应的碳酸盐、硝酸盐热分解得到。ZnO 俗名锌白，纯 ZnO 为白色，加热则变为黄色，ZnO 的结构属硫化锌型。

氧化物的热稳定性依 ZnO、CdO、HgO 逐次递减，ZnO 属两性氧化物。

锌盐溶液中加入适量强碱得到 $Zn(OH)_2$。

$$ZnCl_2+2NaOH =\!=\!= Zn(OH)_2+2NaCl$$

在室温下稳定存在的 $Zn(OH)_2$ 受热时，会分解为氧化物和水。

$$Zn(OH)_2 =\!=\!= ZnO+H_2O$$

$Zn(OH)_2$ 具有明显的两性，与强酸作用生成锌盐，与稀碱液反应就能生成无色 $[Zn(OH)_4]^{2-}$。

$$Zn(OH)_2 + 2H^+ \longrightarrow Zn^{2+} + 2H_2O$$

$$Zn(OH)_2 + 2OH^- \longrightarrow [Zn(OH)_4]^{2-}$$

$Zn(OH)_2$ 可以溶于氨水中形成配位化合物，而 $Al(OH)_3$ 却不能，据此可以将铝盐与锌盐加以区分和分离。

$$Zn(OH)_2 + 4NH_3 \longrightarrow [Zn(NH_3)_4]^{2+} + 2OH^-$$

锌的氧化物和氢氧化物都是共价型化合物。

在含 $Zn^{2+}$ 的溶液中通入 $H_2S$ 气体，得到相应的硫化物。$ZnS$ 是白色的，难溶于水。

$ZnS$ 本身可作白色颜料，它同硫酸钡共沉淀形成的混合晶体 $ZnS \cdot BaSO_4$，又称锌钡白（立德粉），是优良的白色颜料。

由于锌的二价离子 $M^{2+}$ 为 18 电子构型，极化能力和变形性都很强，所以氯化锌具有相当程度的共价性，主要表现在熔点、沸点较低，熔融状态下导电能力差。

$ZnCl_2$ 易溶于水，有部分水解。

$$ZnCl_2 + H_2O \longrightarrow Zn(OH)Cl + HCl$$

$ZnCl_2$ 是固体盐中溶解度最大的（283K，333g/100g $H_2O$），它在浓溶液中形成配合酸。

$$ZnCl_2 + H_2O \longrightarrow H[ZnCl_2(OH)]$$

这种酸有显著的酸性，能溶解金属氧化物。

$$FeO + 2H[ZnCl_2(OH)] \longrightarrow Fe[ZnCl_2(OH)]_2 + H_2O$$

故 $ZnCl_2$ 的浓溶液用作焊药。

### 2. 汞的化合物

Hg 除形成正常的 +2 氧化数的化合物外，还可形成 +1 氧化数的化合物。

Hg（Ⅰ）的重要化合物是氯化亚汞，俗称甘汞，有甜味，少量无毒，常用作泻药。Hg（Ⅰ）的价电子构型为 $5d^{10}6s^1$，亚汞的化合物应具有顺磁性，但磁性测定说明这类化合物是反磁性物质，因此认为氯化亚汞是双聚分子，通常写作 $Hg_2Cl_2$，为直线型结构。

$$Cl-Hg-Hg-Cl$$

由于存在有 Hg‑Hg 键，亚汞离子应写作 $Hg_2^{2+}$。

常用的甘汞电极中就含有 $Hg_2Cl_2$。

$$Hg_2Cl_2(s) + 2e^- \longrightarrow 2Hg(l) + 2Cl^- \qquad \varphi^{\ominus} = 0.2682V$$

甘汞电极是一种常用的参比电极。

将固体 $HgCl_2$ 和金属汞共同研磨，可得 $Hg_2Cl_2$。

$$HgCl_2(s) + Hg \longrightarrow Hg_2Cl_2(s) \qquad \Delta_r G_m^{\ominus} = -24.9kJ \cdot mol^{-1}$$

说明在通常情况下，固态 $Hg_2Cl_2$ 比固态 $HgCl_2$ 稳定。

（1）氧化物和氢氧化物

往 $Hg(NO_3)_2$ 溶液中加入强碱可得到黄色 HgO 沉淀，$Hg(NO_3)_2$ 晶体加热则得到红色 HgO。HgO 的热稳定性远低于 ZnO 和 CdO，在 720K 时发生分解反应。

$$2HgO \xrightarrow{720K} 2Hg + O_2 \uparrow$$

汞盐与强碱反应，得到黄色的 HgO 而得不到 $Hg(OH)_2$。

$$Hg^{2+} + 2OH^- \longrightarrow HgO + H_2O$$

这一结果表明 $Hg(OH)_2$ 极不稳定，生成后立即分解。

$HgO$ 的氧化能力也相当强。

$$HgO + SO_2 = Hg + SO_3 \uparrow$$

$$2P + 3H_2O + 5HgO = 2H_3PO_4 + 5Hg$$

由于 Hg 有毒，一般不用 HgO 作氧化剂。

（2）硫化物

在含 $Hg^{2+}$ 的溶液中通入 $H_2S$ 气体，会得到黑色的硫化汞。自然界存在的 HgS 称辰砂，呈红色。由于 $S^{2-}$ 的离子半径大于 $O^{2-}$，因此 $S^{2-}$ 与阳离子间的极化作用增强，使硫化物的共价性比氧化物更强，所以硫化物的颜色深于氧化物，硫化物的溶解度小于氧化物。

在 ds 区元素的硫化物中，溶解度最小的是 HgS，它不溶于硝酸，只能溶于王水中，并发生氧化还原反应和配位反应。

$$3HgS + 2NO_3^- + 12Cl^- + 8H^+ = 3HgCl_4^{2-} + 3S + 2NO \uparrow + 4H_2O$$

此外，HgS 还可溶于 HCl 和 KI 的混合物中。

$$HgS + 2H^+ + 4I^- = HgI_4^{2-} + H_2S$$

HgS 和其他 ds 区元素硫化物的另一区别是它能溶于 $Na_2S$ 溶液。

$$HgS + S^{2-} = HgS_2^{2-}$$

因此可以用加 $Na_2S$ 的方法把 HgS 从 ds 区元素硫化物中分离出来。

（3）氯化物

Hg(Ⅱ) 中重要的是 $HgCl_2$，俗称升汞，因熔点（276℃）低，易升华而得名。$HgCl_2$ 有剧毒，极稀溶液在外科手术中用作消毒剂。氯化汞也用作有机反应的催化剂。

$HgCl_2$ 在水中稍有水解。

$$HgCl_2 + H_2O = Hg(OH)Cl + HCl$$

若 $HgCl_2$ 遇到氨水，则立即产生氨基氯化汞白色沉淀。

$$HgCl_2 + 2NH_3 = NH_2HgCl + NH_4Cl$$

在酸性条件下，$HgCl_2$ 是一种较强的氧化剂，可被 $SnCl_2$ 还原成 $Hg_2Cl_2$（白色沉淀）。

$$2HgCl_2 + SnCl_2 + 2HCl = Hg_2Cl_2 \downarrow + H_2SnCl_6$$

若 $SnCl_2$ 过量，则进一步还原为 Hg。

$$HgCl_2 + SnCl_2 + 2HCl = 2Hg \downarrow （黑色）+ H_2SnCl_6$$

在分析化学上常用此反应来鉴别 Hg(Ⅱ) 和 Sn(Ⅱ)。

（4）配合物

Hg(Ⅱ) 易与 $X^-$、$CN^-$、$SCN^-$ 等离子形成比较稳定的配合物，其配位数为 4，四面体构型。Hg(Ⅱ) 不与 $NH_3 \cdot H_2O$ 作用形成配合物。Hg(Ⅱ) 与 $X^-$ 形成的配合物的稳定性从 $Cl^-$ 到 $I^-$ 依次增强。

向 $Hg^{2+}$ 中滴加 KI 溶液，首先生成红色碘化汞沉淀。$HgI_2$ 可溶于过量 $I^-$ 溶液中，生成无色的 $[HgI_4]^{2-}$ 配离子。

$$Hg^{2+} + 2I^- = HgI_2 \downarrow$$

$$HgI_2 + 2I^- = [HgI_4]^{2-}$$

$K_2[HgI_4]$ 和 KOH 的混合溶液称为奈斯勒（Nessler）试剂。它是检验 $NH_4^+$ 的特效试剂。$NH_4^+$ 与奈斯勒试剂反应，生成红棕色的沉淀。

$$NH_4Cl+2K_2[HgI_4]+4KOH = O\begin{matrix}Hg\\ \diagup\quad\diagdown\\ \diagdown\quad\diagup\\ Hg\end{matrix}NH_2I+7KI+KCl+3H_2O$$

向 $HgCl_2$ 溶液中加入 $NH_4SCN$ 溶液，得到无色的四硫氰合汞（Ⅱ）酸铵 $(NH_4)_2[Hg(SCN)_4]$，它是检验 $Co^{2+}$ 和 $Zn^{2+}$ 的试剂。

$$[Hg(SCN)_4]^{2-}+Co^{2+}=Co[Hg(SCN)_4]\downarrow（蓝色）$$
$$[Hg(SCN_4)]^{2-}+Zn^{2+}=Zn[Hg(SCN)_4]\downarrow（白色）$$

Hg（Ⅱ）和 Hg（Ⅰ）可以相互转化。

在水溶液中，$Hg_2^{2+}$ 比 $Hg^{2+}$ 稳定，即 $Hg_2^{2+}$ 不发生歧化反应。

$$Hg^{2+}(aq)+Hg=Hg_2^{2+}(aq)$$
$$E_{池}^{\ominus}=0.920-0.789=0.131V$$
$$\lg K^{\ominus}=\frac{nE^{\ominus}}{0.0591}=\frac{0.131}{0.0591}=2.22$$
$$K^{\ominus}=\frac{[Hg_2^{2+}]}{[Hg^{2+}]}=166$$

在平衡时，只要有 Hg 存在，$Hg_2^{2+}$ 溶液中约含 $0.6\%$ $Hg^{2+}$。这说明在水溶液中 $Hg_2^{2+}$ 更稳定。在水溶液中，将 $Hg(NO_3)_2$ 和 Hg 混合振荡，即可生成 $Hg_2(NO_3)_2$。

$$Hg(NO_3)_2+Hg=Hg_2(NO_3)_2$$

跟 Cu（Ⅰ）和 Cu（Ⅱ）相互转化的原则相同，要使 Hg（Ⅰ）转化为 Hg（Ⅱ），办法是使 Hg（Ⅱ）生成难溶（或更难溶）的化合物或稳定的配合物，以降低 $Hg^{2+}$ 的浓度。

从电极电势来看，$Hg^{2+}$ 浓度降低，其电对 $Hg^{2+}/Hg_2^{2+}$ 的电极电势就减小，从而促使 $Hg_2^{2+}$ 的歧化，Hg（Ⅰ）转化为 Hg（Ⅱ）。

再从平衡移动原理来分析，若 $Hg^{2+}$ 的浓度降低，平衡则向生成 $Hg^{2+}$ 的方向移动。例如，向 $Hg_2(NO_3)_2$ 溶液中通入 $H_2S$ 气体，开始生成 $Hg_2S(K_{sp}^{\ominus}=1\times10^{-45})$，随即转化成更难溶的 $HgS(K_{sp}^{\ominus}=4\times10^{-53})$。这是因为在 $Hg_2^{2+}$ 溶液中约有 $0.6\%$ 的 $Hg^{2+}$，当通入 $H_2S$ 时有 $Hg_2S$ 和 HgS 生成。溶液中两种金属离子浓度与 $S^{2-}$ 浓度存在如下平衡关系。

$$[Hg_2^{2+}]=\frac{1\times10^{-45}}{[S^{2-}]}$$
$$[Hg^{2+}]=\frac{4\times10^{-53}}{[S^{2-}]}$$

则

$$\frac{[Hg_2^{2+}]}{[Hg^{2+}]}=2.5\times10^7\gg166$$

所以平衡将向生成 HgS 和 Hg 的方向移动，其反应如下。

$$Hg_2^{2+}+H_2S=HgS+Hg+2H^+$$

以上讨论还说明，物质的难溶程度是相对的。有 Hg 存在时，$Hg^{2+}$ 与 $Hg_2^{2+}$ 之间相互转化的方向决定了反应条件下 $[Hg_2^{2+}]/[Hg^{2+}]$ 的比值。若其比值大于 166，则 $Hg_2^{2+}$ 向生成 $Hg^{2+}$ 和 Hg 的方向移动；若其比值等于 166，则平衡不发生移动；若其比值小于 166，

则 $Hg^{2+}$ 和 $Hg$ 向生成 $Hg_2^{2+}$ 的方向移动。将 $NH_3\cdot H_2O$ 和 $Hg_2Cl_2$ 混合，$Hg_2Cl_2$ 生成难溶的氯化氨基汞和汞。

$$Hg_2Cl_2 + 2NH_3 =\!=\!= NH_2HgCl + Hg + NH_4Cl$$

同理，若 $Hg(II)$ 生成了稳定的配合物，也能使 $Hg(I)$ 转化为 $Hg(II)$。

$$Hg_2^{2+} + 4I^- =\!=\!= [HgI_4]^{2-} + Hg$$

这个反应中既有配位作用又有歧化反应，配位作用促进了歧化反应。

另外，$Br^-$、$SCN^-$、$CN^-$ 都能和 $Hg^{2+}$ 生成稳定的四配位配离子，实现 $Hg(I)$ 到 $Hg(II)$ 的转化。

## 习题

**一、单项选择题**

1. 当 $MnO_4^-$ 和 $I^-$ 在浓强碱性溶液中反应，产物最可能是（　　）。
A. $Mn(s)$ 和 $I_2$　　　B. $MnO_4^{2-}$ 和 $IO_3^-$　　　C. $MnO_2$、$O_2$ 和 $IO^-$　　　D. $Mn^{2+}$ 和 $I_2$

2. 在 $Fe^{3+}$ 溶液中加入 $NH_3\cdot H_2O$，生成的物质是（　　）。
A. $Fe(OH)_3$
B. $[Fe(OH)_6]^{3-}$
C. $[Fe(NH_3)_6]^{3+}$
D. $[Fe(NH_3)_3(H_2O)_3]^{3+}$

3. 以下四种绿色溶液，加酸后溶液变为紫红色并有棕色沉淀产生的是（　　）。
A. $NiSO_4$
B. $CuCl_2$（浓）
C. $Na[Cr(OH)_4]$
D. $K_2MnO_4$

4. 在某种酸化的黄色溶液中，加入锌粒，溶液颜色从黄色经过蓝色、绿色直到变为紫色，则该溶液中含有（　　）。
A. $Fe^{3+}$　　　B. $VO_2^+$　　　C. $CrO_4^{2-}$　　　D. $[Fe(CN)_6]^{4-}$

5. 在水溶液中不能存在的离子是（　　）。
A. $[Ti(H_2O)_6]^{3+}$
B. $[Ti(H_2O)_6]^{4+}$
C. $[Ti(OH)_2(H_2O)_4]^{2+}$
D. $[Ti(O_2)OH(H_2O)_4]^+$

6. 下列新制的氢氧化物沉淀在空气中放置，颜色不发生变化的是（　　）。
A. $Fe(OH)_2$　　　B. $Mn(OH)_2$　　　C. $Co(OH)_2$　　　D. $Ni(OH)_2$

7. 下列氧化物中，颜色为白色的是（　　）。
A. $PbO$
B. $ZnO$
C. $CuO$
D. $HgO$

8. 在 $FeCl_3$ 与 $KSCN$ 的混合溶液中加入过量 $NaF$，其现象是（　　）。
A. 产生沉淀
B. 变为无色
C. 颜色加深
D. 无变化

9. 铜的氧化物和酸反应生成硫酸铜和铜，该氧化物和酸分别是（　　）。
A. 铜的黑色氧化物和亚硫酸
B. 铜的红色氧化物和过二硫酸
C. 铜的红色氧化物和稀硫酸
D. 铜的黑色氧化物和稀硫酸

10. 下列金属与相应的盐可以反应的是（　　）。
A. $Mn$ 与 $Mn^{2+}$　　　B. $Cu$ 与 $Cu^{2+}$　　　C. $Hg$ 与 $Hg^{2+}$　　　D. $Zn$ 与 $Zn^{2+}$

## 二、简答题

1. 写出下列变化过程的化学反应方程式。

在硫酸铬溶液中滴加氢氧化钠溶液，先析出灰绿色絮状沉淀，后又溶解；此时加入溴水，溶液由绿色转变为黄色；向溶液中加酸酸化后，由黄色变为橙色。

2. 在 $K_2Cr_2O_7$ 的饱和溶液中加入浓 $H_2SO_4$，并加热到 200℃ 时，发现溶液的颜色变为蓝绿色，经检查反应开始时溶液中并无任何还原剂存在，试作出解释。

3. 为什么在 $Fe^{3+}$ 离子的溶液中加入 KSCN 溶液时出现了血红色，但加入少许铁粉后，血红色立即消失？

4. 为什么变色硅胶在干燥时呈蓝色，吸水后变成粉红色？

5. IB 族元素的次外层电子已达全满，为什么它们具有可变化合价？它们的价电子构型对其物理及化学性质有什么影响？这与 IA 族情况有何不同？

6. 铁能使 $Cu^{2+}$ 还原，铜能使 $Fe^{3+}$ 还原，这两件事实有无矛盾？并说明理由。

7. 实验证明氯化亚铜、氯化亚汞都是抗磁性物质。因此，从原子结构的特点看，该用 CuCl，HgCl 还是 $Cu_2Cl_2$，$Hg_2Cl_2$ 来表示它们的组成？简述理由。

8. 为什么金不溶于盐酸和硫酸，但能溶于王水？为什么不活泼的金属银，能从氢碘酸 HI(aq) 中置换出 $H_2$？

9. 为什么在 $Cu(NO_3)_2$ 溶液中加入 KI 溶液可生成 CuI 沉淀，而加入 KCl 溶液不会生成 CuCl 沉淀？

10. 解释 $CuSO_4$ 溶液中加入氨水时，颜色会由浅蓝色变为深蓝色，再用水稀释时，则析出蓝色絮状沉淀。

## 三、推断题

1. 现有钛的化合物 A，它是无色液体，在空气中迅即冒白"烟"，其水溶液和金属锌反应，生成紫色溶液 B，加入 NaOH 溶液至呈现碱性后，产生紫色沉淀 C，过滤后，沉淀 C 用稀 $HNO_3$ 处理，得无色溶液 D。将 D 逐滴加入沸腾的热水中得白色沉淀 E。将 E 过滤灼烧后，再与 $BaCO_3$ 共熔，得一种压电晶体 F。试写出各步化学反应方程式并判断 A、B、C、D、E、F 各为何物？

2. 橙红色固体 A 受热后得绿色的固体 B 和无色气体 C，加热时 C 能与镁反应生成灰色的固体 D。固体 B 溶于过量的 NaOH 溶液生成绿色的溶液 E，在 E 中加适量 $H_2O_2$ 则生成黄色溶液 F。将 F 酸化变为橙色的溶液 G，在 G 中加 $BaCl_2$ 溶液，得黄色沉淀 H。在 G 中加 KCl 固体，反应完全后则有橙红色晶体 I 析出，滤出 I 烘干并强热则得到的固体产物中有 B，同时得到能支持燃烧的气体 J。试判断 A、B、C、D、E、F、G、H、I、J 各为何物？写出有关化学反应方程式。

3. 某物质 A 是一种不溶于水且很稳定的黑色粉末，将 A 与浓硫酸作用生成肉色的溶液 B，并放出无色气体 C。向 B 溶液中加入强碱可得到白色沉淀 D，此沉淀很不稳定，很快被空气氧化成棕色沉淀 E。若将 A 与 KOH 和 $KClO_3$ 混合熔融则得到一种绿色物质 F。将 F 溶于水并通入 $CO_2$ 则溶液变为紫色 G，同时析出棕褐色沉淀 H。H 经加热脱水后又生成黑色粉末 A。试判断 A、B、C、D、E、F、G、H 各为何物？写出各步化学反应方程式。

4. 白色化合物 A 在煤气灯上加热转为橙色固体 B 并有无色气体 C 生成。B 溶于硫酸得黄色溶液 D。向 D 中滴加适量 NaOH 溶液又析出橙黄色固体 B，NaOH 过量时 B 溶解得无色溶液 E。向 D 中通入 $SO_2$ 得蓝色溶液 F，F 可使酸性高锰酸钾溶液褪色。将少量 C 通入 $AgNO_3$ 溶液有棕褐色沉淀 G 生成，通入过量的 C 后沉淀 G 溶解得无色溶液 H。试给出各字母所代表的物质并写出相关的化学反应方程式。

5．棕黑色粉末 A 不溶于水。将 A 与稀硫酸混合后加入 $H_2O_2$ 并微热得无色溶液 B。向酸性的 B 中加入些 $NaBiO_3$ 粉末后得紫红色溶液 C。向 C 中加入 NaOH 溶液至碱性后滴加 $Na_2SO_3$ 溶液有绿色溶液 D 生成。向 D 中滴加稀硫酸又生成 A 和 C。少量 A 与浓盐酸作用在室温下生成暗黄色溶液 E，加热 E 后有黄绿色气体 F 和近无色的溶液 G 生成。向 B 中滴加 NaOH 溶液有白色沉淀 H 生成，H 不溶于过量的 NaOH。但在空气中 H 逐渐变为棕黑色。试给出各字母所代表的物质并写出相关的化学反应方程式。

6．某氧化物 A，溶于浓盐酸得溶液 B 和气体 C。C 通入 KI 溶液后用 $CCl_4$ 萃取生成物，$CCl_4$ 层出现紫色。溶液 B 加入 KOH 溶液后析出粉红色沉淀。若溶液 B 加入过量氨水，得不到沉淀而得土黄色溶液 D，溶液 D 经放置后变为红褐色溶液 E。若溶液 B 中加入 KSCN 及少量丙酮，经振荡后在丙酮中呈现宝石蓝色的溶液 F。试判断 A、B、C、D、E、F 各是什么物质，写出各步化学反应方程式。

7．一无色化合物 A 的溶液具有下列性质。

（1）加入 $AgNO_3$ 时有白色沉淀 B 生成，B 不溶于 $HNO_3$，但可溶于氨水中。

（2）加入 NaOH 溶液有黄色沉淀 C 生成。

（3）加入氨水有白色沉淀 D 生成。

（4）加入 KI 溶液有鲜红色沉淀 E 生成，继续加入 KI 溶液，沉淀消失，生成无色溶液 F。

（5）加入 $SnCl_2$ 溶液有白色沉淀 G 生成，继续加入 $SnCl_2$ 溶液，白色沉淀消失，生成黑色沉淀 H。

（6）在光亮的铜片上滴一滴 A 溶液，铜片上有银白色的斑点出现。

试判断 A、B、C、D、E、F、G、H 各为何物质？并写出每一步的化学反应方程式。

8．化合物 A 是白色固体，不溶于水，加热时剧烈分解，产生一固体 B 和气体 C。固体 B 不溶于水或盐酸，但溶于热的稀硝酸，得一溶液 D 及气体 E。E 无色，但在空气中变红。溶液 D 以盐酸处理时，得一白色沉淀 F。气体 C 与普通试剂不起反应，但与热的金属镁作用生成白色固体 G。G 与水作用得另一种白色固体 H 及一气体 J。气体 J 使湿润的红色石蕊试纸变蓝，固体 H 可溶于稀硫酸得溶液 I。化合物 A 以硫化氢处理时得黑色沉淀 K、无色溶液 L 和气体 C，过滤后，固体 K 溶于浓硝酸得气体 E、黄色固体 M 和溶液 D。D 以盐酸处理得沉淀 F。滤液 L 以氢氧化钠溶液处理又得气体 J。请指出 A～M 所表示的物质名称，并用化学反应方程式表示各过程。

第10章
拓展习题讲解

第10章
在线答题

# 附　　录

附　　录

附表 1　SI 基本单位

| 量的名称 | 单位名称 | 单位符号 |
|---|---|---|
| 长度 | 米 | m |
| 质量 | 千克（公斤） | kg |
| 时间 | 秒 | s |
| 电流 | 安［培］ | A |
| 热力学温度 | 开［尔文］ | K |
| 物质的量 | 摩［尔］ | mol |
| 发光强度 | 坎［德拉］ | cd |

注：1. 圆括号中的名称，是它前面的名称的同义词，下同。

2. 无方括号的量的名称与单位名称均为全称。方括号中的字，在不引起混淆、误解的情况下，可以省略。去掉方括号中的字即为其名称的简称，下同。

3. 本标准所称的符号，除特殊指明外，均指我国法定计量单位中所规定的符号以及国际符号，下同。

4. 在生活和贸易中，质量习惯上被称为重量。

附表2　一些物质的基本热力学数据

| 物　质 | $\dfrac{\Delta_f H_m^{\ominus}\,(298.15\mathrm{K})}{\mathrm{kJ \cdot mol^{-1}}}$ | $\dfrac{\Delta_f G_m^{\ominus}\,(298.15\mathrm{K})}{\mathrm{kJ \cdot mol^{-1}}}$ | $\dfrac{S_m^{\ominus}\,(298.15\mathrm{K})}{\mathrm{J \cdot K^{-1} \cdot mol^{-1}}}$ |
|---|---|---|---|
| $Al_2O_3$ (s) | −1669.79 | −1576.41 | 51 |
| $BaCO_3$ (s) | −1218.8 | −1138.9 | 112.1 |
| $B_2H_6$ (g) | 31.4 | 82.8 | 232.88 |
| $B_2O_3$ (s) | −1263.6 | −1184.1 | 54.02 |
| $Br$ (g) | 111.75 | 82.38 | 174.93 |
| $Br_2$ (g) | 30.71 | 3.14 | 245.35 |
| $Br_2$ (l) | 0.0 | 0.0 | 152.3 |
| $BrCl$ (g) | 14.7 | −0.88 | 239.9 |
| $C$ (g) | 718.39 | 672.95 | 157.99 |
| $C$ (diamond) | 1.89 | 2.85 | 2.43 |
| $C$ (graphite) | 0.0 | 0.0 | 5.69 |
| $CCl_4$ (g) | −106.7 | −64 | 309.4 |
| $CO$ (g) | −110.5 | −137.27 | 197.9 |
| $CO_2$ (g) | −393.51 | −394.38 | 213.6 |
| $CH_4$ (g) | −74.85 | −50.79 | 186.2 |
| $CH_2Cl_2$ (g) | −82 | −58.6 | 234.2 |
| $C_2H_2$ (g) | 226.73 | 209.2 | 200.83 |
| $C_2H_4$ (g) | 52.3 | 68.12 | 219.45 |
| $C_2H_6$ (g) | −84.68 | −32.89 | 229.49 |
| $C_3H_8$ (g) | −103.85 | −23.47 | 269.9 |
| $C_6H_6$ (g) | 82.93 | 129.66 | 269.2 |
| $C_6H_6$ (l) | 49.04 | 124.52 | 172.8 |
| $C_2H_5OH$ (l) | −227.65 | −174.77 | 160.67 |
| $CaCO_3$ (s) | −1207.1 | −1128.76 | 92.88 |
| $CaO$ (s) | −635.5 | −604.17 | 38.1 |
| $CaSO_4$ (s) | −1432.7 | −1320.3 | 106.5 |
| $Cl$ (g) | 121.38 | 105.39 | 165.1 |
| $Cl_2$ (g) | 0.0 | 0.0 | 222.97 |
| $CuO$ (s) | −155.2 | −127.2 | 43.5 |
| $Cu_2O$ (s) | −166.69 | −146.36 | 100.8 |
| $Fe_2O_3$ (s) | −824.2 | −741 | 90 |
| $Fe_3O_4$ | −1120.9 | −1014.2 | 146.4 |
| $H$ (g) | 217.94 | 203.26 | 114.6 |
| $H_2$ (g) | 0.0 | 0.0 | 130.58 |
| $HBr$ (g) | −36.23 | −53.22 | 198.49 |
| $HCl$ (g) | −92.3 | −95.27 | 186.69 |
| $HF$ (g) | −268.61 | −270.7 | 173.51 |

续表

| 物 质 | $\Delta_f H_m^{\ominus}(298.15\text{K})$ / $kJ \cdot mol^{-1}$ | $\Delta_f G_m^{\ominus}(298.15\text{K})$ / $kJ \cdot mol^{-1}$ | $S_m^{\ominus}(298.15\text{K})$ / $J \cdot K^{-1} \cdot mol^{-1}$ |
|---|---|---|---|
| $HI(g)$ | 25.94 | 1.3 | 206.31 |
| $H_2O(g)$ | −241.84 | −228.59 | 188.74 |
| $H_2O(l)$ | −285.84 | −237.2 | 69.91 |
| $H_2S(g)$ | −20.17 | −33.01 | 205.64 |
| $HCHO(g)$ | −115.9 | −110 | 218.7 |
| $He(g)$ | 0.0 | 0.0 | 126.06 |
| $Hg(g)$ | 60.84 | 31.76 | 174.89 |
| $Hg(l)$ | 0.0 | 0.0 | 77.4 |
| $I(g)$ | 106.61 | 70.17 | 180.67 |
| $I_2(g)$ | 62.26 | 19.37 | 260.58 |
| $I_2(s)$ | 0.0 | 0.0 | 116.7 |
| $KCl(s)$ | −45.9 | −408.32 | 82.68 |
| $MgCl_2(s)$ | −641.83 | −592.33 | 89.5 |
| $MgO(s)$ | 601.83 | −569.57 | 26.8 |
| $MnO_2(s)$ | −519.7 | −464.8 | 53.1 |
| $N(g)$ | 472.71 | 455.55 | 153.22 |
| $N_2(g)$ | 0.0 | 0.0 | 191.5 |
| $NH_3(g)$ | −45.9 | −16.65 | 192.51 |
| $NH_4Cl(s)$ | −315.38 | −203.89 | 94.6 |
| $NO(g)$ | 90.37 | 86.69 | 210.62 |
| $N_2O(g)$ | 81.55 | 103.6 | 219.99 |
| $NO_2(g)$ | 33.85 | 51.84 | 240.45 |
| $N_2O_4(g)$ | 9.67 | 98.28 | 304.3 |
| $NOCl(g)$ | 52.59 | 66.36 | 264 |
| $NaCl(s)$ | −410.99 | −384.01 | 72.38 |
| $O(g)$ | 247.53 | 230.12 | 160.96 |
| $O_2(g)$ | 0.0 | 0.0 | 205.02 |
| $O_3(g)$ | 142.3 | 163.43 | 237.7 |
| $PCl_3(g)$ | −306.4 | −286.3 | 311.6 |
| $PCl_5(g)$ | −398.9 | −324.6 | 353 |
| $S(rhombic)$ | 0.0 | 0.0 | 31.88 |
| $S(monoclinic)$ | 0.3 | 0.096 | 32.55 |
| $SO_2(g)$ | −296.9 | −300.37 | 248.53 |
| $SO_3(g)$ | −395.18 | −370.37 | 256.6 |
| $SO_2Cl_2(l)$ | −389 | −314 | 207 |
| $UO_2(s)$ | −1130 | −1075 | 77.8 |
| $ZnO(s)$ | −347.98 | −318.19 | 43.9 |

**附表 3　一些有机化合物的标准摩尔燃烧热**

表中 $\Delta_c H_m^{\ominus}$ 是有机化合物在 298.15K 时完全氧化的标准摩尔焓变。化合物中各种元素完全氧化的最终产物为 $CO_2(g)$，$H_2O(l)$，$N_2(g)$，$SO_2(g)$ 等。

| 物质 | | $\Delta_c H_m^{\ominus}(298.15K)$ / $kJ \cdot mol^{-1}$ | 物质 | | $\Delta_c H_m^{\ominus}(298.15K)$ / $kJ \cdot mol^{-1}$ |
|---|---|---|---|---|---|
| 烃类 | | | 醇、酚、酯类 | | |
| 甲烷(g) | $CH_4$ | −890.31 | 乙醛(l) | $C_2H_4O$ | −1166.4 |
| 乙烷(g) | $C_2H_6$ | −1559.8 | 丙酮(l) | $C_3H_6O$ | −1790.4 |
| 丙烷(g) | $C_3H_8$ | −2219.1 | 丁酮(l) | $C_4H_8O$ | −2444.2 |
| 丁烷(g) | $C_4H_{10}$ | −2878.3 | 乙酸乙酯(l) | $C_4H_8O_2$ | −2254.2 |
| 异丁烷(g) | $C_4H_{10}$ | −2871.5 | 酸类 | | |
| 戊烷(g) | $C_5H_{12}$ | −3536.2 | 甲酸(l) | $CH_2O_2$ | −254.6 |
| 异戊烷(g) | $C_5H_{12}$ | −3527.9 | 乙酸(l) | $C_2H_4O_2$ | −874.5 |
| 正庚烷(g) | $C_7H_{16}$ | −4811.2 | 草酸(l) | $C_2H_2O_4$ | −251.5 |
| 辛烷(l) | $C_8H_{18}$ | −5507.4 | 丙二酸(s) | $C_3H_4O_4$ | −861.2 |
| 环己烷(l) | $C_6H_{12}$ | −3919.9 | D,L-乳酸(l) | $C_3H_6O_3$ | −1367.3 |
| 乙炔(g) | $C_2H_2$ | −1299.6 | 顺丁烯二酸(s) | $C_4H_4O_4$ | −1355.2 |
| 乙烯(g) | $C_2H_4$ | −1410.9 | 反丁烯二酸(s) | $C_4H_4O_4$ | −1334.7 |
| 丁烯(g) | $C_4H_8$ | −2718.6 | 琥珀酸(s) | $C_4H_5O_4$ | −1491.0 |
| 苯(l) | $C_6H_6$ | −3267.5 | L-苹果酸(s) | $C_4H_6O_5$ | −1327.9 |
| 甲苯(l) | $C_7H_8$ | −3925.4 | L-酒石酸(s) | $C_4H_6O_6$ | −1147.3 |
| 对二甲苯(l) | $C_8H_{10}$ | −4552.8 | 苯甲酸(s) | $C_7H_6O_2$ | −3228.7 |
| 萘(s) | $C_{10}H_8$ | −5153.9 | 水杨酸(s) | $C_7H_6O_3$ | −3022.5 |
| 蒽(s) | $C_{14}H_{10}$ | −7163.9 | 油酸(l) | $C_{18}H_{34}O_2$ | −11118.6 |
| 菲(s) | $C_{14}H_{10}$ | −7052.9 | 硬脂酸(s) | $C_{18}H_{36}O_2$ | −11280.6 |
| 醇、酚、醚类 | | | 碳水化合物类 | | |
| 甲醇(l) | $CH_4O$ | −726.6 | 阿拉伯糖(s) | $C_5H_{10}O_5$ | −2342.6 |
| 乙醇(l) | $C_2H_6O$ | −1366.8 | 木糖(s) | $C_5H_{10}O_5$ | −2338.9 |
| 乙二醇(l) | $C_2H_6O_2$ | −1180.7 | 葡萄糖(s) | $C_6H_{12}O_6$ | −2820.9 |
| 甘油(l) | $C_3H_8O_3$ | −1662.7 | 果糖(s) | $C_6H_{12}O_6$ | −2829.6 |
| 苯酚(l) | $C_6H_6O$ | −3053.5 | 蔗糖(s) | $C_{12}H_{22}O_{11}$ | −5645.5 |
| 乙醚(l) | $C_4H_{10}O$ | −2723.6 | 乳糖(s) | $C_{12}H_{22}O_{11}$ | −5648.4 |
| 甲醛(g) | $CH_2O$ | −570.8 | 麦芽糖(s) | $C_{12}H_{22}O_{11}$ | −5645.5 |

**附表 4　弱酸、弱碱在水中的标准解离平衡常数（298K）**

| 弱酸(碱) | 分子式 | $K_a^\ominus (K_b^\ominus)$ | $pK_a^\ominus (pK_b^\ominus)$ |
|---|---|---|---|
| 砷酸 | $H_3AsO_4$ | $6.3 \times 10^{-3} (K_{a1}^\ominus)$ | 2.20 |
| | | $1.0 \times 10^{-7} (K_{a2}^\ominus)$ | 7.00 |
| | | $3.2 \times 10^{-12} (K_{a3}^\ominus)$ | 11.50 |
| 亚砷酸 | $HAsO_2$ | $6.0 \times 10^{-10}$ | 9.22 |
| 硼酸 | $H_3BO_3$ | $5.8 \times 10^{-10}$ | 9.24 |
| 碳酸 | $H_2CO_3 (CO_2 + H_2O)^*$ | $4.2 \times 10^{-7} (K_{a1}^\ominus)$ | 6.38 |
| | | $5.6 \times 10^{-11} (K_{a2}^\ominus)$ | 10.25 |
| 氢氰酸 | $HCN$ | $6.2 \times 10^{-10}$ | 9.21 |
| 铬酸 | $H_2CrO_4$ | $1.8 \times 10^{-1} (K_{a1}^\ominus)$ | 0.74 |
| | | $3.2 \times 10^{-7} (K_{a2}^\ominus)$ | 6.50 |
| 氢氟酸 | $HF$ | $6.6 \times 10^{-4}$ | 3.18 |
| 亚硝酸 | $HNO_2$ | $5.1 \times 10^{-4}$ | 3.29 |
| 磷酸 | $H_3PO_4$ | $7.6 \times 10^{-3} (K_{a1}^\ominus)$ | 2.12 |
| | | $6.3 \times 10^{-8} (K_{a2}^\ominus)$ | 7.20 |
| | | $4.4 \times 10^{-13} (K_{a3}^\ominus)$ | 12.36 |
| 焦磷酸 | $H_4P_2O_7$ | $3.0 \times 10^{-2} (K_{a1}^\ominus)$ | 1.52 |
| | | $4.4 \times 10^{-3} (K_{a2}^\ominus)$ | 2.36 |
| | | $2.5 \times 10^{-7} (K_{a3}^\ominus)$ | 6.60 |
| | | $5.6 \times 10^{-10} (K_{a4}^\ominus)$ | 9.25 |
| 亚磷酸 | $H_3PO_3$ | $5.0 \times 10^{-2} (K_{a1}^\ominus)$ | 1.30 |
| | | $2.5 \times 10^{-7} (K_{a2}^\ominus)$ | 6.60 |
| 氢硫酸 | $H_2S$ | $1.3 \times 10^{-7} (K_{a1}^\ominus)$ | 6.89 |
| | | $7.1 \times 10^{-15} (K_{a2}^\ominus)$ | 14.15 |
| 硫酸根 | $HSO_4^-$ | $1.0 \times 10^{-2} (K_{a2}^\ominus)$ | 1.99 |
| 亚硫酸 | $H_2SO_3 (SO_2 + H_2O)$ | $1.3 \times 10^{-2} (K_{a1}^\ominus)$ | 1.90 |
| | | $6.3 \times 10^{-8} (K_{a2}^\ominus)$ | 7.20 |
| 偏硅酸 | $H_2SiO_3$ | $1.7 \times 10^{-10} (K_{a1}^\ominus)$ | 9.77 |
| | | $1.6 \times 10^{-12} (K_{a2}^\ominus)$ | 11.8 |
| 甲酸 | $HCOOH$ | $1.8 \times 10^{-4}$ | 3.74 |
| 乙酸 | $CH_3COOH$ | $1.75 \times 10^{-5}$ | 4.76 |
| 一氯乙酸 | $CH_2ClCOOH$ | $1.4 \times 10^{-3}$ | 2.86 |

续表

| 弱酸(碱) | 分子式 | $K_a^{\ominus}(K_b^{\ominus})$ | $pK_a^{\ominus}(pK_b^{\ominus})$ |
|---|---|---|---|
| 二氯乙酸 | $CHCl_2COOH$ | $5.0\times10^{-2}$ | 1.30 |
| 三氯乙酸 | $CCl_3COOH$ | 0.23 | 0.64 |
| 氨基乙酸盐 | $^{+}NH_3CH_2COOH$ | $4.5\times10^{-3}(K_{a1}^{\ominus})$ | 2.35 |
| | $^{+}NH_3CH_2COO^{-}$ | $2.5\times10^{-10}(K_{a2}^{\ominus})$ | 9.60 |
| 抗坏血酸 | | $5.0\times10^{-5}(K_{a1}^{\ominus})$ | 4.30 |
| | | $1.5\times10^{-10}(K_{a2}^{\ominus})$ | 9.82 |
| 乳酸 | $CH_3CHOHCOOH$ | $1.4\times10^{-4}$ | 3.86 |
| 苯甲酸 | $C_5H_5COOH$ | $6.2\times10^{-5}$ | 4.21 |
| 草酸 | $H_2C_2O_4$ | $5.9\times10^{-2}(K_{a1}^{\ominus})$ | 1.22 |
| | | $6.4\times10^{-5}(K_{a2}^{\ominus})$ | 4.19 |
| d-酒石酸 | $CH(OH)COOH$ <br> $|$ <br> $CH(OH)COOH$ | $9.1\times10^{-4}(K_{a1}^{\ominus})$ | 3.04 |
| | | $4.3\times10^{-5}(K_{a2}^{\ominus})$ | 4.37 |
| 邻-苯二甲酸 | | $1.1\times10^{-3}(K_{a1}^{\ominus})$ | 2.95 |
| | | $3.9\times10^{-6}(K_{a2}^{\ominus})$ | |
| 柠檬酸 | $CH_2COOH$ <br> $C(OH)COOH$ <br> $CH_2COOH$ | $7.4\times10^{-4}(K_{a1}^{\ominus})$ | 5.41 |
| | | $1.7\times10^{-5}(K_{a2}^{\ominus})$ | 3.13 |
| | | $4.0\times10^{-7}(K_{a3}^{\ominus})$ | 4.76 |
| 苯酚乙二胺四乙酸 | $H_6H_6OH$ | $1.1\times10^{-10}$ | 6.40 <br> 9.95 |
| | $H_6-EDTA^{2+}$ | $0.13(K_{a1}^{\ominus})$ | 0.9 |
| | $H_5-EDTA^{+}$ | $3\times10^{-2}(K_{a2}^{\ominus})$ | 1.6 |
| | $H_4-EDTA$ | $1\times10^{-2}(K_{a3}^{\ominus})$ | 2.0 |
| | $H_3-EDTA^{-}$ | $2.1\times10^{-3}(K_{a4}^{\ominus})$ | 2.67 |
| | $H_2-EDTA^{2-}$ | $6.96\times10^{-7}(K_{a5}^{\ominus})$ | 6.16 |
| | $H-EDTA^{3-}$ | $5.5\times10^{-11}(K_{a6}^{\ominus})$ | 10.26 |
| 弱碱 | 分子式 | $K_b^{\ominus}$ | $pK_b^{\ominus}$ |
| 氨水 | $NH_3$ | $1.8\times10^{-5}$ | 4.74 |
| 联氨 | $H_2NNH_2$ | $3.0\times10^{-6}(K_{b1}^{\ominus})$ | 5.52 |
| | | $7.6\times10^{-15}(K_{b2}^{\ominus})$ | 14.12 |

续表

| 弱酸(碱) | 分子式 | $K_a^{\ominus}(K_b^{\ominus})$ | $pK_a^{\ominus}(pK_b^{\ominus})$ |
|---|---|---|---|
| 羟氨 | $NH_2OH$ | $9.1 \times 10^{-9}$ | 8.04 |
| 甲胺 | $CH_3NH_2$ | $4.2 \times 10^{-4}$ | 3.38 |
| 乙胺 | $C_2H_5NH_2$ | $5.6 \times 10^{-4}$ | 3.25 |
| 二甲胺 | $(CH_3)_2NH$ | $1.2 \times 10^{-4}$ | 3.93 |
| 二乙胺 | $(C_2H_5)_2NH$ | $1.3 \times 10^{-3}$ | 2.89 |
| 乙醇胺 | $HOCH_2CH_2NH_2$ | $3.2 \times 10^{-5}$ | 4.50 |
| 三乙醇胺 | $(HOCH_2CH_2)_3N$ | $5.8 \times 10^{-7}$ | 6.24 |
| 六次甲基四胺 | $(CH_2)_6N_4$ | $1.4 \times 10^{-9}$ | 8.85 |
| 乙二胺 | $H_2NCH_2CH_2NH_2$ | $8.5 \times 10^{-5}(K_{b1}^{\ominus})$ | 4.07 |
| | | $7.1 \times 10^{-8}(K_{b2}^{\ominus})$ | 7.15 |
| 吡啶 | | $1.7 \times 10^{-9}$ | 8.77 |

**附表 5  一些难溶性化合物的溶度积（298.15K）**

| 化合物 | 溶度积($K_{sp}^{\ominus}$) | 化合物 | 溶度积($K_{sp}^{\ominus}$) |
|---|---|---|---|
| $Ag_2[Co(NO_2)_6]$ | $8.5 \times 10^{-21}$ | $AgCl$ | $1.8 \times 10^{-10}$ |
| $Ag_2C_2O_4$ | $5.40 \times 10^{-12}$ | $AgCN$ | $5.97 \times 10^{-17}$ |
| $Ag_2(CN)_2$ | $8.1 \times 10^{-11}$ | $AgI$ | $8.5 \times 10^{-17}$ |
| $Ag_2CO_3$ | $8.45 \times 10^{-12}$ | $AgIO_3$ | $3.17 \times 10^{-8}$ |
| $Ag_2Cr_2O_7$ | $2.0 \times 10^{-7}$ | $AgN_3$ | $2.8 \times 10^{-9}$ |
| $Ag_2CrO_4$ | $2.0 \times 10^{-12}$ | $AgNO_2$ | $3.22 \times 10^{-4}$ |
| $Ag_2S$ | $6.3 \times 10^{-50}$ | $AgOH$ | $2.0 \times 10^{-8}$ |
| $Ag_2SO_3$ | $1.49 \times 10^{-14}$ | $AgSCN$ | $1.03 \times 10^{-12}$ |
| $Ag_2SO_4$ | $1.20 \times 10^{-5}$ | $AgSeCN$ | $4.0 \times 10^{-16}$ |
| $Ag_3AsO_3$ | $1.0 \times 10^{-17}$ | $Al(OH)_3 [Al^{3+}, 3OH^-]$ | $1.3 \times 10^{-33}$ |
| $Ag_3AsO_4$ | $1.03 \times 10^{-22}$ | $Al(OH)_3 [H^+, AlO_2^-]$ | $1.6 \times 10^{-13}$ |
| $Ag_3PO_4$ | $8.88 \times 10^{-17}$ | $AlPO_4$ | $9.83 \times 10^{-21}$ |
| $Ag_4[Fe(CN)_6]$ | $1.6 \times 10^{-41}$ | $As_2S_3 [2HAsO_2, 3H_2S]$ | $2.1 \times 10^{-22}$ |
| $AgBr$ | $5.35 \times 10^{-13}$ | $Ba(IO_3)_2$ | $4.01 \times 10^{-9}$ |
| $AgBrO_3$ | $5.34 \times 10^{-5}$ | $Ba(IO_3)_2 \cdot 2H_2O$ | $1.5 \times 10^{-9}$ |
| $AgC_2H_3O_2$ | $1.94 \times 10^{-3}$ | $Ba(IO_3)_2 \cdot H_2O$ | $1.67 \times 10^{-9}$ |

| 化合物 | 溶度积($K_{sp}^{\ominus}$) | 化合物 | 溶度积($K_{sp}^{\ominus}$) |
|---|---|---|---|
| $Ba(MnO_4)_2$ | $2.5\times10^{-10}$ | $CaF_2$ | $1.46\times10^{-10}$ |
| $Ba(OH)_2$ | $5.0\times10^{-3}$ | $CaHPO_4$ | $1.0\times10^{-7}$ |
| $Ba(OH)_2\cdot8H_2O$ | $2.55\times10^{-4}$ | $CaSiO_3$ | $2.5\times10^{-8}$ |
| $Ba_2P_2O_7$ | $3.2\times10^{-11}$ | $CaSO_3$ | $6.8\times10^{-8}$ |
| $Ba_3(AsO_4)_2$ | $8.0\times10^{-51}$ | $CaSO_4$ | $4.93\times10^{-5}$ |
| $BaC_2O_4$ | $1.6\times10^{-7}$ | $CaSO_4\cdot2H_2O$ | $1.3\times10^{-4}$ |
| $BaCO_3$ | $2.58\times10^{-9}$ | $Cd(CN)_2$ | $1.0\times10^{-8}$ |
| $BaCrO_4$ | $1.17\times10^{-10}$ | $Cd(IO_3)_2$ | $2.49\times10^{-8}$ |
| $BaF_2$ | $1.84\times10^{-7}$ | $Cd(OH)_2$ | $5.27\times10^{-15}$ |
| $BaHPO_4$ | $3.2\times10^{-7}$ | $Cd_2[Fe(CN)_6]$ | $3.2\times10^{-17}$ |
| $BaSO_3$ | $8.0\times10^{-7}$ | $Cd_3(AsO_4)_2$ | $2.17\times10^{-33}$ |
| $BaSO_4$ | $1.07\times10^{-10}$ | $Cd_3(PO_4)_2$ | $2.53\times10^{-33}$ |
| $Bi(OH)_3$ | $4.0\times10^{-31}$ | $CdC_2O_4\cdot3H_2O$ | $1.42\times10^{-8}$ |
| $Bi_2S_3$ | $2.0\times10^{-78}$ | $CdCO_3$ | $6.18\times10^{-12}$ |
| $BiAsO_4$ | $4.43\times10^{-10}$ | $CdF_2$ | $6.44\times10^{-3}$ |
| $BiO(NO_2)$ | $4.9\times10^{-7}$ | $CdS$ | $1.40\times10^{-29}$ |
| $BiO(NO_3)$ | $2.82\times10^{-3}$ | $Co(IO_3)_2\cdot2H_2O$ | $1.21\times10^{-2}$ |
| $BiOBr$ | $3.0\times10^{-7}$ | $Co(OH)_2$(粉红色) | $1.09\times10^{-15}$ |
| $BiOCl[Bi^{3+},Cl^-,2OH^-]$ | $1.8\times10^{-31}$ | $Co(OH)_2$(蓝色) | $5.92\times10^{-15}$ |
| $BiOOH$ | $4.0\times10^{-10}$ | $Co(OH)_3$ | $1.6\times10^{-44}$ |
| $BiOSCN$ | $1.6\times10^{-7}$ | $Co_2[Fe(CN)_6]$ | $1.8\times10^{-15}$ |
| $BiPO_4$ | $1.3\times10^{-23}$ | $Co_3(AsO_4)_2$ | $6.79\times10^{-29}$ |
| $Ca(IO_3)_2$ | $6.47\times10^{-6}$ | $Co_3(PO_4)_2$ | $2.05\times10^{-35}$ |
| $Ca(IO_3)_2\cdot6H_2O$ | $7.54\times10^{-7}$ | $CoC_2O_4$ | $6.3\times10^{-8}$ |
| $Ca(OH)_2$ | $4.68\times10^{-6}$ | $CoCO_3$ | $1.4\times10^{-13}$ |
| $Ca_3(PO_4)_2$ | $2.07\times10^{-33}$ | $\alpha-CoS$ | $4.0\times10^{-21}$ |
| $CaC_2O_4$ | $1.46\times10^{-10}$ | $\beta-CoS$ | $2.0\times10^{-25}$ |
| $CaC_2O_4\cdot H_2O$ | $2.34\times10^{-9}$ | $\gamma-CoS$ | $3.0\times10^{-26}$ |
| $CaC_4H_4O_6\cdot2H_2O$ | $7.7\times10^{-7}$ | $Cr(OH)_3$ | $6.3\times10^{-31}$ |
| $CaCO_3$ | $3.36\times10^{-9}$ | $CrAsO_4$ | $7.7\times10^{-21}$ |
| $CaCrO_4$ | $7.1\times10^{-4}$ | $CrF_3$ | $6.6\times10^{-11}$ |

| 化合物 | 溶度积($K_{sp}^{\ominus}$) | 化合物 | 溶度积($K_{sp}^{\ominus}$) |
|---|---|---|---|
| $Cu(IO_3)_2$ | $7.4 \times 10^{-8}$ | $Hg_2(SCN)_2$ | $3.12 \times 10^{-20}$ |
| $Cu(IO_3)_2 \cdot H_2O$ | $6.94 \times 10^{-8}$ | $Hg_2Br_2$ | $6.41 \times 10^{-23}$ |
| $Cu_2[Fe(CN)_6]$ | $1.3 \times 10^{-16}$ | $Hg_2C_2O_4$ | $1.75 \times 10^{-13}$ |
| $Cu_2P_2O_7$ | $8.3 \times 10^{-16}$ | $Hg_2Cl_2$ | $1.45 \times 10^{-18}$ |
| $Cu_2S$ | $2.0 \times 10^{-27}$ | $Hg_2CO_3$ | $3.67 \times 10^{-17}$ |
| $Cu_3(AsO_4)_2$ | $7.93 \times 10^{-36}$ | $Hg_2CrO_4$ | $2.0 \times 10^{-9}$ |
| $Cu_3(PO_4)_2$ | $1.93 \times 10^{-37}$ | $Hg_2F_2$ | $3.10 \times 10^{-6}$ |
| $CuBr$ | $6.27 \times 10^{-9}$ | $Hg_2HPO_4$ | $4.0 \times 10^{-13}$ |
| $CuC_2O_4$ | $4.43 \times 10^{-10}$ | $Hg_2I_2$ | $5.33 \times 10^{-29}$ |
| $CuCl$ | $1.72 \times 10^{-7}$ | $Hg_2S$ | $1.0 \times 10^{-47}$ |
| $CuCN$ | $3.2 \times 10^{-20}$ | $Hg_2SO_3$ | $1.0 \times 10^{-27}$ |
| $CuCO_3$ | $1.4 \times 10^{-10}$ | $Hg_2SO_4$ | $7.99 \times 10^{-7}$ |
| $CuCrO_4$ | $3.6 \times 10^{-6}$ | $HgC_2O_4$ | $1.0 \times 10^{-7}$ |
| $CuI$ | $1.27 \times 10^{-12}$ | $HgI_2$ | $2.82 \times 10^{-29}$ |
| $CuOH$ | $1.0 \times 10^{-14}$ | $HgS$ | $6.44 \times 10^{-53}$ |
| $CuS$ | $6.3 \times 10^{-36}$ | $K_2[PdCl_6]$ | $6.0 \times 10^{-6}$ |
| $CuSCN$ | $1.77 \times 10^{-13}$ | $K_2[PtBr_6]$ | $6.3 \times 10^{-5}$ |
| $Fe(OH)_2$ | $4.87 \times 10^{-17}$ | $K_2[PtCl_6]$ | $7.48 \times 10^{-6}$ |
| $Fe(OH)_3$ | $2.64 \times 10^{-39}$ | $K_2Na[(Co(NO_2)_6)] \cdot H_2O$ | $2.2 \times 10^{-11}$ |
| $Fe(P_2O_7)_3$ | $3.0 \times 10^{-23}$ | $KClO_4$ | $1.05 \times 10^{-2}$ |
| $Fe_2S_3$ | $1.0 \times 10^{-88}$ | $KHC_4H_4O_6[酒石酸氢钾]$ | $3.0 \times 10^{-4}$ |
| $FeAsO_4$ | $5.7 \times 10^{-21}$ | $KIO_4$ | $8.3 \times 10^{-4}$ |
| $FeCO_3$ | $3.07 \times 10^{-11}$ | $Li_2CO_3$ | $8.15 \times 10^{-4}$ |
| $FeF_2$ | $2.36 \times 10^{-6}$ | $Mg(IO_3)_2 \cdot 4H_2O$ | $3.2 \times 10^{-3}$ |
| $FePO_4$ | $1.3 \times 10^{-22}$ | $Mg(OH)_2$ | $5.61 \times 10^{-12}$ |
| $FePO_4 \cdot 2H_2O$ | $9.92 \times 10^{-29}$ | $Mg_3(PO_4)_2$ | $10^{-23} \sim 10^{-27}$ |
| $FeS$ | $6.3 \times 10^{-18}$ | $MgCO_3$ | $6.82 \times 10^{-6}$ |
| $Hg(OH)_2$ | $3.13 \times 10^{-26}$ | $MgCO_3 \cdot 3H_2O$ | $2.38 \times 10^{-6}$ |
| $Hg_2(CN)_2$ | $5.0 \times 10^{-40}$ | $MgCO_3 \cdot 5H_2O$ | $3.79 \times 10^{-6}$ |
| $Hg_2(IO_3)_2$ | $2.0 \times 10^{-14}$ | $MgF_2$ | $7.42 \times 10^{-11}$ |
| $Hg_2(OH)_2$ | $2.0 \times 10^{-24}$ | $MgHPO_4 \cdot 3H_2O$ | $1.5 \times 10^{-6}$ |

续表

| 化合物 | 溶度积($K_{sp}^{\ominus}$) | 化合物 | 溶度积($K_{sp}^{\ominus}$) |
|---|---|---|---|
| $Mn(IO_3)_2$ | $4.37 \times 10^{-7}$ | $PbHPO_4$ | $1.3 \times 10^{-10}$ |
| $Mn(OH)_2$ | $2.06 \times 10^{-13}$ | $PbI_2$ | $2.74 \times 10^{-8}$ |
| $Mn_2[Fe(CN)_6]$ | $8.0 \times 10^{-13}$ | $PbOHCl$ | $2.0 \times 10^{-14}$ |
| $Mn_3(AsO_4)_2$ | $1.9 \times 10^{-29}$ | $PbS$ | $9.04 \times 10^{-29}$ |
| $MnC_2O_4 \cdot 2H_2O$ | $1.70 \times 10^{-7}$ | $PbS_2O_3$ | $4.0 \times 10^{-7}$ |
| $MnCO_3$ | $2.24 \times 10^{-11}$ | $PbSO_4$ | $1.82 \times 10^{-8}$ |
| $MnS$ | $4.65 \times 10^{-14}$ | $Pd(SCN)_2$ | $4.38 \times 10^{-23}$ |
| $(NH_4)_2PtCl_6$ | $9.0 \times 10^{-6}$ | $PdS$ | $2.0 \times 10^{-37}$ |
| $Ni(IO_3)_2$ | $4.71 \times 10^{-5}$ | $PtS$ | $1.0 \times 10^{-52}$ |
| $Ni(OH)_2$ | $5.47 \times 10^{-16}$ | $Sb(OH)_3$ | $4.0 \times 10^{-42}$ |
| $Ni_2[Fe(CN)_6]$ | $1.3 \times 10^{-15}$ | $Sb_2S_3$ | $1.5 \times 10^{-93}$ |
| $Ni_3(AsO_4)_2$ | $3.1 \times 10^{-26}$ | $Sn(OH)_4$ | $1.0 \times 10^{-56}$ |
| $Ni_3(PO_4)_2$ | $4.73 \times 10^{-32}$ | $Sn(OH)_2$ | $1.4 \times 10^{-28}$ |
| $NiC_2O_4$ | $4.0 \times 10^{-10}$ | $SnS$ | $1.0 \times 10^{-25}$ |
| $NiCO_3$ | $1.42 \times 10^{-7}$ | $SnS_2$ | $2.5 \times 10^{-27}$ |
| $\alpha - NiS$ | $3.0 \times 10^{-19}$ | $Sr(IO_3)_2$ | $1.14 \times 10^{-7}$ |
| $\beta - NiS$ | $1.0 \times 10^{-24}$ | $Sr(IO_3)_2 \cdot 6H_2O$ | $4.65 \times 10^{-7}$ |
| $\gamma - NiS$ | $2.0 \times 10^{-26}$ | $Sr(IO_3)_2 \cdot H_2O$ | $3.58 \times 10^{-7}$ |
| $Pb(Ac)_2$ | $1.8 \times 10^{-3}$ | $Sr(OH)_2$ | $3.2 \times 10^{-4}$ |
| $Pb(BO_2)_2$ | $1.6 \times 10^{-36}$ | $Sr_3(AsO_4)_2$ | $4.29 \times 10^{-19}$ |
| $Pb(BrO_3)_2$ | $2.0 \times 10^{-2}$ | $Sr_3(PO_4)_2$ | $4.0 \times 10^{-28}$ |
| $Pb(IO_3)_2$ | $3.68 \times 10^{-13}$ | $SrC_2O_4$ | $5.16 \times 10^{-7}$ |
| $Pb(OH)_2$ | $1.42 \times 10^{-20}$ | $SrC_2O_4 \cdot H_2O$ | $1.6 \times 10^{-7}$ |
| $Pb(SCN)_2$ | $2.11 \times 10^{-5}$ | $SrCO_3$ | $5.60 \times 10^{-10}$ |
| $Pb_3(PO_4)_2$ | $8.0 \times 10^{-43}$ | $SrF_2$ | $4.33 \times 10^{-9}$ |
| $PbBr_2$ | $6.60 \times 10^{-6}$ | $SrSO_3$ | $4.0 \times 10^{-8}$ |
| $PbC_2O_4$ | $8.51 \times 10^{-10}$ | $SrSO_4$ | $3.44 \times 10^{-7}$ |
| $PbCl_2$ | $1.17 \times 10^{-5}$ | $Zn(BO_2)_2 \cdot H_2O$ | $6.6 \times 10^{-11}$ |
| $PbCO_3$ | $1.46 \times 10^{-13}$ | $Zn(IO_3)_2$ | $4.29 \times 10^{-6}$ |
| $PbCrO_4$ | $2.8 \times 10^{-13}$ | $Zn(OH)_2(\gamma)$ | $6.86 \times 10^{-17}$ |
| $PbF_2$ | $7.12 \times 10^{-7}$ | $Zn(OH)_2(\beta)$ | $7.71 \times 10^{-17}$ |

| 化合物 | 溶度积($K_{sp}^{\ominus}$) | 化合物 | 溶度积($K_{sp}^{\ominus}$) |
|---|---|---|---|
| $Zn(OH)_2(\epsilon)$ | $1.0 \times 10^{-17}$ | $ZnCO_3$ | $1.19 \times 10^{-10}$ |
| $Zn[Hg(SCN)_4]$ | $2.2 \times 10^{-7}$ | $ZnCO_3 \cdot H_2O$ | $5.41 \times 10^{-11}$ |
| $Zn_2[Fe(CN)_6]$ | $4.0 \times 10^{-16}$ | $ZnF_2$ | $3.04 \times 10^{-2}$ |
| $Zn_3(AsO_4)_2$ | $3.12 \times 10^{-28}$ | $ZnS$ | $1.0 \times 10^{-25}$ |
| $Zn_3(PO_4)_2$ | $9.0 \times 10^{-33}$ | $\alpha - ZnS$ | $1.6 \times 10^{-24}$ |
| $ZnC_2O_4$ | $2.7 \times 10^{8}$ | $\beta - ZnS$ | $2.0 \times 10^{-22}$ |
| $ZnC_2O_4 \cdot 2H_2O$ | $1.37 \times 10^{-9}$ | $ZnSeO_3$ | $2.6 \times 10^{-7}$ |

**附表 6　一些物质在水溶液中的标准电极电势（298.15K）**

**（一）在酸性溶液中**

| 电对 | 电极反应 | $\varphi_A^{\ominus}/V$ |
|---|---|---|
| $Ag^+/Ag$ | $Ag^+(aq) + e^- \longrightarrow Ag(s)$ | 0.7996 |
| $Ag^{2+}/Ag^+$ | $Ag^{2+}(aq) + e^- \longrightarrow Ag^+(aq)$ | 1.989 |
| $AgBr/Ag$ | $AgBr(s) + e^- \longrightarrow Ag(s) + Br^-(aq)$ | 0.07317 |
| $AgCl/Ag$ | $AgCl(s) + e^- \longrightarrow Ag(s) + Cl^-(aq)$ | 0.2222 |
| $Ag_2CrO_4/Ag$ | $Ag_2CrO_4(s) + 2e^- \longrightarrow 2Ag(s) + CrO_4^{2-}(aq)$ | 0.4456 |
| $AgI/Ag$ | $AgI(s) + e^- \longrightarrow Ag(s) + I^-(aq)$ | $-0.1515$ |
| $Ag_2S/Ag$ | $Ag_2S(s) + 2H^+(aq) + 2e^- \longrightarrow 2Ag(s) + H_2S(g)$ | $-0.0366$ |
| $AgSCN/Ag$ | $AgSCN(s) + e^- \longrightarrow Ag(s) + SCN^-(aq)$ | 0.08951 |
| $Al^{3+}/Al$ | $Al^{3+}(aq) + 3e^- \longrightarrow Al(s)$ | $-1.662$ |
| $As/AsH_3$ | $As(s) + 3H^+(aq) + 3e^- \longrightarrow AsH_3(g)$ | $-0.2381$ |
| $Au^+/Au$ | $Au^+(aq) + e^- \longrightarrow Au(s)$ | 1.68 |
| $Au^{3+}/Au$ | $Au^{3+}(aq) + 3e^- \longrightarrow Au(s)$ | 1.50 |
| $AuCl_4^-/Au$ | $AuCl_4^-(aq) + 3e^- \longrightarrow Au(s) + 4Cl^-(aq)$ | 1.002 |
| $Ba^{2+}/Ba$ | $Ba^{2+}(aq) + 2e^- \longrightarrow Ba(s)$ | $-2.906$ |
| $Be^{2+}/Be$ | $Be^{2+}(aq) + 2e^- \longrightarrow Be(s)$ | $-1.968$ |
| $Bi^+/Bi$ | $Bi^+(aq) + e^- \longrightarrow Bi(s)$ | 0.5 |
| $Bi^{3+}/Bi$ | $Bi^{3+}(aq) + 3e^- \longrightarrow Bi(s)$ | 0.308 |
| $Br_2/Br^-$ | $Br_2(aq) + 2e^- \longrightarrow 2Br^-(aq)$ | 1.0873 |
| $Br_2/Br^-$ | $Br_2(l) + 2e^- \longrightarrow 2Br^-(aq)$ | 1.0774 |
| $BrO_3^-/Br^-$ | $BrO_3^-(aq) + 6H^+(aq) + 6e^- \longrightarrow Br^-(aq) + 3H_2O(l)$ | 1.842 |
| $BrO_3^-/Br_2$ | $2BrO_3^-(aq) + 12H^+(aq) + 11e^- \longrightarrow Br_2(l) + 6H_2O(l)$ | 1.513 |

续表

| 电对 | 电极反应 | $\varphi_A^{\ominus}/V$ |
|---|---|---|
| $Ca^{2+}/Ca$ | $Ca^{2+}(aq)+2e^- \longrightarrow Ca(s)$ | $-2.869$ |
| $Cd^{2+}/Cd$ | $Cd^{2+}(aq)+2e^- \longrightarrow Cd(s)$ | $-0.4022$ |
| $Cl_2/Cl^-$ | $Cl_2(g)+2e^- \longrightarrow 2Cl^-(aq)$ | $1.360$ |
| $ClO_2/HClO_2$ | $ClO_2(aq)+H^+(aq)+e^- \longrightarrow HClO_2(aq)$ | $1.184$ |
| $ClO_2/ClO_2^-$ | $ClO_2(aq)+e^- \longrightarrow ClO_2^-(aq)$ | $1.066$ |
| $ClO_4^-/ClO_3^-$ | $ClO_4^-(aq)+2H^+(aq)+2e^- \longrightarrow ClO_3^-(aq)+H_2O(l)$ | $1.19$ |
| $ClO_3^-/HClO_2$ | $ClO_3^-(aq)+3H^+(aq)+2e^- \longrightarrow HClO_2(aq)+H_2O(l)$ | $1.157$ |
| $ClO_3^-/ClO_2$ | $ClO_3^-(aq)+2H^+(aq)+e^- \longrightarrow ClO_2(aq)+H_2O(l)$ | $1.21$ |
| $ClO_3^-/Cl_2$ | $ClO_3^-(aq)+6H^+(aq)+6e^- \longrightarrow 1/2Cl_2(aq)+3H_2O(l)$ | $1.45$ |
| $ClO_3^-/Cl^-$ | $ClO_3^-(aq)+6H^+(aq)+6e^- \longrightarrow Cl^-(aq)+3H_2O(l)$ | $1.451$ |
| $ClO_4^-/Cl_2$ | $ClO_4^-(aq)+8H^+(aq)+7e^- \longrightarrow 1/2Cl_2(aq)+4H_2O(l)$ | $1.34$ |
| $ClO_4^-/Cl^-$ | $ClO_4^-(aq)+8H^+(aq)+8e^- \longrightarrow Cl^-(aq)+4H_2O(l)$ | $1.389$ |
| $Co^{2+}/Co$ | $Co^{2+}(aq)+2e^- \longrightarrow Co(s)$ | $-0.282$ |
| $Co^{3+}/Co^{2+}$ | $Co^{3+}(aq)+e^- \longrightarrow Co^{2+}(aq)$ | $1.95$ |
| $Cr^{3+}/Cr$ | $Cr^{3+}(aq)+3e^- \longrightarrow Cr(s)$ | $-0.74$ |
| $Cr^{3+}/Cr^{2+}$ | $Cr^{3+}(aq)+e^- \longrightarrow Cr^{2+}(aq)$ | $-0.41$ |
| $Cr^{2+}/Cr$ | $Cr^{2+}(aq)+2e^- \longrightarrow Cr(s)$ | $0.913$ |
| $Cr_2O_7^{2-}/Cr^{3+}$ | $Cr_2O_7^{2-}(aq)+14H^+(aq)+6e^- \longrightarrow 2Cr^{3+}(aq)+7H_2O(l)$ | $1.33$ |
| $Cs^+/Cs$ | $Cs^+(aq)+e^- \longrightarrow Cs(s)$ | $-3.027$ |
| $Cu^{2+}/Cu^+$ | $Cu^{2+}(aq)+e^- \longrightarrow Cu^+(aq)$ | $0.1607$ |
| $Cu^{2+}/Cu$ | $Cu^{2+}(aq)+2e^- \longrightarrow Cu(s)$ | $0.3394$ |
| $Cu^+/Cu$ | $Cu^+(aq)+e^- \longrightarrow Cu(s)$ | $0.5180$ |
| $CuI/Cu$ | $CuI(s)+e^- \longrightarrow Cu(s)+I^-(aq)$ | $-0.1858$ |
| $F_2/F^-$ | $F_2(g)+2e^- \longrightarrow 2F^-(aq)$ | $2.889$ |
| $F_2/HF$ | $F_2(g)+2H^+(aq)+2e^- \longrightarrow 2HF(aq)$ | $3.076$ |
| $Fe^{3+}/Fe^{2+}$ | $Fe^{3+}(aq)+e^- \longrightarrow Fe^{2+}(aq)$ | $0.769$ |
| $Fe^{2+}/Fe$ | $Fe^{2+}(aq)+2e^- \longrightarrow 2Fe(s)$ | $-0.4089$ |
| $H^+/H_2$ | $2H^+(aq)+2e^- \longrightarrow H_2(g)$ | $0.0000$ |
| $H_3AsO_4/HAsO_2$ | $H_3AsO_4(aq)+2H^+(aq)+2e^- \longrightarrow HAsO_2(aq)+2H_2O(l)$ | $0.5748$ |
| $HAsO_2/As$ | $HAsO_2(aq)+3H^+(aq)+3e^- \longrightarrow As(s)+2H_2O(l)$ | $0.2473$ |
| $H_3BO_3/B$ | $H_3BO_3(aq)+3H^+(aq)+3e^- \longrightarrow B(s)+3H_2O(l)$ | $-0.8894$ |

续表

| 电对 | 电极反应 | $\varphi_A^{\ominus}/V$ |
|---|---|---|
| $HBrO/Br_2$ | $2HBrO(aq)+2H^+(aq)+2e^-\longrightarrow Br_2(l)+2H_2O(l)$ | 1.604 |
| | $2HBrO(aq)+2H^+(aq)+2e^-\longrightarrow Br_2(aq)+2H_2O(l)$ | 1.574 |
| $HClO/Cl^-$ | $HClO(aq)+H^+(aq)+2e^-\longrightarrow Cl^-(aq)+H_2O(l)$ | 1.482 |
| $HClO_2/Cl_2$ | $HClO_2(aq)+3H^+(aq)+3e^-\longrightarrow 1/2Cl_2(g)+2H_2O(l)$ | 1.628 |
| $HClO/Cl_2$ | $2HClO(aq)+2H^+(aq)+2e^-\longrightarrow Cl_2(g)+2H_2O(l)$ | 1.630 |
| $HClO_2/HClO$ | $HClO_2(aq)+2H^+(aq)+2e^-\longrightarrow HClO(aq)+H_2O(l)$ | 1.673 |
| $HCrO_4^-/Cr^{3+}$ | $HCrO_4^-(aq)+7H^+(aq)+3e^-\longrightarrow Cr^{3+}(aq)+4H_2O(l)$ | 1.350 |
| $HFeO_4^-/Fe_2O_3$ | $2HFeO_4^-(aq)+8H^+(aq)+6e^-\longrightarrow Fe_2O_3(s)+5H_2O(l)$ | 2.09 |
| $Hg^{2+}/Hg_2^{2+}$ | $2Hg^{2+}(aq)+2e^-\longrightarrow Hg_2^{2+}(aq)$ | 0.9083 |
| $Hg^{2+}/Hg$ | $Hg^{2+}(aq)+2e^-\longrightarrow Hg(l)$ | 0.8519 |
| $Hg_2^{2+}/Hg$ | $Hg_2^{2+}(aq)+2e^-\longrightarrow 2Hg(l)$ | 0.7973 |
| $HgCl_2/Hg_2Cl_2$ | $2HgCl_2(aq)+2e^-\longrightarrow Hg_2Cl_2(s)+2Cl^-(aq)$ | 0.6571 |
| $Hg_2Cl_2/Hg$ | $Hg_2Cl_2(s)+2e^-\longrightarrow 2Hg(l)+2Cl^-(aq)$ | 0.2680 |
| $HIO/I_2$ | $2HIO(aq)+2H^+(aq)+2e^-\longrightarrow I_2(s)+2H_2O(l)$ | 1.431 |
| $H_5IO_6/IO_3^-$ | $H_5IO_6(aq)+H^+(aq)+2e^-\longrightarrow IO_3^-(aq)+3H_2O(l)$ | 1.60 |
| $HNO_2/N_2O$ | $2HNO_2(aq)+4H^+(aq)+4e^-\longrightarrow N_2O(g)+3H_2O(l)$ | 1.311 |
| $HNO_2/NO$ | $HNO_2(aq)+H^+(aq)+e^-\longrightarrow NO(g)+H_2O(l)$ | 1.04 |
| $H_2O_2/H_2O$ | $H_2O_2(aq)+2H^+(aq)+2e^-\longrightarrow 2H_2O(l)$ | 1.76 |
| $H_3PO_2/P$ | $H_3PO_2(aq)+H^+(aq)+e^-\longrightarrow P(s)+2H_2O(l)$ | −0.508 |
| $H_3PO_3/H_3PO_2$ | $H_3PO_3(aq)+2H^+(aq)+2e^-\longrightarrow H_3PO_2(aq)+H_2O(l)$ | −0.499 |
| $H_3PO_3/P$ | $H_3PO_3(aq)+3H^+(aq)+3e^-\longrightarrow P(s)+3H_2O(l)$ | −0.454 |
| $H_3PO_4/H_3PO_3$ | $H_3PO_4(aq)+2H^+(aq)+2e^-\longrightarrow H_3PO_3(aq)+H_2O(l)$ | −0.276 |
| $H_2SO_3/S$ | $H_2SO_3(aq)+4H^+(aq)+4e^-\longrightarrow S(s)+3H_2O(l)$ | 0.4497 |
| $H_2SeO_3/Se$ | $H_2SeO_3(aq)+4H^+(aq)+4e^-\longrightarrow Se(s)+3H_2O(l)$ | 0.74 |
| $H_2SO_3/S_2O_3^{2-}$ | $2H_2SO_3(aq)+2H^+(aq)+4e^-\longrightarrow S_2O_3^{2-}(aq)+3H_2O(l)$ | 0.4104 |
| $I_2/I^-$ | $I_2(s)+2e^-\longrightarrow 2I^-(aq)$ | 0.5345 |
| $I_3^-/I^-$ | $I_3^-(s)+2e^-\longrightarrow 3I^-(aq)$ | 0.536 |
| $IO_3^-/I_2$ | $2IO_3^-(aq)+12H^+(aq)+10e^-\longrightarrow I_2(s)+6H_2O(l)$ | 1.209 |
| $K^+/K$ | $K^+(aq)+e^-\longrightarrow K(s)$ | −2.936 |
| $Li^+/Li$ | $Li^+(aq)+e^-\longrightarrow Li(s)$ | −3.040 |
| $Mg^+/Mg$ | $Mg^+(aq)+e^-\longrightarrow Mg(s)$ | −2.70 |

续表

| 电对 | 电极反应 | $\varphi_A^{\ominus}/V$ |
|---|---|---|
| $Mg^{2+}/Mg$ | $Mg^{2+}(aq)+2e^-\longrightarrow Mg(s)$ | $-2.357$ |
| $Mn^{2+}/Mn$ | $Mn^{2+}(aq)+2e^-\longrightarrow Mn(s)$ | $-1.182$ |
| $MnO_4^-/MnO_4^{2-}$ | $MnO_4^-(aq)+e^-\longrightarrow MnO_4^{2-}(aq)$ | $0.5545$ |
| $MnO_2/Mn^{2+}$ | $MnO_2(s)+4H^+(aq)+2e^-\longrightarrow Mn^{2+}(aq)+2H_2O(l)$ | $1.2293$ |
| $Mn^{3+}/Mn^{2+}$ | $Mn^{3+}(aq)+e^-\longrightarrow Mn^{2+}(aq)$ | $1.51$ |
| $MnO_4^-/Mn^{2+}$ | $MnO_4^-(aq)+8H^+(aq)+5e^-\longrightarrow Mn^{2+}(aq)+4H_2O(l)$ | $1.512$ |
| $MnO_4^-/MnO_2$ | $MnO_4^-(aq)+4H^+(aq)+3e^-\longrightarrow MnO_2(s)+2H_2O(l)$ | $1.700$ |
| $Na^+/Na$ | $Na^+(aq)+e^-\longrightarrow Na(s)$ | $-2.714$ |
| $Ni^{2+}/Ni$ | $Ni^{2+}(aq)+2e^-\longrightarrow Ni(s)$ | $-0.2363$ |
| $NO_2/HNO_2$ | $NO_2(g)+H^+(aq)+e^-\longrightarrow HNO_2(aq)$ | $1.056$ |
| $NO_3^-/NO_2$ | $NO_3^-(aq)+2H^+(aq)+e^-\longrightarrow NO_2(g)+H_2O(l)$ | $0.7989$ |
| $NO_3^-/HNO_2$ | $NO_3^-(aq)+3H^+(aq)+2e^-\longrightarrow HNO_2(aq)+H_2O(l)$ | $0.9275$ |
| $NO_3^-/NO$ | $NO_3^-(aq)+4H^+(aq)+3e^-\longrightarrow NO(g)+2H_2O(l)$ | $0.9637$ |
| $N_2O/N_2$ | $N_2O(g)+2H^+(aq)+2e^-\longrightarrow N_2(g)+H_2O(l)$ | $1.766$ |
| $O/H_2O$ | $O(g)+2H^+(aq)+2e^-\longrightarrow H_2O(l)$ | $2.421$ |
| $O_2/H_2O$ | $O_2(g)+4H^+(aq)+4e^-\longrightarrow 2H_2O(l)$ | $1.229$ |
| $O_2/H_2O_2$ | $O_2(g)+2H^+(aq)+2e^-\longrightarrow H_2O_2(aq)$ | $0.682$ |
| $O_3/O_2$ | $O_3(g)+2H^+(aq)+2e^-\longrightarrow O_2(g)+H_2O(l)$ | $2.075$ |
| $P/PH_3$ | $P(s,red)+3H^+(aq)+3e^-\longrightarrow PH_3(g)$ | $-0.111$ |
| $P/PH_3$ | $P(s,white)+3H^+(aq)+3e^-\longrightarrow PH_3(g)$ | $-0.063$ |
| $Pb^{2+}/Pb$ | $Pb^{2+}(aq)+2e^-\longrightarrow Pb(s)$ | $-0.1266$ |
| $PbCl_2/Pb$ | $PbCl_2(s)+2e^-\longrightarrow Pb(s)+2Cl^-(aq)$ | $-0.2676$ |
| $PbI_2/Pb$ | $PbI_2(s)+2e^-\longrightarrow Pb(s)+2I^-(aq)$ | $-0.3653$ |
| $PbO_2/Pb^{2+}$ | $PbO_2(s)+4H^+(aq)+2e^-\longrightarrow Pb^{2+}(aq)+2H_2O(l)$ | $1.458$ |
| $PbO_2/PbSO_4$ | $PbO_2(s)+SO_4^{2-}(aq)+4H^+(aq)+2e^-\longrightarrow PbSO_4(s)+2H_2O(l)$ | $1.6913$ |
| $PbSO_4/Pb$ | $PbSO_4(s)+2e^-\longrightarrow Pb(s)+SO_4^{2-}(aq)$ | $-0.3555$ |
| $Pd^{2+}/Pd$ | $Pd^{2+}(aq)+2e^-\longrightarrow Pd(s)$ | $0.951$ |
| $Pt^{2+}/Pt$ | $Pt^{2+}(aq)+2e^-\longrightarrow Pt(s)$ | $1.18$ |
| $Rb^+/Rb$ | $Rb^+(aq)+e^-\longrightarrow Rb(s)$ | $-2.943$ |
| $Re^{3+}/Re$ | $Re^{3+}(aq)+3e^-\longrightarrow Re(s)$ | $0.300$ |
| $Rh^{3+}/Rh$ | $Rh^{3+}(aq)+3e^-\longrightarrow Rh(s)$ | $0.758$ |

续表

| 电对 | 电极反应 | $\varphi_A^{\ominus}$/V |
|---|---|---|
| $S/S^{2-}$ | $S(s)+2e^- \longrightarrow S^{2-}(aq)$ | $-0.445$ |
| $S/H_2S$ | $S(s)+2H^+(aq)+2e^- \longrightarrow H_2S(aq)$ | $0.1442$ |
| $Sb/SbH_3$ | $Sb(s)+3H^+(aq)+3e^- \longrightarrow SbH_3(aq)$ | $-0.5104$ |
| $Sc^{3+}/Sc$ | $Sc^{3+}(aq)+3e^- \longrightarrow Sc(s)$ | $-2.027$ |
| $Se^{2+}/Se$ | $Se^{2+}(aq)+2e^- \longrightarrow Se(s)$ | $-0.924$ |
| $Sn^{2+}/Sn$ | $Sn^{2+}(aq)+2e^- \longrightarrow Sn(s)$ | $-0.1410$ |
| $Sn^{4+}/Sn^{2+}$ | $Sn^{4+}(aq)+2e^- \longrightarrow Sn^{2+}(aq)$ | $0.1539$ |
| $SO_4^{2-}/H_2SO_3$ | $SO_4^{2-}(aq)+4H^+(aq)+2e^- \longrightarrow H_2SO_3(aq)+H_2O(l)$ | $0.1576$ |
| $S_2O_8^{2-}/S_2O_3^{2-}$ | $S_2O_8^{2-}(aq)+4H^+(aq)+6e^- \longrightarrow 2S_2O_3^{2-}(aq)+2H_2O(l)$ | $0.02384$ |
| $S_2O_8^{2-}/HSO_4^-$ | $S_2O_8^{2-}(aq)+2H^+(aq)+2e^- \longrightarrow 2HSO_4^-(aq)$ | $2.123$ |
| $S_4O_8^{2-}/SO_4^{2-}$ | $S_4O_8^{2-}(aq)+2e^- \longrightarrow 2SO_4^{2-}(aq)$ | $1.939$ |
| $Sr^{2+}/Sr$ | $Sr^{2+}(aq)+2e^- \longrightarrow Sr(s)$ | $-2.899$ |
| $TiO_2/Ti^{2+}$ | $TiO_2(s)+4H^+(aq)+2e^- \longrightarrow Ti^{2+}(aq)+2H_2O(l)$ | $-0.502$ |
| $Tl^{3+}/Tl^+$ | $Tl^{3+}(aq)+2e^- \longrightarrow Tl^+(aq)$ | $1.280$ |
| $VO_2^+/V$ | $VO_2^+(aq)+4H^+(aq)+5e^- \longrightarrow V(s)+2H_2O(l)$ | $-0.2337$ |
| $V_2O_5/VO^{2+}$ | $V_2O_5(s)+6H^+(aq)+2e^- \longrightarrow 2VO^{2+}(aq)+3H_2O(l)$ | $0.957$ |
| $W^{3+}/W$ | $W^{3+}(aq)+3e^- \longrightarrow W(s)$ | $0.1$ |
| $Zn^{2+}/Zn$ | $Zn^{2+}(aq)+2e^- \longrightarrow Zn(s)$ | $-0.7621$ |

（二）在碱性溶液中

| 电对 | 电极反应 | $\varphi_B^{\ominus}$/V |
|---|---|---|
| $Ag_2CO_3/Ag$ | $Ag_2CO_3(s)+2e^- \longrightarrow 2Ag(s)+CO_3^{2-}(aq)$ | $0.47$ |
| $Ag(NH_3)_2^+/Ag$ | $Ag(NH_3)_2^+(aq)+e^- \longrightarrow Ag(s)+2NH_3(aq)$ | $0.3719$ |
| $Ag_2O/Ag$ | $Ag_2O(s)+H_2O(l)+2e^- \longrightarrow 2Ag(s)+2OH^-(aq)$ | $0.3428$ |
| $Al(OH)_3/Al$ | $Al(OH)_3(s)+3e^- \longrightarrow Al(s)+3OH^-(aq)$ | $-2.31$ |
| $Al(OH)_4^-/Al$ | $Al(OH)_4^-(aq)+3e^- \longrightarrow Al(s)+4OH^-(aq)$ | $-2.328$ |
| $AsO_2^-/As$ | $AsO_2^-(aq)+2H_2O(l)+3e^- \longrightarrow As(s)+4OH^-(aq)$ | $-0.68$ |
| $Ba(OH)_2/Ba$ | $Ba(OH)_2(s)+2e^- \longrightarrow Ba(s)+2OH^-(aq)$ | $-2.99$ |
| $Bi_2O_3/Bi$ | $Bi_2O_3(s)+3H_2O(l)+6e^- \longrightarrow 2Bi(s)+6OH^-(aq)$ | $-0.46$ |
| $BrO^-/Br^-$ | $BrO^-(aq)+H_2O(l)+2e^- \longrightarrow Br^-(aq)+2OH^-(aq)$ | $0.761$ |
| $BrO_3^-/Br^-$ | $BrO_3^-(aq)+3H_2O(l)+6e^- \longrightarrow Br^-(aq)+6OH^-(aq)$ | $0.6126$ |
| $BrO^-/Br_2$ | $2BrO^-(aq)+2H_2O(l)+2e^- \longrightarrow Br_2(l)+4OH^-(aq)$ | $0.4556$ |

| 电对 | 电极反应 | $\varphi_B^{\ominus}/V$ |
|---|---|---|
| $Ca(OH)_2/Ca$ | $Ca(OH)_2(s)+2e^-\longrightarrow Ca(s)+2OH^-(aq)$ | $-3.02$ |
| $Cd(OH)_2/Cd(Hg)$ | $Cd(OH)_2(s)+2e^-\longrightarrow Cd(Hg)+2OH^-(aq)$ | $-0.809$ |
| $ClO^-/Cl^-$ | $ClO^-(aq)+H_2O(l)+2e^-\longrightarrow Cl^-(aq)+2OH^-(aq)$ | $0.89$ |
| $ClO_2^-/ClO^-$ | $ClO_2^-(aq)+H_2O(l)+2e^-\longrightarrow ClO^-(aq)+2OH^-(aq)$ | $0.66$ |
| $ClO_4^-/ClO_3^-$ | $ClO_4^-(aq)+H_2O(l)+2e^-\longrightarrow ClO_3^-(aq)+2OH^-(aq)$ | $0.36$ |
| $ClO_2^-/Cl^-$ | $ClO_2^-(aq)+2H_2O(l)+4e^-\longrightarrow Cl^-(aq)+4OH^-(aq)$ | $0.76$ |
| $ClO_3^-/ClO_2^-$ | $ClO_3^-(aq)+H_2O(l)+2e^-\longrightarrow ClO_2^-(aq)+2OH^-(aq)$ | $0.33$ |
| $Co(OH)_2/Co$ | $Co(OH)_2(s)+2e^-\longrightarrow Co(s)+2OH^-(aq)$ | $-0.73$ |
| $Co(OH)_3/Co(OH)_2$ | $Co(OH)_3(s)+e^-\longrightarrow Co(OH)_2(s)+OH^-(aq)$ | $0.17$ |
| $Co(NH_3)_6^{3+}/Co(NH_3)_6^{2+}$ | $Co(NH_3)_6^{3+}(aq)+e^-\longrightarrow Co(NH_3)_6^{2+}(aq)$ | $0.108$ |
| $CrO_2^-/Cr$ | $CrO_2^-(aq)+2H_2O(l)+3e^-\longrightarrow Cr(s)+4OH^-(aq)$ | $-1.2$ |
| $CrO_4^{2-}/Cr(OH)_3$ | $CrO_4^{2-}(aq)+4H_2O(l)+3e^-\longrightarrow Cr(OH)_3(s)+5OH^-(aq)$ | $-0.13$ |
| $Cu_2O/Cu$ | $Cu_2O(s)+H_2O(l)+2e^-\longrightarrow 2Cu(s)+2OH^-(aq)$ | $-0.3557$ |
| $Cu(OH)_2/Cu_2O$ | $2Cu(OH)_2(s)+2e^-\longrightarrow Cu_2O(s)+2OH^-(aq)+H_2O(l)$ | $-0.08$ |
| $Fe(OH)_2/Fe$ | $Fe(OH)_2(s)+2e^-\longrightarrow Fe(s)+2OH^-(aq)$ | $-0.8914$ |
| $Fe(OH)_3/Fe(OH)_2$ | $Fe(OH)_3(s)+e^-\longrightarrow Fe(OH)_2(s)+OH^-(aq)$ | $-0.5468$ |
| $H_2AlO_3^-/Al$ | $H_2AlO_3^-(aq)+H_2O(l)+3e^-\longrightarrow Al(s)+4OH^-(aq)$ | $-2.33$ |
| $H_2BO_3^-/BH_4^-$ | $H_2BO_3^-(aq)+5H_2O(l)+8e^-\longrightarrow BH_4^-(aq)+8OH^-(aq)$ | $-1.24$ |
| $Hg_2O/Hg$ | $Hg_2O(s)+H_2O(l)+2e^-\longrightarrow 2Hg(l)+2OH^-(aq)$ | $0.123$ |
| $H_2O/H_2$ | $2H_2O(l)+2e^-\longrightarrow H_2(g)+2OH^-(aq)$ | $1.776$ |
| $HO_2^-/OH^-$ | $HO_2^-(aq)+H_2O(l)+2e^-\longrightarrow 3OH^-(aq)$ | $0.8670$ |
| $HPO_3^{2-}/H_2PO_2^-$ | $HPO_3^{2-}(aq)+2H_2O(l)+2e^-\longrightarrow H_2PO_2^-(aq)+3OH^-(aq)$ | $-1.65$ |
| $Mg(OH)_2/Mg$ | $Mg(OH)_2(s)+2e^-\longrightarrow Mg(s)+2OH^-(aq)$ | $-2.690$ |
| $MnO_4^-/MnO_2$ | $MnO_4^-(aq)+2H_2O(l)+3e^-\longrightarrow MnO_2(s)+4OH^-(aq)$ | $0.5965$ |
| $MnO_4^{2-}/MnO_2$ | $MnO_4^{2-}(aq)+2H_2O(l)+2e^-\longrightarrow MnO_2(s)+4OH^-(aq)$ | $0.6175$ |
| $Mn(OH)_2/Mn$ | $Mn(OH)_2(s)+2e^-\longrightarrow Mn(s)+2OH^-(aq)$ | $-1.56$ |
| $MnO_2/Mn(OH)_2$ | $MnO_2+2H_2O(l)+2e^-\longrightarrow Mn(OH)_2(s)+2OH^-(aq)$ | $-0.0514$ |
| $Ni(OH)_2/Ni$ | $Ni(OH)_2(s)+2e^-\longrightarrow Ni(s)+2OH^-(aq)$ | $-0.72$ |
| $NO_3^-/N_2O_4$ | $2NO_3^-(aq)+2H_2O(l)+2e^-\longrightarrow N_2O_4(g)+4OH^-(aq)$ | $-0.85$ |
| $NO_2^-/NO$ | $NO_2^-(aq)+H_2O(l)+e^-\longrightarrow NO(g)+2OH^-(aq)$ | $-0.46$ |
| $NO_3^-/NO_2^-$ | $NO_3^-(aq)+H_2O(l)+2e^-\longrightarrow NO_2^-(aq)+2OH^-(aq)$ | $0.00849$ |

续表

| 电对 | 电极反应 | $\varphi_B^{\ominus}/V$ |
|---|---|---|
| $O_3/O_2$ | $O_3(g)+H_2O(l)+2e^- \longrightarrow O_2(g)+2OH^-(aq)$ | 1.247 |
| $O_2/OH^-$ | $O_2(g)+2H_2O(l)+4e^- \longrightarrow 4OH^-(aq)$ | 0.4009 |
| $O_2/H_2O_2$ | $O_2(g)+2H_2O(l)+2e^- \longrightarrow H_2O_2(aq)+2OH^-(aq)$ | $-0.146$ |
| $P/PH_3$ | $P(s)+3H_2O(l)+3e^- \longrightarrow PH_3(g)+3OH^-(aq)$ | $-0.87$ |
| $PbO_2/PbO$ | $PbO_2(s)+H_2O(l)+2e^- \longrightarrow PbO(s,黄色)+2OH^-(aq)$ | 0.2483 |
| $PO_4^{3-}/HPO_3^{2-}$ | $PO_4^{3-}(aq)+2H_2O(l)+2e^- \longrightarrow HPO_3^{2-}(aq)+3OH^-(aq)$ | $-1.05$ |
| $S/SH^-$ | $S(s)+H_2O(l)+2e^- \longrightarrow SH^-(aq)+OH^-(aq)$ | $-0.478$ |
| $SiO_3^{2-}/Si$ | $SiO_3^{2-}(aq)+3H_2O(l)+4e^- \longrightarrow Si(s)+6OH^-(aq)$ | $-1.697$ |
| $SO_4^{2-}/SO_3^{2-}$ | $SO_4^{2-}(aq)+H_2O(l)+2e^- \longrightarrow SO_3^{2-}(aq)+2OH^-(aq)$ | $-0.9362$ |
| $SO_3^{2-}/S_2O_3^{2-}$ | $2SO_3^{2-}(aq)+3H_2O(l)+4e^- \longrightarrow S_2O_3^{2-}(aq)+6OH^-(aq)$ | $-0.5659$ |
| $ZnO/Zn$ | $ZnO(s)+H_2O(l)+2e^- \longrightarrow Zn(s)+2OH^-(aq)$ | $-1.260$ |
| $ZnO_2^{2-}/Zn$ | $ZnO_2^{2-}(aq)+2H_2O(l)+2e^- \longrightarrow Zn(s)+4OH^-(aq)$ | $-1.215$ |
| $Zn(OH)_2/Zn$ | $Zn(OH)_2(s)+2e^- \longrightarrow Zn(s)+2OH^-(aq)$ | $-1.249$ |

# 参 考 文 献

[1] 胡常伟，周歌，2015. 大学化学 [M]. 3 版. 北京：化学工业出版社.

[2] 李瑞祥，曾红梅，周向葛，等，2013. 无机化学 [M]. 北京：化学工业出版社.

[3] 刘新锦，朱亚先，高飞，2010. 无机元素化学 [M]. 2 版. 北京：科学出版社.

[4] 孟长功，2018. 无机化学 [M]. 6 版. 北京：高等教育出版社.

[5] 徐家宁，王莉，张丽荣，等，2020. 无机化学例题与习题 [M]. 4 版. 北京：高等教育出版社.

[6] 严宣申，王长富，2016. 普通无机化学：重排本 [M]. 2 版. 北京：北京大学出版社.

[7] 杨宏孝，2010. 无机化学简明教程 [M]. 北京：高等教育出版社.

[8] 于永鲜，牟文生，孟长功，等，2019. 无机化学（第六版）精要与习题解析 [M]. 北京：高等教育出版社.

[9] 周向葛，周歌，高道江，2015. 基础化学 [M]. 北京：化学工业出版社.

# 后 记

经全国高等教育自学考试指导委员会同意，由土木水利矿业环境类专业委员会负责高等教育自学考试《无机化学（2024 年版）》教材的审定工作。

本教材由四川大学周向葛教授担任主编，四川大学秦松副教授、于珊珊副教授、蔡中正副教授参加编写。全书由周向葛教授统稿。

本教材由南京大学李承辉教授担任主审，四川师范大学赵燕教授和成都理工大学马晓艳副教授参审，谨向他们表示诚挚的谢意。

全国高等教育自学考试指导委员会土木水利矿业环境类专业委员会最后审定通过了本教材。

全国高等教育自学考试指导委员会

土木水利矿业环境类专业委员会

2023 年 12 月